"假舆马者，非利足也，而致千里；假舟楫者，非能水也，而绝江河。君子生非异也，善假于物也。"

——《荀子·劝学》

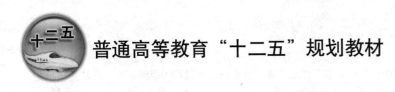

普通高等教育"十二五"规划教材

大学信息技术基础

——计算思维与情境实践

樊子牛　主　编

贾　巍　何　英　陈建国
　　　　　　　　　　　副主编
杜　爽　唐　莹　李建平

中国铁道出版社有限公司
CHINA RAILWAY PUBLISHING HOUSE CO., LTD.

内 容 简 介

本书根据教育部高等学校文科计算机基础教学指导委员会提出的《高等学校文科类专业大学计算机教育基本要求》（2011 年版）编写而成。本书以信息处理过程为组织框架，在注重情境实践的同时融入了计算思维，以提高读者的信息素养。全书分两部分，共 6 章，内容主要包括：信息科学与与计算机科学、信息处理工具与环境、信息处理方法与技术、个人信息处理环境构建、个人信息处理、个人信息管理等内容。每章均有适量思考题，以便读者自测使用。

本书内容翔实，实例丰富，图文并茂，注重计算机基础知识的学习与实际应用相结合，其知识性和可读性较强，同时覆盖全国计算机考级考试一级（Windows 环境）考试内容。

本书既可作为高等院校非计算机专业计算机基础课的教材使用，也适合作为参加全国计算机等级考试的参考书，以及各类计算机基础培训班教材或初学者的自学用书。

图书在版编目（CIP）数据

大学信息技术基础：计算思维与情境实践/樊子牛主编.
—北京：中国铁道出版社，2014.9（2023.9 重印）
普通高等教育"十二五"规划教材
ISBN 978-7-113-19139-9

Ⅰ．①大… Ⅱ．①樊… Ⅲ. ①电子计算机－高等学校
－教材 Ⅳ．①TP3

中国版本图书馆 CIP 数据核字（2014）第 196404 号

书　　名：大学信息技术基础——计算思维与情境实践
作　　者：樊子牛

策　　划：马洪霞　　　　　　　　　　编辑部电话：（010）83527746
责任编辑：马洪霞　贾淑媛
封面设计：付　巍
封面制作：白　雪
责任校对：王　杰
责任印制：樊启鹏

出版发行：中国铁道出版社有限公司（100054，北京市西城区右安门西街 8 号）
网　　址：http:// www.tdpress.com/51eds/
印　　刷：三河市宏盛印务有限公司
版　　次：2014 年 9 月第 1 版　2023 年 9 月第 9 次印刷
开　　本：787 mm×1092 mm　1/16　印张：24　字数：552 千
书　　号：ISBN 978-7-113-19139-9
定　　价：49.00 元

前　言

随着信息技术的高速发展和日益普及，大学计算机基础教学也发生重大的改变。由原来的教授知识点与技能向培养计算思维转变，其目标是要让学生具备在一定的信息意识和信息道德的前提下，提高他们利用技术解决其学习、生活和今后工作中的相关问题的水平与能力。本书是非计算机专业计算机基础教育入门课程的教材，本书按照教育部高等教育司制订的《大学计算机教学基本要求》（2011 年版）的大学公共计算机基础课的内容来编写，同时融入"计算思维"的相关内容。在教材的深度和广度方面也充分考虑了新出台的全国计算机等级考试的能力要求，使学生学完本教材后达到全国计算机等级考试一级的水平与能力。

全书分两部分，共 6 章，主要包括：信息科学与计算机科学、信息处理工具与环境、信息处理方法与技术、个人信息处理环境构建、个人信息处理、个人信息管理等内容。为了便于教师教学和学生课后巩固复习，本书技术与实践部分各章均有实验案例，有利于实践教学的开展，学生通过实践操作能熟练掌握课堂所学的内容。

使用本教材建议安排 60～100 课时，其中讲课和上机实践约各占一半。

本书由樊子牛任主编，贾巍、何英、陈建国、杜爽、唐莹、李建平任副主编。其中，樊子牛负责第 1 章，第 2 章 2.1 和 2.4 节，第 3 章的 3.3.1 小节、3.3.4 小节的 Excel 部分、3.3.5 小节和 3.4.1 小节，第 5 章的 5.3、5.7 和 5.8 节的内容编写；贾巍负责第 3 章的 3.1 节、3.3.2、3.3.3 和 3.4.2 小节（与唐莹共同编写），第 4 章的 4.3 节，第 5 章的 5.1、5.4 和 5.6 节的内容编写；何英负责第 3 章的 3.2 节、3.3.4 小节的 PPT 部分和 3.5 节，第 5 章的 5.2 和 5.9 节，第 6 章的 6.2 节的内容编写；陈建国负责第 2 章的 2.3 节，第 6 章的 6.1 节的内容编写；杜爽负责第 2 章 2.2 节，第 4 章 4.1 节的内容编写；唐莹负责第 3 章的 3.4.2 小节（与贾巍共同编写），第 5 章的 5.5 节的内容编写；李建平负责第 3 章的 3.3.4 小节的 Word 部分、3.6 节，第 4 章的 4.2 节的内容编写。全书由樊子牛统稿，贾巍协助统稿。

在本书的编写过程中，四川外国语大学张春林教授、何冰雁副教授、钟蕾副教授等提出了很好的建议，在此表示衷心的感谢。

由于技术的不断发展以及编者水平所限，书中难免有疏漏和不足之处，恳请广大读者批评指正。

编　者
2014 年 6 月

目　录

理论与方法部分

技术与实践部分

理论与方法部分

第 1 章 | 信息科学与计算机科学

物质、能量、信息是人类赖以生存和发展的三个基本要素。人类对信息及信息技术的认识、发展和应用，是人类在不断认识物质、能量之后的第三次伟大的飞跃。这标志着人类社会已进入了信息时代。那么什么是信息？信息科学和计算机科学是什么关系？如何理解计算思维？我们在收集、处理、传递和使用信息时，有必要对以上概念有正确的理解。

1.1 信 息 科 学

1.1.1 信息

1. 信息的定义

信息，即"音信消息"。唐代诗人李中在《暮春怀故人》的诗中，就使用了"信息"一词："梦断美人沉信息，目穿长路倚楼台。"《水浒传》第四回："宋江大喜，说道：'只有贤弟去得快，旬日便知信息'"。古人所指的信息，也就是"消息"的同义词。同样在西方，"信息"一词在英文、法文、德文和西班牙文中均是"information"之意，在日文中称为"情报"，在我国台湾称为"资讯"。一般来说和"消息"也是互相通用的。

1928 年哈特莱（Ralph V.L. Hartley）发表《信息传输》一文，将"信息"作为一个科学概念来定义。他提出"消息是代码、符号，而不是信息内容本身"，使信息与消息区分开来。并提出消息所含的信息量的计算，可用消息所有可能数目的对数来表示。哈特莱的研究成果为信息论的创立奠定了基础。

1948 年美国科学家维纳（N. Wiener）发表《控制论：动物和机器中的通信与控制问题》一书，他在书中指出："信息就是信息，不是物质，也不是能量"，"信息是在人们适应外部世界，并且使这种适应反作用于外部世界的过程中，同外部世界进行互相交换的内容的名称"。维纳的研究成果不但创立了控制论，也推动了信息论的创立。信息论创立者香农（C.E. Shannon）说："光荣应归于维纳教授"。

信息论创始人美国科学家香农在哈特莱工作的基础上，注意到了消息的不确定性。1948 年香农发表《通信的数学理论》一文，以概率的方法来研究信息，阐述了通信的基本理论问题。香农对信息的定义："信息是对事物运动状态或存在方式的不确定性的描述"。

《辞源》对信息的定义："信息就是收信者事先所不知道的报导"。

我国学者钟义信从认知论层次提出了"全信息"的定义：在主体关于某事物的认识论层次，信息是指主体所感知（或所表述）的关于该事物的运动状态及其变化方式，包括这种状态或方式的形式、含义和效用。钟义信教授指出："通常把同时考虑事物运动状态及其变化方式的外在形式、内在含义和效用价值的认识论层次信息称为'全信息'，而把仅仅涉及其中的形式因素的信息部分称为'语法信息'，把涉及其中的含义因素的信息部分称为'语义信息'，把涉及其中的效用因素的信息部分称为'语用信息'"。

以上对"信息"的定义，是专家、学者在不同的条件下从不同的角度对信息进行研究的结果。随着时代的发展变化，"信息"的含义将是一个动态发展的概念。

2. 信息的特征

① 普遍性。信息在自然界和人类社会中广泛存在。只要有客观事物的存在，就可以获取与之相关的信息。

② 独立性。信息来源于物质，但不是物质本身，相对独立于物质存在；信息来源于精神，但不是精神本身，相对独立于精神存在；信息与能量密切相关，但不是能量本身，相对独立于能量存在。

③ 相关性。信息不是物质，但不能脱离物质而存在，它与物质相关；信息不是精神，但来源于精神世界，它与精神相关；信息不是能量，但能量的利用和控制需要信息的协助，它与能量相关。

④ 可用性。信息是可以被人、机器和动物感知和识别、传递、存储、处理、共享和利用。只有在处理和利用信息的过程中，信息的价值才得以体现。

⑤ 增值性。信息在加工与使用的过程中，可以被提炼成知识和策略。从知识和策略中，人们可以获得更为重要的信息，使原信息得到增值。当人们将知识和策略应用到不同的对象和领域时，就会促进社会进步与发展。但是，信息本身不是知识。

⑥ 不变性。语法信息在传递和处理过程中永不增值。信息可以复制、传递，在这一过程中语法信息本身不会增值。在封闭系统中，语法信息的最大值不变。在一封闭系统中，只要系统不与外界进行物质、能量和信息交换，事物的运动方式和运动状态的最大值是一个恒量，即最大熵的数值不会改变。

除上述特征外，信息还具有时效性、动态性和传递性。

3. 信息的功能

信息的作用在自然界和人类社中随处可见。动物通过采集信息来决定自己的行为。狮子通过采集其同类在地域上留下的信息，考虑是否要进入其领域范围与其竞争，还是绕道离开。人类通过收集、加工和处理信息来进行决策。在人类战争中，作战一方如果收集不到对方足够的信息，并对这些信息分析、处理为有价值的情报，是不会轻易采取任何行动的。系统通过信息来实施控制。弹道式导弹是依靠预先安装的弹道信息和算法来控制飞行。在导弹飞行的过程中，控制系统要依据信息，干预和调节导弹的状态变化和运动状态，最终才能保证导弹飞抵预定目标。管理通过信息得以实施。在人类社会的管理工作中，信息是管理的基础，贯穿于管理的各个环节。

在所有这些功能之中，最重要的功能是：信息可以通过一定的算法被加工成知识，并针对给定的目标被激活成为求解问题的智能策略，进而按照策略求解实际的问题。这是信息的最核心最本质的功能。

4．信息的度量

信息的度量是信息论中的基本概念。香农有关信息的定义："信息是对事物运动状态或存在方式的不确定性的描述"。根据香农的定义，信息具有不确定性，而不确定性具有随机性，可以用数学语言来表述。一般来说，信息的度量就是信息或信息集合本身所含信息量的多少，可用自信息和信息熵来表示。

如果信息源发出信息 X，X 是一个集合，x 为事件集合 X 中的随机事件，即 $x \in X$，x 取自一个有限符号集合 $A=\{a_1,a_2,\cdots,a_n\}$，$x=a_i$ 的概率为 $Px(a_i)$，则事件集合中事件 $x=a_i$ 的自信息定义为：

$$Ix(a_i)=-\log Px(a_i) \quad i=1,2,\cdots,n$$

简记为：$I(x)=-\log P(x)$

在上式中，$I(x)$ 代表 x 的自信息量，$P(x)$ 为事件 x 出现的概率。自信息量一般以 2 为底数，单位为比特（bit）。

自信息用来表示事件发生前的不确定性。概率大的事件容易被预测，因此不确定性较小；而概率小的事件不容易被预测，因为不确定性较大。同时，自信息也用来表示事件发生后所包含的信息量。概率大的事件容易预测，发生后所含信息量较小；概率小的事件难于预测，发生后所含信息量较大。

【例 1-1】一个班中有 50 个同学，其中女同学 40 人，男同学 10 人。现从班中随机抽取一名同学。求：

① 事件"抽取一名女同学"的不确定性。

② 事件"抽取一名男同学"所包含的信息量。

③ 事件"抽取一名女同学"和"抽取一名男同学"，哪个更难预测？

解：

① 设 a_1 表示"抽取一名女同学"事件，则其概率为 $P(x=a_1)=0.8$，所以事件 a_1 的不确定性为 $I(a_1)=-\log 0.8=0.321$ bit

② 设 a_2 表示"抽取一名男同学"事件，则其概率为 $P(x=a_2)=0.2$，所以事件 a_2 的信息量为 $I(a_2)=-\log 0.2=2.321$ bit

③ 因为 $I(a_2)>I(a_1)$，所以"抽取一名男同学"的事件更难预测。

$I(x)$ 表示信息源某一特定事件，对于信息集合 X，则有不同的事件，各事件有不同的自信息量。那么如何获得整个信息源的总体信息度量，就可以使用信息熵（平均信息量）来表示。

如果信息源发出信息 X，X 是一个集合，xi 为事件集合 X 中的随机事件，即 $x_i \in \{x_1,x_2,\cdots,x_n\}$，则 X 概率分布为：$P\{x_i\}=p_i$，$i=1,2,\cdots,n$　$\sum\limits_{i=1}^{n} p_i =1$。

信息熵定义：$H(X)=-\sum\limits_{i=1}^{n} P_i \log P_i$。

在上式中，$H(X)$代表 X 的信息熵，P_i 为事件 x_i 出现的概率。信息熵的底数一般为 2，单位为比特（bit）。

信息熵表示信源输出前，信源的平均不确定性；在信源输出后，表示每个信源信息所包含的平均信息量；$H(X)$越大，信源的随机性越大。信息熵的基本作用就是消除人们对事件的不确定性。事件的不确定性越大，其信息熵就越大，把它搞清楚所需要的信息量也就越大。同时，信息熵也是系统有序化程度的一个度量，一个系统越是有序，其信息熵就越低，一个系统越是混乱，其信息熵就越高。

【例 1-2】已知一个汉字的信息熵是 9.65 比特（冯志伟在 20 世纪 80 年代测算），那么一本 100 万字的中文图书有多少信息量？

解：如果不考虑上下文的相关性，每个汉字的信息熵是 9.65 比特，那么一本 100 万字的中文图书的信息量约为 965 万比特，如不考虑压缩算法，整本书可以存为一个约 9 MB 的文件。

【例 1-3】A、B 两城市的天气情况概率分布如表 1-1 所示，那么哪个城市的天气预测具有更大的不确定性？

表 1-1　A、B 城市天气情况

不　同　城　市	晴	阴
城市 A	0.5	0.5
城市 B	0.8	0.2

解：可根据信息熵的公式计算出 $H(A)>H(B)$，即城市 A 的天气预测具有更大的不确定性。在城市 A 中，"晴"和"阴"概率各为 0.5，所以很难预测其天气；而在城市 B 中，"晴"的概率为 0.8，可有较大把握预测出"晴"将出现。信息熵越大，不确定性就越大。要把它搞清楚，所需要的信息量也就越大。

5. 数据、信号与信息的区别

在日常生活中，与信息同样广泛使用的概念还有"数据""信号"，它们与信息有紧密的联系，但也有区别。

（1）数据

数据（Data）是载荷或记录信息的按一定规则排列组合的物理符号。可以是数字、文字、图像，也可以是计算机代码。对信息的接收始于对数据的接收，对信息的获取只能通过对数据背景的解读。

通过以上定义，可以认识到首先数据是信息的载体，是信息的符号表示。其次数据本身的表现形式是多样的。一般来说，数据可分为模拟数据和数字数据两大类。模拟数据是连续的数值，如声音；数字数据是离散数值，如 MP3 文档。最后对数据进行加工和处理后，形成了信息。在 Ralph M.Stair 所著的《信息系统原理》一书中，给出了适当的比喻：数据好比未加工的木料，而信息好比用木料做成的物品，如木桶、家具。

（2）信号

信号（也称讯号）是运载消息的工具，是消息的载体。从广义上讲，它包含光信号、声信号和电信号等。

通过以上定义，可以认识到使用信号首先是为了通信，为了克服时空的限制，就要对消息进行加工处理，使其成为适合通信传输的物理量，这就是信号；其次，信号是消息的载体，信号携带消息；最后，信号的表现形式多样，一般来说，可分为模拟信号和数字信号两大类，模拟信号是随时间变化而连续的信号，数字信号是人工的、随时间变化而不连续（离散）的信号。

1.1.2　信息科学

1. 信息科学的定义

1948 年美国科学家香农发表了《通信的数学理论》，建立了通信中有效性和可靠性的理论基础，标志着信息论（香农信息论）的产生。信息论在通信工程中得到广泛应用，为信息科学的发展奠定了基础。同年，美国数学家维纳发表了《控制论：动物和机器中的通信与控制问题》，从控制的观点阐述了信息与控制的规律，创立了控制论。此后，对信息论的研究从原来的通信领域扩展到自动控制、信息处理和人工智能等领域，并由自然科学领域深入到了社会科学领域，如心理学、机器翻译、语言学和社会学等，从而催生了广义信息论，即信息科学的产生。

对于什么是信息科学，有不同的定义：

① 信息科学是研究信息的产生、获取、变换、传输、存储、处理、显示、识别和利用的科学，是一门结合了数学、物理、天文、生物和人文等基础学科的新兴与综合性学科。

② 信息科学是以信息为主要研究对象，以信息的运动规律和应用方法为主要研究内容，以计算机等技术为主要研究工具，以扩展人类信息功能为主要目标的一门新兴的综合性学科。

③ 信息科学是以信息为主要研究对象、以信息运动过程的规律为主要研究内容、以信息科学方法论为主要研究方法、以扩展人的信息功能（全部信息功能形成的有机整体就是智力功能）为主要研究目标的科学。

综合以上定义，我们认为：信息科学的研究对象是信息，不是物质，也不是能量，这是信息科学区别于其他科学的根本特点之一；信息科学的研究内容是信息的本质及其运动规律，信息运动过程模型包含以下几个过程：信息获取、信息传递、信息处理、信息施效和信息组织。在信息的运动过程中，主体可以完成信息的质变过程："数据→信息→知识→策略"；信息科学的研究方法是信息科学方法论，主要包括 3 个方法和 2 个准则，即信息系统分析方法、信息系统综合方法、信息系统进化方法、功能准则和整体准则；信息科学的研究工具是以计算机等技术为主，支持计算机技术解决各领域问题的基础是计算思维。只有在计算思维的引导下，计算机技术才能成为支持信息科学研究的有效工具；信息科学的研究目标是扩展人的信息功能。随着大量智能信息系统的问世，人类的智力功能得到了充分扩展，而智力功能的扩展又进一步推动人类从事未来更加艰巨和复杂的挑战，人类认识世界和改造世界的能力必然得到增强；信息科学是一门综合性学科，由信息论、控制论、计算机科学、系统工程、思维科学、认知科学、经济学、社会学和语言学等学科领域互相渗透、互相结合而形成的。

信息科学是一个庞大的学科体系。本书主要定位于信息科学的基础概念和以计算机技术为主的信息技术在人文科学和社会科学中的基本应用层次，重点突出信息处理过程。

2. 信息科学研究内容

信息科学的定义说明了其研究内容为信息的本质和运动规律，其研究目标是扩展人的信息功能。那么，研究内容是为研究目标服务的，既然信息科学是为了扩展人的信息功能，那么先了解一下人类信息加工过程，如图1-1所示。图1-1显示一个广为认知心理学家接纳的人类信息加工模型。方格显示不同的信息加工步骤，实线箭头表示信息流动方向，虚线代表支持。

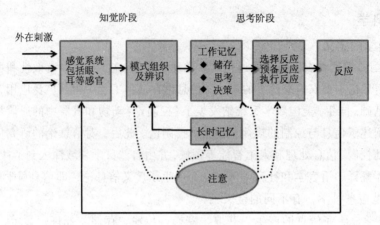

图1-1　人类信息加工过程

一般来说人类对信息的加工过程是：人的感觉器官检测到具有一定强度的客体的外在刺激，刺激信息会产生短时记忆。短时记忆将刺激信息按其本来的样式记录下来，这些记录下来的信息，其中一部分会被选择等待进一步加工，其余信息会被忽略掉。被选择进行加工的信息会进入知觉阶段，通过模式组织及辨识，进行整合和归类，产生的信息会进入工作记忆。Baddeley 提出的工作记忆包括三部分：一是语音记忆；二是图像、视频记忆；三是中枢执行系统，负责计算、解决问题和决策。在工作记忆的过程中会产生长时记忆，长时记忆的数据会形成一个语义网络。在人的知觉阶段和思考阶段结束后，会利用加工完成的信息，对客体产生相应的动作与行为。在动作与行为完成后，人会观察客体的反应和行为的效果，这些反应和效果信息会成为新的外在刺激输入，从而使整个信息加工过程重新启动。同时，"注意"在信息加工过程中，是一个重要的概念。它起到了3个作用：一是筛选加工的信息；二是提高信息加工的阶段效率；三是优化信息加工的整体过程。

我国学者钟义信在《信息科学与技术导论》中提出的"典型信息全过程模型"，与图1-1中人类对信息的加工过程不谋而合，相得益彰。本书综合两者特点，将"典型信息全过程模型"略做修改，如图1-2所示。

由图1-2可以看出，信息全过程要通过人的信息器官（感觉器官、神经网络、思维器官和效应器官），经过信息处理各环节（信息获取、信息传递、信息处理、信息执行和信息组织），完成对信息由量变到质变的加工（数据→信息→知识→策略），最后作用于实施对象。所以，信息的运动规律包含以下几个过程：

①　"信息获取"过程。信息识别过程的基本原理是识别理论。对客观世界中的对象的状态和行为进行感知和识别，从被观测对象中获取准确、有效的数据，将这些数据分类、整理和表示后，形成了信息。

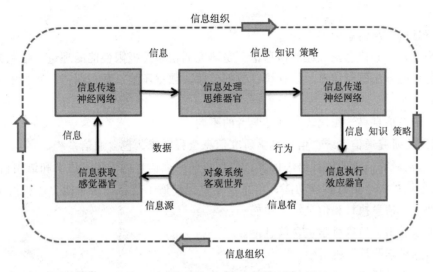

图 1-2　典型信息全过程模型修改图

②"信息传递"过程。信息传递过程的基本原理是通信理论。克服时间或空间的限制，将信息从一点传送到另一点，包括发送、传输、交换和接收等环节，并保障传输的有效性、可靠性和安全性。

③"信息处理"过程。信息处理过程的基本原理是知识论和决策论。钟义信将"信息处理"过程细分为"信息处理"和"信息再生"2 个子过程，并说明"信息处理"过程是将信息加工为知识，"信息再生"过程是将知识加工为策略。笔者认为"信息处理"过程结束后不仅产生策略，同是也产生信息和知识。在过程开始时，要明确是否能进行"信息处理"，也就是可计算问题。在处理过程中，要进行"抽象"和"建模"，这是知识的产生过程，然后要进行"自动化"处理，这是执行策略的形成过程。在信息过程结束后，会同时产生信息、知识和策略（数据、算法和程序）。这些结果的产生是为了在后续活动中解决问题，同时也为执行下一次的"信息处理"做了铺垫。

④"信息执行"过程。信息执行过程的基本原理是控制理论。将信息处理后的信息、知识和策略在实际活动中执行，检验信息是否能有效干预对象的状态和行为，是否解决了实际问题。

⑤"信息组织"过程。信息组织过程的基本原理是系统理论。该过程是对信息全过程的组织、管理和优化，作用类似于认识心理学中的"注意"。既然信息全过程包含了若干个环节，那么就可以把信息全过程看成一个系统。系统的重要特点就是优化，就是由低效转为高效，由无序转为有序。

3．信息科学与其他学科（应用领域）的关系

由信息科学的研究内容可知，信息科学的研究领域已深入到了系统科学、控制科学、认知科学、思维科学等众多相关领域，其研究范围不但包括自然科学领域，也深入到了社会科学领域。目前各学科的发展都不是孤立的，学科之间有着紧密的联系，呈现出学科交叉的特点。信息科学既为其他学科的发展提供了有力支持，也从其他学科中吸取养分，不断促进自身发展。

（1）信息科学与信息论

信息论也称香农信息论、经典信息论，是研究通信系统极限性能的理论。信息论运用概率和数理统计的方法研究信息、信息熵、数据传输、数据压缩、数据纠错、数据安全等问题的学科。

将信息论与信息科学作比较，可见两者的不同：

① 信息论研究通信系统；信息科学研究信息全程系统，包含通信系统。

② 信息论研究信息的统计语法信息；信息科学研究信息的语法、语义和语用信息。

③ 信息论扩展了信息传递功能；信息科学不但扩展了信息传递功能，还扩展了信息获取、信息处理、信息执行和信息组织功能。

从此可以看出，信息科学包含信息论。

（2）信息科学与计算机科学

计算机科学是研究计算机及其周围各种现象和规律的科学，亦即研究计算机系统结构、程序系统（即软件）、人工智能以及计算本身的性质和问题的学科。计算机科学是一门包含各种各样与计算和信息处理相关主题的系统学科。计算机科学的基础是计算学科，计算学科的基本问题是：什么能被（有效地）自动进行。在 20 世纪 30 年代后期，对数量逻辑、计算模型、算法理论和自动计算机器的研究形成了计算学科。目前，计算已成为继理论、实验之后的第三种科学形态。

虽然计算机科学与信息科学都以信息为处理对象，但这两个学科有显著的不同。我国学者钟义信指出主要有两点不同：首先是研究的范畴不同，计算机科学目前主要的研究领域包括可计算性理论、算法设计与复杂性分析、分布式计算理论、并行计算理论、程序语言理论等，而信息科学研究的主要领域包括信息理论、信源理论和信息的获取、信号的相关处理、信息传输的相关处理、模式信息处理、知识信息处理、决策和控制等；其次是计算机科学侧重于计算本质以及基于计算的各种工具的研究和应用，信息科学则侧重于信息本质和基于信息本质的各种信息系统的研究。同时，钟义信也指出两个学科之间的紧密联系，信息科学中的信息处理工作，是依靠计算机技术来完成的；计算机与智能技术处在整个信息技术的核心位置。由此可见计算机科学在信息科学中的地位与作用，这与计算机科学的定义也是一致的。

（3）信息科学与语言学

语言学（linguistics）是以人类语言为研究对象的学科，探索范围包括语言的结构、语言的运用、语言的社会功能和历史发展，以及其他与语言有关的问题。传统的语言学称为语文学，以研究古代文献和书面语为主。现代语言学则以当代语言和口语为主，而且研究的范围大大拓宽。语文学是为其他学科服务的。现代语言学是一门独立的学科。语言学的分支很多，如普通语言学是对多种语言的共同特点与规律做研究；应用语言学是把语言学知识应用于实践；对比语言学是解决翻译或教学问题而对两种语言进行对比研究；神经语言学是研究语言在人的大脑中的表述；计算机语言学是以计算机为工具，对人类的自然语言进行各种处理和加工等。

　　语言是人类最重要的交际工具，所谓"交际"就是交流信息。语言是信息最重要的载体，因此，在我们这个信息化的时代里，语言学的研究与现代信息科学有着不解之缘。1933 年，英国科学家图灵写下《机器能思维吗》一文，并提出：检验计算机智能高低的最好办法就是让计算机来讲英语和理解英语。1946 年第一台计算机问世，人们就提出利用计算机进行机器翻译的设想。1954 年，美国乔治敦大学在 IBM 的资助下，进行了第一次机器翻译试验。经过几十年的发展，信息科学渗透到了语言形态学、句法学、语音学、文字学、语义学等各个方面，促进了语言学的现代化。同时，语言学也在促进信息科学的发展。由语言学家乔姆斯基提出的上下文无关文法，与高级程序设计语言的形式描述 BNF 范式是等价的，引起了计算机学界的关注。面对高级程序设计语言 AlgoL60 的二义性问题，乔姆斯基从理论上证明了这种程序设计语言是否有二义性是不可判定的。乔姆斯基的形式语言理论成为计算机科学的基石之一，有力推动了计算机科学的发展。由此可见，信息科学与语言学是相互促进、共同发展的两个学科，并由此催生了一门交叉性学科的产生——计算机语言学。

（4）信息科学与管理学

　　管理学是系统研究管理活动的基本规律和一般方法的科学。管理学是适应现代社会化大生产的需要产生的，它的目标是：研究在现有的条件下，如何通过合理的组织和配置人、财、物等因素，提高生产力的水平。管理学是一门综合性的交叉学科。管理学的分支很多，如企业管理是对企业的生产经营活动进行计划、组织、协调和控制等；项目管理是指为了完成特定的项目，在既定的时间、预算和质量目标范围内，把人员、方法和系统有机组织起来完成相关各项工作；行政管理是运用国家权力对社会事务的一种管理活动，现代行政管理多应用系统工程思想和方法，以提高效能和效率；知识管理是为组织实现显性知识与隐性知识的创新与共享，形成知识的循环与再生，并不断回馈给组织，以提高组织的应变和创新能力；教育管理学是研究教育管理过程及其规律的科学；信息管理学是从管理学的角度，运用信息科学的相关理论与方法来研究信息、分析和解决管理问题的一门交叉学科。

　　纵观管理学的发展史，我们可以看到：每一时期的信息技术进步和管理理论的发展是相互适应的，信息技术的进步推动着管理学的发展，而管理学的发展又推动着信息技术的进步。以计算机为主的信息技术为例，计算机辅助管理大体经过了 4 个发展阶段：首先是事务处理阶段，在 1954 年美国首先将计算机技术应用于管理，当时只是用于工资单的处理，计算机只是作为计算工具使用，部分替代人的手工劳动，完成整个管理过程中的某个环节的工作，主要采用电子数据处理技术；其次是系统处理阶段。20 世纪 60 年代初，为了满足企业管理对信息综合、系统、及时性的需求，人们设计开发了管理信息系统，在企业管理中处理管理信息，并辅助决策，这时的计算机系统不只是计算工具，而是具有系统性、综合性和有效支持的信息处理系统，采用了数据库技术和网络技术；再次是支持决策阶段。20 世纪 70 年代初，为了满足企业在管理中决策的需要，人们设计开发了决策支持系统，主要支持管理中的半结构化决策。除了采用数据库技术和网络技术外，还应用了人工智能技术；最后是综合服务阶段。为了满足管理中实现信息的集成管理，并为人的智能活动提供支持，人们设计开发了综合服务系统，解决包括人们的工作、学习和生活各方面的综合信息需求。主要采用高速网络技术、多媒体处理技术和人工智能技术等。

信息科学与管理学沿着相互促进、相互影响的轨迹前进。信息技术为全球管理领域提供了强而有力的信息处理手段，技术的进步也推动着管理学理论的发展，后现代管理理论的演变就是例子；在管理过程中出现的新问题和新需求，也反过来促进了信息技术的进步。

（5）信息科学与经济学

经济学是研究人类社会在各个发展阶段上的各种经济活动和各种相应的经济关系及其运行、发展规律的学科。一般来说，可将经济学分类为"宏观经济学"和"微观经济学"。宏观经济学主要研究地区、国家的经济活动和经济运行规律；微观经济学主要研究社会中个体经济单位的经济行为。1776 年亚当·斯密所著的《国富论》是近代经济学的奠基之作，这本专著由中国近代教育家严复翻译成中文，亚当·斯密也被称为经济学之父。

信息科学的研究成果促进了信息技术的进步，而以信息技术为主的信息革命对经济学产生了深远的影响。我国经济学家乌家培认为对经济学的影响主要表现在 3 个方面：首先是经济学的研究对象发生深刻变化，传统经济学以研究物质资料为主，研究对象总与"物质"或"能源"有关，信息科学使经济学的研究范围扩大到了与信息相关的对象。经济学的研究对象除了物质、能源外，还增加了信息；其次是经济学的研究内容大为丰富，由于信息作为了研究对象，经济学家在把信息引入经济学研究领域后，逐渐认识到信息在经济领域里是不完全的、有成本和非对称的，这与传统经济学研究中关于信息是完全的、无代价和分布均匀的假设相矛盾，从而使传统经济学的一系列结论得以改进和完善；最后是经济学研究方法的多样化和研究手段的现代化，信息方法和信息模型在经济和管理问题的研究中颇有成效，如根据信息流程的变化对经济管理组织进行再设计和重新调整就是一例；虚拟技术和人工智能为经济研究提供了高效和仿真的手段，可模拟不同经济政策所产生的各种结果和影响。

我们以互联网络为例，看一下信息技术对经济领域的影响。互联网络的迅速普及和发展，正在改变了人们的学习、工作方式和生活方式，而互联网在经济领域里孕育出了一种新的经济形态：网络经济。网络经济主要指依托以互联网为载体的信息技术来开展的经济活动，也就是把日常的实体经济活动，通过互联网的映射，转变为电子的、虚拟的经济活动。网络经济是一种高级的经济发展形态，它催生了网络内容服务商（如百度、新浪）和电子商务（网络商店、网上银行），未来的网络虚拟经济社区甚至是网络虚拟经济社会也会随着网络经济的发展而产生。网络经济的产生，预示着传统经济学中的一些规则将被改变。如传统经济学中最基本的原理之一就是资源的稀缺程度决定其价值高低，即所谓的"物为稀为贵"。但这一规律到了网络经济中就正好相反，网络经济中的规律是：数量越多，价值越高。如网站建设，只有访问量越大，网站才越有价值。

（6）信息科学与艺术学

所谓艺术学，是指研究艺术整体的科学，即艺术学是指系统性的研究关于艺术的各种问题的科学。艺术学的体系庞大，包括美术学、音乐学、戏剧学、电影学、舞蹈学、曲艺学等，其中美术学又包括绘画、设计、雕塑、陶艺、书法等。

最早获诺贝尔奖的华人李政道教授说过："科学与艺术是一枚硬币的两个面，它们是一个统一体。"信息技术的飞速发展，为艺术创作提供了新的手段与载体，使得艺术在创作群体、创作方式、创作效率和传播手段上发生了深刻的变化。在艺术设计领域，由于计算机辅助设计软件（如 Flash）具有精度高，色彩丰富，便于修改、保存、演示的特点，使得越来越多的设计人员和学习者开始运用设计软件来进行创作。加之计算机辅助设计软件的易用性正在不断提高，即使没有经过职业训练的计算机使用者，经过短暂的学习后，凭借他们的计算机和相关辅助设计软件，就可以克服传统绘画中技法与技巧的障碍，制作出可以令专业设计师吃惊的作品，并随时利用博客、微博将作品上传至互联网进行分享与交流。有了信息技术的支持，"人人都是艺术家"并不是一句空话。在电影制作领域，信息技术对电影制作产生了革命性的作用。CG（Computer Graphics）技术与电影创作的结合，可以制作出宏大场景和逼真效果，逐渐使影视制作理念、制作方式、制作效率，以及制作人员组成、存储和传播手段发生了深刻变革，当代数字化电影超越了传统电影并创造了电影业的奇迹。从 2001 年的电影《指环王》到 2010 年的电影《阿凡达》所带给观众叹为观止的震撼并在市场中取得优异的票房成绩，就是最有力的说明。

（7）信息科学与传播学

传播学是研究人类一切传播行为和传播过程发生、发展的规律以及传播与人和社会的关系的学问，是研究社会信息系统及其运行规律的科学。简言之，传播学是研究人类如何运用符号进行社会信息交流的学科。传播学是一门边缘、交叉和综合性的学科，与政治学、经济学、社会学、心理学、语言学等学科都有关系，并且在研究过程中借鉴了信息论、控制论和系统论的研究成果。传播学一般可划分为自我传播、人际传播、大众传播、组织传播和网络传播。传播学的经典著作有李普曼的《公众舆论》，拉扎斯菲尔德的《人民的选择》等。

信息科学是以信息为主要研究对象，以信息过程的运动规律为研究内容的科学。信息科学起初对信息的研究主要集中于自然科学领域和工程领域，较少关注社会信息传播领域。近年来，随着信息科学的发展和信息技术在社会各领域的广泛应用，信息科学与传播学的综合研究和应用也成了许多学者关注的焦点，信息技术在传播领域的应用使传播学进入了电子传播阶段，并由此而产生了一种新的传播形态——网络传播，网络传播的产生对传统传播学产生了重大影响。南京大学教授杜骏飞指出网络传播对传播学理论提出了挑战：网络传播集人际传播、群体传播和大众传播为一体，从而创造了一个几乎完全属于传播的世界——虚拟世界。它集各种传统媒介的传播特性于一身，通过互动性和泛层性模糊了传者与受众的区别。在这些传播特点面前，以经验主义研究为主流的传播学理论出现了阐释上的困难，传统传播学的基本概念、研究框架和核心观念也或多或少地受到了冲击。

信息技术也使传统传媒业在发生改变。传统的新闻、出版和广告业面对信息革命的浪潮，积极探索利用信息技术改善自身信息服务的方式和途径，传媒业开始了信息化、数字化的进程。在 20 世纪 90 年代，传媒业就将局域网技术和 ERP 系统引入到内部管理上，对传统的采编、流程管理进行信息化处理。随着互联网的迅猛发展，传媒业吸纳互联网"开放、平等、包容、分享"的精神，采用了网站、论坛、博客、微博和移动终端等新技术应用，对受众提供符合时代需求的服务，推动了本行业的发展，促使了网络新闻业、网络出版业和网络广告业的产生。

1.1.3 信息技术

信息技术是现实信息科学理论的手段和方法，属于信息科学的技术应用层面。

1. 信息技术的定义

由于信息技术在社会各领域中广泛应用，所以各领域对信息技术的定义也有不同的表述。

① 信息技术（Information Technology，IT），是主要用于管理和处理信息所采用的各种技术的总称。它主要是应用计算机科学和通信技术来设计、开发、安装和实施信息系统及应用软件。它也常被称为信息和通信技术（Information and Communications Technology，ICT）。主要包括传感技术、计算机技术和通信技术。

② 信息技术是指对信息的搜集、存储、传递、分析、使用等的处理技术和智能技术。

③ 信息技术是指在计算机和通信技术支持下用以获取、加工、存储、变换、显示和传输文字、数值、图像以及声音信息，包括提供设备和提供信息服务两大方面的方法与设备的总称。

④ 从技术的本质意义上讲，信息技术就是能够扩展人的信息器官功能的一类技术。

⑤ 前面 3 个定义是围绕信息的运动过程和规律来对信息技术进行定义，定义 4 是从信息技术的目标和本质来定义。

2. 信息技术的"四基元"

人类在自身的发展过程中，需要不断地增强信息处理能力，才能适应复杂多变的外部环境。从"典型信息全过程模型修改图"中可以看到，人类自身天然的信息处理器官，主要包括感觉器官、神经器官、思维器官和效应器官，这些器官在功能和效用上有所局限，不能满足人类信息活动的实际需要。

信息技术的目标就是要扩展人的信息器官功能，弥补天然信息器官在功能和效用上的不足。从"典型信息全过程模型修改图"中可以看到，人对信息处理需要经过信息获取、信息传递、信息处理和信息执行 4 个基本阶段。由这 4 个基本阶段，可以用感测技术、通信技术、计算机和智能技术、控制技术来完成各阶段的主要工作。感测技术可以扩展人的感觉器官收集各类信息的能力；通信技术可以扩展人的神经器官传输信息的能力；计算机和智能技术可以扩展人的思维器官处理、存储和决策的能力；控制技术可以扩展人的效应器官对外部事物、事件的运动状态实施操控的能力。信息技术是指感测、通信、计算机和智能以及控制等技术的整体。可见，信息技术的"四基元"是一个完整的体系，如图 1-3 所示。

信息技术有不同的分类方式。如果按照信息的运动过程，可将信息技术分为信息获取技术、信息传递技术、信息处理技术和信息控制技术。如果按照信息的载体形式，可将信息技术分为电磁信息技术、电子信息技术、光信息技术、生物信息技术和量子信息技术。电磁信息技术的载体是电磁波，典型技术有移动通信、微波技术等；电子信息技术的载体是电子，典型技术有微电子技术、电子计算机等；光信息技术的载体是光波，典型技术有光通信技术、光计算技术等；生物信息技术的载体是蛋白质，典型技术有生物逻辑器件、生物计算机等；量子信息技术的载体是微观粒子，典型技术有量子通信技术、量子计算技术等。

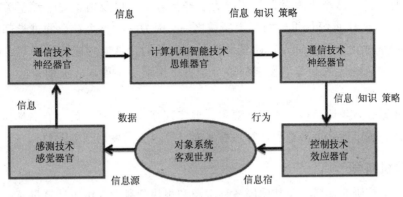

图 1-3　信息技术"四基元"

1.2　计算机科学

目前，以计算机为代表的计算机和智能技术是社会各领域应用最为普及、最为深入的信息技术。计算机和智能技术是信息技术中的关键技术，主要完成信息处理任务。除此之外，在信息收集、信息传递、信息控制和信息管理的环节中，计算机和智能技术也起到了重要作用。也就是说，计算机和智能技术贯穿于信息处理全过程。计算机和智能技术功能和作用的发挥，在形式上是通过计算来完成的。

一般来说，计算就是把一个符号串变换成另一个符号串。计算是人类的基本技能，也是进行科学研究的工具。在传统自然科学和人文社会科学的研究过程中，一般采用理论研究或实验研究，而计算是进行研究时有力的辅助手段。随着计算机技术的迅猛发展，高性能计算已成为可能，从而能够直接有效地为各领域的科学研究服务。计算由原来的数学概念和数值符号计算方法，扩展为科学概念和认识问题、解决问题的方法。美国能源部发布的报告认为，高端计算目前已经与理论研究、实验手段一起，成为获得科学发现的三大支柱。随着计算机科学、通信技术的迅速发展，计算成为科学发展的一种重要手段已被科学界广泛认同，从而产生了一门新兴交叉科学——计算科学。

1.2.1　计算科学

从计算和计算机的角度，可以对计算科学有不同的定义：

① 计算科学又称科学计算，是一个与数学模型构建、定量分析方法以及利用计算机来分析和解决科学问题相关的研究领域。在实际应用中，计算科学主要应用于：对各个科学学科中的问题进行计算机模拟和其他形式的计算。

② 计算科学是应用高性能计算能力预测和了解客观世界物质运动或复杂现象深化规律的科学，它包括数值模拟、工程仿真、高效计算机系统和应用软件等。

计算科学对国家的科技创新和经济高速发展具有战略意义。美国总统信息技术顾问委员会在 2005 年向美国总统提交的报告"计算科学：确保美国的竞争力"中，就将计算科学提高到国家核心科技竞争力的高度。报告认为，计算科学是运用高级计算能力来理解和处理复杂问题的学科，已经成为对科学领导力、经济竞争力以及国家安全都至关重要的一门科学。计算科学是 21 世纪最重要的技术领域之一，因为它对整个社会的进步都是十分重要的。报告中列举对龙卷风的研究，计算科学通过高端的计算能力能够让研究者研究到龙卷风的内部去，调查龙卷风起源到发展的整个过程中温度、湿度、气流的紊乱、气压和风之间复杂的相互影响。

高性能计算能力是计算科学的关键要素，要实现高性能计算，就要有高性能计算机和相关技术的支持，所以计算机科学和计算机技术对计算科学的发展至关重要。

1.2.2　计算机科学

计算机科学是研究计算机及其周围各种现象和规律的科学。由于计算机是一种进行算术和逻辑运算的机器，而且对于由若干台计算机连接而成的系统还存在通信问题，并且处理的对象都是信息，因此，计算机科学也是研究信息处理的科学。

计算机科学领域包括理论计算机科学和应用计算机科学。理论计算机科学包括计算理论、信息与编码理论、算法、程序设计语言理论、形式化方法、并发并行和分布式系统、数据库和信息检索；应用计算机科学包括人工智能、计算机体系结构与工程、计算机图形与视觉、计算机安全和密码学、信息科学和软件工程。

计算机科学理论在第一台计算机出现以前就已存在了，"图灵机"计算模型的提出推动了计算机科学的研究与发展，在发展的过程中，计算机科学从电子工程、数学和语言学中不断吸取养分，在 20 世纪的最后 30 年间成为一门新兴的独立学科，计算机科学是科学、工程和艺术的结晶。由 ACM 设立的图灵奖，从 1966 年开始每年颁授一次，被誉为计算机科学的"诺贝尔奖"，是计算机科学领域的最高奖项。华人姚期智教授凭其对复杂性理论、随机理论、密码学及通信复杂性研究的卓越贡献，获得了 2000 年图灵奖。

计算机科学的分支众多，研究内容丰富。随着时间的推移，计算机科学与技术推动着人类社会的进步，其应用深入到了社会各领域，计算机也成为了社会各阶层人士的日常使用工具。那么，是什么使计算机科学与技术达到如此广泛和深入的应用程度？这和人们对计算机科学各分支领域的持续研究是分不开的。计算机科学主要的研究领域有计算理论、算法、并发并行和分布式系统、数据库和信息检索，以及工智能等。

1. 计算理论

计算理论是研究计算的过程和功效的数学理论，是对计算本质的探索与研究。计算理论关注的问题是"什么能够被有效地自动执行？"，其中包括哪些是能计算的、哪些是不能计算的，对于能计算的采用什么计算模型，在实施计算时需要多少时间和空间。计算理论主要包括算法、计算复杂性理论、可计算性理论、形式语言理论和自动机理论等。

2. 算法

算法是指解题方案的准确而完整的描述，是一系列解决问题的清晰指令，算法代表着用系统的方法描述解决问题的策略机制。算法的特征包括：应有确定的输入信息；应有确定的输出信息；算法的描述无歧义，具有明确性；算法必须在有限的步骤内完成，具有有限性；算法是可以实现的，具有有效性。基本的算法有列举法、归纳法、递归和回溯法等，算法的质量优劣和效率是通过算法时间复杂度和算法空间复杂度来衡量的。算法是计算能够自动执行的重要保障，是计算机科学的基石。

3．并发、并行和分布式系统

并发是指在一个时间段内，有若干个计算处于启动到运行完毕之间，且这些计算都被同一计算处理者处理，但任一时刻点上只有一个计算被处理。在网络数据库中，数据库管理系统使用并发机制，控制多个用户同时对共享数据访问或修改，从而保障数据被正常访问而不发生冲突与错误。并行是指在一个时间段内，有若干个计算处于启动到运行完毕之间，且这些计算同时被若干个计算处理者处理，一个计算处理者处理一个计算对象。将并行的概念运用到网络上，就形成了分布式系统。分布式系统是建立在网络上的软件系统，把网络上的多台计算机连接起来，利用网络通信的便捷和多台计算机的综合计算能力，把复杂的计算任务分布到各台计算机进行处理，最后统一形成计算结果。对分析蛋白质的内部结构，需要惊人的计算量，通过分布式系统，就利用了互联网上成千上万台闲置的计算机。另外，分布式系统的发展对云计算的商业实现提供了有力支持。

4．数据库和信息检索

数据库是具有规范的结构形式并以电子化文件的形式存放，能被访问对象所共享的数据集合。对数据库的操作要通过数据库管理系统来实现，数据库管理系统是负责对数据库进行组织、操纵、维护、控制及保护等操作，是数据库系统的核心，是一种系统软件。如 Orcale、SQL Server、FoxPro、Access 等。数据库和数据库管理系统为信息检索提供了技术支持，基于数据库的信息检索是高效的检索。信息检索是指信息按一定的方式组织起来，并根据信息用户的需要找出有关信息的过程和技术。狭义的信息检索就是信息检索过程的后半部分，即从信息集合中找出所需要的信息的过程，也就是我们常说的信息查寻。

5．人工智能

人工智能是研究、开发用于模拟、延伸和扩展人的智能的理论、方法、技术及应用系统的一门新的技术科学。人工智能通常通过计算机来实现，该领域的研究包括模式识别、问题求解、自然语言处理、专家系统、机器人学等。自 1956 年开始，人工智能吸引了众多学科和不同专业背景的研究者投入这个领域的研究，发展成为一门广泛的交叉和前沿科学。随着信息技术，特别是计算机技术和网络技术的发展，使人工智能获得了长足进步和更为广泛的应用空间。1997 年 5 月 11 日，IBM 的 RS6000SP2 并行处理计算机（深蓝）战胜了国际象棋大师卡斯帕罗夫。同年 6 月，美国科学家麦卡锡在《科学》杂志发表对《卡斯帕罗夫对深蓝》一书的评论："上个月 IBM 的深蓝计算机战胜国际象棋世界冠军卡斯帕罗夫，这标志着长达22 年之久的'人工智能'工程实践达到了相当水准。这也是体坛上的一件大事。"

人类社会的发展被科学的进步推动着，科学的进步又离不开科学思维。科学思维通常是指理性认识及其过程，即经过感性阶段获得的大量材料，通过整理和改造，形成概念、判断和推理，以便反映事物的本质和规律。人类正因为通过科学思维认识了自然界、人类社会的本质和客观规律，才能采取行之有效的行动去改造自然界和完善人类社会，并促进它们的和谐同存与发展。同样，计算机科学的进步也离不开具有自身显著特点的科学思维——计算思维。

1.2.3　计算思维的概念、特征和本质

科学思维是人类认识世界和改造世界的思维方式，科学思维又分为理论思维、实验思维和计算思维。理论思维以数学学科为代表，以推理和演绎为特点，对应于理论科学。实验思维以物理学为代表，以观察和归纳为特点，对应于实验科学。计算思维以计算机学科为代表，以设计和构造为特征，对应于计算科学。

1．计算思维的概念

计算思维又称构造思维。目前有学者将计算思维分为广义和狭义两种，广义的计算思维指人类思维中属于构造性思维的部分；狭义的计算思维指计算科学中的构造性思维。

2006 年美国卡内·基梅隆大学周以真教授在计算机权威期刊"*Communications of the ACM*"杂志上发表论文"*Computational Thinking*"，提出了计算思维。周以真教授认为：计算思维是运用计算机科学的基础概念进行问题求解、系统设计，以及人类行为理解等涵盖计算机科学之广度的一系列思维活动。

周以真教授为了让人们更易于理解，又将它更进一步地定义为：通过约简、嵌入、转化和仿真等方法，把一个看来困难的问题重新阐释成一个我们知道问题怎样解决的方法；是一种递归思维，是一种并行处理，是一种把代码译成数据又能把数据译成代码，是一种多维分析推广的类型检查方法；是一种采用抽象和分解来控制庞杂的任务或进行巨大复杂系统设计的方法，是基于关注分离的方法；是一种选择合适的方式去陈述一个问题，或对一个问题的相关方面建模使其易于处理的思维方法；是按照预防、保护及通过冗余、容错、纠错的方式，并从最坏情况进行系统恢复的一种思维方法；是利用启发式推理寻求解答，也即在不确定情况下的规划、学习和调度的思维方法；是利用海量数据来加快计算，在时间和空间之间，在处理能力和存储容量之间进行折中的思维方法。

2．计算思维的特征

① 是概念化而不是程序化。像计算机科学家那样去思维意味着能够在抽象的多个层次上思维，而不是只能为计算机编程。计算机科学不只是计算机编程，就像音乐不只是编曲填词。

② 是根本的而不是刻板的技能。根本技能是每一个人为了在现代社会中发挥职能所必须掌握的，我们每个人不仅应掌握读、写、算的技能，还要学会计算思维。刻板技能意味着机械地重复。

③ 是人的而不是计算机的思维方式。计算思维是人类求解问题的一条途径，但绝非要使人类像计算机那样地思考。计算机枯燥且沉闷，人类聪颖且富有想象力。是人类赋予计算机激情。配置了计算设备，我们就能用自己的智慧去解决那些在计算时代之前不敢尝试的问题，达到"只有想不到，没有做不到"的境界。

④ 数学和工程思维的互补与融合。计算机科学在本质上源自数学思维，因为像所有的科学一样，其形式化基础建筑于数学之上。计算机科学又从本质上源自工程思维，因为我们建造的是能够与实际世界互动的系统，基本计算设备的限制迫使计算机科学家必须计算性地思考，不能只是数学性地思考。构建虚拟世界的自由使我们能够设计超越物理世界的各种系

统。我国桂林电子科技大学董荣胜教授指出计算机学科的 3 种形态：抽象、理论和设计，科学地说明了计算机科学对数学和工程思维的互补与融合。

⑤ 是思想而不是人造物。不只是我们生产的软件硬件等人造物将以物理形式到处呈现并时时刻刻触及我们的生活，更重要的是计算的概念被我们用来求解问题、管理日常生活、与他人交流和互动。

⑥ 是面向所有的人和所有地方。当计算思维真正融入人类活动的整体以至不再表现为一种显式之哲学时，它就将成为一种现实。对大学生而言，掌握计算思维，并将它作为一个问题解决的有效工具，去解决今后的学习、工作、生活中遇到的相关问题。

3．计算思维的本质

计算思维的本质是抽象（Abstract）与自动化（Automation）。计算思维的本质反映了计算的根本问题：什么能够被有效地自动进行。周以真教授认为，计算思维中的抽象完全超越了物理的时空观，完全用符号来表示。与数学和物理科学相比，计算思维中的抽象显得更为丰富，也更为复杂。数学抽象的重大特点是抛开现实事物的物理、化学和生物学等特性，而仅保留其量的关系和空间的形式，而计算思维中的抽象却不仅仅如此。如计算机科学中的堆栈、算法和程序，就是抽象的实例。计算思维中的抽象最终是要能够机械地一步步自动执行。为了确保机械的自动化，就需要在抽象的过程中进行精确和严格的符号标记和建模，同时也要求计算机系统或软件系统生产厂家能够向公众提供各种不同抽象层次之间的翻译工具。

如果说计算思维从思维的角度来讨论学科的根本问题，我国桂林电子科技大学董荣胜教授也从方法论的角度来探讨了学科的根本问题。董荣胜教授认为，计算学科中最原始的概念为：抽象、理论和设计，以学科中的"认知从感性认识（抽象）到理性认识（理论），再由理性认识（理论）回到实践（设计）"作为唯一原始命题，构建了计算学科认知领域的理论体系，完成了计算学科认知模型框架的构建。抽象、理论和设计的概念与计算思维最基本的概念（抽象与自动化）都是反映计算最根本的问题：什么能够被有效地自动进行。它们之间互补性很强，可以相互促进。

4．计算模型

计算模型是刻画计算的抽象的形式系统或数学系统。在计算科学中，计算模型是指具有状态转换特征，能够对所处理对象的数据或信息进行表示、加工、变换和输出的数学机器。

（1）图灵机

1936 年，英国数学家图灵发表论文"论可计算数及其在判定问题中的应用"而获得史密斯奖，在文中他提出一种理论计算机的抽象模型，利用这种模型可实现通用计算，这就是著名的"图灵机"。

图灵的基本思想是用机器来模拟人们用纸和笔进行数学运算的过程，他把这样的过程看作下列两种简单的动作：首先是在纸上写上或更改某个信息；其次是把关注点从纸的一个位置移动到另一个位置。当计算者要进行下一步的处理时，取决于此人当前所关注的纸上某个位置的信息和此人当前思考的状态。

图灵构造出一台假想的机器，以便模拟人的这种运算过程，如图 1-4 所示。

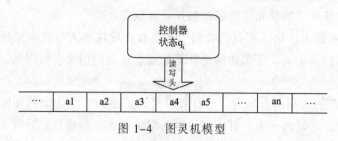

图 1-4　图灵机模型

该机器由以下几个部分组成：

① 一条无限长的纸带。纸带被划分为均匀的方格，每个格子上可写一个来自有限字母表的符号（含空白符）。纸带上的格子从左到右依此被编号为 0，1，2…，纸带的两端可以无限伸展。

② 一个读写头。读写头可以读出当前方格内的符号，并按控制规则在纸带上左右移动，改变当前方格内的符号。

③ 一套控制规则。根据当前状态和当前读写头所指的方格内的符号，确定读写头下一步的操作，改变状态寄存器的值，使机器进入一个新的状态。

④ 一个状态寄存器。用来保存图灵机当前所处的状态。图灵机的所有可能状态的数目是有限的，并且有一个特殊的状态，称为停机状态。

图灵机是一个理想的计算设备，可以计算初始递归函数，因此也可以计算任何原始递归函数，图灵认为这样的一台机器就能模拟人类所能进行的任何计算过程。图灵机不仅具有模拟现代计算机的计算能力，并且蕴含了存储程序的思想。

（2）冯·诺依曼机

1946 年 2 月 14 日在美国宾夕法尼亚大学，世界上第一台电子计算机 ENIAC 诞生。ENIAC 可以在一秒钟内完成 5 000 次加法运算，速度是当时手工计算的 20 万倍。ENIAC 在结构上是根据机电系统设计，没有存储器，程序要通过外接电路输入。美国数学家冯·诺依曼等人在图灵机的基础上，于 1945 年发表论文《电子计算机逻辑结构初探》，在文中提出了存储程序的新思想，确立了计算机系统结构及实现方法，并开始研制存储程序式计算机 EDVAC。后来人们把具有这种结构的计算机统称为冯·诺依曼机。

冯·诺依曼机由五部分组成，如图 1-5 所示：

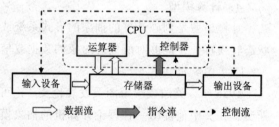

图 1-5　冯·诺依曼机模型

① 运算器。实现算术、逻辑和关系运算。

②控制器。对运算过程进行协调控制，控制器与运算器一起组成了计算机的核心——CPU。

③ 存储器。存放指令与数据，存储器可读可写。

④ 输入设备。用于程序与数据的输入。

⑤ 输出设备。用于计算结果的输出。

冯·诺依曼机的主要思想是存储程序和程序控制。在计算机中设置存储器，将二进制形式的指令（程序）和数据存放在存储器中。计算机在工作时，依次从存储器中取出指令（程序）并逐条执行，完成对数据的计算并形成结果，从而实现计算机工作的自动化。冯·诺依曼机的体系结构是现代计算机的基础，现在大多计算机仍是冯·诺依曼计算机的体系结构。

5. 计算之树

哈尔滨工业大学的战德臣教授和一些年轻学者们，对计算学科内容进行了以经典计算思维为目标的提取和系统化的论述工作，提出了富有深度的计算思维表述框架——"计算之树"。本书中关于"计算之树"的插图和论述均引自战德臣等所著的论文——《计算之树—— 一种表述计算思维知识体系的多维框架》。

自 20 世纪 40 年代以来，计算技术与计算系统的发展好比一棵枝繁叶茂的大树，不断地成长与发展，我们称之为"计算之树"，如图 1-6 所示。

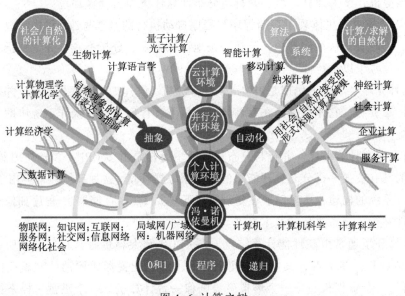

图 1-6　计算之树

（1）"计算之树"的树根——计算技术与计算系统的奠基性思维

在计算技术和计算系统的技术和思想中，"0 和 1""程序""递归"三大思维最为重要。

计算机本质上是由"0"和"1"为基础来实现的，各种信息也都可以转换成"0"和"1"，然后进行处理，提供给我们使用。计算机硬件的逻辑运算也在实施"0"和"1"的运算，所以"0"和"1"既是计算系统实现的基础，又是硬件和软件的纽带，是最重要的一种计算思维。

系统可被认为由基本动作及基本动作的各种组合构成。因此实现一个系统仅需实现这些基本动作，以及实现一个控制基本动作组合与执行次序的机构。对基本动作的控制就是指令；而指令的各种组合及其次序就是程序。系统可以按照"程序"控制"基本动作"的执行以实现复杂的功能。计算机或计算系统就是能够执行各种程序的机器或系统，指令与程序的思维就是一种重要的计算思维。

递归是计算技术的典型特征，是可以用有限的步骤描述实现近于无限功能的方法。它借鉴的是数学上的递推法，在有限步骤内，根据特定法则或公式，对一个或多个前面的元素进行运算得到后续元素，以此确定一系列元素的方法。从前往后的计算方法，即依次计算第 1 个元素值（或者过程）、第 2 个元素值…直到计算出第 n 个元素值的方法被称为迭代方法。在有些情况下，从前往后计算并不能直接推出第 n 个元素，这时要采取从后往前的倒推计算，即通过"调用—返回"计算模式，即第 n 个元素的计算调用第 $n-1$ 个元素的计算，第 $n-1$ 个元素的计算调用第 $n-2$ 个元素的计算，直到调用第 1 个元素的计算才能得到值，然后返回去计算第 2 个元素值，第 3 个元素值…直至得到第 n 个元素的值，这种构造方法被称为递归方法。可以认为，递归包含了迭代，而迭代包含不了递归。递归是实现问题求解的一种重要的计算思维。

（2）计算之树的树干——通用计算环境的进化思维

计算之树的树干体现的是通用计算环境，即计算系统的发展与进化。基本上分为 4 个阶段：冯·诺依曼机、个人计算环境、并行与分布计算环境和云计算环境。

① 冯·诺依曼计算机体现了存储程序与程序自动执行的基本思维。程序和数据事先存储于存储器中，由控制器从存储器中一条接一条地读取指令、分析指令，并依据指令按时钟节拍产生各种电信号予以执行。

② 个人计算环境本质上仍旧是冯·诺依曼计算机，但其扩展了存储资源，并引入了操作系统以管理计算资源，它体现的是在存储体系环境下，程序如何在操作系统协助下被硬件执行的基本思维。

③ 并行与分布计算环境。并行与分布计算环境通常是由多 CPU（多核处理器）、多磁盘阵列等构成的具有较强并行分布处理能力的复杂服务器环境，这种环境通常应用于局域网络/广域网络计算系统的构建，其体现了在复杂环境下（多核、多存储器），程序如何在操作系统协助下被硬件并行、分布执行的基本思维。

④ 云计算环境通常由高性能计算结点（多 CPU）和大容量磁盘存储节点所构成，为充分利用计算结点和存储节点，其能够按使用者需求动态配置形成所谓的"虚拟机"和"虚拟磁盘"，而每一个虚拟机、每一个虚拟磁盘则像一台计算机、一个磁盘一样来执行程序或存储数据。它体现的是"按需索取、按需提供、按需使用"的一种计算资源虚拟化服务的基本思维。

（3）计算之树的双色枝权——交替促进与共同进化的问题求解思维

利用计算手段进行面向社会/自然的问题求解思维，主要包含交替促进与共同进化的两个方面——算法和系统。

① 算法。算法被誉为计算系统的灵魂，是一个有穷规则的集合，它用规则规定了解决某一特定类型问题的运算序列，或者规定了任务执行或问题求解的一系列步骤。问题求解的关键是设计算法，设计可实现的算法，设计可在有限时间与空间内执行的算法，设计尽可能快速的算法。

② 系统。尽管系统的灵魂是算法，但仅有算法是不够的，系统是计算与社会/自然环境融合的统一体，它对社会/自然问题提供了泛在的、透明的、优化的综合解决方案，是由相互

联系、相互作用的若干元素构成且具有特定结构和功能的统一整体。设计和开发计算系统（如硬件系统、软件系统、网络系统、信息系统、应用系统等）是一项综合的复杂工作。如何对系统的复杂性进行控制，化复杂为简单；如何使系统相关人员理解一致，采用各种模型（更多的是非数学模型，用数学化的思维建立起来的非数学模型）来刻画和理解一个系统；如何优化系统的结构（尤其是整体优化），保证可靠性、安全性、实时性等系统的各种特性——这些都需要"系统"或系统科学的思维。

（4）计算之树的树枝——计算与社会/自然环境的融合思维

计算之树的树枝体现的是计算学科的各个分支研究方向，如智能计算、普适计算、个人计算、社会计算、企业计算、服务计算等，也体现了计算学科与其他学科相互融合产生的新的研究方向，如计算物理学、计算化学、计算生物学、计算语言学、计算经济学等。

① 社会/自然的计算化。由树叶到树干，体现了社会/自然的计算化，即社会/自然现象的计算表达与推演，着重强调利用计算手段来推演/发现社会/自然规律。换句话说，将社会/自然现象进行抽象，表达成可以计算的对象，构造对这种对象进行计算的算法和系统，来实现社会/自然的计算，进而通过这种计算发现社会/自然的演化规律。

② 计算/求解的自然化。由树干到树叶，体现了计算/求解的自然化，着重强调用社会/自然所接受的形式或者说与社会/自然相一致的形式来展现计算及求解的过程与结果。例如，将求解的结果以听觉、视觉（多媒体）、触觉的形式（虚拟现实），现实世界可感知的形式（自动控制）展现。

计算思维是计算学科和计算机学科的重要思想，对于其他学科的专业人员来说，计算思维也是一种极具价值和影响深远的思想。在不久的将来，各学科专业的学生只要掌握了计算思维的基本思想，就可利用计算机或计算机技术从事以下两类工作：一是应用计算手段进行各学科研究和创新，例如，艺术类学科可通过一些计算模型产生大量数据，通过计算、模拟与仿真等获取创新灵感，产生新的艺术品或艺术形态；二是支持各学科研究创新的新型计算手段。例如，从事语言教学工作的人能否将其教学经验凝练于一个计算手段（软件或硬件）中，使广大语言学习者也能够很方便地基于该计算手段进行高效的语言学习和应用。

创新需要整合。这种面向不同学科创新的新型计算手段的研究尤其需要复合型人才，即一方面理解学科专业的研究对象与思维模式，另一方面理解计算思维。

6. 问题解决

英国哲学家卡尔·波普尔曾说过："All Life is Problem Solving"（全部的生活都是问题解决）。科学的进步和知识的增长，存在于不断地发现问题和解决问题的过程中。可以这样说，科学发展史就是问题发现和问题解决的历史。

（1）在认知心理学中，一般来说问题解决的过程如图 1-7 所示。

在问题解决的过程中，第一步是发现问题，发现问题是问题解决的前提；第二步是表征问题或称分析问题，包括分析问题的起始状态和目标状态、了解要求和条件、构建问题空间、找出已知信息和它们的联系等，表征问题可用符号、表格、图形和视频来实现；第三步是选择策略与方法，包括思考问题解决的计划、方案、策略，采用什么样的方案和途径等；第四步是实施方案和评价结果，并根据结果再分别进行处理。如果不成功，就分析出错的原因，并返回到之前的某个步骤重新处理。

（2）在信息科学中，从信息处理的流程，问题解决的一般过程如图1-8所示。

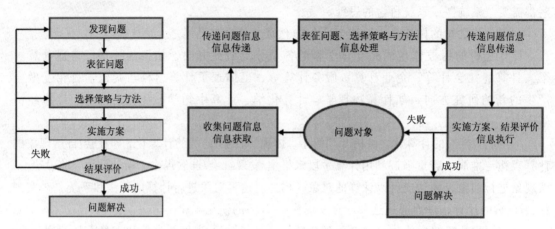

图1-7　认知心理学的问题解决过程　　　　图1-8　信息科学的问题解决过程

对问题的认识、分析、处理和解决的过程，实质上是对信息的处理过程。由于信息科学拓展了人类的信息功能，信息技术扩展了人类的信息器官效用，所以人类对问题认识、分析、处理和解决的能力得到了增强。

（3）在计算科学中，应用计算机进行问题解决的一般过程如图1-9所示。

首先，发现各领域、学科的问题并进行描述，通常是使用文字；其次，对问题进行抽象，通常是建立数学模型；再次，用算法对求解过程进行精确描述，可以使用DFD或PDL；最后，利用某种计算机语言编写程序，在计算机上实现问题求解。如果不成功，分析出错的原因，返回之前的某个步骤重新处理。运用计算机进行问题求解不但可以进行数值问题的计算，还可以使我们敢于去处理那些原本无法由个人独自完成的问题求解和系统设计；不但可以解决自然科学领域的问题，还可以解决社会科学领域的问题。

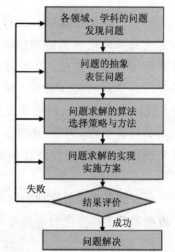

图1-9　计算科学的问题解决过程

思　考　题

1. 什么是信息？什么是"全信息"？
2. 信息的度量是什么？用什么可以表示信息的度量？

3. 什么是信息科学？请简述信息处理全过程。

4. 结合自己所学的专业，思考一下信息技术在专业中的应用与作用。

5. 信息技术的"四基元"是什么？

6. 什么是计算科学？什么是计算机科学？

7. 计算机科学的相关领域有哪些？

8. 什么是计算思维？其特征和本质是什么？

9. 为什么说当代创新型复合人才需要具有计算思维？

第 2 章 信息处理工具与环境

"工欲善其事，必先利其器"。在具体的信息处理的过程中，我们要对信息处理工具与环境有所了解。这里主要介绍计算工具的演变、计算机系统、操作系统和程序设计语言。

2.1 计算工具的演变

既然"全部的生活都是问题解决"，那么对问题解决的过程也是信息处理的完整过程。信息处理的完整过程包括信息获取、信息传递、信息处理、信息执行和信息组织，每一阶段都离不开计算，也离不开支持计算的工具。在早期的人类社会，人就是最原始、最基本的"计算工具"。人通过自身的感觉理器官收集外界信息，用神经器官传递信息，用思维器官处理和存储信息，用效应器官执行信息。这些过程是对信息进行计算的过程，信息器官也就是天然的计算工具。随着人类社会的不断发展，人们认识到仅依靠自身天然的计算工具，难以解决日益增多的复杂问题，必须利用身外之物提高自身能力，而计算工具就成为扩展人类信息处理功能的有力工具。

2.1.1 早期的计算工具

从远古时代人类最初用指头进行计算，到 2012 年 IBM 研发出每秒能完成 16 千兆次浮点运算的超级计算机——蓝色基因（Blue Gene）。计算工具随着人类社会的进步而不断发展变化，其发展过程大致可分为 3 个阶段。

1. 算筹和算盘

时间大约从古代到 17 世纪。

中国的祖先早在春秋战国时期就发明了独特的计算工具——算筹。据《汉书·律历志》记载，筹是圆形竹棍，长 23.86 cm，横截面直径 0.23 cm。算筹到了隋朝，长度缩短，圆棍改为方形或扁平。筹多用竹子制成，也有用木头、金属等材料制成，一般 200 多枚一束，放在布袋内，系在腰间携带。进行计算时，将筹取出，可摆成横式和纵式两种数字，按照纵横相间的原则表示任何自然数，从而进行加、减、乘、除等代数计算。负数出现后，筹分红黑两色，红筹表示正数，黑筹表示负数。中国南北朝时期的数学家祖冲之，借助算筹把圆周率的值计算到小数点后 7 位，比法国数学家韦达相同的计算结果提早了 1 100 多年。

随着人们对计算量的需求增大和对计算速度的要求提高，算筹显得越来越不方便。在唐代末年，中国人发明了算盘。对算盘的最早记载，是汉代徐岳的《数术记遗》。在书中记载了

14 种上古算法，其中一种便是"珠盘"，"珠盘"与后来流行的算盘并不相同。到了唐代，珠算开始普及并开始替代筹算，逐渐形成了一套运算口诀。到了明代，珠算完全替代了筹算，珠算盘与现代流行的算盘完全相同了。算盘作为中国古代的主要计算工具，具备"软硬件结合的系统思想"，算盘就是硬件，口诀就是算法。算盘的准确、灵便、快速的优点，使之在世界各地广泛流传。

2．机械计算机

时间大约从 17 世纪至 20 世纪 30 年代。

最早的模拟计算机是计算尺。1614 年英国数学家耐普尔发明对数后，英国人甘特发明了对数计算尺。计算尺通常由 3 个相互锁定的有刻度的长条和一个滑动窗口组成，在电子计算机出现之前的 300 多年中，计算尺使用广泛，是学生和工程技术人员的常用工具，如图 2-1 所示。

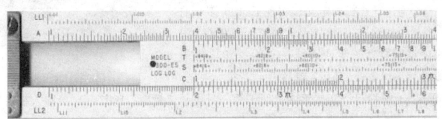

图 2-1　计算尺

1642 年，法国数学家帕斯卡发明了加法器，这种加法器有 6 个可动的刻度盘，由一系列的齿轮联结起来，是能进行 6 位数加减法计算的手摇计算器。这是世界上第一台机械式计算机，它的出现表示用一种纯粹的机械装置去代替人们的计算和记忆是完全可行的。加法器如图 2-2 所示。

1671 年，德国数学家莱布尼兹改进了帕斯卡的加法器，制成了能进行完整四则运算的乘法机。莱布尼茨同时还提出"把计算交给机器去完成，使优秀的人才从繁重的计算中解脱出来"。同时，莱布尼茨从中国的易经八卦中获得灵感，完成了对二进制的研究。乘法机如图 2-3 所示。

图 2-2　加法器

图 2-3　乘法机

1819 年，英国科学家巴贝奇从提花纺织机上获得灵感，设计了差分机，并于 1822 年制造出差分机模型。所谓"差分"，就是把函数表的复杂算式转化为差分运算，用简单的加法代替平方运算。差分机是最早采用寄存器来存储数据的计算机，体现了早期程序设计思想的萌芽。

3. 早期的电子计算机

随着电力技术的发展，电动式计算机逐渐取代了以人工为动力的计算机。1880 年，为了完成美国人口普查的需要，霍勒里斯发明了穿孔制表机，仅用 3 年就完成了需人工统计要 10 年才能完成的人口普查工作。到了 1900 年，美国人口普查全部采用霍勒里斯的制表机，每台机器可代替 500 人同时工作，全国的数据统计仅用了不到 2 年时间。制表机的发明第一次把数据转换成二进制进行处理，这种方法一直沿用至今。霍勒里斯在 1896 年成立制表机器公司，后来成为 IBM 的前身。穿孔制表机如图 2-4 所示。

1938 年，德国工程师楚泽研发了完全机械制造的 Z1 计算机，使用二进制，但运行并不稳定。在 1941 年，楚泽以继电器为基础，完成了 Z3 计算机的研发，这是第一台可编程控制的计算机，可使用浮点数。Z3 的结构与设计符合通用计算机的定义，实现了 100 多年前巴贝奇的理想。1944 年，哈佛大学的艾肯研发了美国第一台程序控制自动数字计算机——Mark Ⅰ。由于 Mark Ⅰ 也是使用继电器，其运算速度受到了很大限制。

图 2-4　穿孔制表机

1904 年，英国物理学家弗莱明发明了第一只电子二极管。1907 年，美国人福雷斯特发明了第一只电子三极管。20 世纪 30 年代后期，许多研究者将目光投向制造电子管计算机这一领域。1944 年，英国为了破译德国人的密码，研制了"巨人"电子数字计算机（Colossus）。这台计算机使用了 2 500 只电子管，重达 4 吨，以打孔纸带输入，自动打字机输入，每秒可处理 5 000 个字符。在"巨人"机研制前，英国破译德军的密码需要 6 至 8 个星期，而使用"巨人"机后仅需 6 至 8 小时。出于战争的需要，英国将"巨人"计算机视为"国家机密"，并在战后进行了秘密销毁。1946 年 2 月 15 日，在"莫尔小组"的带领下，世界第一台通用电子数字计算机——埃尼阿克（ENIAC）在美国宾夕法尼亚大学研制成功，这是人类历史上的一件划时代的大事。从此，计算机进入了电子时代。

2.1.2　现代电子计算机

1. 电子计算机的分类

① 按用途计算机可分为专用计算机和通用计算机两大类。

- 专用计算机。专用计算机的特点是针对某类问题的需要设计，所以，专用计算机在其专用的领域里运行效率和运行效果是最好的。如用于银行自动取款机中的处理器、家用电器中完成实时控制功能的处理器等。若将某专用计算机用于其他领域则适应性很差，甚至无法运行。

- 通用计算机。通用计算机是计算机应用的主流，主要是完成计算、信息搜索、文字处理与图形图像处理等人文科学和自然科学方面的工作，人们对计算机的评价和分类一般也相对于通用计算机而言。

② 根据用途及性能（主频、数据处理能力、主存储器容量和输入/输出能力等）和价格的综合指标进行计算机分类。每一时期都有该时期的计算机分类参考标准，标准随计算机技

术的发展而不断提高。

- 巨型计算机，最初用于科学和工程计算，在政府部门和国防科技领域曾得到广泛的应用。诸如石油勘探、国防科研等都依赖巨型机的海量运算能力。自 20 世纪 90 年代中期以来，巨型机的应用领域开始得到扩展，从传统的科学和工程计算延伸到事务处理、商业自动化等领域。在我国，巨型机的研发在近几年也取得了很大的成绩，推出了"曙光""银河"等代表国内最高水平的巨型机系统，并在国民经济的关键领域得到了应用。图 2-5 所示为曙光 5000 超级计算机。

图 2-5　曙光 5000 超级计算机

- 大型计算机，如图 2-6 所示，体积大，速度非常快，用于高可靠性、高数据安全性和中心控制等情况，适用于高科技部门、大企业或政府机构，以及需要进行大量的数据存储、处理和管理的其他部门和机构。大型机的使用日渐广泛，已深入到机械、气象、电子、人工智能等几十个科学领域。

- 小型计算机，如图 2-7 所示，规模小、结构简单、设计试制周期短，便于及时采用先进工艺技术，软件开发成本低，易于操作维护。近年来，小型机的发展也引人注目。特别是 RISC（Reduced Instruction Set Computer，缩减指令系统计算机）体系结构，是指令系统简化、缩小了的计算机，而过去的计算机则统属于 CISC（复杂指令系统计算机）。

图 2-6　Sun 公司的 Fire 150000 大型机

图 2-7　Sun 公司的 V480 小型机

- 微型计算机又称个人计算机（Personal Computer，PC）。IBM PC 是全球首款个人计算机，该机采用主频 4.77 MHz 的 Intel 8088 微处理器，运行微软公司专门为 IBM PC 开发的 MS-DOS 操作系统。IBM PC 的诞生才真正具有划时代的意义，因为它首创了个人计算机的概念，并为 PC 制订了全球通用的工业标准。它所用的处理器芯片来自 Intel 公司，DOS 磁盘操作系统来自由 32 人组成的微软公司。直到今天，"IBM PC 及其兼容机"（见图 2-8），始终是 PC 工业标准的代名词，也从此揭开了微型计算机大发展的帷幕。

图 2-8　早期的 IBM PC

随后许多公司（如 Motorola 公司）也争相研制微处理器，推出了 8 位、16 位、32 位、64 位的微处理器。每 18 个月，微处理器的集成度和处理速度提高一倍，价格却下降一半，即所谓的"摩尔定律"。微型计算机的种类很多，主要分 3 类：台式机（Desktop Computer）、笔记本（Notebook）计算机和个人移动终端设备。

③ 按电子计算机的发展时间，可分为第一代、第二代、第三代和第四代计算机。

人类第一台电子计算机的诞生。在第二次世界大战中，美国政府寻求计算机以开发潜在的战略价值，这促进了计算机的研究与发展。1944 年 Howard H Aiken 研制出全电子计算器，为美国海军绘制弹道图。这台机器有半个足球场大，内含 8 000 多米的电线，使用电磁信号来移动机械部件，速度很慢并且适应性很差，只用于专门领域，但是，它既可以执行基本算术运算也可以运算复杂的等式。

第二次世界大战使美国军方产生了快速计算导弹弹道的需求，军方请求宾夕法尼亚大学的约翰·莫克利博士研制具有这种用途的机器。莫克利与研究生普雷斯泊·埃克特一起用真空管建造了这一装置——ENIAC，如图 2-9 所示，即电子数字积分计算机（Electronic Numerical Integrator and Computer），它是人类第一台全自动电子计算机，这台计算机从 1946 年 2 月开始投入使用到 1955 年 10 月最后切断电源，服役 9 年多。它用了 18 000 多只电子管，70 000 多个电阻，10 000 多只电容，6 000 多个开关，重达 30 多吨，占地 170 平方米，耗电 150 千瓦，运算速度为每秒 5 000 次加减法。

图 2-9　ENIAC

1946 年 6 月美籍匈牙利科学家冯·诺依曼教授发表了"电子计算机装置逻辑结构初探"的论文，并设计出了第一台"存储程序式"计算机 EDVAC，即电子离散变量自动计算机（The Electronic Discrete Variable Automatic Computer），与 ENIAC 相比有了重大改进：

- 采用二进制数字 0、1 直接模拟开关电路通、断两种状态，用于表示数据和计算机指令。
- 把指令存储在计算机内部，且能自动依次执行指令。
- 奠定了当代计算机硬件由控制器、运算器、存储器、输入设备、输出设备等组成的体系结构。

冯·诺依曼提出的 EDVAC 计算机结构为后人普遍接受，此结构又称冯·诺依曼结构。迄今为止的计算机系统基本上都是建立在冯·诺依曼计算机原理上的。

第二代晶体管计算机。1956 年，晶体管在计算机中使用，晶体管和磁电子设备的体积不断减小。磁存储器导致了第二代计算机的产生。第二代计算机体积小、速度快、功耗低、性能更稳定。首先使用晶体管技术的是早期的超级计算机，主要用于原子科学的大量数据处理，这些机器价格昂贵，生产数量极少。

计算机中存储的程序使得计算机有很好的适应性，可以更有效地用于商业用途。在这一时期出现了更高级的 COBOL 语言和 FORTRAN 等语言，以单词、语句和数学公式代替了含混晦涩的二进制机器码，使计算机编程更容易。新的职业（程序员、分析员和计算机系统专家）和整个软件产业由此诞生。

第三代集成电路计算机。1958 年德州仪器的工程师 Jack Kirby 发明了集成电路，如图 2-10 所示，将 3 种电子元件结合到一片小小的硅片上，使更多的元件集成到单一的半导体芯片上。随着固体物理技术的发展，集成电路工艺已可以在几平方毫米的单晶硅片上集成由十几个甚至上百个电子元件组成的逻辑电路。其基本特征是逻辑元件采用小规模集成电路（Small Scale Integration，SSI）和中规模集成电路（Middle Scale Integration，MSI）。第三代电子计算机的运算速度每秒可达几十万次到几百万次。存储器进一步发展，体积越来越小，价格越来越低，而软件越来越完善。

图 2-10　集成电路

高级程序设计语言在这个时期有了很大发展，并出现了操作系统和会话式语言，计算机开始广泛应用在各个领域。使得计算机在中心程序的控制协调下可以同时运行许多不同的程序。

第四代大规模集成电路计算机。大规模集成电路，如图 2-11 所示，可以在一个芯片上容纳几百个元件。到了 1980 年，超大规模集成电路（VLSI）芯片上容纳了几十万个元件，后来的技术将数字扩充到百万级、千万级，甚至到了现在的亿万级。可以在硬币大小的芯片上容纳如此数量的元件使得计算机的体积和价格不断下降，而功能和可靠性不断增强。目前，计算机的速度最高可以达到每秒上百万亿次浮点运算。

图 2-11　大规模集成电

2．电子计算机的发展趋势

计算机在处理速度、存储容量、网络化，以及软件的精巧化方面经过数十年的发展，已经以难以想象的方式渗入科学、商业和文化领域中。在科学领域，计算可以模拟气候变化，破解人类基因；在商业领域，低成本的计算、因特网和数字通信正在改变全球经济。

电子计算机的发展有以下几个趋势：

① 向开放式的网络体系结构发展：随着信息化社会的发展，信息的快速获取和共享已成为一个国家经济发展和社会进步的重要制约因素。提高网络性能和提供网络综合的多功能服务，合理地进行网络各种业务的管理，真正以分布和开放的形式向用户提供服务。并且使不同软硬件环境、不同网络协议的网络可以互相连接，真正达到资源共享、数据通信和分布处理的目标。

② 向高性能发展：高性能计算机已成为现代信息基础设施的重要组成部分，是世界各国特别是发达国家争夺的战略制高点之一，高性能计算机技术的发展正在朝着更高性能和更广泛应用的方向快速进步。其特点是从追求"高性能"走向追求"高效能"；采用多媒体技术，并提供文本、图像、声音、视频等综合性服务。

③ 向智能化发展：智能计算机要求计算机能模拟人的思维功能和感官，突出人工智能方法和技术的作用，在系统设计中考虑了建造知识库管理系统和推理机，使得机器本身能根据存储的知识进行推理和判断。这种计算机除了具备现代计算机的功能之外，还具有在某种程度上模仿人的推理、联想、学习等思维功能，并具有声音识别、图像识别能力。

3. 未来计算机

目前，各国正在研制自己的未来计算机，如量子计算机、生物计算机和光计算机等。

（1）量子计算机

量子计算机（Quantum Computer）是一类遵循量子力学规律进行高速数学和逻辑运算、存储及处理量子信息的物理装置。当某个装置处理和计算的是量子信息、运行的是量子算法时，它就是量子计算机。

量子计算机的特点有两个：一是量子计算机输入态和输出态为一般的叠加态，其相互之间通常不正交；二是量子计算机中的变换为所有可能的正变换。得出输出态之后，量子计算机对输出态进行一定的测量，给出计算结果。由此可见，量子计算对传统计算作了极大的扩充，传统计算是一类特殊的量子计算。量子计算最本质的特征为量子叠加性和量子相干性。量子计算机对每一个叠加分量实现的变换相当于一种经典计算，所有这些传统计算同时完成，并按一定的概率振幅叠加起来，给出计算的输出结果。我们把这种计算称为量子并行计算。

1982 年，美国著名物理学家 Feynman 首次提出量子计算机的概念，他指出量子计算机在计算速度上相对于传统计算机有着本质的超越。1985 年，英国牛津大学教授 Deutsch 建立了量子图灵机模型，指出量子计算机可以通用化，以及量子计算机错误的产生和纠正等问题。1994 年，美国 Bell 实验室的 Shor 提出了分解大数质因子的量子算法。1996 年，Grover 提出了平方根加速的随机数据库量子搜索算法，这种搜索方法的广泛适用性引起了人们的关注。2007 年 2 月，加拿大 D-Wave 系统公司宣布研制成功 16 位量子比特的超导量子计算机，但其作用仅限于解决一些最优化问题，与科学界公认的能运行各种量子算法的量子计算机仍有较大区别。2009 年，耶鲁大学的科学家制造了首个固态量子处理器。2010 年 3 月 31 日，德国于利希研究中心发表公报：德国超级计算机成功模拟 42 位量子计算机。该中心的超级计算机 JUGENE 成功模拟了 42 位的量子计算机，在此基础上研究人员首次能够仔细地研究高位数量子计算机系统的特性。2012 年 2 月，IBM 声称在超导集成电路实现的量子计算方面取得数项突破性进展。

2007 年，加拿大计算机公司 D-Wave 展示了全球首台量子计算机 "Orion（猎户座）"，如图 2-12 所示，它利用了量子退火效应来实现量子计算。该公司此后在 2011 年推出具有 128 个量子位的 D-Wave One 型量子计算机，并在 2013 年宣称 NASA 与谷歌公司共同预订一台具有 512 个量子位的 D-Wave Two 量子计算机。

目前，量子计算机的应用还处于起步阶段，主要有 3 个因素制约其应用发展：一是易受环境影响，量子算法所需的相干性和量子干涉效应非常脆弱，容易出错；二是目前尚没有找到适合存储 "量子比特" 的物理载体；三是缺少有效的量子算法，以解决更多的实际问题。

（2）生物计算机

生物计算机又称仿生计算机，是用生物芯片制成的计算机。它的主要原材料是生物工程技术产生的蛋白质分子和其他有机物的分子，以分子电子学为基础研制的一种新型计算机。由蛋白质制成的生物芯片如图 2-13 所示。

图 2-12　量子计算机

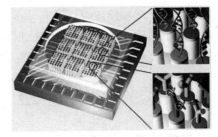

图 2-13　生物芯片

生物计算机具有显著特点，集中体现在生物芯片上。生物芯片具有快递处理信息的能力，其运算速度要比当今最新一代的计算机快 10 万倍。生物芯片中，一个蛋白质就是一个存储体，其能耗很低，能量消耗仅相当于普通计算机的十亿分之一，而且没有传统计算机存在的散热问题。生物芯片是有机物，能发挥生物体自身的调节机能，所以生物芯片具有自我修复能力。生物芯片的密度极高，这是因为蛋白质分子比硅芯片的电子元件小得多，所以其存储器所占的物理空间仅相当于普通计算机的百亿亿分之一。由于生物芯片具有生物活性，因而可与人体的组织有机地结合，更易于植入人体，成为人脑的辅助装置或扩充部分，并能由人体细胞提供养分，无须外接电源。

人们在研发生物计算机的同时，也发现了生物计算机的不足。目前最主要的问题是从中提取信息比较困难。一种生物计算机 24 小时就完成了人类迄今全部的计算量，但从中提取一个信息却花费了 1 周时间。

生物计算机目前有以下几种类型：

① 生物分子或超分子芯片。立足于传统计算机模式，从寻找高效、体微的电子信息载体及信息传递体入手，目前已对生物体内的小分子、大分子、超分子生物芯片的结构与功能做了大量的研究与开发。"生物化学电路"就是一例。

② 自动机模型。以自动理论为基础，致力于寻找新的计算机模式，尤其是特殊用途的非数值计算机模式。目前研究的热点集中在基本生物现象的类比，如神经网络、免疫网络、细胞自动机等。不同自动机的区别主要是网络内部连接的差异，其基本特征是集体计算，在非数值计算、模拟、识别方面有极大的潜力。

③ 仿生算法。以生物智能为基础，用仿生的观念致力于寻找新的算法模式，虽然类似于自动机思想，但立足点在算法上，不追求硬件上的变化。

④ 生物化学反应算法。立足于可控的生物化学反应或反应系统，利用小容积内同类分子高拷贝数的优势，追求运算的高度并行化，从而提供运算的效率。DNA 计算机属于此类。

⑤ 细胞计算机。采用系统遗传学原理、合成生物技术，人工设计与合成基因、基因链、信号传导网络等，对细胞进行系统生物工程改造与重编程序，可以做复杂的计算与信息处理，细胞计算机又称为"湿计算机"，目前的计算机是"干计算机"。

生物计算机是人类期望在 21 世纪完成的伟大工程，是计算机领域中最年轻的分支科学。目前的研究方向大致有两个：一是研制分子计算机，即制造有机分子元件去替代目前的半导体逻辑元件和存储元件；另一方面是深入研究人脑的结构、思维规律，再构想生物计算机的结构。目前生物计算机的研发工作已取得了不少进展，但科学家们普遍认为，由于生物计算机的复杂性，要研制出实用化的生物计算机还有很长的路要走。

2.2 计算机系统

2.2.1 计算机系统概述

首先，我们要学习相关的计算机系统知识，了解计算机的相关工作原理。

计算机应包括硬件系统和软件系统，两者缺一不可。硬件系统是计算机应用的基础，它包括各种设备；而软件系统则是我们平常所说的程序，是一组有序的计算机指令，这些指令用来指挥计算机硬件系统进行工作。硬件系统往往是固定不变的，而计算机千变万化的功能则是通过软件来实现的。

1. 计算机系统的组成

计算机系统包括硬件系统和软件系统两大部分，其具体结构如图 2-14 所示。

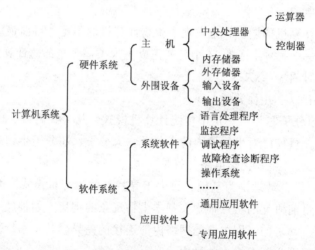

图 2-14　计算机系统的组成结构图

计算机的硬件系统由中央处理器（运算器和控制器等组成）、内存储器、外存储器和输入/输出设备组成。而计算机的软件系统分为两大类，即计算机系统软件和应用软件。

2. 计算机系统的工作原理

计算机系统的基本工作原理是存储程序和进行程序控制。预先把指挥计算机如何进行操作的指令序列（称为程序）和原始数据输入到计算机内存中，每一条指令中明确规定了计算机从哪个地址取数，进行什么操作，然后送到什么地方去等。计算机在运行时，先从内存中取出第 1 条指令，通过控制器的译码器接受指令的要求，再从存储器中取出数据进行指定的运算和逻辑操作等，然后再按地址把结果送到内存中去。接下来，取出下一条指令，在控制器的指挥下完成规定操作，依此进行下去，直到遇到停止指令。其工作原理如图 2-15 所示。

程序与数据一样存储。按照程序编排的顺序，一步一步地取出指令，自动地完成指令规定的操作是计算机最基本的工作原理。这一原理最初是由美籍匈牙利数学家冯·诺依曼于1946 年提出来的，故称为冯·诺依曼原理。虽然现在的计算机系统从性能指标、运算速度、工作方式等方面与当时的计算机有很大差别，但基本结构没有变化，无论是传统的台式机还是笔记本式计算机都采用的同样的工作原理。

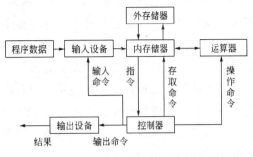

图 2-15　计算机系统的工作原理图

2.2.2　计算机硬件的组成

计算机硬件是指组成计算机的各种物理设备，它包括计算机的主机和外围设备。具体由五大功能部件组成，即运算器、控制器、存储器、输入设备和输出设备。这五大部分相互配合，协同工作。

1. 中央处理器

中央处理器（Central Processing Unit，CPU）是决定计算机性能的核心部件，CPU 是整个系统的核心，也是整个系统最高的执行单位。它负责整个系统指令的执行、数学与逻辑的运算、数据的存储与传送，以及对内对外输入与输出的控制。

（1）CPU 的组成

CPU 从最初发展至今已经有几十年的历史了，每个厂商的产品都有不同的组成结构，但一般包括运算器（ALU）、寄存器（Register）和控制器（CU）3 个最基本的构件，如图 2-16 所示。

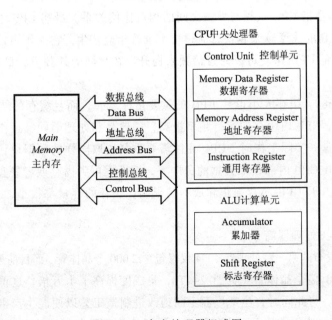

图 2-16　中央处理器组成图

①　运算器（ALU）。运算器主要完成对二进制数据的定点算术运算（加减乘除）、逻辑运算（与或非异或）以及移位操作。它是整个 CPU 的核心组成部分。

②　寄存器（Register）。计算机在运行任何指令时，都必须通过 CPU 来分析和执行，然后将结果传送到显示器显示，或者直接放在寄存器里面储存。寄存器像一个临时仓库，它可以将来自键盘、鼠标，或者其他输入设备的指令（这个指令可以是一个动作，也可以是一个输入的字符）存储在里面，然后交给 CPU 去执行，并把 CPU 返回的结果储存回寄存器里面。最后按照需要，将结果显示在显示器上或者通过其他输出设备输出数据。寄存器一般分为以下两大类：

- 控制单元的寄存器：包括通用寄存器、数据寄存器、地址寄存器。
- 运算单元的寄存器：标志寄存器等。

③　控制器（CU）。控制器负责控制整个计算机系统的运行，读取指令寄存器、状态控制寄存器以及外部来的控制信号，发布外控制信号控制 CPU 与存储器、输入/输出（I/O）设备进行数据交换；发布内控制信号控制寄存器间的数据交换；控制运算器完成指定的运算功能；管理其他的 CPU 内部操作。

（2）中央处理器性能指标

计算机的性能在很大程度上由 CPU 的性能所决定，而 CPU 的性能主要体现在其运行程序的速度上。影响运行速度的性能指标包括 CPU 的工作频率、Cache 容量等参数。

①　CPU 主频。主频也叫时钟频率，单位是兆赫（MHz）或千兆赫（GHz），用来表示 CPU 的运算和处理速度。通常，主频越高，CPU 处理数据的速度就越快。CPU 的主频=外频×倍频。

②　外频和前端总线（FSB）频率。外频是 CPU 的基准频率，单位也是兆赫（MHz）或千兆赫（GHz），CPU 的外频是计算机主板的运行速度。前端总线（Front Side BUS，FSB)是将 CPU 连接到计算机主板北桥芯片的总线，它直接影响 CPU 与内存之间数据传输的速度。

③　倍频。倍频是指 CPU 主频与外频之间的相对比例关系。最初 CPU 主频和外频速度是一样的，但随着 CPU 的速度越来越快，倍频技术也就相应产生。它的作用是使主板运行在相对较低的频率上，而 CPU 速度可以通过倍频来提升。在相同的外频下，倍频越高 CPU 的主频也越高。

④　缓存（Cache）。缓存大小也是 CPU 的重要指标之一，而且缓存的结构和大小对 CPU 速度的影响非常大，CPU 内缓存的运行频率极高，一般和处理器同频运作，工作效率远远大于系统内存和硬盘。实际工作时，CPU 往往需要重复读取同样的数据块，而缓存容量的增大，可以大幅度提升 CPU 内部读取数据的命中率，而不用再到内存或者硬盘上寻找，以此提高系统性能。但是由于 CPU 芯片面积和成本的限制，缓存的容量都很小，一般在 1 ~ 24 MB 之间。

（3）常见的中央处理器简介

1971 年，Intel 发布的第一颗处理器 4004 仅仅包含 2 000 个晶体管，而目前最新的 Intel Core i7 处理器包含超过 7.3 亿个晶体管（见图 2-17），集成度提高了十万倍，这可以说是当今最复杂的集成电路之一。与此同时，生产厂商不断地改进制造工艺以便能生产出更精细的电路结构，使得单个 CPU 的核心硅片面积变得更小，最新的处理器采用 22 纳米制造技术。

笔记本式计算机专用的 CPU 称为 Mobile CPU（移动 CPU），它除了追求性能，也追求低热量和低耗电，Mobile CPU 的制造工艺往往比同时代的台式机 CPU 更加先进，因为 Mobile CPU 中会集成台式机 CPU 中不具备的电源管理技术，而且会先采用更高的微米精度。

现在的一台智能手机，从硬件的角度看与一台 PC 是非常接近的。和其他微型计算机一样，手机 CPU（见图 2-18）也负责处理通信数据，但手机 CPU 一般不是独立的芯片，而是基带处理芯片的一个单元，称作 CPU 核。基带处理芯片是手机的核心，它不仅包含 CPU 核，还包含 DSP（Digital Signal Processing，数字信号处理器）和通信处理系统。通信处理系统和手机协议软件一起完成信号接口要求的通信功能，数字信号处理器和 CPU 核通过运行存储器内的软件以及调用存储器内的数据库，达到控制的目的。

图 2-17 Intel 最早的 4004 处理器和最新的 i7 处理器

图 2-18 三星猎户座处理器和高通晓龙处理器

2．内部存储器

在计算机的组成结构中，存储器是一个很重要的部分。存储器的种类很多，按其用途可分为主存储器和辅助存储器，主存储器又称内存储器（简称内存），辅助存储器又称外存储器（简称外存）。

存储器是用来存储程序和数据的部件，对于计算机来说，有了存储器，才有记忆功能。在很多计算机广告中，都会看到计算机内存（RAM）的型号和容量，它影响着计算机的整体性能和价格。内存储器简称内存，它是利用半导体技术做成的记忆芯片，用来存放当前计算机运行所需要的程序和数据，并以二进制的方式储存在每个储存单元。图 2-19 所示为笔记本内存。内存从使用功能上分为：随机存储器（Random

图 2-19 笔记本内存条

Access Memory，RAM），又称读写存储器；只读存储器（Read Only Memory，ROM）；高速缓

冲存储器（Cache）。表 2-1 列出了不同类型、不同用途的内存储器。

表 2-1　内存储器的类型、特点及用途

内存储器类型		特　点	用　途
随机存储器（RAM）	动态（Dynamic RAM）	可以读出，也可以写入；读出时并不损坏原来存储的内容，只有写入时才修改原来所存储的内容；断电后，存储内容立即消失，即具有易失性	在主板上的随机存储器，也称主存，一般采用 DRAM。主板上一般配有 3 个或 4 个内存插槽，每个内存插槽可用来插入一根内存条，一根内存条的引脚目前多为 128 芯，容量一般为 4 GB 或 8 GB
	静态（Static RAM）		
只读存储器（ROM）	可编程只读存储器	ROM 上面存储的信息都具有永久保存的优点，不会因断电而丢失。只读存储器上面存储的信息可以随机读出，但不可以高速地随机写入	ROM 一般用来存放专用的固定程序和数据。在主板上都装有 ROM，在它里面固化了一个基本输入/输出系统，称为 BIOS。主要作用是完成对系统的加电自检、系统中各功能模块的初始化，以及引导操作系统
	可擦除可编程的只读存储器，称为 EPROM		
高速缓冲存储器（Cache）	CPU 内部 Cache（L1Cache） Cache（L2Cache） Cache（L3Cache）	高速缓冲存储器的特点是速度比 RAM 存储器更快，属于可读写的存储器，位于 CPU 和 RAM 存储器之间	主要用来作为 CPU 和 RAM 之间的一个缓冲，以提高计算机的整体性能

RAM 可以直接与 CPU 交换数据，并用其存储数据的部件，存放当前正在使用的（即执行中）的数据和程序。内存存放着从外存或者输入设备读入的等待处理的原始数据，同时也存放着处理器已处理完等待输出的数据。

计算机所需要的 RAM 容量取决于用户使用的操作系统和应用软件，例如要运行大型的 3D 游戏，或者视频处理程序，计算机至少需要 4~8GB 以上的 RAM。如果需要更多的 RAM，可以购买并安装额外的内存条来扩充容量。内存条的物理实质就是一组或多组具备数据输入/输出和数据存储功能的集成电路。

移动小型设备的内存也分为 ROM 和 RAM。设备上操作系统固件和安装的程序等数据通常存放在只读存储器 ROM 中，相当于台式计算机里的"硬盘"，断电后能保存数据。程序运行时的临时数据存放在随机存储器 RAM 中，和台式计算机里的"内存"一样，断电后数据会丢失。

只读存储器 ROM 一般用来存放专用的固定程序和数据。ROM 上面存储的信息都具有永久保存的优点，不会因断电而丢失。只读存储器上面存储的信息可以随机读出，但不可以高速地随机写入。在主板上都装有 EEPROM（Electrically Erasable Programmable Read-only Memory，电可擦除只读存储器），如图 2-20 所示，在它里面固化了一个基本输入/输出系统，称为 BIOS（Basic Input Output System 基本输入输出系统），如图 2-21 所示。主要作用是完成对计算机系统开机的加电自检、系统中各功能模块的初始化，以及引导计算机进入操作系统。

图 2-20　主板上的 EEPROM 芯片

```
                    BIOS SETUP UTILITY
                                        OverDrive
Overclocking Configuration                    Options

Speed : 2810MHz,  NB Clk: 2000MHz      Auto
Maximum FSB Multiplier: 14x            x4     800 MHz
Processor Frequency (FID)     [Auto]   x4.5   900 MHz
Processor Voltage (VID)       [Auto]   x5     1000 MHz
Processor NB Frequency (NBFID) [Auto]  x5.5   1100 MHz
Processor NB Voltage (NBVID)   [Auto]  x6     1200 MHz
                                       x6.5   1300 MHz
CPU-NB HT Link Speed          [Auto]   x7     1400 MHz
CPU-NB HT Link Width          [Auto]   x7.5   1500 MHz

CPU/HT Reference Clock (MHz)  [200]
PCIE Reference Clock (MHz)    [100]    +      Select Screen
                                       ↑↓     Select Item
A.I. Overclock Function                ←→     Change Option
                                       F1     General Help
A.I. Overclock         [Disabled]      F10    Save and Exit
                                       ESC    Exit

       v02.61 (C)Copyright 1985-2006, American Megatrends, Inc.
```

图 2-21　系统 BIOS 设置界面

计算机运行过程中，CPU 要读取外围设备的数据，必须先将外存中的数据读取到内存中，因为 CPU 只和内存交换数据，内存的存取速度在很大程度上决定了系统的运行速度，但是内存读取数据的速度通常比 CPU 慢很多。Cache 是一种高速缓冲存储器（见图 2-22），就是为了解决 CPU 和内存之间速度不匹配而采用的一项重要技术。通过在内存和 CPU 之间设置一个或多个小容量的高速存储器，计算机将一段时间内被频繁访问的数据从内存中读取到高速缓冲存储器 Cache 中，CPU 读取数据时就可以直接到 Cache 中去读取，而减少或不再去访问速度较慢的内存，这样就可以加快 CPU 读取数据的速度。计算机增加 Cache 以后，计算机系统整体速度可以提高 10% ~ 20%。

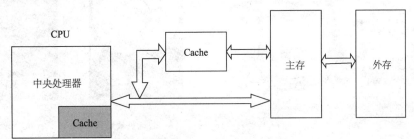

图 2-22　计算机数据的读取过程

3. 外部存储器

在一个计算机系统中，除了内部存储器外，还有外部存储器。用户在选购计算机时需要熟悉各种外部存储器的类型和优缺点，并根据自己的需求进行选择。

内存储器和外存储器在计算机工作时常常频繁地交换信息。内存储器用于存放那些立即要用的程序和数据，但不能一直保存现有数据；外存储器则用于存放暂时不用的程序和数据，并能够永久性的保持。目前，常用的外存储器有硬盘驱动器、固态存储器的光盘存储器等。它们和内存一样，存储容量也是以字节为基本单位。

（1）硬盘驱动器

磁盘驱动器是最常用的外存储器，通常分软磁盘驱动器和硬磁驱动器盘两类。1973年IBM公司制造出了第一台采用"温彻斯特"技术的硬盘，它是现代绝大多数硬盘的原型，现在大家所用的硬盘大多是此技术的延伸。现今台式计算机硬盘尺寸为3.5英寸，笔记本计算机所使用的硬盘尺寸是2.5英寸，两者的制作工艺、技术参数都有所不同，其外观如图2-23所示。2.5英寸硬盘只是使用一个或两个磁盘进行工作，而3.5英寸的硬盘最多可以装配5个磁盘进行工作；台式计算机的3.5英寸硬盘更注重的是读取数据的性能和更大的存储容量；笔记本计算机使用的2.5英寸硬盘更多强调更小的体积和更轻的重量，2.5英寸硬盘通常只有100克左右，而3.5英寸硬盘通常都在600克以上。

硬盘的读写是以柱面（Cylinder）的扇区为单位的。柱面也就是整个盘体中所有磁面（Side）的半径相同的同心磁道（Track），而把每个磁道划分为若干个扇区（Sector）。硬盘的写操作，是先写满一个扇区，再写同一柱面的下一个扇区。在一个柱面完全写满前，磁头是不会移动到别的磁道上的。

（2）固态存储器

固态存储器是相对于磁盘、光盘存储器而言的，不需要读写磁头、不需要存储介质转动就能读写数据。传统的机械硬盘，由磁盘体、磁头、马达等机械零件组成，要提升硬盘性能，最简单的方法是提高硬盘的转速，但由于机械硬盘的物理结构与成本限制，提升转速后会带来耗电量增加、噪音增大、磁头读写难控制等负面影响。传统机械硬盘和固态硬盘如图2-24所示。

（a）传统机械硬盘　　（b）固态硬盘

图2-23　2.5英寸笔记本硬盘和3.5英寸台式计算机硬盘　　图2-24　传统机械硬盘和固态硬盘

SSD（Solid State Disk）也称作固态硬盘，是由控制单元和固态存储单元（DRAM或FLASH芯片）组成的硬盘，如图2-24（b）所示。防震抗摔、发热低、零噪音，由于没有机械马达，闪存芯片发热量小，工作时噪音值为0分贝。并且由于固态硬盘没有普通硬盘的机械结构，也不存在机械硬盘的寻道问题，因此系统能够在低于1 ms的时间内对任意位置存储单元完成输入/输出操作。因此，固态硬盘能更大限度减少硬盘成为整机的性能瓶颈，给传统机械硬盘带来了全新的革命。目前Intel超级本、苹果笔记本都使用了容量不等的固态硬盘，以提高计算机的性能和可靠性，降低整机重量。

在小型设备中，固态存储器扮演着举足轻重的地位。例如我们平时用到的SD卡、TF卡

（见图 2-25）、U 盘（见图 2-26）等。固态存储器的出现，使得诸如智能手机、MP3 播放器等电子设备的体积能够做得更小，性能更加稳定。

图 2-25　手机上使用的 TF 存储卡　　　　　　　图 2-26　U 盘

（3）光盘驱动器

光盘驱动器（光驱）是一个结合光学、机械及电子技术的存储器。光盘驱动器目前常见是 CD（Compact Disc）、DVD（Digital Video Disc）和蓝光（Blue‑ray Disc，BD）驱动器 3 种，以常用的 DVD 为例又可以分为：

① DVD‑ROM 是指 DVD‑Read Only Memory，是只读型光盘，这种光盘的盘片是由生产厂家预先将数据或程序写入的，出厂后用户只能读取，而不能写入或修改。

② DVD‑R 是指 DVD‑Recordable，即一次性刻录光盘，但必须在光盘刻录机中进行。

③ DVD‑RW 是指 DVD‑Rewritable，即可重写式写入光盘，可删除或重写数据，而 DVD‑R 则不能。每片 DVD‑RW 光盘可重写近 1 000 次。此外，DVD‑RW 多用于数据备份及档案收藏，现在更普遍地用在 DVD 录像机上。

光盘驱动器读取 DVD‑ROM 盘片时，激光光源来自于一个激光二极管，它可以产生波长约 0.54～0.68 微米的光束，经过处理后光束更集中且能精确控制，光束首先照射在光盘上，再由光盘反射回来，经过光检测器捕获信号。检测器所得到的信息只是光盘上凹凸点的排列方式，驱动器中有专门的部件把它转换并进行校验，然后才能得到实际数据，光盘读取和刻录过程如图 2-27 所示。

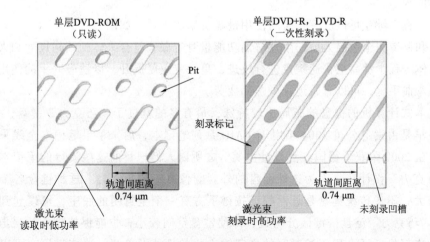

图 2-27　光盘读取和刻录过程

在光盘驱动器刻录 DVD‑R 盘片时，激光束的中心会聚焦在刻录盘片的轨道上，激光功率在一个短周期内增加时，染色记录材料会吸收激光能量从而改变它的化学结构或者颜色。这些经过刻录的凹槽构成了和 DVD-ROM（只读光盘）相应的凹点，DVD 播放器和 DVD 驱动器读取数据时只检测这些标记，而不读取可刻录盘片的凹槽。

传统 DVD 需要光头发出红色激光（波长为 650 nm）来读取或写入数据，通常来说，波长越短的激光，能够在单位面积上记录或读取更多的信息。蓝光光盘（见图 2-28）利用波长更短（405 nm）的蓝色激光读取和写入数据。蓝光光盘是目前较先进的大容量光盘格式，能够在一张光盘的单层上存储 25 GB 的文档文件，是现有 DVD 光碟的 5 倍。蓝光刻录机系统可以兼容此前出现的各种光盘产品，为高清电影、大型 3D 游戏和大容量的数据存储带来方便，极大地提高了光盘的存储容量。

图 2-28　蓝光光盘和光盘驱动器

4．输入/输出设备

（1）键盘

键盘（Keyboard）是人们向计算机输入信息的最主要设备，多数现有的计算机键盘都采用标准的打字机键盘布局（QWERTY），这样使得我们打字不会按照字母顺序来一一排列，可以让我们更加快捷地输入字符，各种程序和数据都可以通过键盘输入到计算机中。台式计算机和笔记本式计算机采用不一样的布局，笔记本式计算机为了节约空间而对键盘的布局进行了重新的设计。

操纵计算机和输入信息都需要通过键盘进行操作，随着人们使用计算机的时间不断地增加，长时间从事键盘操作往往产生手腕、手臂、肩背的疲劳。从人体工程学的角度看，要想提高工作效率并能持久地操作，应采用舒适、自然的操作姿势。不正确的坐姿是导致身体疲劳的主要原因。

人体工程学键盘可以缓解长时间使用键盘带来的不适，如图 2-29 所示。人体工程学键盘的设计和制造完全按照人体的生理解剖功能量身定做，符合人体的结构尺寸和人们的使用习惯。人体工程学键盘把普通键盘进行改进，呈一定角度展开，以适应人手的使用角度，输入者不必弯曲手腕，可以有效地减少腕部疲劳。

笔记本式计算机的键盘的布局比较特殊，最有名的莫过于"巧克力"键盘，如图 2-30 所示。最早是由索尼公司 2004 年用于 VAIO 系列笔记本，后来苹果笔记本全线采用了这种设计，并在 2009 荣获了德国红点设计大奖。之所以人们把目前这些流行的笔记本键盘设计称为"巧克力"设计，是因为这种键盘的外观颇像真正的巧克力。这种键盘各个按键之间的空隙较大，不像传统键盘是悬浮的，按键下方有一个全封闭的底座，可以起到防尘保洁的作用；"巧克力"键盘按键区分明显，即使键盘空间较小，也能保持较低的误击率；键程较短，敲击轻松，适合用于长时间的文字输入；并且外形美观，这使得厂商可以制作出更多时尚、个性的笔记本式计算机。

图 2-29　人体工程学键盘

图 2-30　笔记本上的"巧克力"键盘

（2）鼠标

鼠标（Mouse）作为基本的定点设备，允许用户操作屏幕上的指针以及基于屏幕的图像和计算机进行交互，对计算机发出各种指令。随着 Windows 图形操作界面的流行，很多命令和要求已基本上不需要再用键盘输入，只要操作鼠标的左键或右键即可。

现在最常见是光电鼠标，它最大的改进在于替换掉了外部滚轮，用内部红外光发射装置实现光标定位。它能够长时间保持良好的灵敏度，这些优点受到设计者和计算机用户的青睐，光电鼠标在市场的占有率也越来越高。

鼠标的 DPI（Dots Per Inch）指标决定着鼠标的性能，DPI 是指鼠标每移动一英寸指针在屏幕上移动的点数。例如 DPI 为 900 的鼠标，在鼠标垫上移动一英寸，计算机显示屏上的指针可以移动 900 个像素点。当需要鼠标在屏幕上移动一段固定的距离时，高 DPI 的鼠标所移动的物理距离会比低 DPI 鼠标移动的物理距离短，因此 DPI 越高的鼠标精准度也就越高，图 2-31 所示的是在鼠标底部可以调节 DPI 的调节开关，可以根据不同的使用环境进行转换。

无线鼠标采用无线技术与计算机通信，需要通过电池来供电，而有线鼠标通过和计算机的连接线供电。通常无线鼠标采用蓝牙、WiFi（IEEE 802.11）、红外等无线技术和计算机进行数据交换，使得鼠标摆脱了数据线的束缚，移动方便、定位准确，这使得人们操作计算机变得更加轻松自如。采用 2.4 GHz 频率的无线鼠标，需要将对应的接收器通过 USB 接口连入计算机，接收来自无线鼠标的信号，如图 2-32 所示。

图 2-31　鼠标底部的 DPI 调节开关

图 2-32　无线鼠标和接收器

（3）数字摄像头

数字摄像头（Digital Camera）作为一种视频输入设备，在过去被广泛运用于视频会议、远程医疗及实时监控等方面。随着互联网技术的发展，网络速度的不断提高，加上感光成像器件技术的成熟，使得数字摄像头的价格降到很低的水平。可以彼此通过摄像头在网络中进行有影像、有声音的交谈和沟通，另外，人们还可以将其用于当前各种流行的数码影像、影音处理，如图 2-33 所示。

手机和移动设备可以通过前置或者后置数字摄像头进行拍摄，有些摄像头还能旋转，自动白平衡，内置闪光灯。目前移动设备的拍摄功能主要包括拍摄静态图像、连拍功能、短片拍摄，如图 2-34 所示。作为移动设备一项附加功能，一般不具备光学变焦能力，仅拥有数码变焦功能。手机数字摄像头的性能和专业数码照相机还存在很大差距。

图 2-33　高清数字摄像头

图 2-34　手机上使用的摄像头模块

我们经常听到几百万像素的数码照相机，像素高的照相机价格会更高，像素是衡量数码照相机的重要指标。像素（Pixel）是由 Picture（图像）和 Element（元素）这两个单词所组成的，它是最小的图像单元，能在屏幕上显示单个染色点。数码照相机摄制出来的画面中，一个光敏元件就对应一个像素，像素的多少由相机光电传感器上的光敏元件数目所决定。因此像素越高，意味着光敏元件越多，相应的成本就越高。我们通常看到的 1 300 万像素的摄像头，它可以摄制出 4 224 × 3 168 个像素组成的相片。

（4）显示设备

显示器（Display）是计算机不可缺少的输出设备，用户通过它可以很方便地查看送入计算机的程序、数据和图形等信息，以及经过计算机处理后的中间结果、最后结果，它是人机对话的主要工具。

LCD（Liquid Crystal Display），液晶显示器是一种采用液晶控制透光度技术来实现色彩的显示器，画面稳定、无闪烁（见图 2-35）。LCD 通过液晶控制透光度的技术原理让底板整体发光，所以它做到了真正的完全平面。数字 LCD 采用了数字信号传输数据、显示图像，不会造成色彩偏差和损失。

图 2-35　LCD 显示器

LCD 液晶电视主要采用 TFT 型的液晶显示面板，其主要的构成包括荧光管、导光板、偏光板、滤光板、玻璃基板、配向膜、液晶材料、薄模式晶体管等，如图 2-36 所示。液晶显示器必须先利用背光源，也就是荧光灯管投射出光源，这些光源会经过一个偏光板然后再经过液晶，液晶分子的排列方式能够改变穿透液晶的光线角度。然后这些光线接下来还必须经过前方的彩色的滤光膜与另一块偏光板。因此只要改变刺激液晶的电压值就可以控制最后出现的光线强度与色彩，并能在液晶面板上变化出有不同深浅的颜色组合。

　　LED（Light Emitting Diode）显示器（见图 2-37）与 LCD 相比，在亮度、功耗、可视角度和刷新速率等方面，都更具优势。LCD 与 LED 的区别在于液晶的背光技术不一样，传统的 LCD 液晶电视采用 CCFL（冷阴极荧光灯）作为背光源，而 LED 液晶电视采用 LED 发光二极管作为背光源。LED 与 LCD 的功耗比大约为 10:1，而且更高的刷新速率使得 LED 在视频方面有更好的性能表现，能提供宽达 160° 的视角，有机 LED 显示屏的单个元素反应速度是 LCD 液晶屏的 1 000 倍，在强光下也可以照看不误，并且适应零下 40℃ 的低温。利用 LED 技术，可以制造出比 LCD 更薄、更亮、更清晰的显示器，拥有广泛的应用前景。

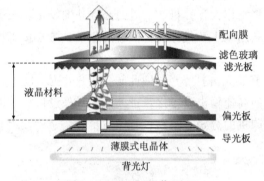

图 2-36　LCD 工作原理

图 2-37　LED 显示屏

　　而最新的 OLED（Organic Light-Emitting Diode，有机发光二极管）具备轻薄、省电等特性。OLED 和 LED 背光是完全不同的显示技术。OLED 是通过电流驱动有机薄膜本身来发光的，发的光可为红、绿、蓝、白等单色，同样也可以达到全彩的效果。因为 OLED 主要是靠电流驱动，所以可以做到更薄，目前最薄的面板仅仅 0.1 毫米。并且使用不同的材质，还能制造成可任意弯曲的形状。目前不少手机厂商已经发布了采用了 OLED 屏幕的概念手机，如图 2-38 所示。

图 2-38　使用 OLED 的概念手机

　（5）打印机

　　打印机（Printer）与显示器一样，也是一种常用的输出设备，它用于把文字或图形在纸上输出，供阅读和保存。打印机按工作原理可分为两类：击打式打印机和非击打式打印机。其中常见的针式打印机属于击打式打印机，喷墨打印机和激光打印机属于非击打式打印机。

　　针式打印机（见图 2-39）是一种特殊的打印机，它最大的优点就是极低的打印成本。针式打印机的结构和喷墨、激光打印机都存在很大的差异。打印机内的针式打印头通过字车传动系统实现横向左、右移动，再由打印针撞击色带而打印文字。字车的动力源一般都用步进电动机,通过传动装置将步进电动机的转动变为字车的横向移动。一些特定的行业用户通过针式打印机才能快速地完成各项单据的复写,为客户提供交易单据。因此针式打印机一直都有着自己独特的市场份额。

图 2-39 针式收银台打印机、针式发票打印机

喷墨打印机(见图 2-40)由于价格低廉,又具有接近激光打印机的高分辨率输出,能输出色彩逼真的彩色图形,所以越来越多的用户将它作为计算机购买时的必选外围设备。喷墨打印机没有打印头,而用微小的喷嘴代替。它利用墨水替代针式打印机的色带,可直接将墨水喷到纸上实现打印。

激光打印机(见图 2-41)速度快、分辨率高、无击打噪声,因此颇受用户欢迎。随着技术的进步,它正由昂贵的、仅为大型主机配套的高速输出设备逐步进入计算机外设市场。由于激光光束能聚焦成很细的光点,因此激光打印机的分辨率很高,打印质量好。

图 2-40 家用喷墨打印机   图 2-41 激光复印打印一体机

激光打印机在工作过程中,打印控制器将光栅位图里的图像数据转换为激光扫描器的激光束信息,通过反射棱镜对感光鼓充电,成像鼓表面就会形成以正电荷表示的与打印图像完全相同的图像信息,然后吸附显影辊传递过来的碳粉颗粒,形成成像鼓表面的碳粉图像,同时传递给转印鼓。而打印纸在与转印鼓接触前被充电单元充满负电荷,当打印纸走过转印鼓时,由于正负电荷相互吸引,转印鼓的碳粉图像就转印到打印纸上。最后经过加热辊加热使碳粉颗粒完全与纸张纤维吸附,形成了打印图像,如图 2-42 所示。

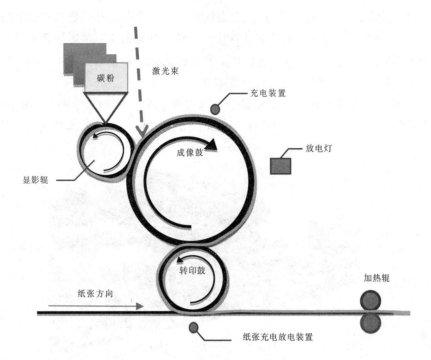

图 2-42　激光打印机工作原理

5．数据总线与计算机硬件接口

当我们了解了计算机各个硬件的基本知识后，就要将每个部件组装起来，使之成为一台可以独立运行的计算机整机。在以后的使用中，随着我们对计算机功能的需求不断增加，用户也往往会更换和添加计算机硬件。硬件设备的种类繁多，但其安装过程都大致类似，实际上就是在外设与计算机之间建立数据传输连接，这样的连接通过各种总线（Bus）来完成。

（1）数据总线（Data Bus）

数据总线是 CPU 和存储器、外设之间传送指令和数据的通道，信息传送是双向的。它的宽度反映了 CPU 一次处理或传送数据的二进制位数。微机根据其数据总线宽度可分成 16、32，64 位等机型。例如，奔腾 CPU 可称为 32 位计算机。总线内数据线的数目代表可传递数据的位数，同时也代表可同一时间传递更多的数据。

（2）地址总线（Address Bus）

地址总线用于传送存储单元或 I/O 接口的地址信息，信息传送是单向的，它的条数决定了计算机内存空间的范围和 CPU 能管辖的内存数量，简单地说就是 CPU 到底能够使用多大容量的内存。总线内地址线的数目愈多，便可存取愈多的存储单元。

（3）控制总线（Control Bus）

控制总线用来传送控制器的各种控制信息。控制部件向计算机其他部分所发出的控制信号（指令）。不同的计算机系统会有不同数目和不同类型的控制总线。

在一台微型计算机里，主板（Mainboard）是基于系统总线设计的，并且安装了计算机的主要电路系统，拥有扩展槽和扩展端口。它提供了 CPU、内存条和硬盘、光驱的插槽（或接口），其他的外围设备也会通过主板上的 I/O 接口连接到计算机上。扩展槽是主板上几条长而窄的插口，用于插放各类扩展板卡。例如 PCI-E 插口就是一种很常见的扩展槽，包括显卡在内的需要大数据量的设备都使用 PCI-E 总线接口。

扩展端口是能将数据传输到计算机总线的连接器，它与我们日常看到的电源插座很相似，可以插入数据线和外围设备进行连接。例如 USB、VGA、HDMI 都是常见的扩展端口（见图 2-43）。

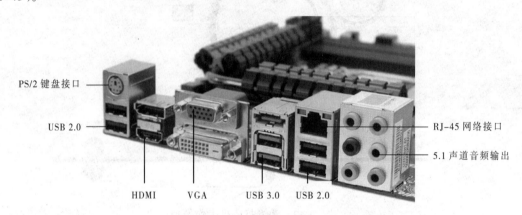

图 2-43 台式机主板接口分布

USB 端口是一种越来越流行的接口方式，因为 USB 端口的特点很突出：速度快（USB 3.0 最大传输速率高达 5 Gbit/s）、兼容性好（USB 2.0/ 1.1/1.0 与 USB 3.0 的接口是相互兼容）、不占中断、可以串接、支持热插拔等，所以如今有许多打印机、扫描仪、数字摄像头、U 盘存储器、MP3 播放器等都使用 USB 作为数据接口。最新的 USB 3.0 理论上的传输速率为 5 Gbit/s，并向下兼容 USB 其他版本。USB 2.0 接口一般为黑色，而 USB 3.0 接口为蓝色。

VGA（Video Graphics Array）端口是 IBM 在 1987 年推出的一种视频传输标准，具有分辨率高、显示速率快、颜色丰富等优点。目前大多数计算机与外围显示设备之间都是通过模拟 VGA 接口连接。

HDMI（High Definition Multimedia Interface）高清晰度多媒体端口是首个也是业界唯一支持的不压缩全数字的音频/视频接口。HDMI 通过在一条线缆中传输高清晰、全数字的音频和视频内容，极大简化了布线，为消费者提供最高质量的家庭影院体验。

对于机器内部空间狭窄的笔记本式计算机，如果想在内部实现扩充是非常有限的，加上各个笔记本式计算机厂商一向根据机器的不同情况采用自己专用的内部接口和部件，内部扩充部件的通用性进一步减低，因此外部端口在笔记本式计算机中就具有比台式机更加重要的地位。这些接口包括 HDMI、USB、音频接口和网络接口（见图 2-44）。

手机的接口相对于计算机简单很多，USB 或 Linghtning 接口不仅可以为手机充电，还能进行和计算机之间的数据传输。现今的智能手机都能通过这个接口完成资料备份、程序安装等任务，而且统一接口的配置更方便用户的使用，如图 2-45 所示。

图 2-44　笔记本接口分布

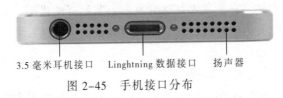

3.5 毫米耳机接口　　Linghtning 数据接口　　扬声器

图 2-45　手机接口分布

2.2.3　计算机的软件组成

软件（Software）一词出现于 20 世纪 60 年代，也有人译为"软体"，现在人们统称它为软件。目前公认的解释认为软件是计算机系统中与硬件相互依存的另一部分，它帮助用户完成各种类型的任务，是一个包括程序、数据及其相关文档的完整集合。其中，程序是按事先设计的功能和性能要求执行的指令序列；数据是使程序能正常操纵信息的数据结构；文档是与程序开发、维护和使用有关的图文材料。

1. 软件的保护

软件的生产与硬件不同，在其开发过程中没有明显的制造过程，也不像硬件那样，一旦研制成功，可以重复制造并在制造过程中进行质量控制，因此计算机软件是受版权法保护的。在购买软件后，我们也许会认为可以以任何方式安装和使用软件，但事实上，购买后的软件只是获得以某一种方式使用软件产品的权利。计算机软件和电影、图书一样受到版权的保护。

版权是法律保护的形式，它保护软件开发者拥有复制、发布、出售和修改其作品的权力。大多数软件在安装之前都会有一个界面显示版权声明，如图 2-46 所示。

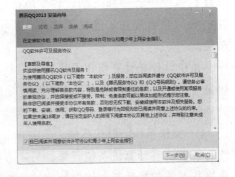

图 2-46　软件安装前的授权协议

根据我国《计算机软件保护条例》，作为商业秘密保护的计算机软件的范围包括保密的源程序、虽然可以公开销售但并未或不容易被反向工程破解的目标程序、未完成的程序、保密的计算机文档（如安装手册、操作指南、维护检验手册等），以及计算机程序的结构、顺序和组织。随着计算机应用的普及和软件对人类生产生活及经营活动的影响，计算机软件的专利权和知识产权保护也会被重新提出并越来越受到重视。

但另一部分软件，例如自由软件运动，它的目标是使所有软件摆脱知识产权的约束。这项运动的支持者们坚信这些约束会妨碍技术的进步并且对社区无益，他们依据经济与技术的价值主张源代码可以自由的获得。

自由软件是指使用者可以自由地运行、复制、分发、学习、改变和改善的软件。自由软件具有两大特征：一是可以免费使用；二是公布源代码，用户可以自己修改、发行。自由软件用户拥有 3 种层次的自由：

- 研究程序运行机制，并根据自身的需要修改它的自由。
- 重新分发复制，以使其他人能够享有共享软件的自由。
- 改进程序，为使他人受益而散发它的自由。

还有一个是开源软件，它是基于社区开发的、非私有的代码，是可令成本更低、开发效率更高、商业应用更加灵活的软件，其必须同时具备如下特征：

- 自由发布，源代码开放。
- 赋予使用者修改演绎作品的权利。
- 可以要求修改后的版本以原始源代码和一组补丁文件的方式发布。

2. 软件的分类

软件是用户与硬件之间的接口界面，用户主要是通过软件与计算机进行交流。一般来讲，软件被划分为系统软件和应用软件两大类。其中，系统软件提供最基础的以计算机为中心的任务；而应用软件根据所服务的领域，帮助用户完成不同种类的实际任务。例如用户可以使用程序调试软件诊断某个程序打开出错的问题，而使用应用软件编辑或裁剪一段视频。

（1）系统软件

系统软件是管理、监控和维护计算机资源的软件，用来扩充计算机的功能、提高计算机的工作效率、方便用户使用计算机。它居于计算机系统中最靠近硬件的一层，负责管理计算机系统中各种独立的硬件，使得它们可以协调工作，但和具体应用领域无关，其他软件一般均要通过它才能发挥作用。系统软件的目的是方便用户，提高使用效率，扩充系统功能。

系统软件是计算机正常运转不可缺少的，一般由计算机生产厂家或专门的软件开发公司研制，出厂时存入磁盘或硬盘。系统软件主要分为：操作系统软件（软件的核心）、各种语言处理程序和各种数据库管理系统、驱动程序四大类。

① 操作系统。操作系统（Operating System）是用户和计算机之间的界面。一方面操作系统管理着所有计算机系统资源，另一方面操作系统为用户提供了一个抽象概念上的计算机。在操作系统的帮助下，用户使用计算机时，避免了对计算机系统硬件的直接操作。对计算机系统而言，操作系统是对所有系统资源进行管理的程序的集合；对用户而言，操作系统提供了对系统资源进行有效利用的简单抽象的方法。

操作系统是管理计算机软硬件资源的一个平台，没有它，任何计算机都无法正常运行。

在个人计算机发展史上曾出现过许多不同的操作系统，其中最为常用的几种是 DOS、Windows、Linux、UNIX、Mac OS 和 OS/2 等（见图 2-47）。

图 2-47 计算机常用操作系统 Mac OS、Linux、Windows

智能手机操作系统是一种运算能力及功能比传统功能手机系统更强的手机系统，一般只应用在高端智能化手机上。拥有操作系统的智能手机可以像个人计算一样安装第三方软件，通过此类软件来不断对手机的功能进行扩充，具有良好的用户界面，而且拥有很强的应用扩展性，所以智能手机有丰富的功能，例如能够显示与个人计算所显示出来一致的正常网页。目前的手机操作系统主要有 Android（安卓）、iOS、Windows Phone（见图 2-48）等。

图 2-48 智能手机常用操作系统 iOS、Android、Windows Phone

② 语言处理程序。语言处理程序一般是由汇编程序、编译程序、解释程序和相应的操作程序等组成，它将各种高级语言编写的源程序翻译成为机器语言表示的目标程序，这些语言处理程序除个别常驻在 ROM 中可以独立运行外，其他都必须在操作系统的支持下运行，如图 2-49 所示。

Visual Studio 是微软公司推出的开发环境，Visual Studio 可以用来创建 Windows 平台下的 Windows 应用程序和网络应用程序，也可以用来创建网络服务、智能设备应用程序（在 Windows Phone 下运行的软件）和 Office 插件。最新的 Visual Studio 2012 包括：Visual Basic、Visual C#、Visual C++、Visual F#四种语言处理程序，加入对 Windows 8 Metro 开发的支持。

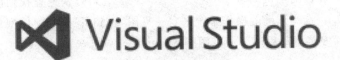

图 2-49 微软 Visual Studio 和苹果 Xcode 开发环境

苹果公司也为开发者提供了完善的开发体系，并设计了用于无缝协作的硬件、操作系统以及开发工具。例如 Xcode 用于构建 OS X 和 iOS 应用程序的完整工具集，用于构建 Mac、iPhone 和 iPad 应用程序的完整开发者工具套件，包括 Xcode IDE、Instruments 和 iOS Simulator。

③ 数据库管理系统。数据库管理系统（DataBase Management System，DBMS）是一种操

纵和管理数据库的大型软件，是用于建立、使用和维护数据库，简称 DBMS。它对数据库进行统一的管理和控制，以保证数据库的安全性和完整性。用户通过 DBMS 访问数据库中的数据，数据库管理员也通过 DBMS 进行数据库的维护工作。它提供多种功能，可使多个应用程序和用户用不同的方法在同时或不同时刻去建立、修改和询问数据库。它使用户能方便地定义和操纵数据，维护数据的安全性和完整性，以及进行多用户下的并发控制和恢复数据库，图 2-50 所示为 Oracle 和 Access 数据库的 Logo。

Oracle 公司（甲骨文公司）是世界上最大的企业软件公司，为 145 个国家的用户提供数据库、工具和应用软件以及相关的咨询、培训和支持服务。产品包括：服务器及工具数据库服务器 Oracle 11G、应用服务器 Oracle Application Server。其他企业大型数据库包括 IBM 的 DB2、微软的 SQL Server 等。

图 2-50　甲骨文数据库和微软的 Access

Microsoft Office Access 是微软把数据库引擎的图形用户界面和软件开发工具结合在一起的一个数据库管理，在很多地方得到广泛使用，例如小型企业、公司的某个部门。Access 有强大的数据处理、统计分析能力，利用查询功能可以方便地进行各类汇总、平均等统计。并且 Access 使用简单，易学性强，开发成本低廉，在开发一些小型动态网站时，可以用来存储用户数据。

④ 驱动程序。驱动程序（Drivers）是一种可以使计算机和设备通信的特殊程序。驱动程序提供了硬件到操作系统的一个接口以及协调两者之间的关系，它告诉操作系统如何去使用此设备，操作系统只能通过这个接口，才能控制硬件设备的工作。每个操作系统中都包含有为 CPU、主板、硬盘、光盘驱动器等设置的一套标准设备驱动程序，但是如果要外加专门的外设，如显卡、网卡，则可能需要加入适当的设备驱动程序，以便让操作系统知道如何管理该设备。早期出厂的计算机都会附带主机所有的驱动程序光盘，而现今大部分计算机的驱动程序都是通过计算机厂商官方网站来下载相应设备的驱动程序。在计算机厂商官方网站的售后服务页面里，在线输入该计算机的主机编号（S/N）（见图 2-51），可以快速查找到该设备所有的驱动程序（见图 2-52）；选择正确的操作系统平台（见图 2-53）；识别硬件型号（见图 2-54）；然后就可以下载并安装驱动程序了（见图 2-55）。

图 2-51　在线输入该计算机的主机编号（S/N）

图 2-52 确认主机型号

操作系统：
| Windows 7 32-bit |
| Windows 7 64-bit |
| Windows 8 64-bit |
| Windows 8.1 64-bit |

全部
主板及芯片组
英特尔快速存储技术
英特尔管理引擎接口
显卡
声卡
网卡
电源管理
触控板
USB3.0控制器
无线网卡
蓝牙模块
读卡器
摄像头
补丁程序
随机软件

图 2-53 选择操作系统和设备类型

网卡(1)

编号	驱动名称	版本	大小	更新日期	文件下载
37769	Ideapad UX30系列网卡驱动	7.70.314....	3.95 M	13-08-01	下载

图 2-54 下载设备驱动文件

图 2-55 安装驱动程序

（2）应用软件

为解决计算机各类问题而编写的程序称为应用软件，它又可分为专用应用软件与通用应用软件。

① 专用应用软件。专用应用软件是指专为某些单位和行业开发的软件，是用户为了解决

特定的具体问题而开发的，其使用范围限定在某些特定的单位和行业，如图 2-56 所示。例如，大型企业资源规划系统、火车站或汽车站的票务管理系统等。

② 通用应用软件。通用应用软件是为实现某种特殊功能而经过精心设计的、结构严密的独立系统，是一套满足同类通用的许多用户所需要的软件。通用软件适应信息社会各个领域的应用需求，每一领域的应用具有许多共同的属性和要求，具有普遍性。例如，Microsoft 公司发布的 Office 2010 通用软件包，如图 2-57 所示。包含 Word 2010（字处理）、Excel 2010（电子表格）、PowerPoint 2010（幻灯片）、Access 2010（数据库管理）等通用软件。

图 2-56　某企业资源规划系统　　　　　　图 2-57　微软 Office 2010

2.2.4　计算机信息编码

信息在计算机内部的表示形式是数据，计算机是一种基于二进制运算的信息处理机器，任何需要由计算机进行处理的信息，都必须进行一定程度的形式化，并表示成二进制编码的形式。数据在计算机内部用二进制数表示。二进制只有 0 和 1 两个不同的数，用一系列的 0 和 1 来描述各种信息称为信息的数字化表示。常用的进位计数制还有十进制、八进制和十六进制等。

1. 计算机进位计数的基本特点

（1）逢 N 进一

N 是指进位计数制表示一位数所需要的符号数目，称为基数。例如十进制数由 0、1、2、3、4、5、6、7、8、9 十个数字符号组成，需要的符号数目是 10 个，基数为十，逢十进一。二进制由 0 和 1 两个数字符号组成，需要的符号数目是 2 个，基数为二，逢二进一。

（2）采用位权表示法

处于不同位置上的数字代表的数值不同，某一个数字在某个固定位置上所代表的值是确定的，这个固定的位置称为位权或权。各种进位制中位权的值恰好是基数的若干次幂，每一位的数码与该位"位权"的乘积表示该位数值的大小。根据这一特点，任何一种进位计数制表示的数都可以写成按位权展开的多项式之和。

位权和基数是进位计数制中的两个要素。在微机中，常用的进位计数制是二进制、八进制和十六进制，其中二进制用得最广泛。

2. 进位计数制的表示方法

（1）十进制

在十进制计数制中，666.66 可以表示为：

$$666.66=6 \times (10)^2+6 \times (10)^1+6 \times (10)^0+6 \times (10)^{-1}+6 \times (10)^{-2}$$

对于任意进位计数制，基数可用正整数 R 来表示。这时，数 N 可表示为：

$$N=\sum_{i=-m}^{n-1} K_i R^i$$

式中，m、n 均为正整数，K_i 则是 0、1…$(R-1)$ 中的任何一个，R 是基数，采用"逢 R 进一"的原则进行计数。

（2）二进制

数值、字符、指令等信息在计算机内部的存放、处理和传递等，均采用二进制数的形式。对于二进制数，R=2，每一位上只有 0、1 两个数码状态，基数为"2"，采用"逢二进一"的原则进行计数。

例如，$(1101)_2$ 可表示为：$(1101)_2=1 \times (2)^3+1 \times (2)^2+0 \times (2)^1+1 \times (2)^0$。

（3）八进制

对于八进制数，$R=8$，每一位上有 0、1、2、3、4、5、6、7 八个数码状态，基数为"8"，采用"逢八进一"的原则进行计数。

例如，$(316)_8$ 可表示为：$(316)_8=3 \times (8)^2+1 \times (8)^1+6 \times (8)^0$。

（4）十六进制

微型机中内存地址的编址、可显示的 ASCII 码、汇编语言源程序中的地址信息、数值信息等都采用十六进制数表示。为便于区别，往往在十六进制数后加"H"，表示前边的数是十六进制数。对于十六进制数，$R=16$，每一位上有 0、1…9、A、B、C、D、E、F，16 个数码状态，基数为"16"，采用"逢十六进一"的原则进行计数。

例如，$(2AF)_{16}$ 可表示为：$(2AF)_{16}=2 \times (16)^2+10 \times (16)^1+15 \times (16)^0$。

常用的几种进位计数制表示数的方法及其相互之间对应关系如表 2-2 所示。

表 2-2　4 种进制对照表

十进制	二进制	八进制	十六进制	十进制	二进制	八进制	十六进制
1	1	1	1	9	1001	11	9
2	10	2	2	10	1010	12	A
3	11	3	3	11	1011	13	B
4	100	4	4	12	1100	14	C
5	101	5	5	13	1101	15	D
6	110	6	6	14	1110	16	E
7	111	7	7	15	1111	17	F
8	1000	10	8	16	10000	20	10

3．不同进位计数制之间的转换

（1）十进制整数转换成二进制整数

十进制整数转换成二进制整数，通常采用除 2 取余法。所谓除 2 取余法，就是将已知十进制数反复除以 2，每次相除后，若余数为 1，则对应二进制数的相应位为 1；若余数为 0，则相应位为 0。首次除法得到的余数是二进制数的最低位，最末一次除法得到的余数是二进制数的最高位。从低位到高位逐次进行，直到商是 0 为止。

例如，将$(215)_{10}$转换成二进制数，其转换全过程可表示如下：

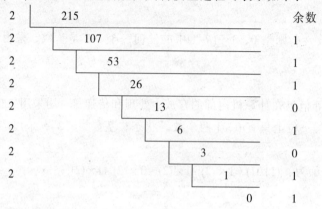

所以$(215)_{10} = (11010111)_2$。

根据同样的道理，可将十进整数通过"除 8 取余"和"除 16 取余"法转换成相应的八、十六进制整数。

（2）十进制纯小数转换成二进制纯小数

十进制纯小数转换成二进制纯小数采用乘 2 取整法。所谓乘 2 取整法，就是将已知十进制纯小数反复乘以 2，每次乘 2 之后，所得新数的整数部分若为 1，则二进制纯小数的相应位为 1：若整数部分为 0，则相应位为 0。从高位向低位逐次进行，直到满足精度要求或乘 2 后的小数部分是 0 为止。

例如，将$(0.6875)_{10}$转换成二进制数，其转换过程可表示如下：

	整数
0.6875	
× 2	
1.3750	1
0.3750	
× 2	
0.7500	0
0.7500	
× 2	
1.5000	1
0.5000	
× 2	
1.0000	1

所以$(0.6875)_{10}=(0.1011)_2$。

迭次乘 2 的过程可能是有限的，也可能是无限的。因而十进制纯小数不一定都能转换成完全等值的二进制纯小数。当乘 2 后能使代表小数的部分等于零时，转换即告结束。当乘 2 后小数部分总是不等于零时，转换过程将是无限的。遇到这种情况时，应根据精度要求取近似值。无论转换的结果是有限位的小数，还是非有限位的小数，转换结果所取的小数位数应根据对该二进制小数的精度要求确定。若未提出精度要求，则一般小数位数取 6 位；若提出精度（位数）要求，则未达到精度要求的有限位数后应补上零；若已达到精度要求，则停止转换。

根据同样的道理，可将十进制小数通过"乘 8（或 16）取整"法转换成相应的八（或十六）进制小数。

（3）十进制混合小数转换成二进制数

混合小数由整数和小数两部分组成。只要按照上述方法分别进行转换，然后将转换结果组合起来，即可得到所要求的混合二进制小数。

例如，将$(215.6875)_{10}$转换为二进制数。

其中：$(215)_{10}=(11010111)_2$

$\qquad(0.6875)_{10}=(0.1011)_2$

因此，$(215.6875)_{10}=(11010111.1011)_2$。

（4）二进制数与十六进制数之间的转换

由于 $2^4=16$，一位十六进制数相当于四位二进制数。因此将二进制数转换成十六进制数时，只需以小数点为界，分别向左、向右，每四位二进制数分为一组，不足四位时用 0 补足四位（整数在高位补零，小数在低位补零）。然后将每组分别用对应的一位十六进制数替换，即可完成转换。

例如：把$(1101101010.10110101)_2$转换成十六进制数，则

(0011 0110 1010 . 1011 0101)$_2$

(3 6 A . B 5)$_{16}$

所以$(1101101010.10110101)_2=(26A.B5)_{16}$

对于十六进制数转换成二进制数，只要将每位十六进制数用相应的四位二进制数替换，即可完成转换。

例如：把十六进制数$(1EC.4B)_{16}$转换成二进制数，则

(1 E C . 4 B)$_{16}$

(0001 1110 1100 . 0100 1101)$_2$

所以 $(1EC.4B)_{16}=(111101100.01001101)_2$。

4. 数据的存储单位

在计算机中，最小的单位是 1 个二进制数（即 0 或 1），称为"位"（bit）。存储数据的单位是字节 byte），8 个比特组成 1 个字节，如图 2-58 所示，表示大写字母"A"的二进制编码。这 8 个二进制数中最小的为 00000000，最大的为 11111111，一共可以表达 256 种不同的形式，每

种形式对应于一个 ASCII 码符号。对汉字来说，一个汉字
需要两个字节的空间来存放。

　　字节的单位较小，使用不方便，于是又有了 KB、MB、
GB、TB 等。各单位间转换关系如下：

　　1 B=8 bit

　　1 KB=2^{10} B=1 024 B

　　1 MB=2^{10} KB=1 024 KB =1 24 B×1 024 B

　　1 GB=2^{10} MB=1 024 MB =1 024 B×1 024 B×1 024 B

　　1 TB=2^{10} GB=1 024 GB =1 024 B×1 024 B×1 024 B×1 024 B

　　1 PB=2^{10} TB=1 024 TB =1 024 B×1 024 B×1 024 B×1 024 B×1 024 B

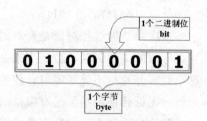

图 2-58　字节和比特的关系

5．计算机中的编码

　　计算机的最基本功能是处理信息，如数值、文字、声音、图形和图像等。除了做各种数
值运算，还需处理各种非数值的文字和符号。这就需要对其进行数字化处理，即用一组统一
的二进制码来表示特定的字符集合，这就是字符编码。在计算机内部，各种信息都必须经过
数字化编码后才能被传送、存储和处理。因此，掌握信息编码的概念与处理技术是十分重要
的。

　　编码是采用少量的基本符号，选用一定的组合原则，以表示大量复杂多样的信息。编码
的两个基本要素是基本符号的种类及其组合规则。例如，用 10 个阿拉伯数码表示十进制数、
用 26 个英文字母表示英文词汇等，都是编码的典型例子。在计算机中广泛采用的二进制编码
由 "0" 和 "1" 两个基本符号组成。

　　（1）ASCII 码

　　字符编码都是按照事先约定的编码来表示，字符编码涉及大家统一遵守使用的问题，所
以一般由国际或国家标准化机构制定统一的标准并予以相应的颁布和执行。对西文字符编码
最常用的是 ASCII 字符编码（American Standard Code for InformationInterchange，美国信息交
换标准代码）。ASCII 是用 7 位二进制编码，它可以表示 2^7 即 128 个字符，见表 2-3。每个字
符用 7 位基码表示，其排列次序为，$d_6d_5d_4d_3d_2d_1d_0$，d_6 为最高位，d_0 为最低位。

　　在 ASCII 码表中看出，十进制码值 0～32 和 127 （即 NUL～US 和 DEL）共 34 个字符
称为非图形字符（又称为控制字符）；其余 94 个字符称为图形字符（又称为普通字符）。在这
些字符中，从 0～9、从 A～Z、从 a～z 都是顺序排列的，且小写字母比大写字母码值大 32，
即位值 d_5 为 0 或 1，这有利于大、小写字母之间的编码转换。有些特殊的字符编码请记住，
例如：

- "a" 字符的编码为 1100001，对应的十进制数是 97；则 "b" 的编码值是 98。
- "A" 字符的编码为 1000001，对应的十进制数是 65；则 "B" 的编码值是 66。
- "0" 数字字符的编码为 0110000，对应的十进制数是 48；则 "1" 的编码值是 49。
- "SP" 空格字符的编码为 0100000，对应的十进制数是 32。

表 2-3　7 位 ASCII 代码表

d₃d₂d₁d₀ ＼ d₆d₅d₄	000	001	010	011	100	101	110	111
0000	NUL	DEL	SP	0	@	P	`	p
0001	SOH	DC1	!	1	A	Q	a	q
0010	STX	DC2	”	2	B	R	b	r
0011	ETX	DC3	#	3	C	S	c	s
0100	EOT	DC4	$	4	D	T	d	t
0101	ENQ	NAK	%	5	E	U	e	u
0110	ACK	SYN	&	6	F	V	f	v
0111	BEL	ETB	,	7	G	W	g	w
1000	BS	CAN	(	8	H	X	h	x
1001	HT	EM	)	9	I	Y	i	y
1010	LF	SUB	*	:	J	Z	j	z
1011	VT	ESC	+	;	K	[	k	{
1100	FF	FS	,	<	L	\	l	l
1101	CR	GS	–	=	M	]	m	}
1110	SO	RS	。	>	N	^	n	~
1111	SI	US	/	?	O	–	o	DEL

计算机的内部存储与操作常以字节为单位，即 8 个二进制位为单位。因此一个字符在计算机内实际是用 8 位表示。正常情况下，最高位 d_7 为 0。在需要奇偶校验时，这一位可用于存放奇偶校验的值，此时称这一位为校验位。

（2）汉字编码

汉字的编码有 4 类：输入码、国标码、机内码、字形码，这 4 类汉字编码之间的关系如图 2-59 所示。

① 输入码。汉字的输入方式目前仍然是以键盘输入为主，而且是采用西文的计算机标准键盘来输入汉字，因此汉字的输入码就是一种用计算机标准键盘的按键的不同组合输入汉字而编制的编码。人们希望能找到一种好学易记、重码率低并且快速简捷的输入编码法。目前已经有几百种汉字输入编码方案，在这些编码方案中一般大致可以分为 3 类：数字编码、拼音码、字形编码。

• 数字编码。数字编码就是用数字串代表一个汉字的输入，常用的是国标区位码。例如，"口"字位于第 31 区 58 位，区位码为 3158。数字编码输入的优点是无重码，而且输入码和内部编码的转换比较方便，

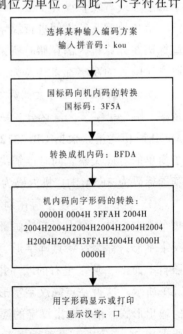

图 2-59　各汉字编码之间的关系
以"口"字为例

但是每个编码都是等长的数字串，难以记忆，因此目前很不常用。

- 拼音码。拼音码是以汉语读音为基础的输入法。由于汉字同音字太多，输入重码率很高，因此，按拼音输入后还必须进行同音字选择，影响了输入速度。目前我们大部分的汉字输入都采用这种输入方式，比较常用的输入法如：搜狗拼音输入法、谷歌拼音输入法、百度拼音输入法、微软拼音输入法等，如图 2-60 所示。

- 字形码。字形码是以汉字的形状确定的编码。汉字总数虽多，但都是由一笔一画组成，全部汉字的部首和笔画是有限的。因此，把汉字的笔画部首用字母或数字进行编码，按笔画书写的顺序依次输入，就能表示一个汉字。五笔字型编码是最有影响的字形编码方法。比较常用的输入法如：万能五笔输入法（见图 2-60）、王码五笔输入法、陈桥五笔输入法、极品五笔输入法等。

图 2-60　搜狗拼音输入法和万能五笔输入法

② 国标码。汉字符号比西文符号复杂得多，所以汉字符号的编码也比西文符号的编码复杂得多。首先，汉字符号的数量远远多于西文符号。汉字有几万个字符，就是国家标准局公布的常用汉字也有 6 763 个（常用的一级汉字 3 755 个，二级汉字 3 008 个）。一个字节只能编码 2^8=256 个符号，用一个字节给汉字编码显然是不够的，所以汉字的编码使用了两个字节。其次，这么多的汉字编码让人很难记忆。为了使用户方便迅速地输入汉字字符，人们根据汉字的字形或者发音设计了很多种输入编码方案，来帮助人们记忆汉字的编码。为了在不同的汉字信息处理系统之间进行汉字信息的交换，国家专门制定了这汉字交换码，称为国标码，国标码在计算机内部存储时所采用的统一表达方式被称为汉字内码。无论是用哪一种输入编码方法输入的汉字都将转换为汉字内码存储在计算机内。

③ 机内码。世界各大计算机公司一般均以 ASCII 码为内部码来设计计算机系统。汉字数量多，用一个字节无法区分，一般用两个字节来存放汉字机内码。为了避免与高位为"0"的 ASCII 码相混淆，根据 GB 3312—1980 的规定，每字节最高位为"1"，这样内码和外码就有了简单的对应关系，同时也解决了中、英文信息的兼容处理问题。例如，以汉字"口"为例，其国标码为 3F5A(H)，机内码为 BFDA(H)，两者之间相差 8080(H)。

④ 字形码。把汉字写在划分成 m 行 n 列小方格的网络方格中，该方阵称当 $m×n$ 点阵。每个小方格是一个点，有笔画部分是黑点，文字的背景部分是白点，点阵中的黑点就描绘出汉字字形，称为汉字点阵字形，如图 2-61（a）所示。用"1"表示黑点，"0"表示白点，按照自上而下、从左至右的顺序排列起来，就把字形转换成了一串二进制的数字，如图 2-61（b）所示。这就是点阵汉字字形的数字化，即汉字字形码。字形码也称为字模码，它是汉字的输出形式，根据输出汉字的要求不同，点阵的多少也不同。以 16×16 点阵为例，每个汉字要占用 32 个字节，两级常用汉字大约占用 256 KB。一个汉字信息系统具有的所有的汉字字形码的集合就构成了该系统的字库。

汉字输出时经常要使用汉字的点阵字形，所以，把各个汉字的字形码以汉字库的形式存储起来。但是汉字的点阵字形的缺点是放大后会出现锯齿现象，很不美观，而且汉字字形点阵所占用的存储空间是比较大的，为解决这个问题，一般采用压缩技术，其中矢量轮廓字形法压缩比大，能保证字符质量，是当今最流行的一种方法。矢量轮廓定义一些指示横宽、竖宽、基点以及基线等控制信息，就构成了字符的压缩数据。

轮廓字形方法比点阵字形复杂，一个汉字中笔画的轮廓可用一组曲线来勾画，它采用数学方法来描述每个汉字的轮廓曲线，如图 2-61（c）。中文 Windows 下广泛采用的 TrueType 字形库就是采用轮廓字形法。这种方法的优点是字形精度高，且可以任意放大、缩小而不产生锯齿现象。

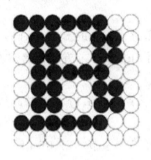

（a）点阵字符

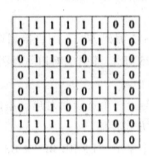

（b）点阵字库中的位图表示

（c）矢量轮廓字符

图 2-61　字形码表示方式

（3）Unicode

ASCII 码只有 128 个字符，主要表示英文字符，但其他国家的文字（例如中文）就需要建立本国文字的字符集。而 Unicode 就是为了解决传统字符编码方案的局限而产生的。Unicode 将世界上大部分的符号都纳入其中，每一个符号都给予一个独一无二的编码，这样就可以满足每个国家文字的需要。Unicode 字符集（Unicode Character Set，UCS）是一个很大的集合，现在的规模可以容纳一百多万个符号，而且仍在不断增加，每个新版本都加入更多新字符。Unicode 每个符号的编码都不一样，例如，U+0639 表示阿拉伯字母 Ain，U+0041 表示英语的大写字母 A，U+4E25 表示汉字"严"。具体的符号对应表，可以查询 unicode.org。

Unicode 只是字符的集合，并不涉及编码方案。UTF 是"UCS Transformation Format"的缩写，是将 Unicode 字符集定义的数字转换成程序数据的实现方式。UTF-8、UTF-16、UTF-32 都是将数字转换到程序数据的实现方式。例如 UTF-8 是以一个字节（8 个二进制）为单位对 Unicode 进行编码；而 UTF-16 编码则是以两个字节（16 个二进制）为单位对 Unicode 进行编码，以此类推。

在 Windows 平台下，可以使用记事本程序完成一个比较简单的转化过程。打开文件后，选择"文件"菜单中的"另存为"命令，会出现一个对话框，在最底部的"编码"下拉菜单中有 4 个选项：ANSI、Unicode、Unicode big endian 和 UTF-8（见图 2-62）。我们以"严"字为例进行保存。

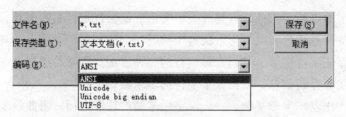

图 2-62　记事本的编码方式

① ANSI 是默认的编码方式。对于英文文件是 ASCII 编码，对于简体中文文件是 GB2312 编码（只针对 Windows 简体中文版，如果是繁体中文版会采用 Big5 编码）。文件的编码是"D1 CF"两个字节。

② Unicode 编码指的是 UCS-2 编码方式，即直接用两个字节存入字符的 Unicode 码。但文件的编码是 4 个字节"FF FE 25 4E"。其中"FF FE"表明是采用 little endian 方式存储，"严"字的具体编码是 4E 25 两个字节。

③ Unicode big endian 编码与上一个选项相对应。编码是 4 个字节"FE FF 4E 25"，其中"FE FF"表明是采用 big endian 方式存储。

④ UTF-8 编码，编码是 6 个字节"EF BB BF E4 B8 A5"，前 3 个字节"EF BB BF" 表明是采用 UTF-8 编码，之后"E4 B8 A5"3 个字节是"严"字的具体编码。

（4）二维码

二维码又称二维条码，最早发明于日本，它是用某种特定的几何图形按一定规律在平面（二维方向上）分布的黑白相间的图形。二维码可以记录数据符号信息，在代码编制上巧妙地利用构成计算机内部逻辑基础的"0""1"比特流的概念，使用若干个与二进制相对应的几何形体来表示文字数值信息，通过图像输入设备或光电扫描设备自动识读以实现信息自动处理。它具有条码技术的一些共性：每种码制有其特定的字符集；每个字符占有一定的宽度；具有一定的校验功能等。同时还具有对不同行的信息自动识别功能，以及处理图形旋转变化等特点。

目前应用二维条码具有储存量大、保密性高、追踪性高、抗损性强、备援性大、成本低等特性，这些特性特别适用于表单、安全保密、追踪、证照、存货盘点等应用。

打开网页浏览器，在百度搜索中输入关键字："二维码生成器"，可以通过百度小应用在线生成二维码。在左边的文本框中输入字符信息，单击下方的"生成"按钮，几秒钟以后就会在右边窗格中生成字符的二维码。输入的字符信息可以是单纯的文本或网站地址（见图 2-63），也可以是个人名片等格式（见图 2-64）。

图 2-63　用二维码表示网站地址

图 2-64　生成个人名片二维码

2.3　操 作 系 统

2.3.1　操作系统的概念

1. 什么是操作系统

操作系统（Operating System，OS）是用户计算机之间的接口，是计算机软件系统中最基本、最核心的系统软件，它直接管理和控制硬件资源和软件资源，并根据用户需要，合理有效地分配资源。

操作系统的作用主要有两个。

一是为用户提供良好的界面。最早的计算机是没有操作系统的，那时要使用计算机需要大量的手工操作，繁杂而又耗时。有了操作系统，原来需要由人工完成的大量工作则被操作系统所代替，用户只需要在终端上输入几行命令或点几下鼠标就能完成。大大提高了工作效率。随着时代的发展，计算机硬件价格的下降，计算机早已走入千家万户和各行各业，计算机成为普通大众的常用工具。图形用户界面也应运而生，图形用户界面具有清晰、简洁、友好、易于使用的特点而被普遍接受。

二是管理系统资源，提高资源利用率。计算机系统往往可同时为多个用户服务，即系统中同时有多个程序在运行。这些程序在运行时可能会要求使用系统中的各种资源，如当程序 A 和程序 B 同时运行时可能会同时需要使用打印机打印文本，如果对程序 A 和程序 B 的并发请求不加以合理分配，就会造成混乱甚至可能会损坏打印机。操作系统恰恰起到管理者的作用，它负责系统资源在各个程序之间的调度，以确保系统资源得以有效利用。

操作系统作为最重要的系统软件，最接近计算机硬件，是与计算机硬件关系最为密切的一个基本软件，可以直接与硬件打交道。其他系统软件、应用软件是建立在操作系统之上的，需要在操作系统的支持下才能运行。开启计算机后，计算机先把操作系统装入内存，然后才能运行其他程序。操作系统提供了良好的人机界面，用户不必了解大量计算机硬件的专业知识，就可以利用各种软件便利地执行各种操作。

2. 操作系统的功能

（1）处理机管理

处理机管理的主要任务是对处理机进行有效的调度和分配，组织和协调进程对处理机的争用，尽量提高处理机的使用效率。

① 处理机调度。在处理机管理过程中，按照某种调度算法将处理机分配给进程，不同类型的操作系统采用的调度策略也不同。

② 进程控制。当并发程序设计和可重入概念出现之后，用顺序执行的"程序"作为运行单位，已无法描述程序动态执行的情况和一个程序对应几个计算的情况，因此要引入新概念——进程。进程作为资源分配和调度的独立单位，需要由操作系统对它进行控制和管理。

一个程序要运行，需要先将其装入内存，占用处理机后才能运行。程序运行时一般要调用外围设备。外围设备的响应速度一般要远慢于处理机的处理速度。例如一个字处理软件，在调用打印机打印时，字处理软件处在等待状态。如果一个程序只能顺序执行，则不能发挥处理机与外围设备并行运行的能力。而如果把一个程序分成若干个可执行的部分，且每一部分都能独立占用处理机资源，就能利用处理机与外围设备并能运行的能力，提高处理机的工作效率。

采用并发程序技术，让多个程序同时装入内存，当一个程序与外围设备通信时，处理机可以为其他程序利用，这样多个程序交替使用处理机资源，减少处理机的空闲状态，从而提高处理机的利用率。

（2）存储管理

存储管理（Memory Management）是对计算机内存的分配、保护和扩充进行管理和协调。主要功能有内存分配与回收、地址转换、存储保护、内存扩充等。

① 内存分配和回收。操作系统和多个用户程序共存于内存之中，为了保证操作系统和用户程序之间以及用户程序和用户程序之间互不冲突，同时也为了有效地利用内存资源，需要操作系统对内存资源进行分配和回收。

② 地址转换。用户源程序，程序中使用的是符号地址，经过编译连接之后使用的是可浮动的逻辑地址，这是因为编译程序和连接程序不知道也不需要知道程序将来在内存的地址，它也无权为程序分配内存地址，只能将程序的首地址定位在 0，后面的地址均是相对于首地址而言的。但是用这种地址去访问内存肯定会出错，必须进行调整，使它变成真正的内存地址，这就是地址转换，地址转换要由硬件和软件共同完成，不同的存储管理方案就有不同的地址转换方法。

③ 存储保护。内存中同时存放多道程序，如何保证各道程序执行访问内存的操作时不越界，以便使操作系统本身和每道用户程序所占区间都不会因为非法访问而受到破坏，也是存储管理应有的功能，即存储保护功能。

④ 内存扩充。内存扩充技术指采用虚拟技术为用户提供一个比内存大得多的地址空间，叫作虚拟存储器，目的是为了解决多道环境下的内存不足问题以及在小内存上运行大作业的问题。

（3）设备管理

设备管理在文件系统的底层，直接与设备打交道，主要完成以下功能：

① 设备分配。尽管计算机系统中有多种设备，但总是供不应求的，当多个用户请求使用同一种设备时，就需要进行分配。分配工作可以是静态的，即先分配好再运行；也可以是动态的，即用时再分配。动态分配应注意安全检查，避免死锁。

② 设备驱动。设备驱动程序包括初始化和中断处理两部分，启动设备开始工作，响应I/O 中断请求，完成指定的 I/O 操作。

③ 实现设备无关性。指用户在程序中使用逻辑设备名而不是物理设备名，就像使用逻辑地址而不是物理地址一样，由操作系统的设备管理完成将逻辑设备名到物理设备名的映射，由于与实际的物理设备无关，一方面方便用户使用，另一方面增加了分配的灵活性。

④ 实现虚拟设备。采用虚拟技术将一台物理设备改造成多台逻辑设备，将独享设备改造成共享设备，这是多道程序并发工作的需要。

（4）文件管理

文件是指存储在磁盘上的信息的集合，每个文件都有一个文件名。操作系统通过文件名实施对文件的存取。从系统角度来讲，文件系统应提供以下功能：

① 文件存储。文件是系统的软件资源，它们存放在外存储器（文件存储器）上，文件系统负责为它们分配外存空间，为此，必须对外存空间进行管理。

② 文件检索。对文件的各种操作都要先找到文件，如何快速地找到文件是文件系统的责任。

③ 文件的共享。当多个用户需要使用同一个文件时，不应制作多个复本，而应该允许用户以不同的文件名访问同一个文件，它在系统中是唯一的。

④ 文件的保护与保密。未经授权的用户不能访问文件；防止以不正确的方式访问文件，例如，对只读文件就不能对它进行写操作，不管是谁。

从用户的角度看，文件系统就是实现了按名存取。因为用户只需提供一个文件的名字就可以对文件进行各种访问。

新购买的磁盘首先要进行分区、格式化，然后才能使用。一般来讲，现在的磁盘容量都很大，分区可以方便管理。分区后进行格式化，安装不同类型的文件系统，如 NTFS、FAT32、EXT3 等，就可以使用了。

一个磁盘上的文件少则几万，多则几十万、几百万。为了有效管理和使用文件，大多数操作系统使用树形目录管理文件，就像一棵倒长的树，树枝为子目录，树叶为文件。树形目录从根开始，允许用户在根下建立子目录，再在子目录下存放文件或建立子目录。将文件按不同类别存放在不同的目录下，以方便管理和利用，如图 2-65 所示。Windows 中，磁盘被分区格式化后，命名以 C 盘、D 盘，以此类推。C 盘、D 盘即为树根。　Windows 资源管理器如图 2-66 所示。

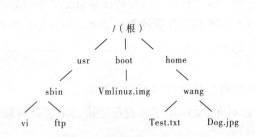

图 2-65　树形目录结构

图 2-66　Windows 资源管理器

操作系统中，文件名通常由主文件名和扩展名两部分组成，主文件名和扩展名之间使用句点 "."隔开。扩展名表示文件类型。文件名取名应有含义，揭示文件用途或内容，以便用户使用。如文件名 "word 操作练习.doc" 比 "练习.doc" 好，更具体。常见文件类型如表 2-4 所示。

表 2-4　常用扩展名列表

扩　展　名	文　件　类　型	扩　展　名	文　件　类　型
.exe　.com	可执行文件	.txt	文本文件
.sys　.dll	系统文件	.xls　.xlsx	电子表格文件
.chm　.hlp	帮助文件	.doc　.docx	Word 文件

续表

扩 展 名	文 件 类 型	扩 展 名	文 件 类 型
.bak	备份文件	.ppt　.pptx	幻灯片文件
.tmp	临时文件	.bmp　.gif　.jpg	图形文件
.rar　.zp	压缩文件	.wav　.mid　.mp3	音频文件
.htm　.html	超文本文件	.avi　.wmv　.rm　.rmvb	视频文件

（5）作业管理

作业管理是用户与操作系统的界面（接口），是用户使用操作系统的方式。它负责对作业的执行情况进行系统管理，包括作业的组织、作业的输入／输出、调度和作业控制等。

在操作系统中，把用户在一次算题过程中要求计算机系统所做的一系列工作的集合称为作业。作业管理中提供一个作业控制语言供用户书写作业说明书，同时还为操作员和终端用户提供与系统对话的命令语言，并根据不同系统要求，制定各种相应的作业调度策略，使用户能够方便地运行自己的作业，以便提高整个系统的运行效率。

3. 操作系统的分类

（1）批处理操作系统

过去，在计算中心的计算机上一般所配置的操作系统都采用以下方式工作：用户把要计算的应用问题编成程序，连同数据和作业说明书一起交给操作员，操作员集中一批作业，并输入到计算机中。然后，由操作系统来调度和控制用户作业的执行，形成一个自动转接的连续处理的作业流。最后，由操作员把运算结果返回给用户。通常，采用这种批量处理作业方式的操作系统称为批处理操作系统。

批处理操作系统（Batch Processing Operating System）根据一定的调度策略把要求计算的算题按一定的组合和次序去执行，从而，系统资源利用率高、作业的吞吐量大。缺点是：作业周转时间长，不能提供交互计算能力，不利于程序的开发和调试。

批处理系统的主要特征是：

① 用户脱机工作。用户提交作业之后直至获得结果之前不再和计算机及他的作业交互。因而，作业控制语言对脱机工作的作业来说是必不可少的。由于发现程序错误不能及时修正，这种工作方式对调试和修改程序极不方便。

② 成批处理作业。操作员集中一批用户提交的作业，输入计算机成为后备作业。后备作业由批处理操作系统一批批地选择并调入内存执行。

③ 单/多个程序运行。早期采用单道批处理，作业进入系统后排定次序，依次一道道进入内存处理，形成了一个自动转接的作业流处理，这是单道批处理系统。后来采用多道批处理，由作业调度程序按预先规定的调度算法，从后备作业中选取多个作业进入主存，并启动它们运行，这是多道批处理系统。

（2）分时操作系统

为了方便用户进行交互处理，出现了分时操作系统（Time Sharing Operation System）。

分时系统是允许多个联机用户同时使用一台计算机进行处理的系统。系统将在时间上分割成很小的时间段，每个时间段称为一个时间片。每个联机用户通过终端以交互方式控制程序的运行，系统把时间轮流地分配给各联机作业，每个作业只运行极短的一个时间片，而每个用户都有一种"独占计算机"的感觉。

分时系统的主要目标是为了方便用户使用计算机系统，并尽可能地提高系统资源的利用率。

分时系统的主要特点表现在：

① 协调性：就整个系统而言，要协调多个终端用户同时与计算机交互，并完成他们所请求的工作。

② 独占性：对用户而言，各个终端用户彼此之间都感觉不到别人也在使用这台计算机，好像只有自己独占计算机一样。

③ 交互性：对系统和用户而言，人与计算机是以对话方式工作的。用户从终端上输入命令，提出处理要求，系统收到命令后分析用户的要求并完成，然后把运算结果通过输出设备告诉用户，用户可根据处理结果提出下一步的要求，这样一问一答，直到全部工作完成。

④ 共享性：对资源而言，宏观上各终端用户共享计算机的各种资源（尤其 CPU），从微观上看用户在分时（按时间片）使用许多资源。

由此，分时系统具有如下优点：

① 自然操作方式。该系统使用户能在较短的时间内采用交互会话工作方式，及时输入、调度、修改和运行自己程序，因而缩短了解题周期。

② 扩大了应用范围。无论是本地用户还是远地用户，只要与计算机连上一台终端设备，就可以随时随地使用计算机。

③ 便于共享和交换信息。远、近终端用户均可通过系统中的文件系统彼此交流信息和共享各种文件。

④ 经济实惠。用户只需有系统配备的终端，即可完成各种处理任务，可共享大型的具有丰富资源的计算机系统。

（3）实时操作系统

随着计算机的不断普及和发展，应用领域不断扩大，出现了实时操作系统（Real-time Operating System）。有的应用要求系统不仅具有批处理作业，还要能够进行实时操作，以便提高系统资源的利用率。在这种系统中，把分时作业叫作前台作业，而把批处理作业叫作后台作业。类似地，批处理系统与实时系统相结合，有实时请求则及时进行处理，无实时请求时则进行批处理。运行时把实时作业叫作前台作业，把批处理作业叫作后台作业。

（4）网络操作系统

计算机网络是通过通信设施将地理上分散的并具有自治功能的多个计算机系统互连起来的系统。网络操作系统（Network Operating System）能够控制计算机在网络中方便地传送信息和共享资源，并能为网络用户提供各种所需服务的操作系统。网络操作系统主要有两种工作模式：第一种是客户机/服务器模式，这类网络中分成两类站点，一类作为网络控制中心或数据中心的服务器，提供文件打印、通信传输、数据库等各种服务，另一类是本地处理和访问服务器的客户机，这是目前较为流行的工作模式；另一种是对等模式，这种网络中的站点都是对等的，每一个站点既可作为服务器，而又可作为客户机。

网络操作系统应该具有以下几项功能：① 网络通信。其任务是在源计算机和目标计算机之间，实现无差错的数据传输，具体来说完成建立/拆除通信链路、传输控制、差错控制、流量控制、路由选择等功能；② 资源管理，对网络中的所有硬、软件资源实施有效管理，协调诸用户对共享资源的使用，保证数据的一致性、完整性；典型的网络资源有——硬盘、打印机、文件和数据。③ 网络管理，包括安全控制、性能监视、维护功能等；④ 网络服务，如电子邮件、文件传输、共享设备服务、远程作业录入服务等。

常用的网络操作系统有 UNIX、Windows NT、Linux 等。

（5）分布式操作系统

以往的计算机系统中，其处理和控制功能都高度地集中在一台计算机上，所有的任务都由它完成，这种系统称集中式计算机系统。而分布式计算机系统是指由多台分散的计算机，经互联网络连接而成的系统。每台计算机高度自治，又相互协同，能在系统范围内实现资源管理，任务分配，能并行地运行分布式程序。

用于管理分布式计算机系统的操作系统称分布式操作系统（ Distributed Operating System ）。它与单机集中式操作系统的主要区别在于资源管理、进程通信和系统结构 3 个方面。和计算机网络类似，分布式操作系统中必须有通信规程，计算机之间的发信收信都将按规程进行。分布式系统的通信机构、通信规程和路径算法都是十分重要的研究课题。集中式操作系统的资源管理比较简单，一类资源由一个资源管理程序来管理。这种管理方式不适合于分布式系统，例如，一台机器上的文件系统来管理其他计算机上的文件是有困难的。

所以，分布式系统中，对于一类资源往往有多个资源管理程序，这些管理者必须协调一致的工作，才能管好资源。这种管理比单个资源管理程序的方式复杂得多，人们已开展了许多研究工作，提出了许多分布式同步算法和同步机制。分布式操作系统的结构也和集中式操作系统不一样，它往往有若干相对独立部分，各部分分布于各台计算机上，每一部分在另外的计算机上往往有一个副本，当一台机器发生故障时，由于操作系统的每个部分在其他机上有副本，因而仍可维持原有功能。

（6）嵌入式操作系统

嵌入式操作系统（ Embedded Operation System ）是为完成特定功能而嵌入到电子产品内的操作系统，用于控制、监视或者辅助操作设备，它除了具有一般操作系统最基本的功能，还有任务调度、同步机制、中断处理、文件处理等功能。它广泛应用于工业控制、交通管理、信息家电等各社会领域。特别是嵌入式操作系统在手机和平板计算机等方面的应用越来越被人们所熟知。这也导致嵌入式操作系统的定义和内涵越来越模糊。

嵌入式操作系统具有以下特点：

① 可裁剪性。嵌入式操作系统可以根据产品的需求进行裁剪。即某产品可以只使用很少的几个系统调用，而另一个产品则可能使用了几乎所有的系统调用。这样可以减少操作系统内核所需的存储器空间。

② 强实时性。多数嵌入式操作系统都是硬实时的操作系统，抢占式的任务调度机制。

③ 操作方便。多数嵌入式操作系统操作方便、简单，并提供友好的图形用户界面。

④ 稳定性。系统运行后，不需要过多人为干预，即可稳定运行。系统的用户接口一般不提供操作命令，它通过系统的调用命令向用户程序提供服务。

⑤ 良好的移植性。嵌入式操作系统能移植到绝大多微处理器、微控制器及数字信号处理器上运行。

2.3.2 常用操作系统

1. Windows

Windows 操作系统是 Microsoft 公司生产的操作系统，具有功能强大、界面友好、使用简单等特点。Windows 操作系统占个人计算机操作系统的 90%以上，为世人所熟知和使用。

Microsoft 公司成立于 1975 年，是目前最大的软件公司。从 1983 年 12 月 Microsoft 公司推出第一代窗口式多任务操作系统 Windows 1.0 版本开始，经过不断改进和完善，又陆续发布了 Windows 3.X、 Windows 95、 Windows 98、 Windows 2000、 Windows XP（"XP"是 Experience 的缩写）、Windows 7、Windows 8 等版本。目前常用版本有 Windows 7 和 Windows 8。

Windows 8 支持 X86 构架和 ARM 架构的设备，采用全新的 Metro 用户界面，支持多点触控，各种应用程序、快捷方式等以磁贴方块的样式呈现在屏幕上，用户可自行融入常用的浏览器、社交网络、游戏、操作界面。主要有 Windows 8 标准版、专业版和企业版。标准版包括全新的 Windows 商店、文件资源管理器、任务管理器等；专业版还包括文件加密、虚拟化、PC 管理和域名连接等；企业版在专业版的基础上另外为了满足企业的需求，增加 PC 管理和部署、先进的安全性等功能。它主要包含家庭版(Home Edition)和专业版(Professional Edition)。专业版比家庭版多了远程桌面、加密文件系统、集中管理功能、互联网信息服务（IIS）、支持两个物理中央处理器（CPU）等功能。

Windows 操作系统主要由 5 个部分组成：

① 核心层：负责线程处理，中断处理和调度，多处理器同步等。

② 硬件抽象层：将核心、设备驱动程序以及执行体同硬件分隔开，从而使操作系统能适应多种硬件平台。

③ 执行体：为用户进程提供函数调用。

④ 设备驱动程序：负责 I/O 系统和相关硬件之间的交互。

⑤ 图形引擎：提供图形用户界面。

2. UNIX

UNIX 是一个多用户、多任务从分时操作系统。具有结构简洁、层次清晰、功能强大、易移植、易维护、支持多种文件系统等特点，是一个开放系统。

UNIX 操作系统，是美国 AT&T 公司的贝尔实验室开发的，最早运行在 PDP-11 小型机上。现在著名的商业版本有很多，如 IBM 公司的 AIX，SUN 公司的 Solaris，HP 公司的 HP-UX 等，也有可以运行在个计算机上的 Xenix。

UNIX 操作系统体系结构由 3 部分组成：内核、Shell、应用程序。

① 内核：是 UNIX 操作系统的核心和基础，包括处理机、进程、存储、设备、文件系统管理和中心处理等。

② Shell：也称为外壳，是系统的用户界面，提供了用户与内核进行交互操作的一种接口。它接收用户输入的命令并把它送入内核去执行。UNIX 系统的 Shell 还具有程序语言能力，

是一种结构化程序，用户可以利用 Shell 编制脚本程序，完成一些程序开发功能。

③ 应用程序：应用程序通过系统调用方式使用系统资源。终端用户通过命令方式或以 Shell 脚本方式使用系统资源。UNIX 操作系统也提供了图形界面，如 X 窗口（X-window），通用桌面环境（CDE），终端用户通过图形窗口方式方便地操作系统。

3. Linux

Linux 操作系统是一种类 UNIX 操作系统，是自由软件的代表，是完全免费和开放源代码的。遵循 GNU 通用公共许可证的个人和机构均可以自由地使用 Linux，也可以自由地修改和再发布。

Linux 是由芬兰赫尔辛基大学的一名叫作 Linus Benedict Torvalds 的大学生于 1991 年首先开发，后又经众多软件高手参与共同开发的功能强大的操作系统。Linux 广泛应用于各种架构的服务器、微机、平台计算机、手机等。知名的发行版有 Redhat、Ubuntu、SuSe、CentOS 等。

Linux 操作系统组成：

① 硬件控制器：直接对 CPU、内存硬件、硬盘以及网络适配器等硬件设备的进行识别与配置。

② 内核：内核抽象和对硬件资源（如 CPU）的间接访问。

③ O/S 服务：　这些服务一般认为是操作系统的一部分，如 Shell 程序、编译工具、窗口系统。

④ 用户应用程序：用户可直接使用的应用程序，如文字处理应用程序和 Web 浏览器。

4. Mac OS

是一个运行于 Macintosh 系列计算机上的操作系统。Mac OS 是第一个在商用领域成功的图形用户界面。苹果公司产品一向以追求完美、技术领先著称，其生产的计算机具有外观设计精美、运行稳定、绘图能力卓越、图形化操作系统使用流畅等特点。

苹果公司成立于 1976 年，其研发的操作系统专用于该公司生产的计算机上。1984 年伴随 Macintosh 的推出，发布了 System 1 操作系统，该操作系统为黑白界面，含有桌面、窗口、图标、光标、菜单和卷动栏等项目，是世界上第一款成功的图形化用户界面操作系统。随后的十几年中，苹果操作系统历经了 System 1 到 7 的变化，操作系统从单调的黑白界面变成 8 色、16 色、真彩色，在稳定性、应用程序数量、界面效果等各方面大大改进。从 7.6 版开始，苹果操作系统更名为 Mac OS，此后的 Mac OS 8 和 Mac OS 9，直至 Mac OS 10.7，采用的都是这种命名方式。

Mac OS X 的系统架构由 4 个层次组成，上一层依赖于下一层运行。

① 核心层，是基于 UNIX 操作系统的，名为 Darwin 的 UNIX 变种之一。由内核环境、设备驱动、安全支持、进程间通信支持、底层命令与服务等组成。运行稳定，性能强大。

② 图像层，由 Quartz、OpenGL、QuickTime 等组成。该层为播放音频视频、渲染 2D/3D 图形实现提供了强大的图形图像服务。

③ 应用层，由 Cocoa、Carbon、Java、Classic 等组成。为用户提供了良好的应用程序设

计开发环境。

④ 界面层，由 Aqua、Dashboard、Spotlight、Accessibility 等组成，提供给用户直观、易于掌握的图形用户界面。

5. Android

Android 是一个以 Linux 为基础的半开源嵌入式操作系统，系统最初由安迪·鲁宾（Andy Rubin）开发制作，最初目的主要支持是支持手机使用，后来被 Google 公司收购，提供免费开源使用。由于其开放性，不受限于任何开发商的特点，被广泛应用于手机、平板计算机等移动设备。

Android 的系统架构由 4 四个层次组成，分别是核心层、系统运行库、应用程序框架、应用程序层。

（1）核心层

Android 采用 Linux 2.6 内核，包括安全性，内存管理，进程管理，网络协议栈和驱动程序等。Android 核心也同时作为硬件和软件之间的抽象层。

（2）系统运行库

系统运行库由系统库和核心库组成。

① 系统库是应用程序框架的支撑，是连接应用程序框架层与核心层的重要纽带。主要包含：Surface Manager，执行多个应用程序时候，负责管理显示与存取操作间的互动，另外也负责 2D 绘图与 3D 绘图进行显示合成；Media Framework，多媒体库，支持多种常用的音频、视频格式录制和回放；SQLite，轻型关系型数据库引擎；OpenGL ES，3D 绘图函数库；FreeType，提供点阵字与向量字的描绘与显示 ；WebKit，网页浏览器软件引擎；SGL，底层 2D 图形渲染引擎等内容。

② 核心库提供了 Java 编程语言核心内容的大多数功能。每一个 Android 应用程序都在它自己的进程中运行，都拥有一个独立的 Dalvik 虚拟机实例。Dalvik 虚拟机是一种基于寄存器的 Java 虚拟机，并进行了内存资源使用的优化。

（3）应用程序框架

开发人员可以完全访问核心应用程序所使用的 API 框架。该应用程序的架构设计简化了组件的重用；任何一个应用程序都可以发布它的功能块并且任何其他的应用程序都可以使用其所发布的功能块。同样，该应用程序重用机制也使用户可以方便地替换程序组件。

应用程序框架主要包括：丰富而又可扩展的视图（Views），内容提供器（Content Providers），资源管理器（Resource Manager），通知管理器（Notification Manager），活动管理器（Activity Manager）等。

（4）应用程序层

Android 平台不仅仅是操作系统，也包含了许多应用程序，诸如 E-mail 客户端、SMS 短信客户端程序、日历、地图、联系人管理、电话拨号程序、图片浏览器、Web 浏览器等应用程序。这些应用程序都是用 Java 语言编写的，并且这些应用程序都是可以被开发人员开发的其他应用程序所替换，这点不同于其他手机操作系统固化在系统内部的系统软件，更加灵活和个性化。

2.3.3　操作系统的计算思维

1．操作系统的功能

1946 年冯·诺依曼对 EDVAC 计算机的结构进行了描述，把计算机分为控制器、运算器、存储器、输入设备和输出设备，奠定了当代计算机的体系结构。每一部件分别按要求执行特定的基本功能。操作系统有处理机管理、存储管理、设备管理、文件管理、作业管理。大体上，处理机负责控制器、运算器的管理，存储管理负责存储器的管理，设备管理负责输出、输入设备的管理，文件管理负责存储器（外存储器）的管理，前四大管理功能基本上与计算机体系结构对应。而作业管理，主要是计算机与用户界面的管理。

计算机体系结构是人类控制复杂问题或设计大型系统时，将问题进行抽象和分解，最终得到最佳方案。现实生活中，碰到复杂任务时，对问题进行抽象和分解，往往会简化问题，从而利于解决问题。

2．操作系统的资源管理

性能再好的计算机其可利用的资源也是有限的，总有耗尽的时候。操作系统的多种管理策略和调度算法，就是为了充分、合理、有效地利用资源。操作系统对资源的管理策略体现了均衡和优先的思想，是一种典型的计算思维。

在操作系统中，当有多个任务需要执行时，就需要进行调度，例如多个进程运行时，一个设备分配给多个进程时，多个虚页进行数据交换时，都会发生调度。常用的调度策略有短作业优先法、最高响应比优先法、先来先服务法、优先级法、轮转法等。

不同的调度策略有不同的规则来决定执行顺序。先来先服务算法是按照作业进入系统的作业后备队列的先后次序来挑选作业，即先到先执行。这种算法只顾及到作业等候时间，而没考虑作业要求服务时间的长短。有时为了等待长作业的执行，而使短作业的周转时间变得很长。最短作业优先算法是以进入系统的作业所要求的 CPU 时间长短为依据，总是选取运行时间最短的作业优先执行，提高了吞吐率，然而会造成一些长作业永远得不到调度执行的机会。

对这些问题的解决，就出现了最高响应比优先法，该算法是介于这两种算法之间的一种折中的策略，既考虑作业等待时间 W，又考虑作业的运行时间 T，从 $R=（W+T）/T$ 可得出作业的优先级随等待时间而发生变化，这样既照顾了短作业又不使长作业的等待时间过长，改进了调度性能。从而避免长时等待问题和平均主义思想。因此一个优秀的调度策略，充分反映了现实生活中的均衡与优先思想。例如到医院看病，普通科室和急诊室，两者的结合满足了不同情况病人的需求；再如改革开放，全民共同富裕与优先发展沿海经济；城市用电紧张时期，错峰用电的策略等。

3．操作系统的分时管理

在分时操作系统中，采取时间片轮转思想。系统把 CPU 的时间划分成固定大小的很小的时间片，轮流分配给各个联机终端用户，每个进程一次只能占用一个时间片的处理机时间执行，若时间片用完，而进程的任务还未做完，则挂起等待下次分得时间片再执行。由于调试程序的用户常常只发出简短的命令，这样一来，每个用户的每次要求都能得到快速响应，每个用户获得这样的印象，好像他独占了这台计算机一样。这是一种最古老、最简单，同时也是最公平的策略。这种平等的思想，克服了个别进程长时间占用 CPU 资源，而其他进程却长时间等待无法利用 CPU 资源，以致多用户在同时使用计算机时，有用户等待很长时间甚至得不到计算机服务的问题。

4．操作系统的设备管理

操作系统管理的硬件设备种类繁多，千差万别，在处理数据、传输数据方面有很大的差异。例如 CPU 与内存储器速度不匹配问题，采取了缓存技术，CPU 缓存的容量比内存小得多但是交换速度却比内存要快得多，缓存的采用主要是为了解决 CPU 运算速度与内存读写速度不匹配的矛盾，因为 CPU 运算速度要比内存读写速度快很多，这样会使 CPU 花费很长时间等待数据到来或把数据写入内存。又例如，字节多路通道连接键盘、控制台打印机等低速度外围设备，选择通道用于连接磁带等高速外围设备，它们之间的速度相差 1 000 倍以上。硬盘的稳定传输速率一般在 30 MB/S 到 60 MB/S 之间，DVD 光盘传输速度 10 MB/S 到 20 MB/S 不等，USB 3.0 设备速度可达 400 MB/S。而当人使用键盘输入内容时，由于人的反应速度远远低于计算机各部件的速度，导致计算机处理速度极大降低。

这些设备的差异造成了管理的复杂化，如何把不同速度的设备组成一个有机的统一体，是一个系统问题。

操作系统对这一问题，采取了协同共存的思想，即尽可能让慢速设备与快速设备相匹配。具体做法是通过多道程序使含有 I/O 操作的进程与计算为主的进程并行操作，让 CPU 给计算进程服务时，I/O 进程独立的完成缓慢的 I/O 操作。在内存管理方面，设立快表、虚拟存储器来提高内存的访问速度；在 I/O 设备输入/ 输出数据时，设立缓冲区，当慢速设备输入/输出数据达到一定量时，CPU 才对缓冲区的数据进行读写；设立中断处理机构，通过查询中断方式对慢速设备的数据进行抽空处理。

在现实生活中，每个人的学习能力、专业能力、身体条件、爱好等都有差别，如何把他们组合成一个强有力的集体，正是现在管理学研究的问题。在这一集体中，要追求和谐，对每个人要扬长避短，才能达到最大的效力，而不是使某一个人发挥最大能力。

2.4　程序设计语言

当对某个问题进行了抽象之后，接下来就要进行自动化处理。在利用信息技术对问题进行解决时，其中一个重要的环节就是使用某种程序设计语言，将解决方案（算法）编写成可以在计算机上运行的程序，以实现自动化。程序设计语言是实现问题求解的重要工具。

2.4.1　程序设计语言简介

程序设计语言是用于书写计算机程序的语言。语言的基础是一组记号和一组规则。根据规则由记号构成的记号串的总体就是语言。程序设计语言有 3 个方面的因素，即语法、语义和语用。语法表示程序的结构或形式；语义表示程序的含义；语用表示程序与使用者的关系。

按照与计算机硬件的紧密程度和程序设计语言的发展历程，可将程序设计语言分为机器语言、汇编语言和高级语言。

1. 机器语言

机器语言是用二进制代码表示的计算机能直接识别和执行的一种机器指令的集合。

机器语言由"1"和"0"组成的一组代码指令，这些指令的集合称为该处理器硬件的指令集，是能被计算机直接识别和执行的程序设计语言。例如，要对 2+3 进行运算，则对应的 3 条机器语言指令是：①1011000000000110；②0000010000000010；③101000100101000000000000。所以机器语言具有可直接执行、占用内存少和执行速度快等特点。机器语言对硬件的依赖性很大，不同型号的计算机其机器语言是不同的。按照一种类型的计算机编制的机器语言程序，不能在另外一种类型的计算机上执行。所以可移植性不好，并且程序编写效率低下、可读性不好。

2. 汇编语言

汇编语言是用助记符（英文单词或缩写）代替机器指令的操作码，用地址符号或标号代替指令或操作数的地址，是面向机器的程序设计语言。

汇编语言由于使用了助记符，相比机器语言易于记忆、理解和编写，在保证高速执行的前提下能对硬件进行操控，适合开发对设备进行实时测控的程序。例如，要对 2+3 进行运算，写出 2 条汇编程序命令即可完成：①MOV AH,2；②ADDAH,3。汇编语言程序编写好以后，不能由计算机直接执行，需要一种转换程序把汇编程序转换成机器语言程序（二进制形式），这个转换过程称为汇编，而这个转换程序称为汇编程序。与机器语言相似，不同型号的计算机，其汇编语言是不相通的。汇编语言程序相比高级语言更加复杂、冗长、容易出错，并且开发时间较长。

3. 高级语言

由于机器语言和汇编语言的不足，人们希望设计出一种计算机语言，它接近于自然语言、容易学习和使用、编写程序效率高、可移植性强，这种语言就是高级语言。高级语言是一种接近自然语言和数学语言语法、符号描述基本操作的程序设计语言，符合人类对问题描述和解决问题的习惯。例如，要对 2+3 进行运算，写出 1 条 C 语言代码即可完成：a=2+3。高级语言是一类语言的统称，并不是特指某一种具体的语言。在过去的几十年间，根据不同的应用需求和设计思想，大量的高级语言被发明、被取代或组合在一起。目前，流行的高级语言有数十种，下面介绍常用的几种，如表 2-5 所示。

表 2-5　常用的几种高级语言

名　称	功　能
Visual Basic	Visual Basic 源自于 BASIC 编程语言，简称 VB，它拥有图形用户界面（GUI）和快速应用程序开发（RAD）系统，可以轻松地使用 DAO、RDO、ADO 连接数据库，或者轻松的创建 ActiveX 控件。程序员可以轻松地使用 VB 提供的组件快速建立一个应用程序
VBA	Visual Basic for Applications（VBA）是 Visual Basic 的一种宏语言，由微软开发并在其桌面应用程序中执行通用的自动化任务的编程语言。主要能用来扩展 Windows 的应用程序功能，特别是 Microsoft Office 软件，如 Word、Excel、Access、PowerPoint 都可以使用 VBA 代码，让这些软件的应用效率更高

续表

名　称	功　能
Java	Java 由 Sun Microsystems 公司在 1995 年推出，是一种可以编写跨平台应用软件的面向对象的程序设计语言，Java 包括 Java 程序设计语言和 Java 平台（J2SE，J2EE，J2ME）。Java 技术具有卓越的通用性、高效性、平台移植性和安全性，广泛应用于个人 PC、数据中心、游戏控制台、科学超级计算机、移动电话和互联网，同时拥有全球最大的开发者专业社群。在全球云计算和移动互联网的产业环境下，Java 更具备了显著优势和广阔前景
.NET	.NET 是 Microsoft XML Web services 平台。XML Web services 允许应用程序通过 Internet 进行通信和共享数据，而不管所采用的是哪种操作系统、设备或编程语言。Microsoft .NET 平台提供创建 XML Web services，并将这些服务集成在一起。对个人用户而言是无缝的，具有吸引人的体验
Python	Python 是一种面向对象、解释型计算机程序设计语言，由荷兰程序员 Guido van Rossum 于 1989 年编写。Python 语法简洁而清晰，具有丰富和强大的类库。它常被称为"胶水语言"，能够很轻松地把用其他语言制作的各种模块轻松地联结在一起。Python 语言逐渐被广泛应用于处理系统管理任务和 Web 编程，常见的一种应用情形是：使用 Python 快速生成程序的原型（有时甚至是程序的最终界面），然后对其中有特别要求的部分，用更合适的语言改写，比如 3D 游戏中的图形渲染模块，性能要求特别高，就可以用 C++重写
SQL	结构化查询语言（Structured Query Language）简称 SQL，由 IBM 公司在 1981 年推出，结构化查询语言是一种数据库查询和程序设计语言，用于存取数据以及查询、更新和管理关系数据库系统；同时也是数据库脚本文件的扩展名。结构化查询语言是高级的非过程化编程语言，允许用户在高层数据结构上工作

　　虽然高级计算机语言容易书写，但是不能直接被计算机识别与执行，必须经过专门的翻译程序翻译成为计算机可以识别和执行的二进制代码。每种高级语言都有自己的翻译程序，互相之间不能替代。翻译程序可分为两类：一种叫"编译程序"；另一种叫"解释程序"。

　　编译程序把高级语言所写的源代码转换成计算机可执行的二进制代码，要经过两个过程。首先是编译过程，编译程序对源程序进行编译处理，生成一个目标程序。目标程序还不能运行，需要加入系统函数或过程；其次是连接过程，需要使用连接程序把目标程序与系统函数或过程组装在一起，形成完整的可执行二进制代码。如 FORTRAN、C 语言等都采用这种编译方法。高级语言的编译过程如图 2-67 所示。

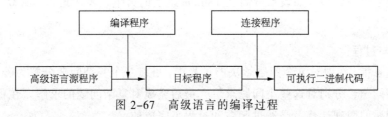

图 2-67　高级语言的编译过程

　　解释程序对高级语言程序逐句解释执行，在执行过程中高级语言源程序与解释程序一起参加运行，不产生目标程序。这种方法的特点是可以进行人机对话，但程序的运行速度较慢，因为需要边解释边执行。如 BASIC、Python、MATLAB 语言就是解释型语言。高级语言的解释过程如图 2-68 所示。

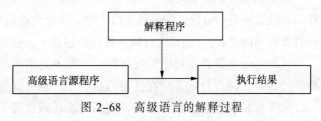

图 2-68　高级语言的解释过程

2.4.2　程序设计语言的基本要素

在程序的执行过程中，数据可以以常量的形式出现，也可以以变量的形式出现。

1．常量

常量是一种具体的、固定的值，在程序的运行过程中不会发生改变。常量有类型之分、有不同的书写格式，如数值型常量 3.14，字符型常量"Computer"，逻辑型常量 .T. 等。常量不用命名，可以直接使用。

2．变量

变量是一种可以变化值，在程序的运行过程中根据需要随时进行更改。变量需要命名，对值的改变是通过变量名来实现。如 a=100，要让变量 a 的值改为 200，则通过命令 a=200 即可实现。变量也有类型之分，如数值型、字符型、日期型等，变量的类型是在对变量进行定义时说明的。在高级语言中，对变量的命名要遵守一定的规则。

3．运算符与表达式

运算符是描述不同运算的符号。表达式是按照一定的运算规则，通过运算符把常量、变量和函数组成运算的式子。在程序设计语言里，表达式无处不在。一般来说，根据运算结果的数据类型，表达式可分为 3 种：算术表达式、关系表达式和逻辑表达式。

（1）算术表达式

算术表达式通过算术运算符（加、减、乘、除、乘方、求余等），把常量、变量及函数连接起来形成，其运算结果类型是数值型。如 2+3*2，结果为 8。

（2）关系表达式

关系表达式通过关系运算符（大于、小于、等于等），把常量、变量及函数连接起来形成，其运算结果类型是逻辑型。如 2>3，结果为假（.F.）；3>2，结果为真（.T.）。

（3）逻辑表达式

逻辑表达式通过逻辑运算符（与 AND、或 OR、非 NOT），把逻辑型数据连接起来形成，其运算结果类型是逻辑型。如表示身高在 180 cm 以上的男生，表达式为：身高>180 AND 性别="男"。

4．函数与过程

运用计算思维，在面对复杂问题解决的过程中，可将一个复杂问题分解为若干个简单的、可以解决的小问题，分别对这些小问题求解，最后完成对复杂问题的求解。在程序设计语言中，对复杂问题的微观计算，是通过函数和过程来完成的。

函数是高级语言定义的、能完成特定功能的程序段。在程序中使用函数后，会得到一个计算结果的返回值。函数根据返回值的类型，可分为数值函数、字符处理函数、逻辑函数等。如计算圆周率的函数：PI()，执行该函数返回数值 π。函数一般由系统定义，用户不定义函数。

过程也是完成特定功能的程序段，一般不返回值。使用过程的目的在于实现某种操作过程，过程可由用户自定义。在过程的执行中，也可以调用其他函数或过程。

定义好的函数和过程可以反复使用，这样做提高了程序设计和程序运行的效率。

2.4.3　结构化程序设计

程序一般由多行代码组成，每行代码都完成一项具体的操作。随着软件开发规模的增大，程序的代码行数也增多，加上非结构化设计方法和跳转语句（GOTO）的大量使用，使得程序开发效率低下、质量得不到保障，出现了所谓的"软件危机"。

20 世纪 70 年代，为了解决"软件危机"，人们提出了"结构化程序设计"思想。结构化程序设计方式的主要思想是：①自顶向下、逐步求精，对大型的、复杂的问题实行将繁化简、将大化小的求解问题方法；②模块化，通过模块化，把复杂问题分解为可执行的小程序段（模块），模块只有一个入口，也只有一个出口，每个模块都可以用顺序、分支和循环这 3 种基本结构来表达；③限制使用 GOTO 语句，GOTO 语句的大量使用会导致程序难理解、难维护、易出错，但也不是绝对地禁止 GOTO 语句的使用。常见的结构化程序设计语言有 PASCAL、BASIC 和 C 等。

采用结构程序设计方法编写的程序，可读性好、易维护。根据结构化程序定理，任何一个可计算的算法都可以用顺序、选择和循环 3 种基本结构来表达。结构化程序设计使用 3 种基本控制结构：顺序结构、选择结构和循环结构。

①　顺序结构：最基本的程序控制结构，就是按照程序语句的自然顺序，由上至下，逐条执行（见图 2-69）。在实际生活中，有许多按顺序处理的例子。如在大学阶段，英语本科专业学生的过级考试过程，如图 2-70 所示。

图 2-69　顺序结构　　　　　图 2-70　英语过级考试过程

②　选择结构：又称为分支结构，先根据给定的条件进行判断，再选择执行程序中相应的语句序列（见图 2-71）。在实际生活中，有许多需要进行选择处理的例子。如在大学阶段的学习规划中，在学好本专业的前提下，如果有多余时间，可考虑进行第二专业的学习，如图 2-72 所示。

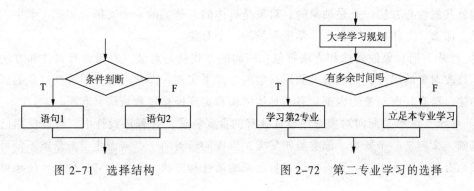

图 2-71　选择结构　　　　　图 2-72　第二专业学习的选择

③ 循环结构：又称重复结构，可根据给定的条件，判断是否需要重复相应的语句序列。循环结构一般分两种：先判断条件后执行循环体的称为当型循环结构，如图 2-73 所示；先执行循环体再判断条件的称为直到型循环结构，如在网上填写报名信息后，等待是否审核通过，就是一个直到型循环处理的实例，如图 2-74 所示。

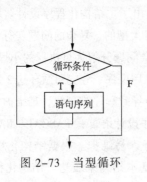

图 2-73　当型循环

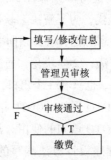

图 2-74　信息审核过程

2.4.4　面向对象程序设计

结构化程序设计是以解决问题的处理过程为主线，是面向处理过程的，侧重于功能抽象，并且数据和操作程序是相互独立的。面向对象程序设计是以模拟现实世界事物及其之间的联系为主线，是面向对象的，侧重于数据与功能抽象，并且数据和操作都被封装在对象里。对象之间的联系与互动，是通过消息传递来实现的。

在现实世界里，每个对象（客体）都包含两个基本属性：静态信息和动态行为，静态信息称为属性，动态行为称为方法。例如"王伟同学"作为一个对象，姓名、身高、血型等静态信息可以作为"王伟同学"这个对象的属性；而吃饭、运动、学习等行为可作为"王伟同学"这个对象的方法。对象不是孤立存在的，对象之间有联系与互动。在面向对象程序设计中，是通过"消息"机制来完成对象之间的联系与互动。如在家里看电视，当"王伟同学"这个对象想换电视频道时，就通过遥控器发出"换频道"的消息，而电视机在接收到这个消息后，就使用"调整频道"的方法（功能）来完成。

面向对象程序设计的基本概念有对象、类、封装、继承和多态性等。

① 对象。对象是现实世界中的任何客体或实体，由一组表示其静态信息的属性和此对象可以执行的操作（方法）组成。如上所述的"王伟同学"，就是一个对象。

② 类。把具有相似属性和方法的对象进行归类与抽象，就形成了类。类具有与其关联对象的公共属性与方法。类是抽象的，对象是具体的，是类的一个实例。如把"学生"看成一个类，那么"王伟同学"就是"学生"类的一个对象。

③ 封装。把对象的属性和方法打包在一起的方式就是封装。对象含有属性和方法，要读取、修改对象的属性，只能通过调用对象的方法来实现。即从外部只能看到对象的属性和方法的接口信息，而对象的内部状态、具体结构和实现操作过程被隐藏起来。

④ 继承。继承是面向对象程序设计独有的重要特征。在程序设计中，可以使用已有的类为基础，来定义一个新类。原有类叫父类，形成的新类叫子类或派生类。新类不但可以继承父类原有的属性和方法，还可以增加自己新的属性和方法。如图 2-75 所示。继承可以避

免重复代码的开发，增强数据一致性。

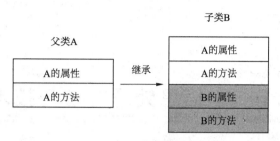

图 2-75　类的继承

⑤ 多态性。如前所述，对象之间的联系与互动，是通过消息机制来实现的，对象根据所接收的消息来做出操作。同一消息被不同的对象接收时，各个对象产生完全不同的行为，从而完成不同的功能，这种现象称为多态性。例如我们对一个小学生、一个中学生和一个大学生发出相同的消息：请参加期末考试。那么小学生一定参加自己小学的期末考试，不会去参加中学生或大学生的期末考试。以此类推，3 个学生都以自己的方式和方法完成了各自不同的考试，但从表现来看他们都完成了期末考试，这就是多态性。多态性可增加软件系统的灵活性、可扩充性。

思　考　题

1. 如何评价计算机的性能？主要由哪几个部分决定计算机的运行速度？
2. 主板上主要有哪些接口？如何使用 HDMI 接口外接液晶显示器？
3. 目前个人计算机主要使用的操作系统有哪些？自己的计算机能不能安装多个操作系统？
4. 在 Mac OS 操作系统中，如何运行 Windows 系统中的程序？
5. 在计算机中，如何添加新的字体到系统字体库，并在 Word 软件中实现应用？
6. 如何让自己的个人网站和微博快速、广泛地让其他人访问？（可使用二维码）
7. 什么是操作系统？操作系统的主要功能有哪些？常见的操作系统有哪些？
8. 操作系统的文件管理中，文件扩展名代表了文件类型，你知道哪些常见的文件扩展名？
9. 早期计算工具的发展可分为哪些阶段？
10. 现代电子计算机分类方式有哪些？
11. 按发展时间，可将现代电子计算机分为几代？每代计算机的特点和基础器件是什么？
12. 未来计算机的发展趋势是什么？

第 3 章　信息处理方法与技术

方法与技术是人们达成目标所不可或缺的中介要素。信息处理有其自身的特点，所以我们须掌握必要的信息处理方法与技术。这里主要介绍信息检索、信息传递、信息处理、信息执行、信息管理和信息安全等。

3.1　信 息 检 索

3.1.1　信息检索原理与方法

1. 信息检索概述

信息检索（Information Retrieval）又称情报检索，萌芽于图书馆的参考咨询工作，其在信息用户与信息源之间起媒介作用，它是联系信息生产者与信息需求者的中间环节，是信息交流和传递的重要过程，是提高文献利用率和科研效率的重要手段，也是合理利用人类智力资源的重要措施。

信息检索有广义和狭义之分。狭义的信息检索是指用户根据需要，依据一定的方法，借助检索工具从有关信息集合中查找并获取所需的信息资源的过程。广义的信息资源包含信息的存储（Storage）和检索（Retrieval）两个过程，将信息按一定的方式进行加工、整理、组织并存储起来，再根据信息用户的需要找出有关信息的过程。本书所讲的信息检索主要是指狭义的信息检索。

2. 信息检索原理

自从世界上第一台计算机诞生以来，随着计算机技术、通信技术以及存储介质的发展，计算机信息检索经历了脱机批处理、联机检索、光盘检索与网络化检索 4 个阶段。现在的计算机信息检索能够跨越时空，在短时间内查阅各种数据库，还能快速地对几十年前的文献资料进行回溯检索，而且大多数检索系统数据库中的信息更新速度很快，检索者随时可以检索到所需的最新信息资源。

根据信息检索的定义，我们知道存储与检索是信息检索的两个核心。计算机信息检索的原理可以这样表述：用户对检索课题加以分析，明确检索范围，弄清主题概念，然后用系统检索语言来表示主题概念，形成检索标识及检索策略，并输入到计算机中进行检索。计算机按照用户的要求将检索策略转换成一系列提问，在专用程序的控制下进行高速逻辑运算，选出符合要求的信息输出。计算机检索的过程实际上是一个比较、匹配的过程，检索提问只要与数据库中信息的特征标识的机器逻辑组配关系相一致，则属"命中"，即找到了符合要求的信息。计算机信息检索过程如图 3-1 所示。

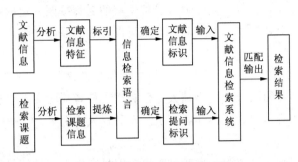

图 3-1　计算机信息检索过程

3．信息检索方法

信息检索的方法多种多样，分别适用于不同的检索目的和检索要求。在信息检索过程中，具体选用哪种检索方法，由于客观情况和条件的限制不尽相同。

（1）常规检索法

常规检索法又称工具检索法。它是以主题、分类、著者等为检索点，利用检索工具获得信息资源的方法。使用此方法首先要明确检索的目的和检索范围，熟悉主要的检索工具的编排体例和作用。根据检索要求，常规检索法又可分为顺查法、倒查法和抽查法。

① 顺查法：根据课题的起始年代，利用所选定的检索工具，按照从旧到新、由远及近、由过去到现在的顺时序逐年查找，直至满足课题要求为止的检索方法。

② 倒查法：与顺查法相反，是利用所选定的检索工具，按照由新到旧、由近及远、由现在到过去的逆时序逐年前推查找，直至满足课题要求为止的查验方法。

③ 抽查法：利用检索工具进行重点抽查检索的方法。

（2）回溯检索法

回溯检索法又称追溯法、引文法、引证法，是一种跟踪查找的方式。利用某一篇论文（或专著）后面所附的参考资料为线索，跟踪追查的方法。这种查找方法在检索工具不齐全，对课题不熟悉或不需做深入研究的情况下是可取的，是一种针对性更强、更直接、效率更高的文献查阅方法。但应注意要查阅权威性的标准参考源。

（3）循环检索法

循环检索法又称交替法、综合法、分段法。即交替使用回溯法和常规法来进行文献检索的综合检索方法。检索时，先利用检索工具从分类、主题、著者、题名等入手，查找一批文献信息，然后通过精选，选择出与检索课题针对性较强的文献，再按其后所附的参考文献回溯查找，不断扩大检索线索，分期分段地交替进行，循环下去，直到足检索要求为止。

4．信息检索途径

检索途径是与文献信息的特征和检索标识相关的。文献外部特征（文献检索载体的外表上标记的可见的特征）检索途径比较典型的有题名途径、责任者途径和号码途径。文献内容特征（文献所记载的知识信息中隐含的、潜在的特征）比较典型的有分类途径和主题途径。

（1）题名途径

题名途径是根据文献信息的题名来查找文献的途径，文献信息的题名包括书刊名称、论文名称、专利名称、标准名称等，是专业人员把文献的名称按照一定的排检方法组织起来后形成的检索系统。用户只要知道文献的名称，就可以查找到原始文献。

（2）责任者途径

责任者途径是根据已知文献责任者来查找文献信息的途径。文献责任者包括个人责任者、团体责任者、专利发明人、专利申请人等。利用责任者检索文献信息，主要利用作者索引、个人目录、个人作者索引、团体作者索引、专利权人索引等。

（3）编号途径

编号途径是根据文献信息出版或发布时给出的编号来检索文献信息的途径。这些号码包括图书 ISBN 号、连续出版物 ISSN 号、专利申请号、专利号、标准编号、报告合同号和论文存取号等。

（4）分类途径

分类途径是一种按照文献信息所属学科（专业）类别进行检索的途径。对课题内容进行分类分析，按分类法进行分类，获取分类号。它比较适合对某一特定学科中特定类别文献的查找。

（5）主题途径

主题途径是按文献信息的内容主题进行检索的途径，对课题进行主题概念分析，提炼主题概念，选择能表达主题概念的语词，确定主题词、关键词、叙词或标题词。由于文献主题词有一个或几个，因此这就为用户提供了较为宽阔的检索途径，尤其是使用计算机检索文献的时候，利用搜索引擎，按照主题词去查找特定的文献，其效益更加明显。

5. 信息检索步骤

信息检索是一项实践性较强的活动，它要求我们善于思考，并通过经常性的实践，逐步掌握文献检索的规律，从而迅速、准确地获得所需文献。一般来说，文献检索可分为以下步骤：

（1）明确信息检索要求

首先要分析待检索课题的主题内容、研究要点、学科范围、语种范围、时间范围、文献类型等相关信息。

（2）选择信息检索系统或检索工具

进行信息检索必然要利用检索系统或检索工具。要考虑所选择计算机检索系统是否包含与信息需求结合紧密、学科专业对口、覆盖信息面广、报道及时、揭示信息内容准确、有一定深度的数据库，以及系统的检索功能是否完善等问题。

（3）确定检索词

检索词是表达信息需求和检索课题内容的基本单元，也是与系统中有关数据库进行匹配运算的基本单元。检索词选择得恰当与否，会直接影响检索效果。确定检索词的基本方法：选择规范化的检索词；使用各学科在国际上通用的、国外文献中出现过的术语作检索词；找出课题涉及的隐性主题概念作检索词；选择课题核心概念作检索词；注意检索词的缩写词、词形变化以及英美的不同拼法；联机方式确定检索词。

（4）制定检索策略

在计算机检索过程中，检索提问与存储标识之间的对比匹配是机器进行的。所以，制定检索策略的前提条件是要了解信息检索系统的基本性能，基础是要明确检索课题的内容要求和检索目的，关键是要正确选择检索词和合理使用逻辑组配。检索表达式是检索策略的具体体现，是计算机检索的依据。

（5）实施检索并进行结果分析

将所获得的检索结果加以系统整理，筛选出符合课题要求的相关文献信息，选择检索结果的著录格式，辨认文献类型、文种、著者、篇名、内容、出处等项记录内容，输出检索结果。如果对检索结果不满意，可以进一步咨询专家，查询有关的一次文献，修改检索词、检索表达式或者重新选择检索途径等，再进行检索。

6．信息检索技术

（1）布尔检索（Boolean Search）

利用布尔逻辑算符进行检索词或代码的逻辑组配，是现代信息检索系统中最常用的一种技术。常用的布尔逻辑算符有 3 种，分别是逻辑或"OR"、逻辑与"AND"、逻辑非"NOT"。

（2）截词检索（Truncation Search）

截词检索是计算机检索系统中应用非常普遍的一种技术。由于西文的构词特性，在检索中经常会遇到名词的单复数形式不一致；同一个意思的词，英美拼法不一致；词干加上不同性质的前缀和后缀就可以派生出许多意义相近的词等，这时就要用到截词检索。截词检索按截断的未知来分，有后截断、前截断、中截断 3 种。

（3）位置检索（Position Search）

位置检索也叫全文检索、邻近检索，位置检索可以反映出两个检索词在文献中的临近关系。所谓位置检索，就是利用记录中的自然语言进行检索，词与词之间的逻辑关系用位置算符组配，对检索词之间的相对位置进行限制。这是一种可以不依赖主题词表而直接使用自由词进行检索的技术方法。

（4）限定检索（Limitation Search）

在信息检索系统中，为缩小命中文献的数量，常将检索范围限定在某个字段或某个范围中。限定检索就是指限定检索词在数据库记录中的一个或几个字段范围内查找的一种检索方法。在检索系统中，数据库设置的可供检索的字段通常有两种：表达文献主题内容特征的基本字段和表达文献外部特征的辅助字段。

（5）加权检索（Weight Search）

加权检索是某些检索系统中提供的一种定量检索技术。加权检索同布尔检索、截词检索等一样，也是文献检索的一个基本检索手段，但与它们不同的是，加权检索的侧重点不在于判定检索词或字符串是不是在数据库中存在、与别的检索词或字符串是什么关系，而是在于判定检索词或字符串在满足检索逻辑后对文献命中与否的影响程度。

信息检索已发展到网络化和智能化的阶段。信息检索的对象已从相对封闭、稳定一致、由独立数据库集中管理的信息内容，扩展到开放、动态、更新快、分布广泛、管理松散的

Web 内容、多媒体资源。信息检索的用户群也有极大的拓展，且他们对信息检索从结果到方式提出了更高、更多样化的要求。其他关于信息检索技术的热点问题有：并行检索（Parallel Search）、分布式检索（Distributed Search）、基于知识的智能检索（Knowledge-based Search）、知识挖掘（Data Mining）、异构信息整合检索和全息检索（Heterogeneous Platform Search）、自然语言检索（Natural Language Information Retrieval）等。

3.1.2　电子图书、期刊的检索

常用学术资源检索主要包括电子图书、期刊、论文等。

1．电子图书检索

（1）电子图书概述

电子图书（Electronic Book）是相对传统纸质图书而言的，指以数字化的方式将图、文、声、像等信息存储在磁、光、电介质上，通过计算机或类似设备（如 PDA、手机、电子书阅读机）使用，并可复制发行的大众传播体。电子图书与纸质图书相比有如下有点：制作方便，制作成本相对较低；不占空间；方便在光线较弱的环境下阅读；字体大小、颜色可以调节；可以使用外置的语音软件进行朗诵；损坏的风险低。

电子图书的生成主要是通过扫描、录入、OCR 识别、格式转换或软件生成器等几种方式获取。电子图书可以有多种文件格式，比较常见的有如下几种：

① EXE 文件格式，可执行文件格式，制作简单，无须专门的阅读器支持就可以阅读。

② PDF 文件格式，美国 Adobe 公司开发的电子读物文件格式，读者需要安装 Adobe Reader 阅读器来阅读。

③ CAJ 文件格式，清华同方推出的一种格式，阅读器为 CAJViewer。

④ CHM 文件格式，微软 1998 年推出的基于 HTML 文件特性的帮助文件系统，可以通过 URL 与 Internet 联系在一起。

⑤ LIT 文件格式，美国微软公司开发的软件 Microsoft Reader 的一种专有的文件格式，可以直接通过 Word 制作电子图书。

⑥ PDG 文件格式，是由超星公司推出的，阅读器为 SSReader。

⑦ VIP 文件格式，是由维普公司推出的，阅读器为 VIPBrower。

⑧ Apabi 文件格式，是由方正电子公司推出的，阅读器为 Apabi Reader。

（2）电子图书的检索

目前比较流行的电子图书服务商和网站站点主要有：超星数字图书馆、读秀图书搜索与阅读平台、Apabi 数字图书馆、书生之家数字图书馆等。四川外国语大学根据自身学科特点还购买了金图外文数字图书馆、时代圣典图书、ACLS 人文科学等资源，其中博图外文数字图书资源是 2008 年由美国风投商 Passport Capital 参与投资的一家以自有知识产权软件产品开发、销售和服务为核心的高新技术企业所开发。主要致力于为高校图书馆、公共图书馆、科研院所、企事业单位提供全面、成熟、易用的整体数字资源解决方案和应用服务。博图外文数字图书馆拥有 10 万册的外文电子图书。所有电子图书均为文本格式，可以在线阅读和文字拾取，没有时间和地点的限制且支持全文检索。电子图书占用空间小，不需要占用用户过多的存储空间。

本节以四川外国语大学购买的"博图外文数字图书馆"为例来介绍电子图书的检索。

① 进入四川外国语大学图书馆首页（http://lib.sisu.edu.cn），在"常用资源"栏目中单击"博图外文数字图书馆"的超链接，以镜像方式访问博图外文数字图书馆的主页，如图 3-2 所示。首页提供了推荐图书、最新上架的图书、阅读和下载的排行榜等信息。

图 3-2　博图外文数字图书馆

② 分类检索，在网站的左侧，提供了图书分类的导航，可以按照学科分类查找需要的图书，这里我们选择"technology"中的"computer use"，检索结果如图 3-3 所示。其中，第一项就是《密码学理论与实践（第三版）》，通过单击"Now Reading"或者"Download"可以进行在线阅读和下载。

图 3-3　博图外文数字图书馆分类检索

③ 首页默认的检索方式是快速检索，根据实际需要输入检索关键字，单击"Search"按钮进行搜索。本例以"**Political Economy**"为关键词进行检索，在检索结果中单击 *A Comparative Political Economy of Tunisia and Morocco : On the Outside of Europe Looking in* 这本书，会显示该书的梗概信息，如图 3-4 所示。

图 3-4 快速检索

单击"Now Reading"按钮打开在线阅读界面，如图 3-5 所示。

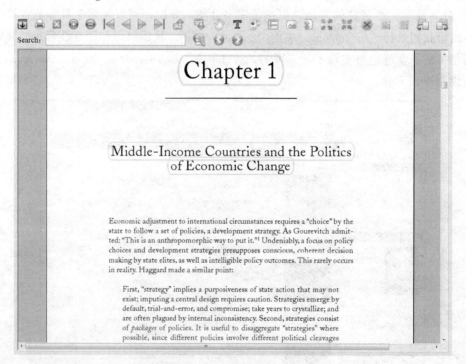

图 3-5 在线阅读界面

如果需要将该电子书下载以备脱机阅读，可单击"Download"按钮，打开"另存为"对话框，如图 3-6 所示。选择或新建存储路径后单击"确定"按钮即执行下载（默认保存为 PDF 格式）。

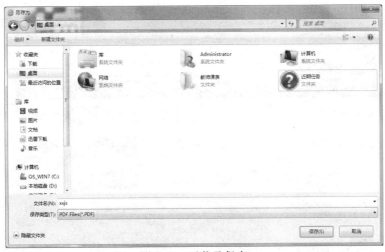

图 3-6　下载及保存

④ 如用户需要做一些更精确的检索，可以利用"Advance search"功能，其提供书名、作者、国际标准书号、出版社等几种检索途径的逻辑组合，如图 3-7 所示。其他操作与快速检索类似。

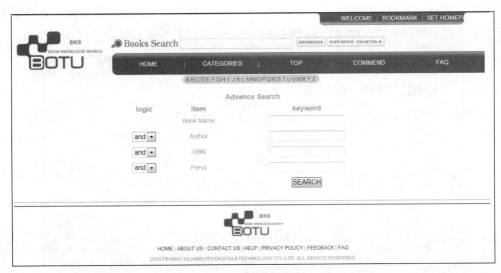

图 3-7　精确检索

2．学术期刊的检索

目前典型的期刊数据库主要有：中国知网、维普数据、万方数据、人大复印资料等。中国期刊网全文数据库（www.cnki.net）是基于 Internet 的一种大规模集成化、多功能、连续动态更新的期刊全文检索系统，收录国内 8 200 多种重要期刊，内容丰富。

中国期刊网全文数据库的检索界面如图 3-8 所示。比较快速的检索方式为：在检索项中选择以什么途径来查找，输入检索词，单击"检索"按钮进行检索。默认的这种检索方式为跨库检索，若要自定义检索某些特定的库，可在刚才的检索界面右侧单击"跨库选择"，按照实际需要进行设置。

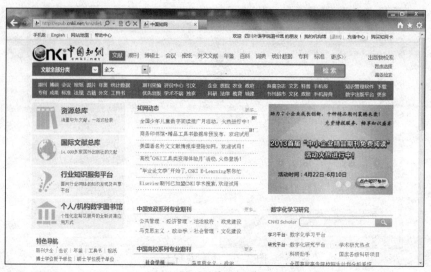

图 3-8　中国期刊网全文数据库

较为精确的检索可以利用高级检索进行。在高级检索页面，可以先设置左侧文献分类目录，然后定义内容检索条件和控制条件，单击"检索"按钮进行检索。如在文献分类目录中全选各学科领域，以"主题"包含"莎士比亚"并含"研究"为内容检索条件，在检索控制条件中定义发表时间为"2010-01-01 到 2013-05-09"，进行检索后结果如图 3-9 所示。

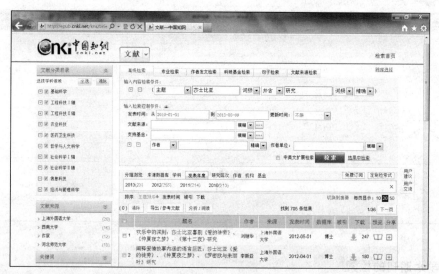

图 3-9　中国期刊网全文数据库检索结果

在检索结果中单击具体的题名可以查看其详细介绍，同时在该页面系统提供"CAJ 下载"和"PDF 下载"超链接，可分别下载 CAJ 格式和 PDF 格式的全文。

3.1.3　搜索引擎与网络检索

互联网构成了人类历史上最大的信息资源和网络系统，它为全球范围内快速信息传输提供了有效手段。互联网上的信息资源极其丰富，内容千变万化，在数以亿计的信息资源里，寻找对自己有用的信息，确实不是一件简单的事情。需要对互联网上信息资源的分布状况和检索工具具有较为深入的认识。

1．互联网信息检索概述

互联网是通过标准通信方式（TCP/IP）将世界各地的计算机网络连接起来的网络体系，它提供了大量的免费信息资源和检索工具，允许用户随时查询，并提供大量信息交流的场所，将互联网上现有信息资源全部链接起来，为用户提供了实时的、全天候的不受时空限制的检索和获取各种信息的途径。网络信息检索（Networked Information Retrieval，NIR），就是网络环境下的信息检索，网络信息检索由三个组成要素，即站点资源、浏览器和具有收集、检索功能的搜索引擎。网络信息检索与传统信息环境下的检索有着很大的不同，网络信息检索具有多样性、灵活性等特点。原来传统途径可获得的信息，现在几乎全部可以通过网络检索得到，而且更快、查准率更高。

2．常见搜索引擎介绍

（1）搜索引擎基本知识

搜索引擎是万维网环境中根据一定的策略、运用特定的计算机程序从互联网上搜集信息，在对信息进行组织和处理后，为用户提供查询服务，并将检索结果展示给用户的信息服务系统。以下简单介绍几点搜索引擎的使用技巧。

① 关键词检索。在搜索引擎中输入关键词，然后单击"搜索"按钮，系统很快会把包含关键词的网址以及相关网址的查找结果显示出来，这是最简单的查询方法，使用方便，但这种查找法是模糊查找，搜索到的结果却不准确，可能包含着许多无用的信息。

② 布尔检索。布尔检索是指用户在检索时，通过标准的布尔逻辑关系来表达关键词与关键词之间逻辑关系的一种查询方法，这种查询方法允许我们输入多个关键词，各个关键词之间的关系可以用逻辑运算符来表示。布尔逻辑运算符主要有 3 种：逻辑"或"（一般用符号"OR"表示），它表示所连接的两个关键词中任意一个出现在查询结果中就可以；逻辑"与"（一般用符号"AND"表示），表示它所连接的两个词必须同时出现在查询结果中；逻辑"非"（一般用符号"NOT"表示），它表示所连接的两个关键词中应从第一个关键词中排除第二个关键词。

布尔检索在网络信息检索中使用的相当广泛，在实际的使用过程中，可以将各种逻辑关系综合运用，灵活搭配，以便进行更加复杂的检索。同时应该留意不同的搜索引擎在表示布尔关系的方式和用法上往往有所差异，例如，有的用"+"表示 AND，"−"表示 NOT，默认值为 OR。

③ 使用双引号精确查找。如果要实现精确的检索，可以给要查询的关键词加上双引号（半角）。这种方法要求查询结果要精确匹配，不包括演变形式。例如在搜索引擎的文本框中输入"西南大学"，它就会返回网页中有"西南大学"这个关键字的网址，而不会返回诸如"西南政法大学"之类的网页。

④ 使用通配符。通配符主要包括星号（*）和问号（?），前者可以匹配多个字符，后者只能匹配一个字符，主要用在英文搜索引擎中。例如输入"computer*"，就可以找到"computer、 computers、computerized、computerized"等单词，而输入"comp?ter"，则只能找到"computer、compater、competer"等单词。

⑤ 使用元词检索。很多搜索引擎都支持"元词"功能，用户可以把元词放在关键词的前面，这样就可以告诉搜索引擎你想要检索的内容具有哪些明确的特征。例如，在搜索引擎中输入"title：川外"，就可以查到网页标题中带有川外的网页。其他元词还包括：image，用于检索图片；link，用于检索链接到某个选定网站的页面；URL，用于检索地址中带有某个关键词的网页。

（2）Google（谷歌）

Google 创立于 1998 年，最初是由美国斯坦福大学（Stanford University）大学的两位博士生拉里·佩奇（Larry Page）和赛吉·布林（Sergey Brin）在宿舍内共同开发的在线搜索引擎。目前被公认为是全球规模最大的、最受欢迎的搜索引擎之一，它提供了简单易用的免费服务。Google 允许以多种语言进行搜索，在操作界面中提供多达 30 余种语言选择。

① Google 的检索语法。

大小写：Google 检索时对大小写不敏感。例如，搜索 university、University 和 UnIvErSiTy 所返回的结果是一样的。

自动排除常用字词：Google 会自动忽略常用字词和字符，如"的""of"等会降低检索速率并不能更好地完善检索结果的字词。

词组搜索：中文搜索中如果想搜索完整的一串关键字，可以用引号将两个或更多字词括住。

检索运算符：Google 使用"+"或者空格表示逻辑"与"，使用减号"–"（是英文字符，而不是中文字符的"—"）表示逻辑"非"，使用"OR"表示逻辑"或"。如分别用检索式"创业股东 利益博弈""船业股东利益博弈–成员"和"创业股东 OR 利益博弈"进行检索，分别约有 314 000 项、24 200 项和 1 110 000 项符合条件的查询结果，如图 3–10～图 3–12 所示。

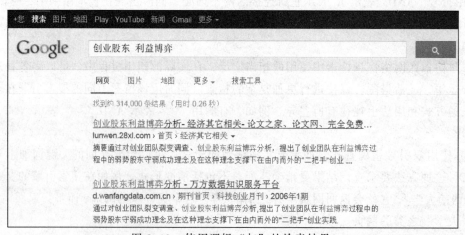

图 3–10　使用逻辑"与"的检索结果

图 3-11　使用逻辑"非"的检索结果

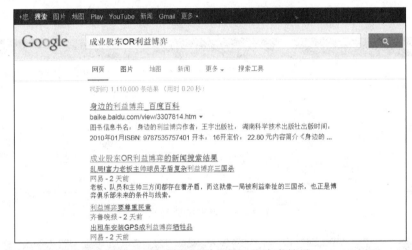

图 3-12　使用逻辑"或"的检索结果

除此之外，在向搜索框输入查询时，Google 会推测你输入的内容，并实时提供建议。若输入错误，Google 会自动提示类似的单词。有些字不会打，只要知道拼音也能找到想要的搜索词。

② Google 检索技巧。

中英文混合搜索：当想把某些汉语词句翻译成英语，可以使用中英文混合搜索。例如输入"winter spring 冬天已经来了，春天还会远吗"查找雪莱的名句"冬天已经来了，春天还会远吗"的英文原文。

限定网站检索：有一些词后面加上冒号对 Google 有特殊的含义。如"site:"，表示要在某个特定的域或站点进行搜索。例如，输入"金庸 site:edu.cn"搜索中文教育科研网站 edu.cn 上所有包含"金庸"的页面。输入"link:www.google.com.hk"搜索所有含指向谷歌 www.google.com.hk 链接的网页。

限定关键词只在 URL 中：可以使用 inurl 把搜索的关键词包含在 URL 链接中，例如输入"inurl:midi 沧海一声笑"查找 MIDI 曲"沧海一声笑"。

限定标题：可以使用 intitle（或 title）把搜索范围限定在网页标题中，例如"intitle:二语习得"表示"二语习得"必须出现在网页标题中。输入"intitle:杨幂 写真"查找影视演员杨幂的照片集。

限定文件类型：Google 已经支持 10 多种非 HTML 文件的搜索，如果只想查找 DOCX 的文件，而不是一般网页，只需搜索"关键词 filetype:docx"就可以了。也可以用扩展名来搜索电子书，例如输入"存在与虚无 chm"，"菜根谭 exe"，检索相应格式的这些电子图书。

搜索结构内容相似的网页：可以使用"related:"搜索结果内容相似的网页。例如输入"related:www.sina.com.cn/index.shtml"搜索所有与中文新浪网主页相似的页面，如网易首页、搜狐首页、中华网首页等。输入"related:www.sisu.edu.cn"搜索所有与四川外国语大学主页相似的页面，如上海外国语大学首页、西安外国语大学首页、大连外国语大学首页等。

③ Google 的特殊检索。查找电话号码和区号：直接输入电话号码就能查到该号码的归属地，如图 3-13 所示；输入邮编就能查到是哪个地区如图 3-14 所示。

图 3-13　查询电话号码

图 3-14　查询邮政编码

查找股票行情：直接输入股票代码，就能搜到该股票的信息，如图 3-15 所示。

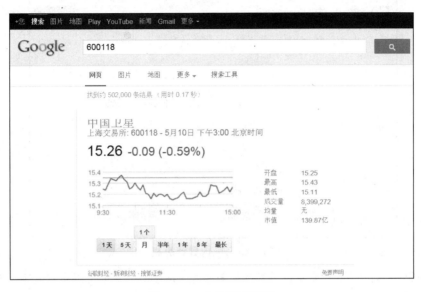

图 3-15　查询股票信息

查询天气：只需输入一个关键词"天气"或"tq"，Google 会返回所在地最新的天气状况和天气预报的网站链接，如图 3-16 所示。查询其他城市的天气预报，只需在"天气"前加上城市名即可。

图 3-16　查询天气信息

使用计算器进行数学运算：想要计算，使用 Google 的内置计算器功能，输入公式，可以方便地进行计算，如图 3-17 所示。

图 3-17　Google 内置计算机功能

使用换算工具：不知道英寸和厘米的换算，用 Google 搜索也可以得到答案，如图 3-18 所示。不知道人民币兑美元的汇率，用 Google 搜索也可以得到答案，如图 3-19 所示。

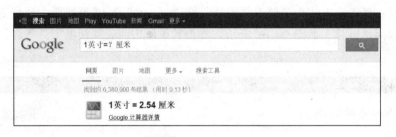

图 3-18　长度单位换算

图 3-19　货币单位换算

地图搜索：在 Google 的首页，单击"地图"链接，在搜索框中输入要查询的位置名称，确认后就能在地图上显示出该地的详细地址，还可以该地为出发地或目的地查询出行线路，查看道路的拥堵和畅通状况，查看地形图，卫星图等。

谷歌翻译：在 Google 的首页，单击"翻译"链接，进入谷歌翻译界面。设置源语言种类和目标语言种类，在源语言输入框中输入（粘贴）相应内容或直接单击"上传文档"按钮上传需要翻译的文档，单击"翻译"按钮，就可在右边查看翻译后的内容，如图 3-20 所示。

图 3-20　谷歌词句翻译

如果要翻译网页，同样要置源语言和目标语言的种类，然后在左侧输入框中输入或粘贴需要翻译的网页地址，单击"翻译"按钮后，在右侧单击翻译后的网页地址超链接，即可查看翻译后的网页内容，如图 3-21 所示。

图 3-21　谷歌网页翻译

（3）baidu（百度）

百度是目前中国最大的搜索引擎公司，也是全球最大的中文搜索引擎，2000 年 1 月由李彦宏等人创立。"百度"二字源于中国宋朝词人辛弃疾的《青玉案·元夕》词句"众里寻他千百度"。百度的检索方法和谷歌类似，也会根据输入的关键词，在搜索框下方实时展示最符合的提示词。

① 百度的检索规则：

大小写：同 Google 一样，百度也对大小写不敏感。

双引号：用双引号可以进行整句话的精确搜索。只有和双引号内的检索词完全匹配，才是命中的结果。

书名号：在百度中，中文书名号是可被查询的。加上书名号的查询词，有两层特殊功能：一是书名号会出现在搜索结果中；二是书名号括起来的内容不会被拆分。

检索运算符：使用"空格"或"+"表示逻辑"与"运算，增加搜索范围。使用"-"运算符表示逻辑"非"运算，减除无关资料，但减号前后需留一空格。使用"|"表示逻辑"或"，进行并行搜索，"|"前后需加空格。

错别字提示：在搜索时若输入错别字，百度会给出错别字纠正提示，显示在搜索结果上方。

拼音提示：若只知道发音，却不知道字形，百度就能根据输入的拼音把最符合的对应汉字提示出来，拼音提示显示在搜索结果上方。

相关搜索：有时候是检索词选择不够恰当导致搜索结果不佳，百度的"相关搜索"给出了和输入的检索词很相似的一系列查询词，百度相关搜索排布在检索结果页的最下方，按搜索热门度排序。

检索结果：检索页面由 3 部分组成，最上面是搜索框，搜索框下方左半边是检索结果，右半边是百度的关键字广告。百度搜索的前面几条结果详情旁往往会看到"推广"两字，这是广告，因此要往下翻，直至不显示"推广"而显示"百度快照"才是真正的搜索结果。

② 查找特殊信息：

百度快照：有时候搜索的结果网页无法打开，或者打开速度特别慢，出现这种情况的原因很多，比如：网站服务器暂时中断或堵塞、网站已经更改链接等。这时就可以使用"百度快照"来尝试解决问题。百度搜索引擎已先预览各网站，拍下网页的快照，为用户储存大量应急网页。百度快照功能在百度的服务器上保存了几乎所有网站的大部分页面，使用户在不能链接所需网站时，使用百度暂存的网页也可救急。而且通过百度快照寻找资料要比常规链接的速度快得多。百度快照只会临时缓存网页的文本内容，图片、音乐等非文本信息仍是存储于原网页。

英汉互译词典：百度网页搜索内嵌英汉互译词典的功能，如果想查询英文单词或词组的解释，可在该词组后加上"是什么意思"；如果想查询某个汉字或词语的英文翻译，可以在该词组后面加上"的英语"，搜索结果中的第一条就是汉英词典的解释，如"认知负荷理论的英语"的搜索结果如图 3-22 所示。当然，也可以单击搜索框上方的"词典"链接，在百度词典中进行查询。

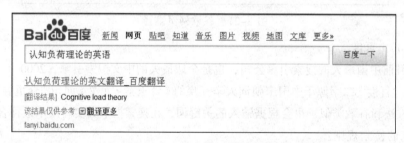

图 3-22　百度英汉互译词典

股票、列车时刻表和飞机航班查询：在百度搜索框中输入股票代码、列车车次或飞机航班号，就可以直接获得相关信息。例如，输入列车车次"d5106"，搜索结果如图 3-23 所示。

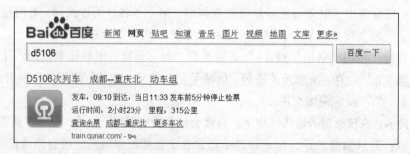

图 3-23　百度列车车次查询

计算器和度量衡转换：只需在搜索框中输入计算式，按【Enter】键即可以得到结果，如图 3-24 所示。

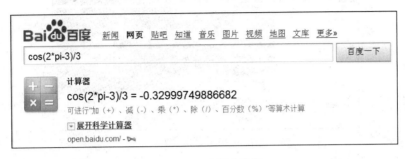

图 3-24 百度计算器

天气查询：在搜索框中输入要查询的城市名加上"天气"这个词，就能获得该城市当天的天气情况。

货币兑换：要换算当前的货币，只需在百度网页搜索框中输入需要完成的货币转换就可以了，例如"1USD=?RMB"或者"1 美元等于多少人民币"等。

新闻搜索：百度新闻搜索，可搜索超过五百个新闻源，每天发布 80 000~100 000 条新闻。

MP3 搜索：只需要输入关键词，就可以搜索到各种版本的相关 MP3，同时百度音乐还提供了各类榜单和推荐内容，用户可以按照歌手、音乐流派（如流行、摇滚、爵士、节奏布鲁斯、民谣等）、各类标签（如经典老歌、中国风、怀旧、伤感、90 后、小清新等）进行搜索，对自己喜欢的歌曲可以在线试听。以"卷珠帘"为关键词的搜索结果如图 3-25 所示。

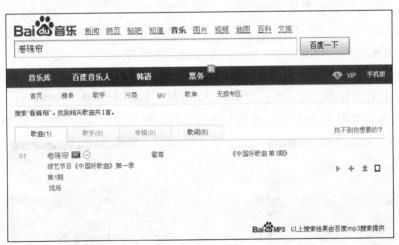

图 3-25 百度 MP3 搜索

百度文库：百度文库是一个在线分享文档的平台。文库的文档由用户上传，经百度的审核而发布，内容专注于教育、PPT、专业文献、应用文书、文库课程等五大领域，包括教学资料、考试题库、专业资料、公文写作、法律文件、文学小说、漫画游戏等资料，百度文库首页如图 3-26 所示。网友可以在线阅读和下载这些文档。百度文库的百度用户上传文档可以得到一定的积分，下载有标价的文档则需要消耗积分。

图 3-26　百度文库

地图搜索：百度地图可以提供网络地图搜索服务，用户可以查询街道、商场、楼盘的地理位置，也可以找到离自己最近的餐馆、学校、银行、公园，还可以查询公交换乘、驾车路线等信息。除此之外，百度地图还为用户提供丰富的周边生活信息，能自动定位团购、优惠信息。不仅如此，百度地图还提供卫星图、实时路况信息、部分全景图、导航、截图、测距等功能，极大地方便了人们的生活。为了更好地适应移动生活应用，百度提供了基于 Android 和 iPhone 的手机地图，如果离线使用，流量可以节省近 90%。关于更多更详细的百度地图使用方法可以参考百度地图首页（http://map.baidu.com）常见问题。

这里我们以 Android 版百度手机地图为例，以"四川外国语大学"为关键词做一个简单搜索的实例。

首先，在手机上运行百度地图客户端，启动程序（为了便于定位，在程序启动时会提示开启 GPS 相关信息），在页面顶端的搜索框以手工或语音的方式输入"四川外国语大学"，进行搜索，结果如图 3-27 所示。在此页面分别可以开启或关闭实时路况信息、切换地图类型至卫星图及 3D 俯视图、调出罗盘、放大或缩小显示比例等。

然后，单击界面下方的"到这去"按钮，如图 3-28 所示，在这里选择第一种出行方式"公共交通"（另有"驾车"和"步行"两种方式可选），单击"搜索"按钮后可以查看到可供选择的出行方案，如图 3-29 所示。单击其中的一种，可以展开查看详情，如图 3-30 所示。

图 3-27　百度手机地图

图 3-28　百度手机地图线路搜索

图 3-29 百度地图公共交通线路方案

图 3-30 百度地图线路详情

　　如果选择出行方式为"驾车"，搜索结果如图 3-31 所示。除了规划线路外，还会提示路线长度、预计花费的时间、当前的该规划道路的通畅情况等，单击"详情"可查看线路的详细文字描述，如图 3-32 所示。单击"打车"可预订出租车，单击"导航"可进行语音导航。

图 3-31 百度地图驾车线路

图 3-32 百度地图驾车线路详情

　　如果要搜索"四川外国语大学"周边的情况，我们也可以单击"搜周边"，如图 3-33 所示。在这里可以搜索美食、酒店、休闲、交通设施、生活服务、团购等方面的信息，这里以 ATM 为例进行搜索，搜索结果如图 3-34 所示。

图 3-33　百度地图搜周边

图 3-34　周边 ATM 搜索

另外，"百度知道""百度百科""百度视频"等都可以为用户提供不同类型的特殊搜索。

3.2　信　息　传　递

信息传递是指人们通过声音、文字、图像或者动作相互沟通的过程。古代信息传递的方式少且慢，如烽火、书信（一般是找人捎带），也有信鸽传书，只有官府的文书有专人快马传递。现代社会随着科技的飞速发展，特别是网络技术的发展，信息传递的方式变得多样，如电话、电报传真、手机短信、电视、网络等。利用网络，数据可以从一台计算机传输到另一台计算机，人们可以相互交换信息，分享信息资源。

3.2.1　网络基础知识

计算机网络（Computer Network）是计算机技术与通信技术结合的产物，是信息交换和资源共享的技术基础，指将地理位置不同，并具有独立功能的多个计算机系统用通信设备和线路连接起来，并通过功能完善的网络软件（网络协议、网络操作系统等）实现信息交换和网络资源共享的系统。在信息社会，信息资源已成为社会发展的重要战略资源。计算机网络是国家信息基础建设的重要组成部分，也是一个国家综合实力的重要标志之一。常见的计算机网络结构如图 3-35 所示。

图 3-35　计算机网络结构

1．计算机网络的产生和发展

1946 年第一台电子计算机的诞生标志着人类迈进了信息时代。计算机应用的发展使得计算机对数据交换、资源共享的要求不断增强，因此互联的"计算机-计算机"网络出现了。

计算机网络从 20 世纪 60 年代开始发展，由简单到复杂、由低级到高级，已形成从小型局域网到全球性广域网的规模。仅在过去的 20 多年，计算机技术取得了惊人的发展，处理和传输信息的计算机网络也成为信息社会的基础。当今的日常生活和学习工作都离不开计算机网络，比如基于资源共享的科学计算、网络教育、电子商务、电子政务、远程医疗、电子邮件、网上娱乐等等。

计算机网络的形成和发展主要经历了以下 4 个阶段：

第一阶段：诞生阶段

20 世纪 60 年代中期之前的第一代计算机网络是以单个计算机为中心的远程联机系统。典型应用是由一台计算机和全美范围内 2 000 多个终端组成的飞机订票系统。终端是一台计算机的外围设备包括显示器和键盘，无 CPU 和内存。人们将计算机网络定义为"以传输信息为目的而连接起来，实现远程信息处理或进一步达到资源共享的系统"，此时的通信系统已具备了计算机网络的雏形。

第二阶段：形成阶段

20 世纪 60 年代中期至 70 年代的第二代计算机网络是以多个主机通过通信线路互连起来，为用户提供服务，兴起于 60 年代后期，典型代表是美国国防部高级研究计划局协助开发的 ARPANET。主机之间不是直接用线路相连，而是由接口报文处理机转接后互连的。接口报文处理机和它们之间互联的通信线路一起负责主机间的通信任务，构成了通信子网。通信子网互联的主机负责运行程序，提供资源共享，组成了资源子网。这个时期，计算机网络被定义为"以能够相互共享资源为目的互连起来的具有独立功能的计算机集合体"。此时形成了计算机网络的基本概念。

第三阶段：互联互通阶段

20 世纪 70 年代末至 90 年代的第三代计算机网络是具有统一的网络体系结构并遵循国际标准的开放式和标准化的网络。ARPAnet 兴起后，计算机网络发展迅猛，各大计算机公司相继推出自己的网络体系结构及软硬件产品。由于没有统一的标准，不同厂商的产品之间互连很困难。在此情况下应运而生了两种国际通用的最重要的体系结构，即 TCP/IP 体系结构和国际标准化组织的 OSI 体系结构。

第四阶段：高速网络技术阶段

20 世纪 90 年代末至今的第四代计算机网络，由于局域网技术发展成熟，出现了光纤及高速网络技术、多媒体网络、智能网络，整个网络就像一个对用户透明的大的计算机系统，发展成为以 Internet 为代表的互联网。

2．计算机网络的功能

计算机网络的应用非常广泛，其功能主要表现在 3 个方面：数据通信、资源共享、分布处理。

（1）数据通信

计算机网络的基本功能是计算机与计算机之间可以快速、可靠地互相传送信息。利用该功能可以在计算机与终端、计算机与计算机之间传递各种信息，也可以通过计算机网络发送电子邮件、发布新闻消息和交换电子数据。

（2）资源共享

"资源"指网络中的所有软件、硬件和数据资源。计算机的许多资源是十分昂贵的，例如，高速的大型计算机、大容量的硬盘、积累多年的数据库、分布在各地的信息资源、某些应用软件及某些特殊设备等。组建计算机网络的主要目的之一，就是让网络中的用户可以共享分散在不同地方的各种软硬件资源和信息资源。例如，在局域网中，服务器通常提供大容量的硬盘，用户不仅可以共享服务器硬盘中的文件和数据，而且可以独占部分硬盘空间，这样用户就可以在无盘工作站上完成用户任务。又如，用户通过计算机网络查询火车票的车次信息、网上订票等。

（3）分布处理

当某台计算机负担过重或者该计算机处理多项工作时，计算机网络可将其中一部分任务转交给其他的空闲计算机来完成。其特点是均衡网络上各台计算机的负载；提高处理问题的实时性；对大型综合问题，可将问题各部分交给不同的计算机处理；充分利用网络资源，扩大计算机的处理能力，增强实时性。

3. 计算机网络的分类

计算机网络种类繁多，根据不同的原则可将计算机网络划分为不同类型。例如，按网络内数据传输和转接系统的拥有者不同，可将网络分为公用网和专用网。公有网一般由电信部分或公司来组建，专用网则与此相反，是由某一系统或部分根据需要而自建的。

通常按照规模大小和分布范围将计算机网络划分为局域网、城域网和广域网。

（1）局域网（Local Area Network，LAN）

局域网是指在一个较小地理范围内的各种计算机网络设备互连在一起的通信网络，可以包含一个或多个子网，通常地理范围在 10 米至几千米之间，如在一个房间、一座大楼，或是在一个校园内的网络称为局域网。局域网具有高数据传输率（10 Mbit/s、100 Mbit/s 和 1 000 Mbit/s）、低延迟和低误码率的特点。早期的局域网网络技术都是各不相同的厂家所专有，互不兼容。后来，IEEE（国际电子电气工程师协会）推动了局域网技术的标准化，由此产生了 IEEE802 系列标准。局域网区别于其他网络主要体现在网络所覆盖的物理范围、网络所使用的传输技术和网络的拓扑结构 3 个方面。

（2）城域网（Metropolitan Area Network，MAN）

城域网也称为都市网，基本上是一种大型的局域网，在一个城市范围内所建立的计算机通信网，一般为几千米到几十千米，传输速率一般在 50 Mbit/s 左右。城域网的一个重要用途是用作骨干网，通过它将位于同一城市内不同地点的主机、数据库，以及局域网等互相连接起来。城域网不仅用于计算机通信，同时可用于传输语音和图像等信息，成为一种综合利用的通信网。城域网的标准是分布式队列双总线，国际标准为 IEEE802.6。

（3）广域网（Wide Area Network，WAN）

广域网又称为远程网，连接地理范围较大，常常覆盖一个地区、国家或是一个洲，网络拓扑结构非常复杂，其目的是为了让分布较远的各局域网互联。我们平常讲的 Internet 就是最典型的广域网。广域网的通信子网主要使用分组交换技术，它可以使用公用分组交换网、卫星通信网和无线分组交换网。由于广域网常常借用传统的公共传输网（如电话网）进行通信，这就使广域网的数据传输率比局域网系统慢，传输误码率也较高。但随着新的光纤标准的引入，广域网的数据传输率也将大大提高。

随着计算机网络技术的不断发展，网络划分并没有按严格意义上的地理范围加以区分，只是一个相对概念。

4．网络的拓扑结构

网络拓扑（Network Topolopy）是网络的物理连接形式，指连接到网络上的各计算机的互连方式。网络的基本拓扑结构可分为总线型、星形、环形和网状等。局域网中常采用总线型、星形和环形拓扑，广域网中多为网状拓扑，在实际网络中所见的则是由各种基本拓扑混合而成的复杂的拓扑结构。

（1）总线型拓扑（Bus Topolopy）

总线型拓扑采用一条称为总线的中央主电缆，将各个计算机以线型方式连接起来，如图 3-36 所示。在总线型结构中，所有的计算机都通过硬件接口直接连接在总线上，任何一个结点的信息都可以沿着总线向两个方向传输，并且能被总线任何一个结点所接收。因此，总线网络也被称为广播式网络。其特点是结构简单灵活，便于扩充；可靠性高，网络响应速度快；设备量少，价格低，安装使用方便；共享资源能力强，便于广播式工作。其缺点是总线上任何一个结点故障或总线本身损坏都会影响整个网络工作，且故障检测较困难。

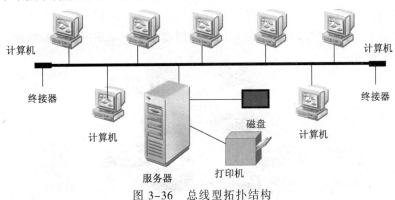

图 3-36　总线型拓扑结构

（2）星形拓扑（Star Topolopy）

星形拓扑结构中，中心结点（即公用的中心交换设备，如交换机、路由器等）到各计算机之间呈辐射状连接，如图 3-37 所示，由中心结点完成集中式通信控制。

星形结构优点是组网容易，配置方便；每个连接的故障容易排除，不影响全网。缺点是在同样的覆盖面积下，所用的电缆量最大；对中心结点要求非常高，一旦中心结点产生故障，全网就不能工作；扩展不方便，需要预留或增设电缆。

（3）环形拓扑（Ring Topology）

环形拓扑结构中，各计算机通过点到点的通信线路连接形成一个闭合环，环中的数据沿着一个方向逐结点传送，数据时延确定，同时可实现环中任意两个结点间的通信，如图 3-38 所示。环形网络结构简单，能够保证结点访问的公平性；点线长度较短，适于采用光缆连接，数据传输率高。缺点是结点的故障会引起全网故障，可扩充性较差。

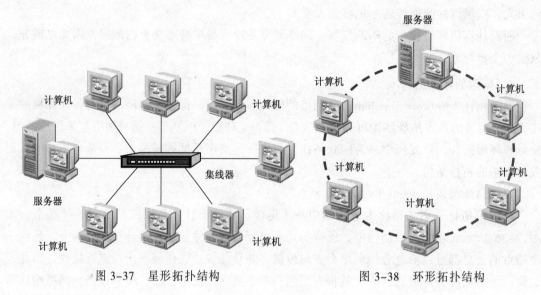

图 3-37　星形拓扑结构　　　　　　图 3-38　环形拓扑结构

（4）网状拓扑（Net Topolopy）

在网状拓扑结构中，各计算机之间的连接是任意的，没有规律，所以网状拓扑结构又称为无规则型结构，如图 3-39 所示。网状拓扑结构中的结点之间一般都有多条线路相连，使得整个网络的可靠性高。实际存在与使用的广域网基本上都采用网状拓扑结构。

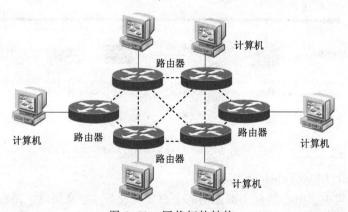

图 3-39　网状拓扑结构

局域网主要是实现资源共享，而广域网则主要是为了实现广大范围内的远距离数据通信，因此广域网在网络特性和技术实现上与局域网存在明显的差异。

5．传输介质

计算机之间的连接通常是靠物理电线或电缆实现的，常用的有线介质有双绞线、同轴电缆、光纤等；无线介质有无线电波或红外信号。

（1）双绞线（Twisted Pair）

双绞线是将两条绝缘铜线螺旋形绞在一起制成的数据传输线，如图 3-40 所示。常用的双绞线有屏蔽和非屏蔽两种，屏蔽双绞线（Shielded Twisted Pair，STP）：抗干扰性好，性能好，用于远程中继线时，最大距离可达十几千米；非屏蔽双绞线（Unshielded Twisted Pair，

UTP）：传输距离一般为 100 米，具有较好的性价比。

双绞线既可传输模拟信号，又可传输数字信号。优点是价格低廉，缺点是对干扰和噪声较脆弱，信号传输衰减受频率影响较大，传输距离不能太长，需使用中继器对信号进行再生放大。双绞线适合用于局域网的连接，可支持 10/100/1000 Mbit/s 以太网。

（2）同轴电缆（Coaxial Cable）

同轴电缆由同轴的内外两个导体组成，内导体是一根金属线，外导体是一根圆柱形的套管，一般是细金属线编制成的网状结构，内外导体之间有绝缘层，如图 3-41 所示。同轴电缆分为基带同轴电缆和宽带同轴电缆。基带同轴电缆用于二进制数据信号的传输，多用于局域网；宽带同轴电缆用于高带宽数据通信，支持多路复用。同轴电缆的优点是抗干扰性强。

图 3-40　双绞线示意图　　　　　图 3-41　同轴电缆示意图

（3）光纤（Optical Fiber）

光纤即光导纤维，是一种能够传导光信号的极细的传输介质，由玻璃或塑料等材料制成。光纤的结构包括纤芯、覆层和保护层 3 部分，如图 3-42 所示。中心是一根纤芯（直径为几微米到几十微米的石英玻璃纤维），纤芯外面是玻璃或塑料覆层，光密度比纤芯部分低。由于纤芯的折射系数高于覆层的折射系数，因此可以形成光波在纤芯与覆层界面上的全反射，进行光传输，如图 3-43 所示。

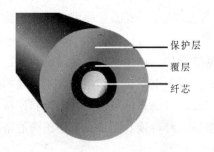

保护层
覆层
纤芯

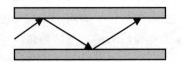

图 3-42　光纤截面图　　　　　图 3-43　光纤的信号传输

光纤是网络介质中最先进的技术，光纤维用于以极快的速度传输巨大信息的场合。优点是传输速率极高，传输距离长，抗干扰能力强，保密性好，成本较低。

（4）无线介质（Wireless Medium）

无线介质与有线介质最大不同之处是不使用电能或光能作为导体传输信号，而是利用电磁波通过空间来传输信息。利用无线电波在自由空间的传播可以实现多种无线通信。自由传播的电磁波，在电路上加入适当大小的天线，可以被有效地传播，并被相距一段距离的接收器收到。无线通信就是基于这个原理实现的。用于通信的主要有无线电、微波、红外和可见光。无线电、微波通信主要用于电视、移动电话、卫星通信。红外线常用于室内家用电器的遥控上，如电视、音响的遥控。蓝牙（Blue Tooth）技术是一种基于红外线通信的技术，被用于近距离无线通信，在移动电话、无线耳机、手提计算机外设间进行无线信息交换。目前最流行的无线局域网技术是 Wi-Fi。

无线介质的优点是不受电缆约束，可随意移动外围设备。缺点是速度慢，易受微波炉、无绳电话等设备的干扰。

3.2.2　网络体系结构

随着局域网和广域网规模地不断扩大，计算机网络需要利用多种通信介质将不同地域、不同类型操作系统的计算机设备连接起来，实现数据通信和资源共享。

计算机网络体系结构（Computer Network Architecture）是分层结构，是网络各层及其协议的集合。其内容包括计算机网络系统应该设置多少层，每个层能提供哪些功能的精确定义，层之间的关系及如何联系等。网络系统按层的方式来组织，各层的名字和承担的任务都不相同，层与层之间通过接口传递信息与数据。网络间的通信按一定的规则和约定进行，这些规定和约定称为协议（Protocol）。计算机网络协议是为了实现计算机网络中不同主机之间、不同操作系统之间以及两个计算机之间的通信而规定的网络全体成员必须共同遵守的一系列规则和约定。

1．OSI 七层模型

20 世纪 70 年代以来，国外一些主要计算机生产厂家先后推出了各自的网络体系结构，但它们都属于专用的。为使不同计算机厂家的计算机能够互相通信，在更大范围内建立计算机网络，必须建立一个国际范围的网络体系结构标准。

国际标准化组织 ISO 于 1981 年正式推荐了一个网络系统结构——七层参考模型，叫作开放系统互连（Open System Interconnection，OSI）参考模型。OSI 参考模型的建立，使得各种计算机网络向它靠拢，大大推动了网络通信的发展。

OSI 参考模型由 7 个协议层组成：物理层、数据链路层、网络层、传输层、会话层、表示层和应用层。每一层均有一套功能集，并与相邻的上层和下层交互作用。位于顶端的应用层与用户使用的软件（如演示文稿程序）进行交互，底端是携带信号的网络电缆和连接器。总的来说，在顶端与底端之间的每一层均能确保数据以一种可读、无错、排序正确的格式被发送。

2．TCP/IP 模型

OSI 模型被定义为全球计算机通信标准，但它过于复杂导致实际应用并不广泛。目前，应用最广的网络体系结构是 TCP/IP（Transmission Control Protocol/Internet Protocol）模型。

TCP/IP 模型是在 20 世纪 70 年代由美国国防部资助、美国加州大学等研究机构开发的一个协议体系结构，用于世界上第一个分组交换网——ARPANET。随着 ARPANET 发展成为 Internet，TCP/IP 又称为 Internet 的网络体系结构。

TCP/IP 模型将 OSI 模型简化成了 4 层，分别是应用层、传输层、网际层和网络接口层。TCP/IP 模型和 OSI 模型的对应关系如图 3-44 所示。

① 网络接口层：是该模型的最低层，是主机与网络的实际连接层；详细指定如何通过网络实际发送数据，包括直接与网络媒体（如同轴电缆、光纤或双绞铜线）接触的硬件设备如何将比特流转换成电信号。

② 网络层：又称为 IP 层，负责处理互联网中计算机之间的通信，向传输层提供统一的数据包。它的主要功能有以下 3 个方面：处理来自传输层的分组发送请求；处理接收的数据包；处理互联的路径。

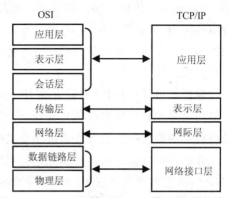

图 3-44　TCP/IP 模型和 OSI 模型的对应关系

③ 传输层：又称为 TCP 层，主要功能是负责应用进程之间的端 – 端通信。传输层定义了两种协议：传输控制协议 TCP 与用户数据包协议 UDP。TCP 协议是面向连接的协议，主要功能是保证信息无差错地传输到目的主机。UDP 协议是无连接协议，它与 TCP 协议不同的是它不进行分组顺序的检查和差错控制，而是把这些工作交给上一级应用层完成。

④ 应用层：是 TCP/IP 参考模型的最高层，它向用户提供一些常用应用程序，如电子邮件等。应用层包括了所有的高层协议，并且总是不断有新的协议加入。应用层协议主要有：网络终端协议 Telnet，用于实现互联网中的远程登录功能；文件传输协议 FTP，用于实现互联网中交互式文件传输功能；简单电子邮件协议 SMTP，实现互联网中电子邮件发送功能；域名服务 DNS，用于实现网络设备名字到 IP 地址映射的网络服务；网络文件系统 NFS，用于网络中不同主机间的文件系统共享。

3. TCP/IP

TCP/IP 是 Internet 实现网络互连的通信协议。TCP/IP 是一个协议集合，包括 100 多个相互关联的协议，这些协议大部分情况下都以软件形式存在，如图 3-45 所示。其中网际协议（Internet Protocol，IP）是应用于网络层中最主要的协议，传输控制协议（Transmission Control Protocol，TCP）是应用于传输层中最主要的协议。连接到 Internet 的所有计算机都要运行 IP 软件，并且其中绝大多数还要运行 TCP 软件，否则就无法连接 Internet。因此 IP 和 TCP 是最根本的两种协议，是其他协议的基础。

TCP/IP 可以运行在多种物理网络上，如以太网、令牌环网、光纤网等局域网，又如 ATM、X.25 等广域网，以及用调制解调器连接的公共电话网。

网际协议（IP）定义了数据按照数

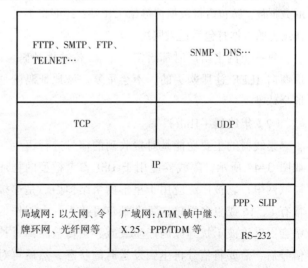

图 3-45　TCP/IP 协议簇

据报（Datagram）传输的格式和规则，负责将数据从一个结点传输到另一个结点。Internet 数据分组称为 IP 数据报，简称 IP 包。它有 3 个基本功能：一是规定了数据的格式；二是执行路由的功能，选择传送数据的路径；3 是确定主机和路由器如何处理分组的规则，以及产生差错报文后的处理方法。

传输控制协议（TCP）是建立在 IP 协议之上，目的是使数据传输和通信更可靠。它定义了网络端到端的数据传输的格式和规则，提供了数据报的传输确认、丢失数据报的重新请求，以及将收到的数据报按照其发送次序重组的机制。TCP 协议是面向连接的协议，类似于打电话，在开始传输数据之前，必须先建立明确的连接。

Internet 系列协议还有 UDP（User DataGram Protocol，用户数据报协议）、ADP（Address Resolution Protocol，地址解析协议）、HTTP（Hyper Text Transfer Protocol，超文本传输协议）、FTP（File Transfer Protocol，文件传输协议）、SMTP（Simple Mail Transfer Protocol，简单邮件传输协议）、Telnet（Telecommunication Network Protocol，远程登录协议）等。其中 HTTP、FTP、SMTP、Telnet 都是作用于应用层的协议，用来提供 WWW、文件传输、电子邮件、远程登录等用户服务。

4. 网络互联设备

网络互联（Network Connection）主要是将不同网段、网络或子网通过网络设备连接起来，实现数据传输、通信和资源共享。不同功能层次的网络连接时，其网络设备也不同，主要有网卡、调制解调器、集线器、交换机、路由器、网桥等。

（1）网卡（Network Adapter）

网卡又称网络适配器，是一块网络接口电路板，分为内置网卡和无线网卡，如图 3-46 所示。网络上的每一台服务器或工作站都必须装配网络适配器，才能实现网络通信。网卡负责接收网络上的数据包，解包后将数据传输给工作站；还能将工作站上的数据打包后送入网络。

图 3-46　内置网卡和无线网卡

每一块网卡出厂时都给定一个 48 位的地址码（固化在 ROM 中），也称 MAC 地址，这是厂商向 IEEE 注册购买的，不会重复。该地址码就是局域网中每一台主机的物理地址，该地址全球唯一。

（2）集线器（Hub）

集线器的主要功能是对接收到的信号进行再生、整形、放大，以延长网络的传输距离，如图 3-47 所示。集线器应用于 OSI 参考模型的物理层。集线器是组建网络的常用设备。在局域网中，它被广泛应用于星形网络结构中，是连接计算机及其他设备的汇集点。集线器通常有 8、16 或更多端口，每个端口可接入一台工作站或服务器。此外，数据信号在传输过程中会因电磁波干扰等原因产生衰减，当传输距离过长时会产生信号失真。因此集线器接收到信号后，需要将信号再生到发送时的状态，然后再对数据信号进行传输。

（3）网桥（Bridge）

网桥是连接不同类型局域网的设备，如图 3-48 所示。它工作在 OSI 模型的数据链路层，其作用是扩展网络和通信手段，在各种传输介质中转发数据信号，扩展网络的距离，同时又有选择地将有地址的信号从一个传输介质发送到另一个传输介质，并能有效地限制两个介质系统中无关紧要的通信。网桥可分为本地网桥和远程网桥。本地网桥是指在传输介质允许长度范围内互联网络的网桥；远程网桥是指连接的距离超过网络的常规范围时使用的远程桥，通过远程网桥互联的局域网将成为城域网或广域网。如果使用远程网桥，则远程网桥必须成对出现。

（4）路由器（Router）

路由是把数据从一个地方传送到另一个地方的行为和动作，而路由器正是执行这种行为动作的机器，它工作在 OSI 模型的网络层，如图 3-49 所示为无线路由器；它是一种连接多个网络或网段的网络设备，它能将不同网络或网段之间的数据信息进行"翻译"，使它们能够相互"读懂"对方的数据，从而构成一个更大的网络。路由器是一种多端口设备，它可以连接不同传输速率并运行于各种环境的局域网和广域网，也可以采用不同的协议。

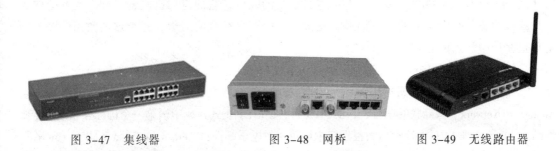

图 3-47 集线器　　　　　图 3-48 网桥　　　　　图 3-49 无线路由器

3.2.3 Internet 基础与应用

从网络通信的角度来看，因特网（Internet）是一个用 TCP/IP 网络协议把各个国家、各个地区、各种结构的计算机网络连接起来的超级数据通信网络。从信息资源的角度看，Internet 是一个集各个部门、各个领域的各种信息资源为一体，供网上用户共享的信息资源网。如今的 Internet 已经远远超过了一个网络的含义，它是一个信息化社会的缩影。

1. Internet 的发展简介

（1）Internet 的起源与发展

Internet 最早是由美国超级计算机网络发展起来的，是在 20 世纪 60 年代末美国国防部的 ARPANET 实验网络的基础上建立起来的。其目的是在全国建立一个分散的军事补充系统，以在战争爆发时，当军事指挥中心被摧毁后，全国的军事指挥不至于处于瘫痪状态。这个网络是将几所大学的主机联系起来，采用分组交换技术，这就是 Internet 的雏形。1971 年形成了具有 15 个结点、23 台主机的网络，这就是著名的 ARPANET（阿帕网）。

ARPANET 在技术上的另一个重大贡献是 TCP/IP 协议簇的开发和利用。作为 Internet 的早期骨干网，ARPANET 的试验奠定了 Internet 存在和发展的基础，较好地解决了异种机网络互联的一系列理论和技术问题。

1983 年，ARPANET 分裂为两部分——ARPANET 和纯军事用的 MILNET。同时，局域网和广域网的产生和蓬勃发展对 Internet 的进一步发展起到了重要的作用。其中最引人注目的是美国国家科学基金会（National Science Foundation）于 1985 年开始建立的 NSFNET。NFS

规划建立了 15 个超级计算中心及国家教育科研网,用于支持科研和教育的全国性规模的计算机网络 NSFNET,并以此为基础,实现同其他网络的连接。NSFnet 成为 Internet 上主要用于科研和教育的主干,代替 ARPAnet 的骨干地位。1989 年 MILNET 实现和 NSFNET 连接后,就开始采用 Internet 这个名称。自此以后,其他部门的计算机网络相继并入 Internet,1990 年 6 月 NFSNET 彻底取代了 ARPA 网而成为 Internet 的主干网。

NSF 网对 Internet 的最大贡献是使 Internet 向全社会开放,改变了网络仅供计算机研究人员和政府机构使用的状况。1990 年 9 月,由 Merit、IBM 和 MCI 公司联合建立了一个非盈利的组织——先进网络科学公司 ANS(Advanced Network &Science Inc.)。ANS 的目的是建立一个全美范围的 T3 级主干网,它能以 45 Mbit/s 的速率传送数据。到 1991 年底,NSF 网的全部主干网都与 ANS 提供的 T3 级主干网相联通。

20 世纪 90 年代初,商业机构开始进入 Internet,使 Internet 开始了商业化的进程。如今的 Internet 已不再是科学家和军事部门进行科研的领域,它的应用已经普及到人类社会的各个角落,覆盖了社会生活的方方面面,构成了一个信息社会的缩影,对全球的政治、经济和文化正在产生深远的影响。

（2）Internet 在中国

1986 年,由北京市计算机应用研究所和原西德的卡尔斯鲁厄大学合作,启动了 CANET(Chinese Academic Network)国际联网项目,1987 年 9 月,CANET 正式建成中国第一个国际互联网电子邮件结点,并于 9 月 14 日由钱天白教授发出中国第一封电子邮件:"Across the Great Wall we can reach every corner in the world." 打开了中国人使用互联网的序幕。中国第一条与国际 Internet 联网的专线是 1991 年 6 月由中国科学院高能物理所建成的,直接接入美国斯坦福大学的斯坦福线性加速器中心。到 1994 年 5 月才实现了 TCP/IP 协议,我国实现了 Internet 全功能连接。接着从 1994 年初到 1995 年初,北京大学、清华大学、北京化工大学、中科院网络中心等相继接入 Internet。

1994 年 9 月中国邮电部门开始进入 Internet,建立北京、上海两个出口。1995 年 3 月底试运行,6 月 20 日正式运营。

中国 Internet 发展经历了三个阶段:

第一阶段,1987—1994 年,这个阶段基本上是通过中科院高能所线路,实现了与欧洲及北美地区的 E-mail 通信。

第二阶段,1994—1995 年,这一阶段是教育科研网发展阶段。北京中关村地区及清华、北大组成 NCFC 网于 1994 年 4 月开通了与国际 Internet 的 64 Kbit/s 专线连接,同时还设中国最高域名(CN)服务器。这时,中国才算真正加入了国际 Internet 行列。此后又建成了中国教育和科研网(CERNET-China Educational Research Network)。

第三阶段,1995 年以后,该阶段开始了商业应用阶段。1995 年 5 月邮电部开通了中国公用 Internet 网即 ChinaNET。1996 年 9 月原电子部 ChinaGBN 开通,各地 ISP 也纷纷开办,到 1996 年底仅北京就达到了 30 多家。

1997 年底,我国已建成了四大网络并与 Internet 建立了各种连接,具体如下:

中国公用计算机网互联网(ChinaNET):是原邮电部组织建设和管理的。原邮电部与美国 Sprint Link 公司在 1994 年签署 Internet 互连协议,开始在北京、上海两个电信局进行 Internet

网络互联工程。目前，ChinaNET 在北京和上海分别有两条专线，作为国际出口。ChinaNET由骨干网和接入网组成。骨干网是 ChinaNET 的主要信息通路，连接各直辖市和省会网络接点，骨干网已覆盖全国各省市、自治区，包括 8 个地区网络中心和 31 个省市网络分中心。接入网是又各省内建设的网络结点形成的网络。

中国教育科研网（CERNET）：是 1994 年由国家计委、国家教委批准立项、国家教委主持建设和管理的全国性教育和科研计算机互联网络。该项目的目标是建设一个全国性的教育科研基础设施，把全国大部分高校连接起来，实现资源共享。它是全国最大的公益性互联网络。CERNET 已建成由全国主干网、地区网和校园网在内的三级层次结构网络。CERNET 分四级管理，分别是全国网络中心；地区网络中心和地区主结点；省教育科研网；校园网。CERNET 全国网络中心设在清华大学，负责全国主干网的运行管理。地区网络中心和地区主结点分别设在清华大学、北京大学、北京邮电大学、上海交通大学、西安交通大学、华中科技大学、华南理工大学、电子科技大学、东南大学、东北大学等 10 所高校，负责地区网的运行管理和规划建设。

中国科学技术网（CSTNET）：国家科学技术委员会联合全国各省、市的科技信息机构，采用先进信息技术建立起来的信息服务网络，旨在促进全社会广泛的信息共享、信息交流。中国科技信息网络的建成对于加快中国国内信息资源的开发和利用、促进国际间的交流与合作起到了积极的作用，以其丰富的信息资源和多样化的服务方式为国内外科技界和高技术产业界的广大用户提供服务。利用公用数据通信网为基础的信息增值服务网，在地理上覆盖全国各省市，逻辑上连接各部、委和各省、市科技信息机构，是国家科技信息系统骨干网，同时也是国际 Internet 的接入网。从服务功能上是 Intranet 和 Internet 的结合。其 Intranet 功能为国家科委系统内部提供了办公自动化的平台以及国家科委、地方省市科委和其他部委科技司局之间的信息传输渠道；其 Internet 功能则主要服务于专业科技信息服务机构，包括国家、地方省市和各部委科技信息服务机构。

中国金桥信息网（ChinaGBN）：是建立在金桥工程的业务网，支持金关、金税、金卡等"金"字头工程的应用。它覆盖全国，实行国际联网，为用户提供专用信道、网络服务和信息服务的基干网，金桥网由吉通公司牵头建设并接入 Internet。

2. Internet 技术

Internet 是由连接设备和交换工作站结合起来的众多的广域网和局域网的集合，Internet中的所有设备都被称为主机或端系统。端系统通过通信链路连接在一起，这些通信链路由不同的传输介质组成，包括同轴电缆、铜线、光纤和无线电频谱。端系统通过分组交换机（如路由器）的中间交换设备间接彼此相连。端系统、分组交换机和其他的 Internet 部件，都要运行控制 Internet 中信息接收和发送的一系列协议。Internet 中最重要的协议是 TCP 协议和 IP协议。

（1）IP 地址

IP 是英文 Internet Protocol 的缩写，意思是"网络之间互连的协议"，也就是为计算机网络相互连接进行通信而设计的协议。任何厂家生产的计算机系统，只要遵守 IP 协议就可以与因特网互连互通。正是因为有了 IP 协议，因特网才得以迅速发展成为世界上最大的、开放的计算机通信网络。因此，IP 协议也可以叫作"因特网协议"。

IP 地址（IP Address）指连接到 Internet 上的计算机或互联设备（如路由器）都，以便能够准确识别发出该数据报的计算机。每台联网的计算机都需要有 IP 地址才能正常通信。IP 地址就像是我们的家庭住址一样，如果你要写信给一个人，你就要知道他（她）的地址，这样邮递员才能把信送到。计算机发送信息就好比是邮递员，它必须知道唯一的"家庭地址"才能不至于把信送错。只不过人类的地址用文字表示，计算机的地址用二进制数字表示。常见的 IP 地址，分为 IPv4 与 IPv6 两大类。

IPv4 地址是一个 32 位的二进制数，通常被分割为 4 个"8 位二进制数"（也就是 4 个字节）。IP 地址通常用"点分十进制"表示成（a.b.c.d）的形式，其中，a、b、c、d 都是 0~255 之间的十进制整数。例：点分十进 IP 地址（100.4.5.6），实际上是 32 位二进制数（01100100.00000100.00000101.00000110）。IP 地址由网络地址（网络号）和主机地址两部分组成。网络地址标识 Internet 上的一个物理网络。主机地址标识该物理网络中的一台主机，每个主机地址对本网络而言必须唯一。

IP 地址编址方案将 IP 地址空间划分为 A、B、C、D、E 五类，其中 A、B、C 是基本类，D、E 类作为组播和保留使用。这里用 W.X.Y.Z 来代表一个 IP 地址，看它属于哪一类，只需看它的 W 取值在哪一类中。IP 地址分类如表 3-1 所示。

表 3-1　IP 地址分类

类　别	W 取值（十进制）	W 取值（二进制）	网络号	主机号
A 类	1 ~ 126	0nnnnnnn	W.0.0.0	X.Y.Z
B 类	128 ~ 191	10nnnnnn	W.X.0.0	Y.Z
C 类	192 ~ 223	110nnnnn	W.X.Y.0	Z
D 类	224 ~ 239	1110nnnn	组播地址	
E 类	240 ~ 248	11110nnn	保留以后使用	

假设一个 IP 地址为 192.168.0.6，通过表 3-1 可知，它属于 C 类 IP 地址，它的网络号是 192.168.0.0，主机号是 6。那么在这个 C 类 IP 网段中，最多可以容纳多少台主机呢？也就是有多少个 IP 地址是可以分配给计算机的呢？应该是最后一组数 Z 的取值范围：0 ~ 256，再减 2。减 2 的原因是，在这些数字中 0（192.168.0.0）是网络号，不可以分配给计算机；255（192.168.0.255）是这个网段的广播地址，也不能分配给计算机。若想让这个网段中的所有计算机都收到某个信息时，数据的目的地址应写为 192.168.0.255。这里面有一个规则，即在一个网段中最小数是网络号，最大数是主机号，是不能分配给计算机的。

综上所述，A 类地址最高位为"0"，连同后面的 7 位表示网络号，24 位表示主机地址。因此，A 类网络只有 $2^7-2=126$ 个（网络号 0 和 127 另有他用），每个网络可以有 $2^{24}-2=16\ 777\ 214$ 个主机地址。B 类地址最高位为"10"，有 $2^{14}-2=16\ 382$ 个网络号，每个网络可有 $2^{16}-2=65\ 534$ 个主机地址。C 类地址最高位为"110"，有 $2^{21}-2=2\ 097\ 150$ 个网络号，每个网络可以有 $2^8-2=254$ 个主机地址。

一般情况下，我们使用的地址类型是 IPv4。IPv4 就是有 4 段数字，每一段最大不超过 255。

由于互联网的蓬勃发展，IP 地址的需求量愈来愈大，使得 IP 地址的发放愈趋严格，各项资料显示全球 IPv4 地址可能在 2005 至 2010 年间全部发完（实际情况是在 2011 年 2 月 3 日 IPv4 地址已分配完毕）。

（2）子网掩码

子网掩码(Subnet Mask)又叫网络掩码、地址掩码、子网络遮罩，它是一种用来指明一个 IP 地址的哪些位标识的是主机所在的子网以及哪些位标识的是主机的位掩码。子网掩码不能单独存在，它必须结合 IP 地址一起使用。子网掩码的作用是将某个 IP 地址划分成网络地址和主机地址两部分。

例如，某单位申请到一个 B 类地址网络号，可以有 65 534 个主机地址，为了便于管理和扩展，常常按该单位的组织结构或地域分布划分为若干子网，每个子网包含适量的主机。这些子网具有相同的网络号。现将该单位申请到的 B 类地址中主机地址（32）位分成两部分，其中前 16 位作为子网地址，后 16 位作为主机地址。从主机地址中划分出子网只限于该单位内部使用，而外部（互联网）是感觉不到子网存在的。

子网掩码是由若干个连续的 1 加上若干个连续的 0 组成的 32 位的二进制数。计算机通过将 IP 地址和它的子网掩码进行二进制"与"运算来得出网络号。表 3-2 列出了 A、B、C 类 IP 地址默认的子网掩码。

表 3-2 A、B、C 类 IP 地址默认的子网掩码

类　　别	默认子网掩码（十进制）
A 类	255.0.0.0
B 类	255.255.0.0
C 类	255.255.255.0

（3）MAC 地址

MAC（Media Access Control）地址又称为 MAC 位址，用来定义网络设备的位置，是以太网中网卡所带的地址，采用十六进制数表示，共六个字节（48 位）。

网卡的 MAC 地址由网卡生产厂家向 IEEE 组织申请，每个网卡的 MAC 地址都是唯一的。形象地说，MAC 地址就如同我们身份证上的身份证号码，具有全球唯一性。MAC 地址工作于数据链路层，是物理地址。数据链路层传输的数据帧必须包含 MAC 源地址和 MAC 目的地址，确定数据来自何方、去向何处，从而实现包的交换和传递。

IP 地址是只在软件中使用的地址，局域网中发送和接收信息需依靠 MAC 地址。无论是局域网还是广域网，计算机之间的通信最终都表现为将数据报从某种形式链路上的初始结点出发，从一个结点传递到另一个结点，最终到达目的结点。数据报在这些结点之间移动时，由地址解析协议（Address Resolution Protocol，ARP）负责将 IP 地址映射到 MAC 地址。把 IP 地址翻译成对应 MAC 地址的过程称为地址解析（Address Resolution）。

在 Windows XP/7 中单击"开始"按钮，在弹出的菜单中选择"运行"命令，在弹出的对话框中输入"cmd"后单击"确定"按钮，在打开的窗口中输入"ipconfig /all"后按【Enter】键，即可查看网卡的 MAC 地址及通过该网卡建立的网络链接的 IP 地址，如图 3-50 所示。物理地址 00-1D-09-52-B5-8D 就是 MAC 地址，IP 地址为 172.24.32.20。

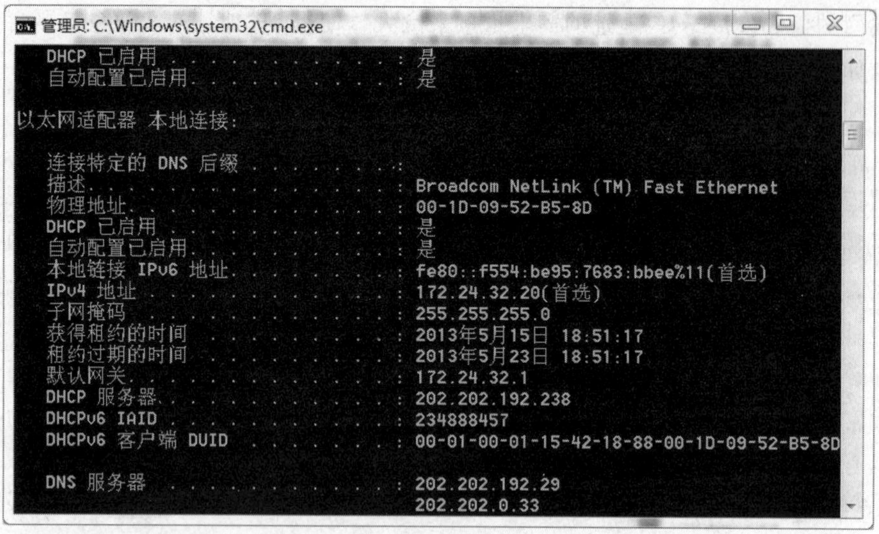

```
管理员: C:\Windows\system32\cmd.exe

   DHCP 已启用 . . . . . . . . . . . . : 是
   自动配置已启用 . . . . . . . . . . : 是

以太网适配器 本地连接:

   连接特定的 DNS 后缀  . . . . . . . :
   描述. . . . . . . . . . . . . . . : Broadcom NetLink (TM) Fast Ethernet
   物理地址. . . . . . . . . . . . . : 00-1D-09-52-B5-8D
   DHCP 已启用 . . . . . . . . . . . : 是
   自动配置已启用. . . . . . . . . . : 是
   本地链接 IPv6 地址. . . . . . . . : fe80::f554:be95:7683:bbee%11(首选)
   IPv4 地址 . . . . . . . . . . . . : 172.24.32.20(首选)
   子网掩码  . . . . . . . . . . . . : 255.255.255.0
   获得租约的时间  . . . . . . . . . : 2013年5月15日 18:51:17
   租约过期的时间  . . . . . . . . . : 2013年5月23日 18:51:17
   默认网关. . . . . . . . . . . . . : 172.24.32.1
   DHCP 服务器 . . . . . . . . . . . : 202.202.192.238
   DHCPv6 IAID . . . . . . . . . . . : 234888457
   DHCPv6 客户端 DUID  . . . . . . . : 00-01-00-01-15-42-18-88-00-1D-09-52-B5-8D

   DNS 服务器  . . . . . . . . . . . : 202.202.192.29
                                       202.202.0.33
```

图 3-50　"ipconfig /all" 命令显示的 MAC 地址与 IP 地址

（4）域名系统

早在 ARPANET 时代，整个网络中只有几百台计算机，就是用了一个叫作 host.txt 的文件，列出了当时所有主机的名字和相应的 IP 地址。用户只要输入一个主机的名字，很快就能将它解析为机器能够识别的二进制 IP 地址。随着信息技术的发展，Internet 上的主机数量数以万计的增长，我们不可能记住每一台主机的 IP 地址。为了解决这个问题，我们需要对系统或是主机进行命名，这就像我们不可能记住每一个人的身份证号码，但可以记住每一个人姓名一样，因此，便产生了域名（Domain Name）来替代对应的 IP 地址，通常称为网址，并使用域名服务器系统（Domain Name System）来实现域名与实际 IP 地址的翻译。例如，mit.edu（IP 地址 18.181.0.31）是麻省理工学院的域名，sisu.edu.cn（IP 地址 202.202.192.29）是四川外国语大学的域名。

域名只是个逻辑概念，并不代表计算机所在的物理地点。域名空间的分级结构有点类似于邮政系统中的分级地址结构。在邮政系统中，名字管理要求信上写明收信人的国家、省、市或县街道地址，使用这种分级制的地址就不会把相同街道而不同城市的地址弄混。互联网采用了层次树状结构的命名方法，就像全球邮政系统和电话系统一样。

采用这种命名方法，任何一个连接在互联网上的主机或路由器，都有一个唯一的层次结构的名字，即域名。"域" 是名字空间中一个范围划分，从概念上，互联网被分为几百个顶级域名，每个域又被分成多个子域，所有的这些域都是树形。树枝下面可以有树枝、树叶，树叶（代表没有子域的域），并把它们命令为顶级域、二级域、三级域，中间用点隔开，表示如下：

…三级域.二级域.顶级域

例如四川外国语大学的主机名为 sisu.edu.cn，sisu 为主机，edu 为网络组织，cn 为中国；其中，cn 为顶级域名，edu 为二级域名，sisu 为三级域名。

如图 3-51 所示，在域名空间的根域之下，被分为几百个顶级域，其中每个域可以包括许多主机。还可以被划分为子域，而子域下还可以有更小的子域划分。域名空间的整个形状如一棵倒立的树，根不代表任何具体的域，树叶则代表没有子域的域，但这个子域可以包含一台主机或者成千上万台的主机。

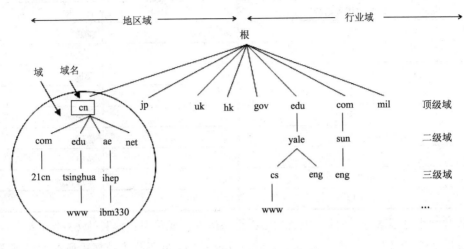

图 3-51 域名分层结构

顶级域名由一般域名和国家级域名两大类组成。其中，一般域名代表不同领域的顶级域名，如 com（商业机构）、edu（教育单位）、gov（政府部门）、mil（军事单位）、net（提供网络服务的系统）、org（非 com 类的组织）、aero（航空航天公司）、biz（商业公司）、coop（协作商业组织）、info（信息服务提供商）、museum（博物馆）、name（个人名字）和 pro（专业组织）等。国家级域名是指代表不同国家和地区的顶级域名，如 cn 代表中国、uk 代表英国、fr 代表法国、jp 代表日本等，表 3-3 列举了常见国家和地区的代码命名的域。

表 3-3 常见国家和地区的代码命名的域

域 名	国家或地区	域 名	国家或地区
ar	阿根廷	nl	荷兰
au	澳大利亚	nz	新西兰
at	奥地利	ni	尼加拉瓜
br	巴西	no	挪威
ca	加拿大	pk	巴基斯坦
co	哥伦比亚	pa	巴拿马
cr	哥斯达黎加	pe	秘鲁
cu	古巴	ph	菲律宾
dk	丹麦	pl	波兰
eg	埃及	pt	葡萄牙
fi	芬兰	pr	波多黎各
fr	法国	ru	俄罗斯
de	德国	sa	沙特阿拉伯
gr	希腊	sg	新加坡
gl	格陵兰	za	南非

续表

域　名	国家或地区	域　名	国家或地区
hk	中国香港特别行政区	es	西班牙
is	冰岛	se	瑞典
in	印度	ch	瑞士
ie	爱尔兰	th	泰国
il	以色列	tr	土耳其
it	意大利	gb	英国
jm	牙买加	us	美国
jp	日本	vn	越南
mx	墨西哥	tw	中国台湾地区
cn	中国		

域名对大小写不敏感，所以 edu 和 EDU 是一样的。成员名最多长达 63 个字符，路径全名不能超过 255 个字符。注意：域名只是一个逻辑概念，并不代表计算机所在的物理地址。

（5）IPv6

由于历史的原因，中国在网络的建设与发展上晚于其他世界先进国家，导致中国所拥有的 IPv4 地址资源在供需上严重失衡。截至 2002 年 8 月，拥有 13 亿人口的中国，只有大约 2 502 万个 IP 地址（B 类地址不足 200 个，A 类地址一个都没有），而美国斯坦福大学一个学校就多达 1 700 万个，IBM 公司则高达 3 300 万个。由此可见，中国是世界上面临 IP 地址缺乏问题最严重的国家之一。

当 1981 年 9 月 TCP/IP 协议开始发布时，当时互联网上大约只有 1 000 台主机，并且几乎所有的主机都是基于时分系统的大型机，为单个用户设计的计算机几乎不存在，因此在当时 IPv4 所拥有的 40 亿个地址简直就是天文数字。例如，申请到一个 B 类地址的用户单位，理论上可以用约 65 000 个 IP 地址，但实际上接入的没有这么多主机。这也就意味着相当一部分 IP 地址被闲置，并且不能被再分配。另外由于历史的原因，美国一些大学和公司占用了大量的 IP 地址，例如 MIT、IBM 和 AT&T 分别占用了 1 600 多万、1 700 多万和 1 900 多万个 IP 地址，而分配给像中国这么大国家所用的地址量还不如美国一个大学。由此导致一方面大量的 IP 地址被浪费，另一方面在互联网快速发展的国家如欧洲、日本和中国得不到足够的 IP 地址。最后导致互联网地址耗尽和路由表爆炸。到目前为止，A 类和 B 类地址已经用完，只有 C 类地址还有余量。

考虑到 IP 地址耗尽的问题，互联网工程任务组 IETF（Internet Engineering Task Force）的 IPNG 工作组在 1998 年底制定了下一代因特网标准草案，这就是 IPv6 标准。

IPv6 采用 128 位地址长度，地址几乎可以视为无限。在 IPv6 的设计过程中，地址短缺问题得到了安全的解决，还考虑了在 IPv4 中解决不好的其他问题，如点到点 IP 连接、服务质量、安全性、多播、移动性、即插即用等。

IPv4 和 IPv6 的比较如表 3-4 所示。

表 3-4　IPv4 和 IPv6 比较

特　性	IPv4	IPv6
地址长度	32 位	128 位
地址空间	理论上提供 43 亿个网络地址，实际要少得多	非常多，可以为地球上每平方米提供 1 000 个网络地址
服务质量	无服务质量保障机制	服务质量得到很大改善
安全性	有几种方法，但复杂性高，管理复杂	内置标准的安全方法，例如虚拟专网等
移动 IP	能够满足全球移动终端的需要	能够满足有限量的移动终端的需要
网络管理	网络多样，管理和升级复杂	网络一致，管理方便

从 IPv4 到 IPv6 最显著的变化就是网络地址的长度。IPv6 的地址有 16 位长，IPv6 地址的表达形式一般采用 32 个十六进制数。

IPv6 中可能的地址有 3.4×10^{38} 个，在很多场合，IPv6 地址由两个逻辑部分组成：一个 64 位的网络前缀和一个 64 位的主机地址，通常写作 8 组，每组为 4 个十六进制数的形式，如 2001:0db8:85a3:08d3:1319:8a2e:0370:7344。

3．Internet 接入方式

Internet 接入方式是指计算机用户以何种方式连接到 Internet 上，不同的接入方式，其网络速度与网络服务均有所不同。拨号上网是发展时间最长的接入方式，随着网络技术的发展，出现了多种网络接入方式，如综合业务数字网（ISDN）接入方式、线缆调制解调器（Cable Modem）接入方式、ADSL 接入方式、通过局域网接入方式、无线接入方式、3G 接入方式和 4G 接入方式等。

（1）PSTN 拨号

PSTN（Published Switched Telephone Network）公共电话交换网，是利用调制解调器拨号实现用户接入的方式，是曾经使用最广泛的接入方式，最高的速率为 56 kbit/s。由于电话网普及非常广，用户终端设备 Modem 很便宜，只要家里有计算机，把电话线接入 Modem 就可以直接上网。

（2）ISDN 拨号

ISDN（Integrated Service Digital Network）综合业务数字网，俗称"一线通"，采用数字传输和数字交换技术，将电话、传真、数据、图像等多种业务综合在一个统一的数字网络中进行传输和处理，用户使用一条 ISDN 用户线路，就可以在上网的同时拨打电话、收发传真。ISDN 基本速率接口有两条 64 kbit/s 的信息通路和一条 16 kbit/s 的信令通路，用户使用 ISDN 也需要专用的终端设备，主要有网络终端 NT1 和 ISDN 适配器组成。

（3）ADSL 宽带接入方式

ADSL（Asymmetrical Digital Subscriber Loop），非对称数字用户环路技术，所谓非对称，主要体现在上行（从用户到网络）为低速的传输，速率一般为 16 kbit/s~1 Mbit/s；下行（从网络到用户）为高速传输，速率可达 1.5 ~ 8 Mbit/s。ADSL 素有"网络快车"之称，因其下行速率高、频带宽、性能优、安装方便，成为一种高效的接入方式。

（4）Cable Modem 接入方式

Cable Modem 即线缆调制解调器，利用现成的有线电视网进行数据传输。由于有线电视网采用的是模拟传输协议,因此需要用一个 Modem 来协助完成数字数据的转化。Cable Modem 接入方式有两种:对称速率型和非对称速率型。

（5）通过局域网接入方式

对具有局域网的用户,特别是教育网内用户,一般采用在局域网上设立专门的计算机作为接入 Internet 的代理服务器。局域网用户都通过代理服务器连接到 Internet,由于代理服务器与 Internet 之间采用高速线路传输信息,因而这种上网方式一般较前几种方式要快,一般用户桌面带宽可以达到 10 Mbit/s 甚至更高。

（6）无线接入方式

近年来,无线接入方式开始流行,它一般应用在笔记本式计算机或其他移动终端设备,不需要网线即可通过无线网络接入到 Internet。

（7）3G 接入方式

3G（3rd-Generation）第三代移动通信技术,是将无线通信与国际互联网等多媒体通信结合的新一代移动通信系统,它能够在全球范围内更好地实现无线漫游,并处理图像、音乐、视频流等多种媒体形式,提供包括网页浏览、电话会议、电子商务等多种信息服务。

1995 年问世的第一代模拟制式手机（1G）只能进行语音通话。1996 到 1997 年出现的第二代 GSM、CDMA 等数字制式手机（2G）便增加了接收数据的功能,如接收电子邮件或网页。3G 手机是基于移动互联网技术的终端设备,3G 手机完全是通信业和计算机工业相融合的产物

（8）4G 接入方式

第四代移动通信及其技术简称 4G,是集 3G 与 WLAN 于一体并能够快速传输数据、音频、视频和图像等。4G 能够以 100 Mbit/s 以上速度下载文件,并能够满足几乎所有用户对于无线服务的要求。

4. Internet 应用

Internet 是一个资源极其丰富的网络,人们可通过它来浏览信息,进行文化交流、联络通信等。Internet 也提供了相应的服务供人们使用信息和资源,传统的服务有浏览网页、电子邮件服务、FTP 服务、远程登录、电子公告栏、即时通信等;随着网络技术的发展,人们不再单纯接收来自互联网的信息,而是成为了信息的制造者。Internet 成为了全人类读写共享的资源库,Internet 提供以下几种服务:

（1）协作共享工具

2005 年 Internet 应用进入了新的时代,互联网的核心理念是参与、贡献、互动和分享,以个人为中心,个人成为互联网内容的制造者和传递者,主要转变包括:模式上从单纯的"读"转变为"写"和"共同建设",基本构成单元从"网页"转变为"发表/记录的信息",工具上由互联网浏览器转变为各类浏览器、RSS 阅读器等,运行机制上从"客户服务器（Client Server）"转变为"网络服务（Web Services）",软件作者由程序员等专业人士向全部普通用户发展,应用上由初级应用向全面大量应用发展。

① 博客（Blog）。博客,又译为网络日志、部落格或部落阁等,是一种通常由个人管理、不定期张贴新的文章的网站。博客上的文章通常根据张贴时间,以倒序方式由新到旧排列。博客内容包含文字、图像、其他博客或网站的链接及其他与主题相关的媒体,允许其他用户

评论。博客被认为继 E-mail、BBS、QQ 之后的第四种网络交流方式，代表着新的工作、生活、学习方式。

博客可以给用户带来 3 种体验：一是发布想法，即可以在博客上表达想法；二是获取反馈，允许其他用户发帖子发表评论，还可以进一步交流；三是基于博客的交流，博客作者可以组织新的人际网络，拓展社会交往空间。

② 信息聚合（RSS）。RSS 是如今使用最广泛的 XML 应用，起源于网景通信公司（Netscape）的推送技术（Push Technology），改变了传统的互联网信息被动的浏览方式，用户通过 RSS 定制自己需要的信息类型，实现信息的个性化需要。RSS 有不同的全称："RDF Site Summary"（RDF 站点摘要）、"Rich Site Summary"（丰富站点摘要）、"Really Simple Syndication"（真正简单的联合）。在维基百科中，RSS 则被定义为一种用于网上新闻频道、网络日志和其他 Web 内容的数据交换规范。

RSS 是一种描述和同步网站内容的格式，它使得每个人都成为潜在的信息提供者，一个用户发布一个 RSS 文件后，这个 RSS 种子中包含的信息就能直接被其他站点调用，并且也可以在其他的终端和服务中使用。用户通过下载一个 RSS 阅读软件，就可以订制、阅读到没有广告图片的标题和文章概要，并且 RSS 阅读器会自动更新用户定制的网站内容，保持新闻的及时性，用户也可以加入多个定制的 RSS 提要，从多个来源搜集新闻然后整合到单个数据流中。

RSS 阅读器是一种软件，可以自由读取 RSS 和 Atom 两种规范格式的文档，有以下 3 种类型：

桌面型的 RSS 聚合软件：是运行在计算机桌面上的应用程序，通过所订阅网站的新闻供应，可自动、定时地更新新闻标题。如国外的 FeeDemon 和国内的周博通阅读器等，都提供免费试用版和付费高级版。桌面 RSS 阅读软件就是将软件下载并安装在个人计算机上，定制的信息也只能在此计算机上阅读，可以离线阅读最近一次更新的信息。目前，桌面阅读器逐渐向浏览器 RSS 阅读器转变。

RSS 新闻聚合页面服务：通常是内嵌于已在计算机上运行的应用程序中。如，NewsGator 内嵌在微软的 Outlook 中，所订阅的新闻标题位于 Outlook 的收件箱文件夹中；Pluck 内嵌在 Internet Explorer 浏览器中。如抓虾网就是很好的社区服务，提供了很多 RSS 连接，只需要使用 RSS 阅读器订阅服务商提供的 RSS 聚合栏目，就可以方便地查阅每天更新的精彩内容。

在线 RSS 聚合门户服务：这种 RSS 聚合服务提供基于 Web 方式管理和使用，可以由个人或者机构创建，提供给特定的用户使用，其优势在于不需要安装任何软件就可以获得 RSS 阅读。提供此服务的有两类网站：一种是专门提供 RSS 阅读器的网站，如国外的 Google Reader，国内的鲜果、抓虾；另一种是提供个性化首页的网站，例如国外的 netvibes、pageflakes，国内的雅蛙、阔地。

③ 社会性书签（Social Bookmark）及标签（Tag）。

标签（Tag）是一种更为灵活、有趣的日志分类方式，可以为每篇日志添加一个或多个 Tag，然后可以看到 BlogBus 上所有使用了相同 Tag 的日志，并且由此和其他用户产生更多的联系和沟通。Tag 体现了群体的力量，使得日志之间的相关性和用户之间的交互性大大增强，可以让用户看到一个更加多样化的世界，一个关联度更大的 Blog 空间，一个热点实时播报的新闻台。

比如 Jim 写了一篇到重庆旅游的日志，原来他都是把这一类的日志放到博客的"游记"分类下，但是有了 Tag 之后，他给这篇日志同时加上"旅游""重庆""朝天门""游记""红岩""火锅"等几个 Tag，当浏览者点击其中任何一个 Tag，都可以看到您的这篇日志。同时 Jim 也可以通过点击这几个 Tag，看看究竟有谁最近也去了重庆旅游，并交流旅游心得。

Tag 起源于一个叫作 Del.icio.us 的美国网站，最初网站提供一项叫作"社会性书签（Social Bookmarks）"的网络服务，网友们称之为"美味书签"，Del.icio.us 最早使用了 Tag。社会性书签改变了用户保存互联网上信息的习惯。以往用 HTML 网页、纯文本和保存链接等方式保存网页。而社会性书签除了链接收藏，还可以编写链接内容摘要并对其进行分类。

④ 维基（Wiki）。Wiki 一词来源于夏威夷语"wee kee wee kee"，意思是"快点快点"。最早的 Wiki 系统是由 Ward Cunningham 在 1995 年为了社区群落方式的内部交流开发的波特兰模式知识库。后来，波特兰模式知识库围绕着面向社区的协作式写作，不断发展出一些支持这种写作的辅助工具。Wiki 是一种站点，可以由多人维护，每个人都可以发表自己的见解，或者对共同的主题进行补充或者讨论。Wiki 被定义成一种提供"共同创作（Collaborative）"环境的网站，每个人都可以任意修改网站上的页面资料，Wiki 体现的是开放、合作、平等、共创、共享的网络文化。

目前，Wikipedia（维基百科）是目前世界上最大、最有名的 Wiki 系统。Wikipedia 2003 年 8 月传入我国，被译成"维基"或"维客"。维基百科是一个包含人类所有知识领域的百科全书，而不是一本字典、在线的论坛或其他任何东西。维基百科是第一个使用 Wiki 系统进行百科全书编撰工作的写作计划，是一部内容开放的百科全书，允许任何第三方不受限制地复制、修改及再发布材料的任何部分或全部。

⑤ 微博。微博客（Microblogging），简称微博，是一种多媒体博客形式，允许用户发布简短的文本信息或其他形式的微媒体，如图片、音频、短片等，允许任何人或指定的用户浏览博客内容。微博的运行方式是：任何用户向微博平台上传每条不超过 140 个字的消息，该用户相应的"追随者（followers，关注某一账号所发布内容的其他微博用户）"就能及时查看该信息并发表评论。通过限制信息字数、及时抵达、用户自主收发和鉴别真伪的方式，微博实现了一种自主、互动、简洁、快速的信息传播方式。特别是移动互联网的发展，促使微博更加快速发展和广泛应用，移动终端使得信息的传递更加快捷，信息发布的速度超过传统纸媒及网络媒体。

最早的微博平台是国外的 Twitter，Twitter 的动词含义是（鸟）吱吱叫，引申为每个人的表达欲和分享欲，Twitter 公司的标志形象正是一只叽叽喳喳的蓝色小鸟。Twitter 在 2008 年的美国总统大选上大展身手，被视作是奥巴马竞选成功的重要因素之一。

国内用户最多的微博平台由新浪微博、腾讯微博、网易微博、搜狐微博等。腾讯微博有"私信"功能，支持网页、客户端、手机平台，支持对话和转播，并具备图片上传和视频分享等功能，其优势在于强大的 QQ 用户群体的支撑。新浪微博整体显得"正式"，其优势在于利用名人效应拉动人气。网易微博无论从色彩布局还是整体设计，都继承了 Twitter 的简约风格，更注重用户的体验和信息传递的快捷性能。

⑥ 播客。2004 年，iPod 的发明者美国人亚当·科利开通了世界上第一个播客网站——"每日源代码"（www.dailysourcecode.com），亚当·科利因此被称为"播客之父"。播客（Podcasting）原是苹果计算机的"iPod"与"广播（broadcast）"的合成，指的是一种在互联网上发布音频文件并允许用户订阅来自动接收新文件的方法，或用此方法来制作的音频节目。实际上"播客"一词所对应的英文有 3 个，即 Podcast、Podcastor 和 Podcasting，播客也有多个含义，Podcast 指与传统广播不同的 iPod 广播，Podcastor 指使用这一传播方式的人，Podcasting 指的是这一个性化的传播方式。

目前，Podcasting 逐渐发展成为一种互联网上的传播形态，指需要一个移动终端设备或一台计算机就可以在播客网站申请空间，发布音视频节目，并且能通过 RSS 定制节目，使用计算机、手机、PDA、MP3、MP4 等多种终端收听收看。美国迪斯尼、ABCNews、BBC 等媒体网站均提供播客平台，国内知名的播客平台有土豆网、优酷网、新浪播客、QQvideo 等。

播客与博客都是个人通过互联网发布信息的方式，并且都需要借助于博客/播客平台进行信息发布和管理。二者的主要区别在于：博客所传播的以文字和图片信息为主，而播客传播的是音频信息。

⑦ 社会网络服务（SNS）。SNS 全称 Social Network Service，即社会网络服务或网络社交平台，旨在帮助人们建立社会性网络的互联网应用服务。它的理论依据是哈佛大学心理学教授 Stanley Milgram 在 1967 年创立的六度分离理论，即"你和任何一个陌生人之间所间隔的人不会超过六个"。也就是说，最多通过六个人你就能够认识任何一个陌生人，按照六度分隔理论，通过 SNS，每个个体的社交圈都会不断放大，最后成为一个大型社会化网络。

SNS 网站 2003 年在美国悄然兴起。短短 5 个月内就风靡整个北美地区。据统计，在硅谷工作的每 3 个人中就有一个使用 SNS 来拓展自己的交际圈。在国内，出现了联络家、人际中国、亿友等提供 SNS 服务的网站。

目前国内主要的 SNS 应用网站有：根据相同话题进行凝聚的如百度贴吧、根据爱好进行凝聚的如 Fexion、根据学习经历进行凝聚的如人人网等。

（2）电子政务

电子政务（Electronic Government）是政府通过信息技术手段的密集性和战略性，应用组织公共管理的方式，旨在提高效率、增强政府的透明度、改善财政约束、改进公共政策的质量和决策的科学性，建立良好的政府之间、政府与社会、社区以及政府与公民之间的关系，提高公共服务的质量，赢得广泛的社会参与度。

电子政务的主要应用形式有：

电子化政府采购及招标：在电子商务的安全环境下，推动政府部门以电子化方式与供应商联线进行采购、交易及支付处理作业。

网上福利支付：运用电子资料交换、磁卡、智能卡等技术，处理政府各种社会福利作业，直接将政府的各种社会福利支付、交付给受益人。

电子邮递：建立政府整体性的电子邮递系统，并提供电子目录服务，以增进政府之间以及政府与社会各部门之间的沟通效率。

电子资料库：建立各种资料库，并向人们提供便捷方法以通过互联网等渠道取得所需资料。

电子化公文系统：公文制作及管理实现计算机化作业，并通过互联网进行公文交换，使公文制作更加规范化、科学化、无纸化。

网上报税：在互联网上提供电子化表格，使人们足不出户就可以报税。

网上身份认证：以一张智能卡集合个人的医疗资料、个人身份证、工作状况、个人信用、个人经历、收入以及缴税情况、公积金、养老保险、房产资料、指纹等身份识别信息，通过网络实现政府部门的各项便民服务程序。

（3）云计算

云计算（Cloud Computing）是一个概念，而非某项具体的技术或标准，是通过网络将庞大的计算处理程序自动分拆成无数个较小的子程序，再交由多部服务器所组成的庞大系统经搜寻、计算分析之后将处理结果回传给用户。通过这项技术，网络服务提供者可以在数秒之内，达成处理数以千万计甚至亿计的信息，达到和"超级计算机"同样强大效能的网络服务。

云计算起源于亚马逊 EC2（Elastic Compute Cloud）产品和 Google-IBM 分布式计算项目。2008 年被称为云计算应用元年，基本上所有的主流 IT 厂商都开始谈论云计算，包括硬件厂商、软件开发商，也包括互联网服务提供商和电信运营商。

云计算的核心是将大量用网络连接的计算资源统一管理和调度，构成一个计算资源池向用户提供按需服务。提供资源的网络被称为"云"。"云"中的资源在使用者看来是可以无限扩展的，并且可以随时获取，按需使用，随时扩展，按使用付费。

云计算在互联网中有以下应用形式：

① SAAS（软件即服务）：该类型云计算通过浏览器把程序传给成千上万的用户。在用户看来，会省去在服务器和软件授权上的开支；从供应商来看，这样只需要维持一个程序就够了，能减少成本。Salesforce.com 是该类服务最为出名的公司。SAAS 在人力资源管理程序和 ERP 中比较常用。Google Apps 和 Zoho Office 也是类似的服务。

② 公用计算（Utility Computing）：此概念很早就有了，但最近在 Amazon、Sun、IBM 和其他提供存储服务和虚拟服务器的公司中被赋予了新的含义。它为 IT 行业创造虚拟的数据中心，使得其能够把内存、I/O 设备、存储和计算能力集中起来成为一个虚拟的资源池，为整个网络提供服务。

③ 网络服务：同 SAAS 关系密切，网络服务提供者能够提供 API，让开发者能够开发更多基于互联网的应用，而不是提供单击程序。这种云计算服务范围非常广泛，从分散的商业服务（如 Strike Iron、Xignite）到 GoogleMaps、ADP 薪资处理、美国邮政服务等。

④ 平台即服务（Platform as a service）：另一种 SAAS，这种形式的云计算把开发环境作为一种服务来提供。用户可以使用中间商的设备来开发自己的程序并通过互联网和其服务器传到用户手中。

⑤ MSP（管理服务提供商）：最古老的云计算运用之一，该形式更多面向 IT 行业而不是终端用户，常用于邮件病毒扫描、程序监控等。

⑥ 商业服务平台：SAAS 和 MSP 的混合应用，该类云计算为用户和提供商之间的互动提

供了一个平台。比如用户个人开支管理系统，能够根据用户的设置来管理其开支并协调其订购的各种服务。

⑦ 互联网整合：将互联网上提供类似服务的公司整合起来，以便用户能够更方便地比较和选择自己的服务供应商。

云计算应用如下：

① 最著名的云计算的例子是亚马逊的 EC2 网格。《纽约时报》租用了这个网格创建了数据容量达 4 TB 的 PDF 文件库，包含了从 1851 年至 1920 年之间纽约时报发表的 1 100 万篇文章。据《纽约时报》编辑说，他使用了 100 个亚马逊的 EC2 实例和一个 Hadoop 应用程序在不到 24 个小时的时间就编排完成了全部的 1 100 万文章，并且生成了另外 1.5 TB 数据。

② 谷歌设计的 Android 操作系统是具有开放标准的"云"设备，可以免费提供给用户，使得手机变得更廉价。在"云计算"的互联网时代，几乎所有数据和运算能力都被搬到网络上，廉价的终端、简单的操作系统就可以支撑日常的网络应用。

③ Windows Live SkyDrive（即"云"中的硬盘）是微软出品的有密码保护功能的 25 GB 超大网络硬盘，支持最大 50 MB 的单个文件上传。在任何地点用户都可以上传和下载文件，并向所有人公布文件。

④ 瑞星推出"云计算"安全计划：瑞星"云安全"将用户与瑞星技术平台通过互联网相连，组成一个木马/恶意软件监测、查杀网络，每个"瑞星卡卡"用户都为"云安全"计划贡献一份力量，同时分享其他所有用户的安全成果。

云计算是一幅美丽的图景，云计算是我们身边正在发生的变革。

（4）物联网

物联网（Internet of Things）的概念是 1999 年提出的，它指在物理世界的实体中部署具有一定感知能力、计算能力和执行能力的各种信息传感设备（如射频识别、红外感应器、全球定位系统、激光扫描器等），按约定的协议，通过网络设施实现信息传输、协同处理，从而实现广域或更大范围的人与物、物与物之间的信息交换和互联。

物联网应用在社会服务各个方面，通过云计算和高效传输，将终端能力聚合在一起，成为超级智能网络。物联网按功能分为 4 个层次：感知层是它的视觉、听觉、触觉、嗅觉、味觉；接入层是它的神经元，将各种感觉及时、准确地传递给大脑；处理层是它的大脑，对接收到的信息进行高速、高效的运算；应用层是它的行为，对于信息运算结果作出迅速反应。

物联网具有以下特点：利用射频识别（RFID）、传感器、二维码等随时随地获取物体信息的"全面感知"；通过无线网络和互联网的融合，将物体的信息实时准确地传递给用户的"可靠传递"；利用云计算、数据挖掘及模糊识别等人工智能技术，对海量的数据和信息进行分析和处理，对物体实施控制的"智能处理"。

物联网应用如下：

① 物理运输的应用：上海世博会期间，"车务通"运用于上海公共交通系统，保障了世博园区周边交通的顺畅；面向物流企业运输管理的"e 物流"，为用户提供实时准确的货况信息、车辆跟踪定位、运输路径选择等。

② 产品物流跟踪：电子标签在物联网的支持下，可以实现产品自动跟踪；比如给果园

的果树贴上一个二维码，这个二维码可以一直保持到超市出售的每一颗果实上，消费者可以通过手机阅读二维码，知道果实的成长历史，确保食品安全。

③ 仓库管理：入库管理就是对进入仓库的产品进行识别，并对产品进行分类、核对和登记，生成入库产品清单，记录产品的名称、分类、规格、入库时间、生产厂家、生产日期、数量等信息，并将这些信息更新到库存记录。

④ 唯一标识与防伪：电子标签的唯一编码、电子标签仿造的难度、电子标签自动探测的特点，都使电子标签具备了产品防伪和防盗的作用，在产品上使用电子标签，还起到品牌保护、防止生产和流通环节中盗窃的功能。

⑤ 金融支付功能：将带有"钱包"功能的电子标签与手机的 SIM 卡合为一体，手机就有钱包的功能，消费者可用手机作为小额支付的工具，用手机乘坐地铁和公交车、去超市购物等。

⑥ 电力管理：在电度表上装上传感器，供电部门随时都可以知道用户使用电力的情况，使电网也具备智能。

3.3　信息处理

3.3.1　算法基础

1. 算法的基本概念

一般来说，算法是问题解决方案的准确而完整的描述。在计算机科学中，算法是一套描述解决问题的有穷策略机制，算法的实现要通过程序设计语言，在计算机上通过指令一步一步完成，算法的优劣决定着问题解决的效率。算法是计算机科学的基石，是计算思维的重要概念，是解决问题的有效方法与步骤。算法不仅在计算机科学中占有显著地位，而且在解决日常生活问题中也起着重要作用。

在中国古代文献中，算法被称为"术"或"算术"，最早出现在《周髀算经》《九章算术》。《九章算术》中提出了四则运算、最大公约数、最小公倍数、开平方根、开立方根等算法。三国时期的数学家刘徽提出了割圆术，即求圆周率的算法。自唐代以后，出现了"算法"一词，历代更有专门论述"算法"的专著。其中最有代表性的是宋代数学家杨辉所著的《杨辉算法》。算法的英文名称"Algorithm"，来自于 9 世纪波斯数学家花剌子密，因为他在数学上提出了算法这个概念。"算法"原为"Algorism"，意思是"花剌子密"的运算法则，在 18 世纪演变为"Algorithm"。历史上公认的第一个算法是欧几里得算法，即辗转相除法，用于计算两个正整数的最大公约数。

我们来看一个运用算法求解问题的例子，如计算 $S=1+2+3+\cdots+1\,000$。算法的原理是重复应用计算公式 $S=S+i$，S 初始为 0 并且 $i \in (1 \cdots 1\,000)$。这个算法结构化的描述如下：

输入：正整数 S，i。S 用来保存累加结果，初始值为 0；i 既作为被累加的数据，也作为起止数来控制累加的次数，i 初始值为 1。

输出：累加的结果 S。

① $S=S+i$。

② 若 $i>1\ 000$，输出累加和 S。

③ $i=i+1$，转 1 继续执行。

按照上述求和算法，给定 S 和 i，$S=0$ 并且指定 i 的最大值，经过①～③步的反复计算，算法终止后，即可得到累加和 S

作为一个算法，一般应具有以下几个基本特征。

① 可行性。又称有效性，表示算法是能够实现的，可以通过有限次的基本运算执行来实现。

② 确定性。算法的每一个步骤，都是有明确定义的。

③ 有穷性。算法必须在有限的步骤内完成，永远执行而不终止的步骤序列不是算法。同时，有穷性还指要有合理的执行时间。如对一个需要 $1\ 000$ 年时间才完成计算的算法，已没有了实际意义。

④ 输入。一个算法要有 0 个或多个输入。

⑤ 输出。一个算法要有一个或多个输出，输出是算法的计算结果。

2．算法的描述

人们在面对问题时，需要设计出一系列可操作的步骤，然后通过实施这些步骤来达到解决问题的目的，这些操作步骤即是解决问题的一种算法。设计好算法后，为了便于交流，需要对算法进行描述。算法的描述可以采用不同的方式，常用的有自然语言、流程图、伪代码和程序设计语言等。

（1）自然语言

自然语言就是人们在日常生活中使用的语言，可以是中文、英文等。例如对上述的数字累加算法的自然语言描述如下：

第一步，设定累加和初始值 $S=0$，设定加数和控制起止数 i，并设 $i=1$。

第二步，进行运算，S 加 i，结果赋给 S。

第三步，i 递增 1。

第四步，如果 i 小于等于 $1\ 000$，转第二步执行。

第五步，得到总和 S。

用自然语言描述算法，通俗易懂且比较容易接受。不足之处是容易出现歧义，例如，"两个翻译学院的学生"，是只有 2 个学生还是有多个学生？从这句话中难以判定。另外，自然语言不够简洁，不易描述多重分支和循环等复杂结构。

（2）流程图

流程图是描述算法的图形工具，也称为程序框图。流程图采用 ANSI 规定的一组图形符号来表示算法，其中简明文字和几何图形表示不同类型的操作，流程线表示算法的执行方向。常用的流程图符号如图 3-52 所示。

用流程图描述上述数字累加算法如图 3-53 所示。

流程图可以方便地表示顺序、选择和循环结构，简单易学，用来描述算法比较方便、直观，适用于简单算法的描述。不足之处是流程图不易表示数据结构，且随意使用流程线会破坏结构化设计的原则。

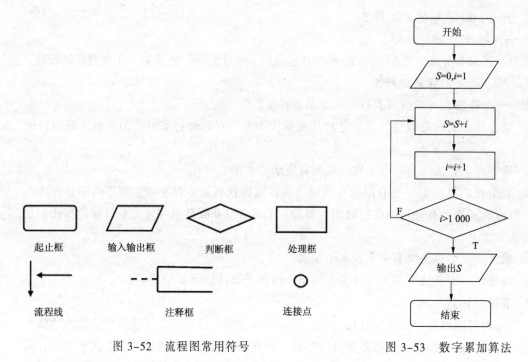

图 3-52　流程图常用符号　　　　　　图 3-53　数字累加算法

（3）伪代码

伪代码是介于自然语言和计算机程序设计语言之间的语言，它用文字和符号来描述算法。伪代码独立于具体的程序设计语言，不拘泥于程序设计语言的具体语法和实现细节，侧重对算法本身的描述。伪代码结构清晰简单、易于阅读，很容易被转化为程序语言代码，是一种常用的算法描述工具。目前并没有一个统一的伪代码语法标准，人们往往使用简化后的某种高级程序设计语言来进行伪代码编写。例如有"类 C 语言""类 Pascal"和"类 BASIC"等伪代码。

用伪代码描述上述数字累加算法如下所示：

```
BEGIN
0→S
For(i=1;i<=1000; i++)
    S+i→S
Print  S
END
```

（4）计算机程序设计语言

自然语言、流程图和伪代码所描述的算法，是解决问题的策略描述，不能直接在计算机上执行。计算机能够接受并处理的语言是程序设计语言，要把解决问题的算法在计算机上执行并得到结果，就要用程序设计语言来描述算法。如果说自然语言、流程图和伪代码是解决问题的抽象设计工具，那么程序设计语言就是解决问题的具体实施工具。

用 C 程序设计语言描述上述数字累加算法如下所示：

```
#include <stdio.h>
voidmain()
{
```

```
int S,i;
S=0;
i=1;
while(i<=1000)
{  S=S+i;
i=i+1;
}
printf("%d",S);
}
```

3．常用算法策略

在日常生活的问题解决中，为了提高解决问题的效率，人们总会采取一定的策略与方法。有的问题解决只需要采用一种策略，而有的复杂问题需要采用多种策略的有机组合。把生活中的解决问题的策略进行分类与抽象，就形成了可利用计算机实现的算法策略。对这些算法策略用代码进行设计与实现，就增强了人们解决问题的能力和提高解决问题的效率。常用的算法策略有列举法、回溯法、递归法和分治法等。

（1）列举法

又称"穷举法"，根据所面对的问题，列举出所有可能的解，并将这些解逐一进行检验，从而找出问题的解。列举法简单、易于理解，在列举情况不多时，可以人工处理。但当求解空间巨大时，只有借助计算机的高速处理能力才能完成求解。

在密码破解中使用"暴力破解"，就是列举法的一个实例。它是对所有可能的密码进行逐一尝试，直到找到真正的密码为止。例如一个由 5 位数字组成的密码，共有 10^5 种组合，最多尝试 10^5-1 次就能获得真正的密码。但当密码位数较多、组合比较复杂时，则破解时间会大大增加，这种情况下就需要结合其他方法和不断提高计算机的处理能力来解决。

在经济管理领域中，利用列举法可以解决实际的离散性决策变量的最优解问题。计算企业预算体系中的弹性预算，不能仅凭经验和感性上的判断，可以通过列举法来确定数据的有效性，并将有效的数据罗列出来，借助计算机强大的数据处理功能予以解决。用此方法比人工处理和经验判断提高了准确度和效率，有助于决策者做出科学的决策。

（2）回溯法

回溯法的基本思想是尝试与退回。通过对问题的分析，找出一个解决问题的线索，然后沿着这个线索进行尝试，尝试成功就继续尝试。若尝试失败，就逐步退回，并重新选择新的线索进行尝试，这种走不通就退回再走的方法就是回溯法。回溯法本质上也是一种列举法，但回溯法比列举法执行效率更高。列举法是一种蛮力测试，将所有可能值都进行尝试。回溯法在尝试过程中一旦发现有冲突，就及时退回，可以避免不必要的尝试。

迷宫一般由许多岔路口和死胡同组成，走迷宫所使用的方法就是回溯法。事先约定规则：对走过的岔路口做上标记，遇到死胡同时返回上一岔路口。我们从迷宫入口出发，任选一条路向前走，遇到岔路口时，任选一条路做上标记，然后向前走……遇到死胡同时，退回上一个岔路口，重新选择没做标记的路口再往前走……按此方法走下去，直到走出迷宫，或者退回到迷宫入口。

在我们搜索互联网信息时，搜索引擎是我们的必备工具，如百度、谷歌等。搜索引擎根据一定的策略，运用计算机程序从互联网上搜集信息，完成信息处理、索引和排序，再把相关结果展示给用户。搜索引擎在进行信息搜集时，所使用的计算机程序也称为"网络爬虫"。网络爬虫是一种功能强大的自动提取网页内容的程序，它利用 HTTP 协议检索 Web 文档。为了实现对互联网相关所有结点的搜索，网络爬虫程序会使用各种搜索策略，如深度优先搜索策略、宽度优先搜索策略和聚集搜索策略等。其中深度优先搜索策略就是典型的回溯法。

深度优先搜索策略是从图的某一个顶点出发，访问图中所有的结点，每个结点只能访问一次，如图 3-54 所示。具体方法是从顶点出发，依次访问与其相邻的结点，若相邻的结点未曾访问过，则以这个结点为新的出发点继续进行深度优先遍历，若无结点访问时，返回上一结点，选择另一个未被访问的相邻结点继续，直至图中所有的结点都被访问为止。如图 3-55 所示，其中实线表示搜索，弧线箭头表示回溯，数字表示回溯的步骤。图 3-55 的深度优先遍历顺序是：A，B，D，E，C，F。

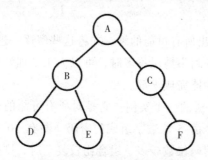

图 3-54　深度优先搜索策略

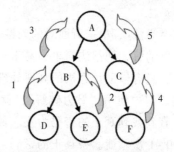

图 3-55　搜索遍历过程

（3）递归法

当面对一些复杂的问题时，为了降低问题的复杂度，可以将问题进行逐层分解，划分为与原问题相似的、规模较小的若干子问题。对这些子问题进行求解后，再沿着原来分解的逆过程逐步进行综合，从而获得整个问题的解。递归法在程序设计语言中广泛应用，是一种直接或间接地调用自身的算法。

应用递归法，可以求解小学一年级的数学习题。例如小猫吃鱼问题。有一堆鱼，小猫第一天吃一半，第二天吃剩下的一半，以此类推，到第五天只剩下一条鱼。请问这堆鱼原有多少个？这道题显然不能一下求出原有鱼总数，解决办法是由第一天逐步推进到第五天，因为第五天的数是已知的，再由第五天逐步向第一天回归，依次计算出前一天鱼的数量，最后计算出鱼的总数为 16，这种求解方法就是应用了递归法。

德罗斯特效应，是一种递归的视觉模式，指一张图片的某个部分与整张图片相同，从而产生无限循环的视觉效果。德罗斯特效应的名称是来源于荷兰德罗斯特可可粉的包装盒，包装盒上的图案是一位护士拿着一个有杯子及纸盒的托盘，而杯子及纸盒上的图案和整张图片相同。如图 3-56 所示，这张图片从 1904 年起开始使用，数十年间只进行了一些微小的改动，后来成为一个家喻户晓的概念。当我们站在两面平行的镜子之间时，在镜子中看到的场景，也是德罗斯特效应的表现。

递归在语言学领域中也占有着重要的位置，人类语言本身就具有无限递归的性质。例如：I know that you know that I know, etc. 就是一个典型具有递归性的句子。早在 20 世纪中期，以色列数理学家 Yehoshua Bar-Hillel 就提出，语言学可以引入递归法。美国语言学家乔姆斯基也受到递归法的影响，生成语法中的短语规则就是递归法的直接运用。人们可以把句子结构以递归的形式无限地嵌入到其他结构中，组成长度无限的复杂句子结构。递归使复杂的问题最终转化为一个与原问题相似的、规模较小的问题求解。运用递归策略，只需少量、有限的规则或程序就可描述运算过程中所需的多次重复计算，从而很好地概括了人类语言无限离散的特征。

图 3-56　德罗斯特效应图

（4）分治法

分治法的基本思想是分而治之，各个击破。它的方法是：将一个复杂问题分解成若干个与原问题同类型的子问题，分别对这些子问题进行求解，然后对子问题的解进行合并，从而得到原问题的解。当子问题还比较复杂时，可反复使用分治法。分治法也隐含着递归法的思想。

在对数列进行排序时，快速排序就是使用的分治法。实现快速排序的步骤是：① 从数列中选出一个数，称为"基准数"；② 重新对数列进行排序，把所有小于基准数的数放在基准数前面，所有大于基准数的数放在基准数的后面，形成了两个分区；③ 递归地对上一步骤形成的分区进行数列排序操作，最终完成整个数列的排序。

分治法也是日常生活中解决问题的常用方法。例如在企业管理中，小型企业的人数一般在 500 人以下，实现对小型企业的人员管理，就可以使用分治法。企业中设立多个部门，部门下再设立科室，科室下再设立小组。各级部门和相应岗位的设立，实现了对企业人员的有效管理。在大型的各类比赛安排中，由于参赛队伍众多，一般采用分治法对赛事进行安排。把参赛队伍按分成各个小组，分别进行小组赛，再参加半决赛，最后参加决赛。这样做不但提高了效率，也降低了成本。

4．算法的评价

在问题解决的过程中，对同一个问题可能不止一种解决办法，人们往往会采用最可行、最有效的办法，这就是对算法的评价和最优化选择。对算法的评价有以下几个标准：

（1）正确性

算法的正确性是指对每一个输入数据产生对应的正确输出并且终止，是评价一个算法优劣的最重要的标准。

（2）时间复杂度

一般来说，算法的时间复杂度是对算法的运行时间进行度量。但用程序设计语言实现的算法，在不同的软硬件设备上运行时间会有差异。所以，通常会用计算工作量来进行统计，作为算法的运行时间。计算工作量是指算法在执行过程中所需基本运算的执行次数。计算工作量与问题的规模相关，问题规模越大，算法执行时间越长。

（3）空间复杂度

算法的空间复杂度是指执行这个算法所需要的存储空间，特指内存空间。一个算法所占的存储空间包括：为输入数据而分配的存储空间；为算法程序而分配的存储空间；算法程序在执行过程中所需要的额外空间。需要注意的是，空间与时间往往是相互矛盾的，"鱼和熊掌，不可兼得"。在算法设计中，很多情况下要么侧重时间效率，要么侧重空间效率。

（4）健壮性

算法的健壮性是指一个算法对不合理的数据输入，可以做出正确合理的处理，也称为容错性。

（5）可读性

算法的可读性是指所描述的算法供人阅读和理解的难易程度。

最可行、最有效的方法就是最优算法。在计算机科学的算法设计中，最优算法一般是从时间复杂度来考虑的，而算法的空间复杂度被放在了其次。

3.3.2 数据库技术基础

在人们的日常工作生活中，有各种各样的数据库系统在运行。当人们进行股票交易、银行取款、车票订购、资料或信息查询等活动时都需要与数据库打交道。很多科学研究的核心中，天文学家、地理学家以及其他很多科学家搜集的数据也是用数据库表示的。数据库系统已成为人们提高工作效率和管理水平的重要手段。

1. 数据库系统概述

数据库技术在整个计算机技术中非常重要，其主要研究如何科学地组织和存储数据、高效地获取和处理数据，可以为各种用户提供及时的、准确的、相关的信息，满足用户的各种不同需要。本节主要介绍数据库技术的发展和数据库系统涉及的最基本、最重要的概念，包括数据模型、数据库管理系统、数据库系统的组成等。

（1）数据管理技术的产生与发展

数据管理技术是应数据管理任务的需要而产生的，数据管理是指对数据进行收集、组织、编码、存储、检索和维护等的活动。在人类社会进入计算机时代以前，数据只能被静态地记录下来，留给人们阅读和手工处理。当数据量较小时，手工处理是可行的，但对于大量数据，手工处理是无能为力的。随着数字计算机的诞生和网络技术的不断发展，利用计算机和网络能够快速、及时、准确地处理和共享各种数据。计算机数据管理方法发展至今大致经历了如下几个阶段：人工管理阶段、文件系统阶段、数据库系统阶段和分布式数据库阶段。

① 人工管理阶段。20世纪50年代中期以前，计算机主要用于科学计算。硬件存储设备主要有磁带、卡片机、纸带机等，软件方面只有汇编语言，没有操作系统和管理数据的工具。数据处理方式是批处理，数据由计算或处理它的程序自行携带。这个阶段数据的管理效率很低，其特点是：

- 数据不保存。该时期只是在计算某一课题时将数据输入，用完后不保存原始数据，也不保存计算结果。

- 应用程序管理数据。数据要由应用程序自己管理，没有相应的软件系统负责数据的管理工作。
- 数据不能共享。当多个应用程序涉及某些相同的数据时，必须各自定义，无法相互利用、参照。因此，程序与程序之间有大量的冗余数据。
- 数据不具有独立性。数据的逻辑结构或物理结构发生变化后，必须对应用程序做相应的修改。

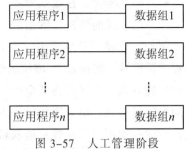

图 3-57 人工管理阶段

手工管理阶段应用程序与数据之间的对应关系如图 3-57 所示。

② 文件系统阶段。从 20 世纪 50 年代后期到 60 年代中期，计算机不仅用于科学计算，还大量应用于信息管理。大量的数据存储、检索和维护成为紧迫的需求。在硬件方面，有了磁盘、磁鼓等直接存储设备；在软件方面，出现了高级语言和操作系统，且操作系统中有了专门管理数据的软件，一般称之为文件系统。用文件管理数据具有如下特点：

- 数据可以长期保存。由于在进行数据处理时大量使用计算机，所以，数据需要长期保留在外存上，以供查询、更新等操作。
- 由文件系统管理数据。应用程序与数据库之间有了一定的独立性，数据在存储上的改变不一定反映在程序上，节省了程序维护的工作量。
- 数据共享性差，冗余度大。在文件系统中，一个文件对应一个应用程序，当不同的应用程序具有部分相同的数据时，也必须建立各自的文件，而不能共享相同的数据。
- 数据独立性差。文件系统中的文件是为某个特定应用服务的，文件的逻辑结构对该应用是最优的，要想对现有的数据增加新的应用较为困难，数据和应用程序之间缺乏独立性。

文件系统阶段应用程序与数据之间的对应关系如图 3-58 所示。

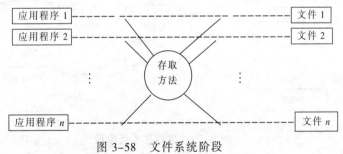

图 3-58 文件系统阶段

例如，某单位就雇员信息分别建立 3 个文件：雇员档案文件、雇员薪资文件和雇员业绩文件。每位雇员的电话号码在这 3 个文件中重复出现，这就是"数据冗余"。若某雇员的电话号码需要修改，就要分别修改这 3 个文件中的数据，否则会引起同一数据在 3 个文件中不一致的现象。

③ 数据库系统阶段。20 世纪 60 年代后期以来，为解决多用户、多应用共享数据的需求，出现了统一管理数据的专门软件系统——数据库管理系统。从文件系统到数据库系统，标志着

数据管理技术的飞跃。数据库系统的主要特点如下：

- 数据结构化。在数据库中，把文件系统中简单的记录结构变成了记录和记录之间的联系所构成的结构化数据。

例如，要建立学生成绩管理系统，系统包含学生（学号、姓名、性别、系别、年龄）、课程（课程号、课程名）、成绩（学号、课程号、成绩）等数据，分别对应 3 个文件。若采用文件处理方式，要想查找某个学生的学号、姓名、所选课程的名称和成绩，必须编写一段复杂的程序来实现。而采用数据库方式，数据库系统不仅描述数据本身，还描述数据之间的联系，上述查询可以非常容易地联机查得。

- 数据的共享性好，冗余度低。数据的共享程度直接关系到数据的冗余度。数据库中的数据考虑所有用户的数据需求，是面向整个系统组织的，而不是面向某个具体应用的，这样就减少了数据的冗余。

- 数据独立性好。数据独立性是指数据库中的数据与应用程序之间不存在依赖关系，是相互独立的，包括数据的物理独立性和数据的逻辑独立性。物理独立性是指用户的应用程序与存储在硬盘上数据库中的数据是相互独立的；逻辑独立性是指用户的应用程序与数据库的逻辑结构是相互独立的，也就是说数据的逻辑结构改变了，用户程序可以不变。

- 数据由数据库管理系统统一管理和控制。数据库的共享是并发的共享，即多个用户可以同时存取数据库中的数据甚至可以同时存取数据库中的同一个数据，这要求数据不仅要由数据库管理系统进行统一的管理，同时还要进行统一的控制。具体的控制功能包括：数据的安全性保护、数据的完整性保护、数据的并发控制、数据库的恢复。

数据库系统阶段应用程序与数据之间的关系如图 3-59 所示。

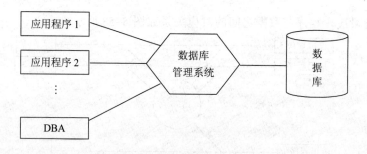

图 3-59　数据库系统阶段

数据管理技术 3 个阶段的比较如表 3-5 所示。

表 3-5　数据管理技术阶段比较

阶段 要素	手工管理阶段	文件系统阶段	数据库系统阶段
时间	20 世纪 50 年代中期	20 世纪 50 年代后期 ~ 20 世纪 60 年代中期	20 世纪 60 年代后期至今
应用背景	科学计算	科学计算、管理	大规模管理

续表

要素　　　　　阶段	手工管理阶段	文件系统阶段	数据库系统阶段
硬件背景	无直接存取储设备	磁盘、磁鼓	大容量磁盘
软件背景	没有操作系统	有操作系统（文件系统）	有 DBMS
处理方式	批处理	批处理、联机实时处理	批处理、联机实时处理、分布处理
数据保存方式	数据不保存	以文件的形式长期保存，但无结构	以数据库形式保存，有结构
数据管理	考虑安排数据的物理存储位置	与数据文件名打交道	对所有数据实行统一、集中、独立的管理
数据与程序	数据面向程序	数据与程序脱离	数据与程序脱离 实现数据的共享
数据的管理者	人	文件系统	DBMS
数据面向的对象	某一应用程序	某一应用程序	现实世界
数据的共享程度	无共享	共享性差	共享性高
数据的冗余度	冗余度极大	冗余度大	冗余度小
数据的独立性	不独立，完全依赖于程序	独立性差	具有高度的物理独立性和一定的逻辑独立性
数据的结构化	无结构	记录内有结构 整体无结构	整体结构化 用数据模型描述
数据的控制能力	应用程序自己控制	应用程序自己控制	由 DBMS 提供数据的安全性、完整性、并发控制和恢复能力

④ 分布式数据库阶段。随着地理上分散的用户对数据共享的要求日益增强，以及计算机网络技术的进步，分布式数据库系统随之产生并迅速发展。分布式数据库系统通过计算机网络和通信线路可以把分布在不同地域的、不同局域网环境下的、依赖于不同操作系统的、不同类型的数据库系统连接和统一管理起来。

分布式数据库系统主要有以下特点：

* 数据的物理分布性和逻辑整体性。数据库的数据物理上分布在各个场地，但逻辑上它们是一个相互联系的整体。
* 场地自治和协调。系统中的每个结点都具有独立性，可以执行局部应用请求（访问本地数据库）；每个结点又是整个系统的一部分，可通过网络处理全局的应用请求，即可以执行全局应用（访问异地数据库）。
* 各地的计算机由数据通信网络相联系。本地计算机单独不能胜任的处理任务，可以通过通信网络取得其他数据库和计算机的支持。
* 数据的分布透明性。在用户看来，整个数据库仍然是一个集中的数据库，用户不必关心数据的分片，不必关心数据物理位置分布的细节，不必关心数据副本的一致性，分布的实现完全由分布式数据库管理系统来完成。

- 适合分布处理的特点，提高系统处理效率和可靠性。分布式数据库中，用户不必知道冗余数据的存在，维护各副本的一致性也由系统来负责。

分布式数据库系统兼顾了集中管理和分布处理两个方面，因而有良好的性能，具体结构如图 3-60 所示。

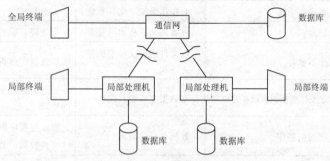

图 3-60 分布式数据库系统

⑤ 面向对象数据库系统。在数据处理领域，虽然关系数据库的使用已相当普遍，然而当面对现实世界更复杂数据结构的实际应用领域时却显得力不从心。例如多媒体数据、多维表格数据、CAD 数据等应用问题，都需要更高级的数据库技术来表达，以便于管理、构造与维护大容量的持久数据，并使它们能与大型复杂程序紧密结合。面向对象数据库正是适应这种形势发展起来的，它是面向对象的程序设计技术与数据库技术结合的产物。

对象数据库系统的主要特点：

- 对象数据模型能完整地描述现实世界的数据结构，能表达数据间嵌套、递归的联系。
- 具有面向对象技术的封装性（把数据与操作定义在一起）和继承性（继承数据结构和操作）的特点，提高了软件的可重用性。

（2）数据库系统的基本概念

① 数据（Data）。数据是指描述事物的符号记录。数据可以是数字，但还包括文字、图形、图像、声音、语言等，这些表现形式可以经过数字化后存入计算机。数据的含义称为数据的语义，数据与其语义是不可分的。例如，学生档案表中有一个记录的描述如下：

（宋一，男，1995-4-6，重庆，东方外语学院）

对于这条记录，了解其含义的人会得到这样的信息：姓名是宋一，男，重庆人，1995 年 4 月 6 日出生，在东方外语学院读书，不了解其语义的人则无法理解其含义。可见，数据的形式本身还不能完全表达其内容，需要经过解释。所以，数据和关于数据的解释是不可分的。

② 数据库（DataBase）。数据库是一个长期存储在计算机内、有组织的、可共享的、统一管理的数据集合。它是一个按数据结构来存储和管理数据的计算机软件系统，具有较小的冗余度、较高的数据独立性和易扩展性，可以被各种用户共享。简单来讲，数据库就是存放数据的仓库，只不过这个仓库是在计算机存储设备上，而且数据是按照一定的格式存放的。它不仅包括描述事物的数据本身，而且包括相关事物之间的关系。

数据库的基本特点可以概括为长期存储、有组织和可共享。

③ 数据库管理系统（DataBase Management System，DBMS）。数据库管理系统是为数据库的建立、使用和维护而配置的系统软件，位于用户与操作系统之间，它是数据库系统的核

心组成部分，对数据库进行统一的管理和控制，用户在数据库系统中的一切操作，包括数据定义、查询、更新及各种控制，都是通过 DBMS 进行的。现在世界上有很多数据库管理系统软件产品，如 FoxBase、FoxPro、Access、SQL Server、Oracle、DB2、Sybase、Informix 等。DBMS 就是实现把用户意义下抽象的逻辑数据处理转换成计算机中的具体的物理数据的处理软件。数据库管理系统的主要功能包括以下几个方面：

- 数据定义。DBMS 提供数据定义语言 DDL（Data Define Language），用户通过它可以方便地对数据库中的数据对象进行定义。例如，为保证数据库安全而定义的用户口令和存取权限，为保证正确语义而定义完整性规则。
- 数据操纵。DBMS 提供数据操纵语言 DML（Data Manipulation Language）实现对数据库的基本操作，包括检索、插入、修改、删除等。SQL 语言就是 DML 的一种。
- 数据库运行管理。数据库在建立、运行和维护时由数据库管理系统统一管理、统一控制。DBMS 通过对数据的安全性控制、数据的完整性控制、多用户环境下的并发控制以及数据库的恢复，来确保数据正确有效和数据库系统的正常运行。
- 数据库的建立和维护功能。它包括数据库的初始数据的装入，转换功能，数据库的转储、恢复、重组织，系统性能监视、分析等功能。这些功能通常是由一些实用程序完成的。
- 数据通信。DBMS 提供与其他软件系统进行通信的功能。实现用户程序与 DBMS 之间的通信，通常与操作系统协调完成。

④ 数据库系统（DataBase System, DBS）。指引进数据库技术后的计算机系统，能够实现有组织地、动态地存储大量相关数据、提供数据处理和信息资源共享的便利手段。一般由硬件系统、数据库集合、数据库管理系统和相关软件、数据库管理员（Database Administrator, DBA）和用户等构成。DBA 应自始至终参加整个数据库系统地研制开发工作，开发成功后，DBA 将全面负责数据库系统的管理、维护和正常使用。数据库系统如图 3-61 所示。

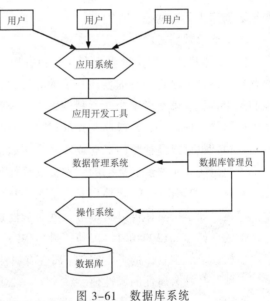

图 3-61 数据库系统

2. 数据模型

计算机系统是不能直接处理现实世界中的问题的，人们必须事先把现实世界中的事物及其活动抽象为计算机能够处理的数据。为了把现实世界的具体事物及事物之间的联系转换成计算机能够处理的数据，必须用某种数据模型来抽象和描述这些数据。通俗地讲，数据模型是现实世界的模拟，是从现实世界到机器世界的一个中间层次，是数据管理系统用来表示实体及实体间联系的方法。数据模型应满足 3 个方面的要求：一是能比较真实地模拟现实世界；二是容易为人所理解；三是便于在计算机上实现。在数据库系统中针对不同的使用对象和应用目的，采用不同的数据模型。数据模型是数据库系统的核心和基础。

不同的数据模型提供给我们的实际上是模型化数据和信息的不同工具。根据模型应用的不同目的，可以将这些模型划分为两类，它们分属于两个不同的层次：一类模型是概念模型；第二类是逻辑模型和物理模型。现实世界中客观对象的抽象过程如图 3-62 所示。

图 3-62　现实世界中客观对象的抽象过程

概念模型也称信息模型，它是一种独立于计算机系统的数据模型，完全不涉及信息在计算机中的表示，只是用来描述某个特定组织所关心的信息结构。概念模型是按照用户的观点对数据和信息建模，强调其语义表达能力。概念模型应该简单、清晰、易于用户理解，它是对现实世界的第一层抽象，是用户和数据库设计人员之间进行交流的工具。

逻辑模型主要包括网状模型、层次模型、关系模型等，它是按计算机系统的观点对数据建模，主要用于 DBMS 实现。这类模型有严格的形式化定义，以便于在计算机系统中实现。它通常有一组严格定义的无二义性语法和语义的数据库语言，人们可以用这种语言来定义、操纵数据库中的数据。

（1）概念数据模型及其表示方法

① 实体描述。现实世界中存在各种事物，事物与事物之间存在着联系。这种联系是客观存在的，是由事物本身的性质决定的。例如，在学校的教务管理系统中有教师、学生、课程和教室等，教师在教室为学生授课，学生选修课程并取得成绩。

- 实体（Entity）。客观存在并可相互区别的事物称为实体。实体可以是具体的人、事、物，也可以是抽象的概念或联系。例如，一个职工、一个学生、一个部门、一门课、学生的一次选课、部门的一次会议等都是实体。
- 属性（Attribute）。实体所具有的某一特性称为属性。一个实体可以由若干个属性来描述。如学生实体可以由学号、姓名、性别、出生日期、所在院系、入学时间等属性组成，如（2013094001，田帅，男，1995-05-05，国际关系学院，2013）这组属性值就构成了一个具体的学生实体。属性有属性名和属性值之分，如："姓名"是属性名，"田帅"是姓名属性的属性值。
- 码（Key）。能唯一标识实体的属性或属性集称为码，或称为键。例如，在学校中学号为能唯一区分不同的学生，学号可以定义为学生实体的码。
- 域（Domain）。属性的取值范围称为该属性的域（值域）。例如，性别的域为（男，女）。
- 实体型（Entity Type）。用实体名及属性名集合来抽象和刻画同类实体，称为实体型。如职工（职工号、姓名、性别、年龄、职称、部门）就是职工实体集的实体型。
- 实体集（Entity Set）。同型实体的集合称为实体集。例如，全体学生就是一个实体集。

② 实体间的联系。在现实世界中，事物内部以及事物之间是有联系的，这些联系在信息世界中反映为实体内部的联系和实体之间的联系。实体内部的联系通常是指组成实体的各属性之间的联系。实体之间的联系通常是指不同实体集之间的联系。

两个实体集之间的联系可归纳为以下 3 类：

- 一对一联系（1:1）。如果对于实体集 A 中的每一个实体，实体集 B 中至多有一个（也可以没有）实体与之联系；反之亦然。则称实体集 A 与实体集 B 具有一对一联系，记为 1:1，如图 3-63 所示。

例如，考查"公司"同"总经理"这两个实体型，其之间就是一对一联系。如果一个公司最多有一个总经理（若暂缺总经理则为空（NULL）），一个总经理只允许在一个公司任职，在这种情况下，公司与总经理之间存在一对一联系。

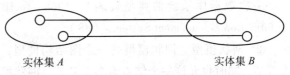

图 3-63　两个实体集之间的 1:1 联系

- 一对多联系(1:n)。如果对于实体集 A 中的每一个实体，实体集 B 中有 n 个实体（$n \geqslant 0$）与之联系；反之，对于实体集 B 中的每一个实体，实体集 A 中至多只有一个实体与之联系，则称实体集 A 与实体集 B 有一对多联系，记为 1:n，如图 3-64 所示。

例如，一个班级中有若干名学生，而每个学生只在一个班级中学习，则班级与学生之间具有一对多联系。

- 多对多联系（m:n）。如果对于实体集 A 中的每一个实体，实体集 B 中有 n 个实体（$n \geqslant 0$）与之联系；反之，对于实体集 B 中的每一个实体，实体集 A 中也有 m 个实体（$m \geqslant 0$）与之联系，则称实体集 A 与实体集 B 具有多对多联系，记为 m:n，如图 3-65 所示。

例如，一个出版社出版的图书和作者之间就是多对多的联系，因为每种图书可以有一位或多位作者，每个作者可以参加编写一种或多种图书。

实际上，一对多联系是最普遍的联系。一对一联系是一对多联系的特例，而一对多联系又是多对多联系的特例。

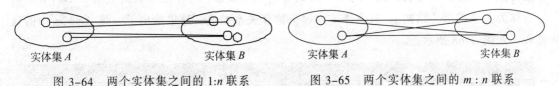

图 3-64　两个实体集之间的 1:n 联系　　　图 3-65　两个实体集之间的 m:n 联系

（2）主要的逻辑数据模型

数据库的逻辑数据模型又称数据库的结构数据模型，或直接简称为数据模型（Data Model）。目前，数据库领域最常用的数据模型主要有 3 种，它们分别是层次模型（Hierarchical Model）、网状模型（Network Model）和关系模型（Relational Model）。其中，前两类模型称为非关系模型。非关系模型的数据库系统在 20 世纪 70 年代至 80 年代初非常流行，在数据库系统产品中占据了主导地位，在数据库系统的初期起了重要的作用。在关系模型发展后，非关系模型迅速衰退。关系模型是目前使用最广泛的数据模型，占据数据库的主导地位。随着数据库理论与实践的不断发展，对象关系数据库模型（Object Relational Model）、面向对象模型（Object Oriented Model）等正处于不断发展和完善之中。

① 层次模型。层次模型是一个树状结构模型，整棵树中有且只有一个根结点，其余结点都是它的孩子或子孙；每个结点（除根结点外）只能有一个双亲结点（或称父结点），但可以有一个或多个孩子结点，当然也允许没有任何孩子结点，无孩子结点被称为叶子结点；每个结点对应一个记录型，即对应概念模型中的一个实体型，每对结点的父子联系隐含为1对多的联系（包括1对1联系）。一般学校的组织结构就是一个层次模型，如图3-66所示。

层次数据库系统的典型代表是1968年IBM公司推出的大型商用数据库管理系统（Information Management System，IMS）。

② 网状模型。网状模型是一个图结构模型，它是对层次模型的扩展，允许有多个结点无双亲，同时也允许一个结点有多个双亲。网状模型中每个结点表示一个记录型（实体），每个记录型可包含若干个字段（实体的属性），结点间的连线表示记录类型（实体）间的父子关系，箭头表示从箭尾的记录类型到箭头的记录类型间联系是1:n联系，如图3-67所示。网状模型可以更直接地去描述现实世界，而层次模型实际上是网状模型的一个特例。

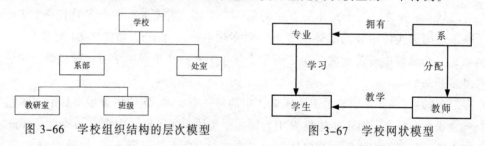

图3-66　学校组织结构的层次模型　　　　图3-67　学校网状模型

③ 关系模型。关系数据模型是建立在集合论、数理逻辑、关系理论等数学理论基础之上的。并且关系数据模型结构简单，符合人们的逻辑思维方式，很容易被人们所接受和使用，很容易在计算机上实现，很容易从概念数据模型转换过来。

关系模型是一种简单的二维表格结构，概念模型中的每个实体和实体之间的联系都可以直接转换为对应的二维表形式。每个二维表称为一个关系，一个二维表的表头，即所有列的标题称为关系的型（结构），其表体（内容）称作关系的值。这里给出了一张Access中的雇员表，如图3-68所示。

雇员ID	姓氏	名字	头衔	尊称	出生日期	雇用日期	地址	城市	地区	邮政编码	国家	家庭电话	分机
1	张	颖	销售代表	女士	1968/12/08	1992/05/01	复兴门 245 号	北京	华北	100098	中国	(010) 65559857	5467
2	王	伟	副总裁(销售)	博士	1962/02/19	1992/08/14	罗马花园 890 号	北京	华北	109801	中国	(010) 65559482	3457
3	李	芳	销售代表	女士	1973/08/30	1992/04/01	芳草园小区 78 号	北京	华北	198033	中国	(010) 65553412	3355
4	郑	建杰	销售代表	先生	1968/09/19	1993/05/03	前门大街 789 号	北京	华北	198052	中国	(010) 65558122	5176
5	赵	军	销售经理	先生	1965/03/04	1993/10/17	学院路 78 号	北京	华北	100090	中国	(010) 65554848	3453
6	孙	林	销售代表	先生	1967/07/02	1993/10/17	阜外大街 110 号	北京	华北	100678	中国	(010) 65557773	428
7	金	士鹏	销售代表	先生	1960/05/29	1994/01/02	成府路 119 号	北京	华北	100345	中国	(010) 65555598	465
8	刘	英玫	内部销售协调员	女士	1969/01/09	1994/03/05	建国门 76 号	北京	华北	198105	中国	(010) 65551189	2344
9	张	雪眉	销售代表	女士	1969/07/02	1994/11/15	永安路 678 号	北京	华北	100056	中国	(010) 65554444	452

图3-68　雇员表

关系模型的基本术语：

- 关系（Relation）——指通常所说的二维表格。
- 元组（Tuple）——表格中的一行。
- 属性（Attribute）——表格中的一列，相当于记录中的一个字段。
- 码（Key）——可唯一标识元组的属性或属性集，也称为关键字。如"学生"表中学号可以唯一确定一个学生，所以学号是学生表的码。
- 域（Domain）——属性的取值范围，如"学生"表中性别只能取男或女两个值。
- 分量——一个元组在一个属性上的值称为该元组在此属性上的分量。
- 关系模式——一个关系的关系名及其全部属性名的集合简称为该关系的关系模式，一般表示为：关系名（属性 1，属性 2……属性 n）。如学生关系的关系模式为：学生（学号，姓名，性别，出生日期，入学成绩）。

关系模型看起来简单，但是并不能将日常手工管理所用的各种表格，按照一张表一个关系直接存放到数据库系统中。在关系模型中对关系有一定的要求，关系必须具有以下特点：

- 关系必须规范化。即关系模型中的每一个关系模式都必须满足一定的要求。最基本的要求是每个属性必须是不可分割的数据单元，即表中不能再包含表。
- 在同一个关系中不能出现相同的属性名。
- 关系中不允许有完全相同的元组，即冗余。
- 在一个关系中元组的次序无关紧要。
- 在一个关系中列的次序无关紧要。

3．关系代数

关系数据库系统的特点之一是它建立在数学理论的基础之上，对于关系数据库进行查询时，需要找到用户感兴趣的数据，这就需要对关系进行一定的关系运算。关系的基本运算有两类：一类是传统的集合运算（并、差、交、笛卡儿积等），另一类是专门的关系运算（选择、投影、连接、除等），有些查询需要几个基本运算的组合。

（1）传统的集合运算

进行并、差、交集合运算的两个关系必须具有相同的关系模式，即元组具有相同的结构。

① 并（Union）。两个结构相同的关系的并是由属于这两个关系的元组组成的集合。关系 R 和关系 S 的并运算记作 $R \cup S$。

例如，有两个结构相同的学生关系 R，（见表 3-6）和关系 S（见表 3-7），则 $R \cup S$ 的结果如表 3-8 所示。

表 3-6　关　系　R

A	B	C
a1	b1	c1
a1	b2	c1
a2	b1	c2

表 3-7 关 系 *S*

A	B	C
a1	b1	c1
a2	b1	c2
a2	b2	c2

表 3-8 *R* ∪ *S*

A	B	C
a1	b1	c1
a1	b2	c1
a2	b1	c2
a2	b2	c2

② 差。两个结构相同的关系 *R* 和 *S* 的差是由属于 *R* 但不属于 *S* 的元组组成的集合。关系 *R* 和关系 *S* 的差运算记作 *R* – *S*。

例如，有两个结构相同的关系 *R* 和 *S*，则 *R* – *S* 的结果如表 3-9 所示。

表 3-9 *R* − *S*

A	B	C
a1	b2	c1

③ 交。两个结构相同的关系 *R* 和 *S* 的交是由既属于 *R* 又属于 *S* 的元组组成的集合。关系 *R* 和关系 *S* 的交运算记作 *R*∩*S*。

例如，有两个结构相同的关系 *R* 和 *S*，则 *R*∩*S* 的结果如表 3-10 所示。

表 3-10 *R* ∩ *S*

A	B	C
a1	b1	c1
a2	b1	c2

（2）专门的关系运算

① 选择。从关系中找到满足给定条件的所有元组的操作称为选择。运算结果是原关系的一个子集。

例如，有学生表 *R*1，如表 3-11 所示，现在要从中查找入学成绩大于 650 分的学生就需要采用选择运算，结果如表 3-12 所示。

表 3-11 学 生 表 *R*1

学　号	姓　名	性　别	出 生 日 期	入 学 成 绩
2008091001	王一	女	1993.2.8	689
2008091002	张丹	女	1994.11.25	627
2008091003	刘力	男	1994.1.26	672
2008091004	薛红	女	1992.6.7	619
2008091005	邓超	男	1993.10.9	647

表 3-12　在 R1 上进行选择运算

学　号	姓　名	性　别	出 生 日 期	入 学 成 绩
2008091001	王一	女	1993.2.8	689
2008091003	刘力	男	1994.1.26	672

② 投影。从关系模式中指定若干属性组成新的关系称为投影。

例如，要从学生表 R1 中选择姓名属性和入学成绩属性构成一个新的关系，结果如表 3-13 所示。

表 3-13　在 R1 上进行投影运算

姓　名	入 学 成 绩
王一	689
张丹	627
刘力	672
薛红	619
邓超	647

③ 连接。将两个关系模式拼接成为一个更宽的关系模式，生成的新的关系中包含满足连接条件的元组。连接过程是通过连接条件进行控制，连接条件中将出现两个表中的公共属性名，或者具有相同的语义、可比的属性。连接结果是满足条件的所有记录。

例如，有表 S1，如表 3-14 所示。要查找出学生表 R1 中每个学生姓名对应的联系电话，可以将表 R1 与表 S1 按照学号进行连接运算，结果如表 3-15 所示。

表 3-14　关　系　S1

学　号	联系电话	电子邮箱
2008091001	（023）65380001	Wangyi@163.com
2008091002	（023）65380002	Zhangdan@sin.com
2008091003	（023）65380003	Liuli@hotmail.com
2008091004	（023）65380004	Xuehong@gmail.com
2008091005	（023）65380005	Dengchao@qq.com

表 3-15　关系 R1 与关系 S1 的连接运算

学　号	姓　名	性　别	出 生 日 期	入 学 成 绩	联系电话
2008091001	王一	女	1993.2.8	689	（023）65380001
2008091002	张丹	女	1994.11.25	627	（023）65380002
2008091003	刘力	男	1994.1.26	672	（023）65380003
2008091004	薛红	女	1992.6.7	619	（023）65380004
2008091005	邓超	男	1993.10.9	647	（023）65380005

④ 自然连接。在连接运算中，按照字段值对应相等为条件进行的连接操作称为等值连接。自然连接是去掉重复属性的等值连接。

4．数据库设计与管理

数据库应用系统一般具有数据量庞大、数据保存时间长、数据关联比较复杂、用户要求多样化等特点。设计数据库的目的实质上是设计出满足实际应用需求的实际关系模型。

（1）数据库设计的原则

① 关系数据库的设计应遵从概念单一化"一事一地"的原则，一个表描述一个实体或实体间的一种联系，避免设计大而复杂的表。如，应该将教师基本信息的数据和教师工资单的数据分别建表。

② 除了外部关键字之外，应避免在表之间出现重复字段，以减小数据冗余。

③ 表中的字段必须是原始数据和基本数据元素，如教师基本情况表中应该包括出生日期字段，而不是年龄字段，当查询年龄时，可以通过简单计算得到准确年龄。

④ 用外部关键字保证有关联的表之间联系。

（2）数据库设计的一般步骤

按照上面几条原则，可以设计一个比较好的数据库及基本表。当然数据库的设计远不止这些，还需要设计者的经验和对实际事务的分析和认识。不过可以就这几条规则总结出创建数据库的一般步骤。

① 明确建立数据库的目的。即用数据库做哪些数据的管理，有哪些需求和功能。然后再决定如何在数据库中组织信息以节约资源，怎样利用有限的资源以发挥最大的效用。

② 确定所需要的数据表。在明确了建立数据库的目的之后，就可以着手把信息分成各个独立的主题，每一个主题都可以是数据库中的一个表。

③ 确定所需要的字段。确定在每个表中要保存哪些信息。在表中，每类信息称作一个字段，在表中显示为一列。

④ 确定关系。分析所有表，确定表中的数据和其他表中的数据有何关系。必要时，可在表中加入字段或创建新表来明确关系。

⑤ 改进设计。对设计进一步分析，查找其中的错误。创建表，在表中加入几个实际数据记录，看能否从表中得到想要的结果。需要时可调整设计。

（3）基于 Access 2010 的设计实例

Microsoft Access 2010 是一个功能强大、方便灵活的桌面型关系数据库管理系统。相比其他数据管理系统，Access 简单易学，常用于小型数据库的开发和维护。Access 2010 将数据库定义为一个扩展名为.accdb 文件，可以通过 ODBC 与 SQL Server、Oracle、Sybase、FoxPro 等其他数据库相连，实现数据的交换和共享。Access 2010 数据库有 6 个对象：表、查询、窗体、报表、宏和模块。将这些对象有机地聚合在一起，就构成了一个完整的数据库应用程序。

Access 2010 的启动、退出、数据库的新建、保存及安全性设置等和 Office 2010 的其他组件类似，这里不再赘述。启动 Access 2010 之后，屏幕显示的初始界面如图 3-69 所示。

Access 2010 用户界面由 3 个主要部分组成，分别是后台视图、功能区和导航窗格。这 3 部分提供了用户创建和使用数据库的基本环境，如图 3-70 所示。

图 3-69　Access 2010 开始界面

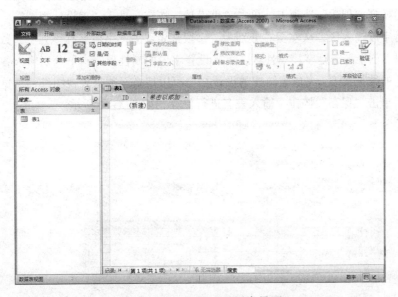

图 3-70　Access2010 用户界面

下面以小型公司为例，建立客户、订单、产品、雇员管理的数据库。

① 明确目的：

• 公司中有哪些雇员及其自然情况（何时被聘）、工作情况（销售业绩）等。

• 公司中有哪些产品及其种类、单价、库存量、定货量等。

• 公司有哪些客户，客户的姓名、地址、联系方式及有何订货要求等。

② 确定数据表：

- 客户表：存储客户信息。
- 雇员表：存储雇员信息。
- 产品表：存储产品信息。
- 订单明细表：存储客户订单信息。

③ 确定字段信息并建立表。在上述相关的表中，我们可以初步确定各个表必要的字段信息。下面我们以雇员表为例分析其字段构成并通过设计视图建立该表。根据日常人力资源管理经验，我们大概可以确定雇员表的结构，如表 3-16 所示。

表 3-16 "雇员"表结构

字段名	类型	字段大小	字段名	类型	字段大小
雇员编号	文本	5	职务	文本	8
姓名	文本	4	工作性质	文本	6
性别	文本	1	电话	文本	16
生日	日期/时间		住址	文本	
雇佣日期	日期/时间				

接下来，我们在 Access 中创建该表。Access 2010 创建数据表的方法有 3 种：使用表模板创建数据表、使用字段模板创建数据表、使用表设计创建数据表。这里我们使用第 3 种方法创建雇员表，切换到"创建"选项卡，单击"表设计"按钮，进入"表设计视图"。表设计视图的上半部分是字段输入区，从左至右分别为"字段选定器""字段名称"列、"数据类型"列和"说明"列。下半部分是字段属性区，用来设置字段的属性值。这里分别输入各个字段的名称并设置合适的数据类型，完成表结构的设计之后可以切换至数据表视图进行预览并输入表内容，完成之后单击"保存"按钮，输入表名进行保存，如图 3-71 所示。

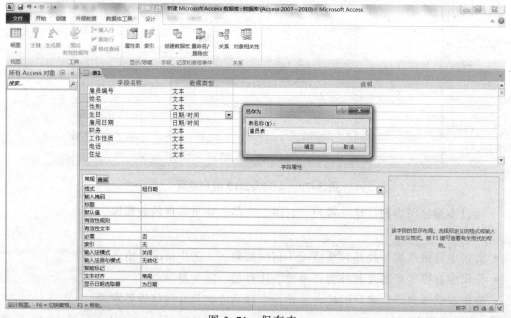

图 3-71 保存表

其他几张表的建立与此类似。建立好的表和字段如图 3-72 所示。

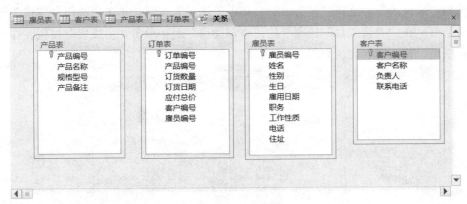

图 3-72　建立好的表和字段

④ 定义主键。如果没有定义主键，系统会弹出提示。在 Access 中，通常每个表都应该设置一个主键。主键是唯一标识表中每一条记录的一个字段或多个字段的组合。只有定义了主键，表与表之间才能建立起联系，从而能够利用查询、窗体和报表迅速、准确地查找和组合不同表的信息，这也正是数据库的主要作用之一。在雇员表的设计视图中，我们单击"雇员号"字段的字段选定器，然后单击"设计"选项卡中"工具"组中的"主键"按钮。这时主键字段选定器上显示"主键"图标，表明该字段已被定义为主键字段。

在订单表中，它的主关键字段由多个字段组成的（产品编号、订货日期、客户编号、雇员编号），同时为了方便，也可建立一个订单编号作为主关键字段，它本来是可有可无的。

⑤ 确定表间关系。要建立两个表之间的关系，可以把其中一个表的主关键字段添加到另一个表中，使两个表都有该字段。在定义表的关系之前，应关闭所有需要定义关系的表。具体操作步骤如下：单击"数据库工具"选项卡，单击"关系"按钮，打开"关系"窗口。在"设计"选项卡中，单击"显示表"按钮，打开"显示表"对话框。在该对话框中添加已经设计好的 4 张表，关闭"显示表"窗口。选定"雇员表"中的"雇员编号"字段，然后按住鼠标左键并拖动到"订单表"中的"雇员编号"字段上，松开鼠标。此时屏幕上显示"编辑关系"对话框，如图 3-73 所示。

单击"实施参照完整性"复选框，然后单击"创建"按钮完成该操作。使用相同方法分别创建这两张表与其余两张表的关系。最后当单击"关闭"按钮时，会询问是否保存布局的更改，单击"是"按钮。

建立好的关系布局如图 3-74 所示。

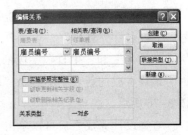

图 3-73　"编辑关系"对话框

⑥ 改进设计。图 3-74 中每一个表中的字段设置可以进一步完善和改进，甚至可以建立不同于初步设计时的新表。如有需要，如为了进行雇员工资的发放，可以建立工资表。

⑦ 简单查询。下面以雇员表为例设计一个简单的查询，要求查询 1980 年以后出生的男职员，将其雇员编号、姓名、生日、职务字段生成一张新表，新表名称为"80 后男职员"，存放在本数据库中，具体操作过程如下：

单击"创建"选项卡，单击"查询设计"按钮，打开"显示表"对话框。因为此处我们只需要用到"雇员表"，选择"雇员表"，单击"添加"按钮，单击"关闭"按钮关闭"显示表"对话框。在"查询工具"选项卡的"查询类型"组中单击"生成表"按钮，在"生成表"对话框中，输入表名称，如图3-75所示。

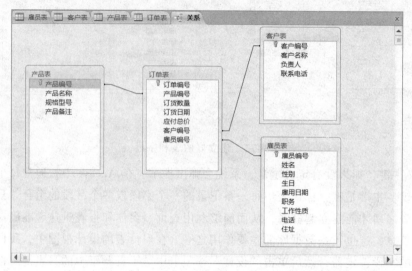

图 3-74　关系布局

图 3-75　生成表查询

单击"确定"按钮后进入查询设计视图界面，在上方的"雇员表"中依次双击"雇员编号""姓名""性别""生日""职务"字段，这些字段依次出现在下方的字段列表中。分别在"性别"和"生日"字段的"条件"行中设置查询的条件"男"和">#1980-1-1#"。因为最终生成的新表中不需要"性别"字段，此处将性别字段"显示"行的勾选项取消，如图3-76所示。

查询设计完成之后可以单击"查询工具"选项卡"结果"组的"运行"按钮，出现"您正准备向新表粘贴3行"的提示，单击"是"按钮，完成数据的添加。此时在数据库中可以查看生成的新表，如图3-77所示。

至此，简单的查询设计就完成了，单击"快速访问工具栏"中的"保存"按钮保存查询，此处采用默认的"查询 1"命名。假如我们对刚才的查询做进一步的调整，要求查询的结果（即80后男职工）以"生日"的升序显示，具体的操作步骤如下：

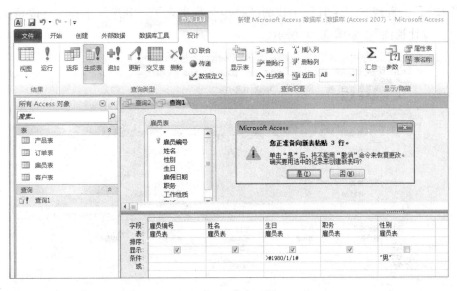

图 3-76　运行查询

在"导航窗格"中右击"查询 1"，在弹出的快捷菜单中选择"设计视图"命令，打开查询的设计界面，如图 3-78 所示。

图 3-77　查询结果

图 3-78　打开查询的设计视图

在"查询工具"选项卡的"结果"组中单击"视图"按钮，再单击"SQL 视图"选项，此时查询 1 将以 SQL 视图方式呈现，如图 3-79 所示。

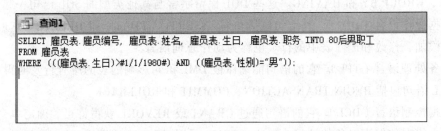

图 3-79　查询的 SQL 视图

我们在这条 Select 语句的后面输入"order by 雇员表.生日 asc"（注意：需删除原来语句中最后的分号），即完成对查询结果按"生日"的升序排序。这时，如果我们将视图方式切换到"设计视图",发现在"生日"字段的"排序"行出现了"升序"字样。修改后的"SQL视图"和"设计视图",如图 3-80 所示。

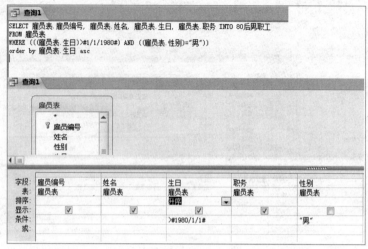

图 3-80　修改后的"SQL 视图"和"设计视图"

此时再单击"运行"按钮,系统会提示"执行查询之前将删除已有的表'80 后男职工'",单击"是"按钮之后将重新生成"80 后男职工"表。修改前后两次生成的新表显示结果对比如图 3-81 所示。

⑧ 结构化查询语言(SQL)。在刚才的操作中,我们用到了 SQL 结构化查询语言。结构化查询语言 SQL(Structured Query Language)作为最重要的关系数据库操作语言,最初由 IBM 的研究人员在 20 世纪 70 年代提出,最初的名称为 SEQUEL(结果),从 80 年代开始改名为 SQL。结构化查询语言包含 6 个部分:

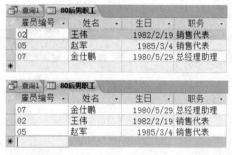

图 3-81　排序结果及对比

- 数据查询语言(DQL)。其语句也称为"数据检索语句",用以从表中获得数据,确定数据怎样在应用程序给出。保留字 SELECT 是 DQL(也是所有 SQL)用得最多的动词,其他 DQL 常用的保留字有 WHERE,ORDER BY,GROUP BY 和 HAVING。这些 DQL 保留字常与其他类型的 SQL 语句一起使用。
- 数据操作语言(DML)。其语句包括动词 INSERT、UPDATE 和 DELETE。它们分别用于添加、修改和删除表中的行。也称为动作查询语言。
- 事务处理语言(TPL)。它的语句能确保被 DML 语句影响的表的所有行及时得以更新。TPL 语句包括 BEGIN TRANSACTION、COMMIT 和 ROLLBACK。
- 数据控制语言(DCL)。它的语句通过 GRANT 或 REVOKE 获得许可,确定单个用户和用户组对数据库对象的访问。某些 RDBMS 可用 GRANT 或 REVOKE 控制对表单个列的访问。
- 数据定义语言(DDL)。其语句包括动词 CREATE 和 DROP。在数据库中创建新表、删除表（CREAT TABLE 或 DROP TABLE）、为表加入索引等。DDL 是用于描述数据库中要存储的现实世界实体的语言，它也是动作查询的一部分。

- 指针控制语言(CCL)。指针控制语句中，像 DECLARE CURSOR、FETCH INTO 和 UPDATE WHERE CURRENT 用于对一个或多个表单独行的操作。

这里简要介绍一下数据查询语句中的 SELECT 语句。SELECT 的英文的是选择的意思，该语句带有丰富的选项（称为子句），每个选项都由一个关键字标识，SELECT 语句的完整语法为：

```
SELECT[ALL|DISTINCT|DISTINCTROW|TOP]
{*|table.*|[table.]field1[AS alias1][,[table.]field2[AS alias2][,…]]}
FROM table expression[,…][IN external database]
[WHERE…]
[GROUP BY…]
[HAVING…]
[ORDER BY…]
[WITH OWNER ACCESS OPTION]
```

其中，用中括号（[ ]）括起来的部分表示是可选的，用大括号（{ }）括起来的部分是表示必须从中选择其中的一个。SELECT 后面是一个字段列表，ALL 表示返回满足 SQL 语句条件的所有记录，DISTINCT 如果有多个记录的选择字段的数据相同，只返回一个。DISTINCTROW 如果有重复的记录，只返回一个，TOP 显示查询头尾若干记录。FROM 子句指定了 SELECT 语句中字段的来源。如果想为返回的列取一个新的标题，或者，经过对字段的计算或总结之后，产生了一个新的值，希望把它放到一个新的列里显示，则用 AS 保留。WHERE 子句指定查询条件，ORDER 子句按一个或多个（最多 16 个）字段排序查询结果，可以是升序（ASC）也可以是降序（DESC），缺省是升序。ORDER 子句通常放在 SQL 语句的最后。在 SQL 的语法里，GROUP BY 和 HAVING 子句用来对数据进行汇总。GROUP BY 子句指明了按照哪几个字段来分组，而将记录分组后，用 HAVING 子句过滤这些记录。

下面是几个 SQL 查询的实例：

【例 3-1】所有课程的学分数增加 50%，重新计算各门课程的学分并列出清单。

```
Select 课程名称,INT(学分*(1+0.5)) as 新学分 From course;
```

【例 3-2】查询成绩在 60 分以下（不含 60 分）、90 分以上（不含 90 分）学生的学号和成绩，查询结果以成绩升序显示。

```
Select 学号,成绩 From grade
Where 成绩 not Between 60 and 90
Order by 成绩;
```

【例 3-3】查询成绩小于总平均成绩的学生学号、姓名、专业。

```
Select 学号,姓名,专业 from 学生表 where 学号 in (select distinct 学号 from 成绩表 where 成绩<(select avg(成绩) from 成绩表));
```

3.3.3　数字媒体基础

20 世纪 80 年代以来，随着计算机技术、网络通信技术、大众传播技术等现代信息技术的极大发展和领域融合，逐渐形成了一门新的综合技术，即多媒体技术。多媒体技术集文本、图形、图像、声音、动画、视频等多种信息于一体，通过综合处理、建立逻辑关系和人机交互作用等，使得其已渗透到了计算机、家电、通信、出版、娱乐和网络等人们日常工作和生活的几乎所有领域，成为当前信息领域研究的热点之一，给信息时代人们的生产、生活带来了巨大的变革。多媒体时代的来临，也标志着人类社会的深刻变革。

1．媒体基础

（1）媒体概述

① 常见的媒体元素。多媒体的媒体元素是指多媒体应用中可显示给用户的媒体形式，目前常见的主要有文本、图形、图像、音频、视频和动画等。

- 文本。文本（Text）是指用字符代码及字符格式表示出来的数据。它是现实生活中使用得最多的一种信息存储和传递方式，计算机在进行文字处理时，依据的就是对字符代码的识别。用文本表达信息给人以充分的想象空间，主要用于对知识的描述性表示，如阐述概念、定义、原理和问题以及显示等。

- 图形。图形（Graphic）一般是指计算机绘制的几何画面，如直线、曲线、圆弧、圆、矩形等。在图形文件中只记录生成图形的算法和图上的某些特征点，因此也称为矢量图。图形主要用于表示线框型的图画、工程制图、美术字等。大部分 CAD 和 3D 造型软件都是使用矢量图作为基本的图形存储格式。

- 图像。图像（Image）是指由输入设备捕捉的实际场景画面，或是以数字化形式存储的任意画面。位图图像指在空间和亮度上已经离散化的图像。可以把一幅位图图像考虑为一个矩阵，矩阵中的任一元素对应图像中的一个点，相应的值表示该点的灰度或颜色等级。矩阵的元素为像素，每个像素可以具有不同的颜色和亮度，像素也是能独立地赋予颜色和亮度的最小单位。

- 音频。音频（Audio）指人耳能够识别的声音范围，在计算机中，音频是计算机的声音系统。通常，声音是用一种模拟的连续波形来表示空气振动的，通过采样可以将声音的模拟信号数字化。

- 视频。视频（Video）是由一系列有联系的图像数据连续播放所形成的。计算机视频是数字的，视频图像可来自录像带、摄像机等视频信号源的影像，视频影像具有时序性与丰富的信息内涵，常用于交代事物的发展过程。

- 动画。动画（Animation）利用人的视觉暂留特性，快速播放一系列连续运动变化的图形图像，也包括画面的缩放、旋转、变换、淡入淡出等特殊效果。通过动画可以把抽象的内容形象化，使许多难以理解的教学内容变得生动有趣。计算机设计动画方法有两种：一种是造型动画；一种是帧动画。

② 媒体数据及其信息表达。没有任何一种媒体在任何场合都是最优的。一般来说，文本擅长表现概念和刻画细节，图形擅长表达思想的轮廓以及蕴含于大量数值数据内的趋向性信息，视频则适合表现真实的场景，声音与视觉信息可以共同出现，往往适用于作说明和示意，进行效果的渲染和烘托。从信息表达考虑，媒体数据具有以下性质：

- 有格式的数据才能表达信息。

- 不同的媒体所表达的信息量不同。

- 媒体之间的关系也代表着信息。
- 任何媒体都可以直接进行相互转换。

（2）听觉媒体

① 声音的产生。声音是由物体振动产生，人们把发出声音的物体称为声源。声源发出声音在空气中引起非常小的压力变化，这种压力变化被耳朵的耳膜所监测，然后被转化为微小的电信号刺激大脑的听觉神经，从而使人能觉察到声音的存在。

声音通常可以用正弦波来形象的表示，人们把 1 秒内声音由高（压力强）到低（压力弱）再到高（压力强）这个循环出现的次数称为频率，单位赫兹（Hz），频率越高，音调越高。声音按其频率的不同，可分为次声（低于 20 Hz）、超声（高于 20 kHz）和可听声（20 Hz ~ 20 kHz）。我们将可听声称为音频，相应的波形称为音频信号，这正是多媒体技术所要处理的，这其中人说话的声音是比较特殊的，其频率范围为 300 Hz ~ 3.4 kHz，我们称其为语音（Speech）。

② 声音的质量分级。声音的质量与它所占用的频率带宽有关。频带宽度越宽，信号强度的变化范围就越大，音响效果也就越好。目前，业界公认的声音质量标准分为 4 级，即数字激光唱盘 CD-DA 质量，其信号带宽为 10 Hz ~ 20 kHz；调频广播 FM 质量，其信号带宽为 20 Hz ~ 15 kHz；调幅广播 AM 质量，其信号带宽为 50 Hz ~ 7 kHz；电话话音质量，其信号带宽为 200 Hz ~ 3 400 Hz。可见，数字激光唱盘的声音质量最高，电话的话音质量最低。

③ 声音的媒体性质：

- 声音是一种连续性时基类媒体，对其处理要求有比较强的时序性。
- 声音有 3 个要素，即音调、音强和音色。音调与声波的频率有关，频率越高音调越高，反之则低；音强又称响度，它与声波的振幅成正比；音色与波形的形状有关，一般表现为发声材料的不同。
- 声音具有连续谱特性。在一定时间内，非周期性声音信号其频谱是连续谱，正是这些连续谱成分使声音听起来饱和、生动。
- 声音有方向感。声音以波形传播，人能够判别声音到达左右耳的时差和强度，因此可以判别声音的来源方向。同时也由于空间作用使声音来回反射，造成声音特殊的立体感和空间感效果。

④ 声音的量纲。声音的强度相差很大，1 kHz 正弦波中人耳所能觉察的最弱音约为 2.83×10^{-4} dyn（达因）/cm^2，这个最弱音也作为参照声的国际标准。为了描述声强，采用分贝（dB）作为量纲，说某个声音强度是某一分贝，指的是该声音与参照声之间的差值。以 2.83×10^{-4} dyn/cm^2 作为 0 分贝来参考，对大多数人来说，感觉痛苦的极限为 100 ~ 120 dB。

（3）视觉媒体

视觉媒体中的色彩含有极为丰富的内容，认识色彩是设计和创作完美视觉作品的基础。

① 色彩的产生。色彩是通过光被人们所感知的，而光实际上是一种按波长辐射的电磁波，太阳是标准的发光体，1672 年牛顿用三棱镜将太阳光（白光）分解成红、橙、黄、绿、青、蓝、紫顺序排列的渐变彩带，这种现象称为色散，如图 3-82 所示。

图 3-82　光的色散

不同的波段对应电磁波不同的波长，波长为 350~750 nm（纳米）之间的电磁波能被人们所感觉，引起色感，称为可见光。不同颜色的光实际上也对应不同波长的光波，人眼根据光线的波长来感觉颜色。有色物体对光线具有选择性吸收的特性，不同波长的可见光投射到物体上，有一部分波长的光被吸收，一部分波长的光被反射出来刺激人的眼睛，经过视神经传递到大脑，形成对物体的色彩信息，即人的色彩感觉。

② 色彩的分类。色彩大致分为无彩色和有彩色两大类。无彩色是指黑、白、灰三种颜色。有彩色是无数的，它以红、橙、黄、绿、青、蓝、紫为基本色。据测试，可分辨的有彩色有 200~800 万种。

- 三原色：

色光三原色：红、绿、蓝。

颜色三原色：红、黄、蓝。

- 间色：又叫第二次色，是由两个原色混合而成。

色光红+绿=黄绿+蓝=青蓝+红=品红

色料红+黄=橙黄+蓝=绿红+蓝=紫

- 复色：又称再间色，第三次色。

③ 色彩的要素。客观世界的色彩千变万化，各不相同。但人眼看到的任一色彩都是明度（Lightness）、色相（Hue）和饱和度（Saturation）这 3 个特性的综合效果，这 3 个属性也称色彩的三要素。

- 色相：色彩的本来相貌，是区别色彩种类的名称。如红、黄、绿、蓝等颜色。它是区别各种不同色彩的最准确的标准，如图 3-83 所示。
- 亮度：色彩的明亮程度，即色彩的深浅差别。明度差别即指同色的深浅变化，又指不同色相之间存在的明度差别。黄色明度最高，紫色明度最低，红、绿色为中间明度。当对一个颜色加入白色，其明度就会升高，而加入黑色，其明度就会降低。
- 饱和度（纯度、彩度）：色彩的饱和程度即鲜浊程度。某一纯净色加上白或黑，可降低其纯度，或趋于柔和、或趋于沉重。红色的纯度最高，而蓝、绿色的纯度则较低。
- 色性：指色彩的冷暖倾向。
  - ➤ 暖色由红色调组成，如图 3-84 所示。比如红色、橙色和黄色。它们给选择的颜色赋予温暖、舒适和活力，也产生了一种突出出来的可视化效果。

> 冷色来自于蓝色色调，如图 3-85 所示。譬如蓝色、青色和绿色。这些颜色将对色彩主题起到冷静的作用，它们看起来有一种收回来的效果。

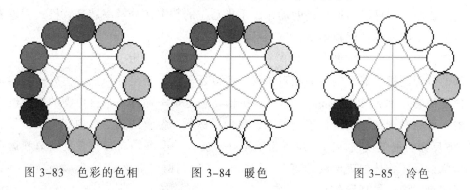

图 3-83　色彩的色相　　　　图 3-84　暖色　　　　图 3-85　冷色

（4）触觉媒体

皮肤可以感觉环境的温度、湿度，也可感觉压力，身体可以感觉振动、运动、旋转等，这些都是触觉在起作用，都可以作为传递信息的媒体。事实上，触觉媒体就是环境媒体，它描述了该环境中的一切特征和参数。

人体在信息交流过程中作用最大的是头部、手部和整体躯干。与外界环境的触觉交互主要包括位置跟踪、力量反馈等方面。对手部信息的处理包括手部的位置、手指的动作类型、手部的感觉、手部的力量反馈等。这些都要有特殊的设备和技术完成系统对手部信息的数字化和跟踪，并将它们与系统的控制和应用结合起来。这些设备和技术包括数据手套、压力传感手套、手部位置超声波跟踪器、力量反馈接口等。

① 简单指点设备与技术。

• 指点的任务。指点的任务包括：选择、定位、定向、路径、数量和操作。

• 指点设备。指点设备分成直接指点设备和间接指点设备两类。前者直接使用特殊的指点设备或用手指点屏幕，后者则通过指点设备的间接动作对屏幕上的对象进行指点。直接指点设备包括：光笔、触摸屏及输入笔等。间接指点设备包括：鼠标、跟踪球、控制杆和图形板。这些设备不接触显示屏幕，所以使用时不会遮挡视线，也不易疲劳。这些指点设备的输入都是在显示平面上的二维坐标空间中进行的，包括坐标改变的速度。除非经过特殊的变换，很难把它们向三维空间转换。现在又出现了一些新型的指点设备，例如脚用鼠标、视线跟踪器、凝视检测控制器等。

② 位置跟踪。为了与系统交互，系统必须了解参与者的身体动作，包括头、眼、手、肢体等部位的位置与运动方向。系统将这些位置与运动的数据转变为特定的模式，对相应的动作进行表示。

• 手指动作测量和数字化。对手部的跟踪采用一种称为数据手套的工具。对手指的测量主要采用在手套的手指部位装上能够测量手指弯曲、移动的检测器。检测器的种类有光纤、测力板等。数据手套将接收到的数据送入计算机中，在计算机中被转换为相应的数字化格式。对手指动作的测量和数字化，实际上更关心的是手指的相对位置。拇指和食指、食指和其他手指等的相对动作包含了许多含义。识别这些相对的动作，采用的方法就是建立手指动作模式库。首先将各种手指的动作数据进行采集，进行规范化处理后建立起动作模式并存储起来。在使用时将实时采样得到的数据与库中的模式进行比较，就可以知道手指的动作。手指动作的数字化分辨率越高，模式就越复杂，对手指动作的解释就越丰富、越精确。

- 空间位置跟踪。在数据手套上有一个定位的装置，这是用于进行手部位置跟踪的。手部的位置是指手部在空中的相对位置，所以还需要一个坐标原点。另外一种测量空间位置的装置称为 Polhemus 三维定位机构，它也是一种有六个自由度的空间位置传感器，可相对于某一固定位置的原点，得到目标所处位置的相对方向和位置信号。

③ 力反馈与触觉反馈。这与位置跟踪正好相反，是由系统向参与者反馈力和运动的信息，如触觉刺激（物体的表面纹理等）、反作用力（推门的门重感觉）、运动感觉（摇晃、振动等）及温度、湿度等环境信息。

- 力反馈。力反馈包括对重量的感知、对阻力的感知（在水中前进与前进中碰壁是不同的阻力）、吸引力（如分子间的吸引力、磁铁的吸引力）等。建立力反馈的直接方法是利用提供动力的电动机和对人体或人体部位进行力反馈的"外骨系统"。建立力的反馈可以采用简单的方法，通过颜色、声音或运动都可以间接获得力的反馈效果。例如，通过改变屏幕上对象的颜色，可以表示出对象的受力情况。通过力感反馈装置，可以直接提供力的反馈，提供使人感受到的物理力。目前已建造了一些用以提供力感反馈的装置。

- 触觉反馈。对于触觉的反馈需要能够让人体区别出不同物体的质感和纹理结构。抚摸小猫的皮肤与抚摸乌龟壳的感觉肯定是不一样的。采用某些物理装置，可以提供一种直接通过皮肤感知的触觉反馈。例如使用一种手套，分布在手套内表面上的是一个具有若干振动凸起物的矩阵，通过这些振动凸起物的作用，可以模拟出一定的触觉效果。其他的可能方法还有：在手套内部安装一些可膨胀的特制小泡或微型弹簧，或基于在电荷的作用下某些材料可由液态变为固态以及利用记忆合金的变形功能等。

- 热觉反馈。热觉反馈也是一种触觉反馈，但它提供的是温度的反应。当拿一个物体时，应该感觉到物体的温度；当靠近一盆虚拟的篝火时，应能感觉到篝火的温度。这些反馈需要的就是热觉反馈。有一种热觉反馈系统使用了加热泵、温度传感器和热表面，通过计算机对系统进行控制，控制的温度范围目前在 10℃ ~ 35℃ 之间。加热泵将热从热表面上移入移出，通过传感器的控制，就可以得到所需要的温度。

2．数字图像的获取与处理

（1）数字图像与图形

计算机有两种绘图形式：图形（Graphics）和图像（Images），它们是构成动画和视频的基础。下面我们分别从概念、数据描述与文件、屏幕显示、适用场合、编辑处理等方面做一些对比说明。

① 图形和图像的基本概念：

- 图形是指由外部轮廓线条构成的矢量图。即由计算机绘制的直线、圆、矩形、曲线、图表等。
- 图像是由扫描仪、摄像机等输入设备捕捉实际的画面产生的数字图像。由像素点阵构成的位图。

② 图形和图像的数据描述与文件：

- 图形：用一组指令集合来描述图形的内容，如描述构成该图的各种图元位置维数、形状等。描述对象可任意缩放不会失真。
- 图像：用数字任意描述像素点、强度和颜色。描述信息文件存储量较大，所描述对象在缩放过程中会损失细节或产生锯齿。

③ 图形与图像的屏幕显示：

- 图形：使用专门软件将描述图形的指令转换成屏幕上的形状和颜色。
- 图像：是将对象以一定的分辨率分辨以后将每个点的色彩信息以数字化方式呈现，可直接快速在屏幕上显示。分辨率和灰度是影响显示的主要参数。

④ 图形和图像的适用场合：

- 图形：描述轮廓不很复杂，色彩不是很丰富的对象，如：几何图形、工程图纸、CAD、3D 造型软件等。
- 图像：表现含有大量细节（如明暗变化、场景复杂、轮廓色彩丰富）的对象，如：照片、绘图等，通过图像软件可进行复杂图像的处理以得到更清晰的图像或产生特殊效果。

⑤ 图形和图像的编辑处理：

- 图形：通常用 Draw 程序编辑，产生矢量图形，可对矢量图形及图元独立进行移动、缩放、旋转和扭曲等变换。主要参数是描述图元的位置、维数和形状的指令和参数。
- 图像：用图像处理软件（Paint、Brush、Photoshop 等）对输入的图像进行编辑处理，主要是对位图文件及相应的调色板文件进行常规性的加工和编辑。但不能对某一部分控制变换。由于位图占用存储空间较大，一般要进行数据压缩。

⑥ 技术关键：

- 图形：图形的控制与再现。
- 图像：对图像进行编辑、压缩、解压缩、色彩一致性再现等。

除此之外，分辨率影响图像质量，图像分辨率是指数字化图像的大小，以水平的和垂直的像素表示，但它与屏幕分辨率截然不同。屏幕分辨率是指计算机显示器屏幕显示图像的最大显示区域，以水平和垂直像素表示，例如，在 640×480 显示屏上显示 320×240 个像素的图像，"320×240" 为图像分辨率，它是屏幕分辨率的 1/2。像素分辨率指像素的宽高比，一般为 1:1，在像素分辨率不同的计算机间传输图像时会产生畸变。对于黑白图像用灰度表示像素的亮度，灰度用灰度级别或比特数表示，目前多采用 256 级即 8 比特，对于彩色图像的颜色，物理上用 H、S、B 描述，在电视系统中可用 R、G、B 三基色的比例表示。用字节为单位表示图像文件的大小。

（2）图像的表示方法

① 图像的基本属性。

- 屏幕分辨率。屏幕分辨率是指计算机显示器屏幕显示图像的最大显示区域，即显示器上能够显示出的像素数目，由水平方向的像素总数和垂直方向的像素总数构成。一般用 800×600、$1\,024 \times 768$、$1\,280 \times 1\,024$ 等表示，在同样大小的显示器屏幕上，显示分辨率越高，像素的密度就越大，显示的图像也就越精细，但屏幕上的字就越小。

- 图像分辨率。图像分辨率是指数字化图像的大小，以水平的和垂直的像素点来表示，它与屏幕分辨率不同。例如，在 640×480 显示屏上显示 320×240 个像素的图像，则该图像在显示器屏幕上只占据了 1/2。

- 像素分辨率。像素分辨率指像素的宽高比，一般为 1:1，在像素分辨率不同的机器间传输图像时会产生畸变。

- 扫描分辨率和打印分辨率。扫描分辨率指扫描仪在扫描图像时每英寸所包含的点数，打印分辨率指图像在打印时每英寸可识别的点数，两者都是用 dpi 作单位。这两个分辨率的高低分别反映了扫描后的图像或打印出来的图像与原图像的差异程度，分辨率越高，差异越小。

- 图像灰度。图像灰度是指图像中每个像素的颜色（或亮度）信息所占的二进制位数，它决定了构成图像的每个像素可能出现的最大颜色数。灰度值越高，显示的图像颜色越丰富。

② 图像的文件格式及转换。常见的静态图像文件存储格式有：

- BMP 格式。BMP 格式是标准的 Windows 和 OS/2 操作系统的基本位图（Bitmap）格式，几乎所有在 Windows 环境下运行的图形图像处理软件都支持这一格式。BMP 文件有压缩（RLE 方式）格式和非压缩格式之分，一般作为图像资源使用的 BMP 文件是不压缩的，因此，BMP 文件占磁盘空间较大。BMP 文件格式支持从黑白图像到 24 位真彩色图像。

- JPG 格式。JPG 格式是由联合图像专家组（JPEG）制定的压缩标准产生的压缩图像文件格式。JPG 格式文件压缩比可调，可以达到很高的压缩比，文件占磁盘空间较小，适用要处理大量图像的场合，是 Internet 上支持的重要文件格式。JPEG 支持灰度图、RGB 真彩色图像和 CMYK 真彩色图像。

- GIF 格式。GIF（Graphics Interchange Format，图形交换文件格式）格式是由 Compu-serve 公司开发的。各种平台都支持 GIF 格式图像文件。GIF 采用 LEW 格式压缩，压缩比较高，文件容量小，便于存储和传输，因此适合在不同的平台上进行图像文件的传播和互换。GIF 文件格式支持黑白、16 色和 256 色图像，有 87a 和 89a 两个规格，后者还支持动画，和 JPG 格式一样，也是 Internet 上支持的重要文件格式之一。

- TIF 格式。TIF（Tagged Image File Format）格式是由原 Aldus 公司（已经并给 Adobe 公司）与 Microsoft 公司合作开发的，最初用于扫描仪和平面出版业，是工业标准格式。TIF 格式分为压缩和非压缩两大类，其中非压缩格式由于兼容性极佳，压缩存储有较大的余地，所以这种格式是众多图形图像处理软件所支持的主要图像文件格式。PC 和 Macintosh 平台同时支持该格式，是两种平台之间进行图像互换的主要格式。

- PSD 格式。PSD（Photoshop Document）是 Adobe 公司的图像处理软件 Photoshop 的专用格式。这种格式可以存储 Photoshop 编辑过程中所有的图层，通道、参考线、注解和颜色模式等信息。在保存图像时，若图像中包含层，则一般都用 Photoshop（PSD）格式保存。PSD 格式在保存时会将文件压缩，以减少占用磁盘空间，但 PSD 格式所包含图像数据信息较多（如图层、通道、剪辑路径、参考线等），因此比其他格式的图像文件还是要大得多。由于 PSD 文件保留所有原图像数据信息，因而修改起来较为方便。

上面所述的只是几种流行的通用的图像文件格式，其他图像文件格式还有 PCD、EPS、TGA、PCX、WMF、EXIF、FPX、SVG、CDR、DXF\PNG、UFO 等。

（3）图像编辑处理

图像的编辑处理主要包括图像变换、图像增强、图像压缩编码、图像恢复与重建、图像分割、图像描述等。在众多的图像处理软件中，Photoshop 以其完备的图像处理功能和多种美术处理技巧为许多专业人士所青睐。它既可以绘图，也可以修改和处理图像，是集图像编辑、图像合成、图像扫描等功能于一体，同时支持多种图像格式的理想的图像处理工具。

Photoshop CS5 界面介绍：

Photoshop CS5 的界面主要由快速切换栏、菜单栏、工具箱、图像窗口、状态栏、工具选项栏、面板等组成，如图 3-86 所示。

图 3-86　Photoshop CS5 界面

① 快速切换栏。单击其中的按钮后，可以快速切换视图显示。如：全屏模式、显示比例、网格、标尺等。

② 菜单栏。菜单栏由 11 类菜单组成，部分菜单当鼠标单击时会弹出下级菜单。

③ 工具箱。将常用的命令以图表形式汇集在工具箱中。右击或按住工具图标右下角的图标，就会弹出功能相近的隐藏工具。

④ 图像窗口。这是显示 Photoshop 中导入图像的窗口。在标题栏中显示文件名称、文件

格式、缩放比率以及颜色模式。

⑤ 状态栏。位于图像下端，显示当前编辑的图像文件大小，以及图片的各种信息说明。

⑥ 工具选项栏。在选项栏中可设置在工具箱中选择的工具的选项。根据所选工具的不同，所提供的选项也有所区别。

⑦ 面板。为了更方便地使用 Photoshop 的各项功能，将其以面板形式提供给用户。

在实际工作中，工具箱中的工具和面板是最常用的操作手段，下面来讲解各工具与面板的使用方法。

（1）工具箱的使用方法

启动 Photoshop 时，"工具"面板将显示在屏幕左侧。"工具"面板中的某些工具会在上下文相关选项栏中提供一些选项。通过这些工具，用户可以输入文字，选择、绘画、绘制、编辑、移动、注释和查看图像，或对图像进行取样。其他工具可让用户更改前景色/背景色，转到 Adobe Online，以及在不同的模式中工作。展开某些工具还可以查看隐藏的工具。工具图标右下角带有的小三角形图标表示存在隐藏工具。将光标放在工具上，便可以查看有关该工具的信息。工具的名称将出现在光标下面的工具提示中，双栏工具栏的扩展按钮如图 3-87 所示。

当工具栏为双栏时，单击顶部的扩展按钮即可将其收缩为单栏状态，如图 3-88 所示；反之，则可以通过单击将其恢复至默认状态的双栏，如图 3-89 所示。

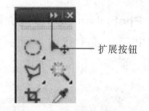

扩展按钮

图 3-87 工具箱的扩展按钮

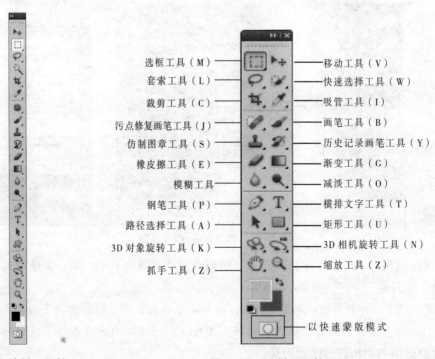

选框工具（M）————移动工具（V）
套索工具（L）————快速选择工具（W）
裁剪工具（C）————吸管工具（I）
污点修复画笔工具（J）————画笔工具（B）
仿制图章工具（S）————历史记录画笔工具（Y）
橡皮擦工具（E）————渐变工具（G）
模糊工具————减淡工具（O）
钢笔工具（P）————横排文字工具（T）
路径选择工具（A）————矩形工具（U）
3D 对象旋转工具（K）————3D 相机旋转工具（N）
抓手工具（Z）————缩放工具（Z）

以快速蒙版模式

图 3-88 单栏工具箱　　　　图 3-89 双栏工具箱

（2）掌握面板的使用方法

面板中汇集了图像操作时常用的选项或功能。在编辑图像时，选择工具箱中的工具或者执行菜单栏上的命令以后，使用面板可以进一步细致调整各项选项，也可以将面板中的功能应用到图像上。Photoshop CS5 中根据各种功能的分类提供了如 3D 面板、调整面板、导航器面板、测量记录面板、段落面板、动作面板、仿制源面板、字符面板、动画面板、路径面板、历史记录面板、工具预设面板、色板面板、通道面板、图层面板、信息面板、颜色面板、样式面板以及直方图面板等。

① 伸缩面板：除工具箱外，Photoshop 的面板也可以进行伸缩，对于已展开的面板，单击其顶部的扩展按钮，可以将其收缩为图标状态，如图 3-90 所示。反之，如果单击未展开的扩展按钮，则可以将该栏中的全部面板都展开，如图 3-91 所示。

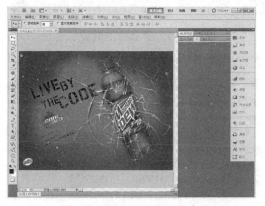
图 3-90　面板的收缩状态

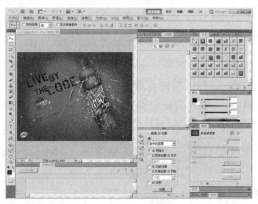
图 3-91　面板的展开状态

② 拆分面板：要单独拆分面板时，可以直接按住鼠标左键选中对应的图标或卷标，然后将其拖至工作区中的空白位置，如图 3-92 所示，单独拆分出来的面板如图 3-93 所示。

图 3-92　拆分面板

图 3-93　拆分后的面板

③ 组合面板：要组合面板，可按鼠标左键将面板卷标拖至所需位置，直至该位置出现蓝色光边，如图 3-94 所示。释放鼠标左键，即可完成面板的组合操作，如图 3-95 所示。

通过组合面板操作可以将两个或多个面板合并到一个面板中，当需要启动其中某个面板时，只需要单击其标签名称即可。

图 3-94　组合面板

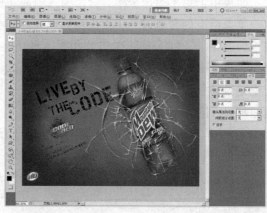

图 3-95　组合后的面板

　　当然，图像的编辑处理已不再局限于桌面计算机平台，很多基于移动终端开发的简单图像处理 APP 也很受欢迎，如美图秀秀，百度魅图等。美图秀秀由美图网研发推出，是一款简单易用的免费图片处理软件，如图 3-96 所示。其丰富的图片特效、瘦脸美肤等人像美容功能、多张图片多种拼图模式、动态图像和表情制作，以及众多素材、场景、边框、饰品可选，同时还可以九格切图实现与微博、朋友圈一键分享等新玩法。

　　百度魅图具有与美图秀秀类似的功能，可以提供手机上图片拍摄、美化、分享和云端相册的一站式图片服务，如图 3-97 所示。具有特效相机、实时滤镜、美容、编辑、特效、装饰、拼图、相框等功能，在 WIFI 环境下，百度魅图会自动备份手机新照片到百度相册，在社区分享功能中，用户还可以带着表情@好友。

图 3-96　美图秀秀

图 3-97　百度魔图

3. 数字音频的获取与处理

（1）音频分类与数字化

① 音频及其分类。音频（Audio）指的是 20 Hz～20 kHz 的频率范围，但实际上"音频"常常被作为"音频信号"或"声音"的同义语，是属于听觉类媒体，主要分为波形声音、语音和音乐。

- 波形声音。所谓波形声音，实际上包含了所有的声音形式。因为在计算机中，任何声音信号都要首先对其进行数字化（可以把麦克风、磁带录音、无线电和电视广播、光盘等各种声源所产生的声音进行数字化转换），并恰当地恢复出来。
- 语音。人的声音不仅是一种波形，而且还有内在的语言、语音学的内涵，可以利用特殊的方法进行抽取，通常把它也作为一种媒体。
- 音乐。音乐是符号化了的声音，这种符号就是乐曲。MIDI 是十分规范的一种形式。没有时间也就没有声音，声音数据具有很强的前后相关性，数据量大、实时性强，又由于声音是连续的，所以通常将其称为连续型时基媒体类型。

② 数字音频。数字音频是指音频信号用一系列的数字表示，其特点是保真度好、动态范围大。在计算机内的音频必须是数字形式的，因此必须把模拟音频信号转换成有限个数字表示的离散序列，即实现音频数字化。在这一处理技术中，要考虑采样、量化和编码的问题。

一个音频信号转换成在计算机中的表示过程如下：选择采样频率，进行采样；选择分辨率，进行量化；形成声音文件，如图 3-98 所示。

- 采样（Sampling）。采样有时也称为数字化，其作用是把时间上连续的信号，变成在时间上不连续的信号序列。声音进入计算机的第一步就是数字化，数字化实际上就是采样和量化。连续时间的离散化通过采样来实现，就是每隔相等的一小段时间采样一次，这种采样称为均匀采样（Uniform Sampling）；连续幅度的离散化通过量化（Quantization）来实现，就是把信号的强度划分成一小段一小段，如果幅度的划分是等间隔的，就称为线性量化，否则就称为非线性量化。音频信号的数字化如图 3-99 所示。

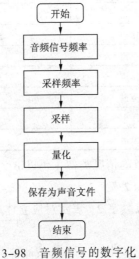

图 3-98 音频信号的数字化

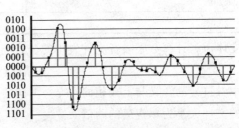

图 3-99 声音的采样和量化

根据采样定理，采样的频率至少高于信号最高频率的 2 倍。采样的频率越高，声音"回放"出来的质量也越高，但是要求的存储容量也就越大。在多媒体中，对于音频，最常用的有 3 种采样频率，即 44.1 kHz、22.05 kHz 和 11.025 kHz，其中，22.05 kHz 和 44.1 kHz 是最常采用的频率。

- 分辨率。音频的另一个指标是"分辨率"，它是指把采样所得的值（通常为反映某一瞬间声波幅度的电压值）数字化，即用二进制来表示模拟量，进而实现模数转换。显然，用来表示一个电压模拟值的二进数位越多，其分辨率也越高。国际标准的语音编码采用 8 b，即可有 256 个量化级。在多媒体中，对于音频、分辨率（量化的位数）可采用 16 b，对应有 65 536 个量化级。

- 声音文件。一般说来，要求声音的质量越高，则量化级数和采样频率也越高，为了保存这一段声音的相应的文件也就越大，就是要求的存储空间越大。表 3-17 给出了采样频率、分辨率与所要求的文件大小的对应关系。

声音通道的个数表明声音记录是只产生一个波形（单声道）还是产生两个波形（立体声双声道）。立体声的声音有空间感，但需要两倍的存储空间。

对于单声道，计算数字录音文件大小的公式为：

$$S= RD\left(r/8\right)\times 1$$

其中，S 表示文件大小，单位为 B；R 表示采样速率，也可叫采样频率，单位为 kHz；D 表示录音的时间，单位为 s；r 表示分辨率，单位为二进制位（b），如 8 b、16 b 等。公式中的数字 1 表示对应的单声道。公式中的"除 8"是为了把二进制位换算成以字节作为单位，一个字节等于 8 个二进制位。

采样速率、分辨率与存储空间的关系如表 3-17 所示。

表 3-17 采样速率、分辨率与存储空间的关系

采样速率/kHz	分辨率/b	立体声或单声道	1min 所需字节/MB
44.1	16	立体声	10.5
44.1	16	单声道	5.25
44.1	8	立体声	5.25
44.1	8	单声道	2.6
22.05	16	立体声	5.25
22.05	16	单声道	2.5
22.05	8	立体声	2.6
22.05	8	单声道	1.3

对立体声，计算数字录音文件大小的公式与单声道的情况类似（仍以 B 为单位）：

$$S= RD\left(r/8\right)\times 2$$

其中各符号的含义与上式相同，唯一不同的是乘以数字 2，表示对应立体声，也就是说，立体声的文件大小为单声道的两倍。

例如，如果采样速率为 44.1 kHz、分辨率为 16 b、立体声，上述条件符合 CD 质量的红皮书音频标准，消费者级的音频压缩盘即按此录制，录音的时间长度为 10 s 的情况下，文件

的大小 S 为：

$$S=（44\ 100\times10\times16/8）\times2=1\ 764\ KB$$

对音频的数字化来说，在相同条件下，立体声比单声道占的空间大；分辨率越高，占的空间越大；采样速率越高，占的空间越大。总之，对于音频的数字化要占用很大的空间，因此，对音频数字化信号进行压缩是十分必要的。

③ 音乐数字接口。声音也可以分为直接获取的声音和合成声音。合成声音可以是音乐或语言，合成声音与 MIDI 有紧密的联系，并已形成标准，而合成语言目前还未形成标准。

MIDI 是 20 世纪 80 年代提出来的，是数字音乐的国际标准。MIDI 信息实际上是一段音乐的描述，当 MIDI 信息通过一个音乐或声音合成器进行播放时，该合成器对一系列的 MIDI 信息进行解释，然后产生出相应的一段音乐或声音。MIDI 能提供详细描述乐谱的协议（音符、音调、使用什么乐器等）。MIDI 规定了各种电子乐器和计算机之间连接的电缆和硬件接口标准及设备间数据传输的规程。任何电子乐器，只要有处理 MIDI 信息的处理器并配以合适的硬件接口，均可成为一个 MIDI 设备。简明的 MIDI 信息可以产生复杂的声音或在乐器或在声音合成器上产生出美妙的音乐，因此 MIDI 文件比数字化波形文件小得多。在计算机上作曲很简单，充分利用交互性、声音合成器和作曲软件，即可通过键盘逐一键入各种音符、音色等。可以不断进行修改或重新再来，直至满意为止，并作为一个音乐文件存入硬盘中。以后，通过播放软件就可以对这个音乐文件进行播放。

- MIDI 文件。记录 MIDI 信息的标准格式文件称为 MIDI 文件，其中包含音符、定时和多达 16 个通道的乐器定义以及键号、通道号、持续时间、音量和击键力度等各个音符的有关信息。音乐器是为 MIDI 作曲而设计的软件或电子设备，可用来记录、播放及编辑 MIDI 事件，大多数音序器可输入、输出 MIDI 文件。由于 MIDI 文件是一系列指令而不是波形数据的集合，所以要求的存储空间较小。例如，一个典型的 8 b、22 kHz 的波形文件，记录 1.8 s 的声音需要 316.8 KB 空间，而一个 2 min 的 MIDI 文件仅需 8 KB 的空间。
- MIDI 作品。可以购买 MIDI 现成的作品，也可以自己制作。当然，开发自己的 MIDI 作品除了必须拥有计算机方面的知识与设备之外，还需要具备专业音乐知识和专用工具。一般情况下，可以使用一个电子键盘乐器和 MIDI 音序器来逐步完成作品的旋律、低音和弦及打击乐器的配乐，并反复演奏、录制、播放及编辑，直到满意为止。要生成最后的乐谱，必须用音序器录制每个音轨并指定相应的通道。

（2）音频的表示

数字音频经过各种编码方法形成不同的数字音频格式。随着多媒体与网络技术的发展，MP3、CD、录音笔、手机、平板计算机等各种多媒体设备越来越普遍，数字音频的文件种类也趋于丰富。人们所使用的数字音频设备不同，其存储的音频文件格式也可能不同，在多媒体技术中，存储声音信息的常用文件格式主要有 CD 唱片文件、WAV 文件、AIFF/AU 文件、VOC 文件、MIDI 文件、MP3 文件、Real Audio 文件、WMA 文件、CMF 文件、AIF 文件、SNO 文件和 RMI 文件等，其中波形文件（WAV、VOC 等）的数据量最大。

① CD 唱片。CD 唱片也叫作音乐 CD 或数字音频光盘，是光盘的一种存储格式，专门用来记录和存储数字音频。普通的激光唱片格式是 CDA，采用的是 PCM 编码方式，记录的声

音质量纯正。声音的存储采取"音轨"形式，记录声音波形时没有任何信号损失，保证了高品质声音的再现。普通 CD 唱片的采样频率为 44.1 kHz，16 比特量化，立体声格式，其缺点在于 CDA 格式无法进行编辑处理，文件存储数据量也比较大。

当然，随着技术的不断进步，也相继出现了一些改进型普通 CD 以及高精度 CD 唱片，相应的存储格式也就有 XRCD、SACD、DVD Audio 等。

② WAV 文件。WAV 是 Microsoft 公司的音频文件格式。利用 Microsoft Sound System 软件 Sond Finder 可以将 AIF、SND 和 VOD 文件转换到 WAV 格式。

WAV 文件来源于对声音模拟波形的采样。用不同的采样频率对声音的模拟波形进行采样可以得到一系列离散的采样点，以不同的量化位数（8 b 或 16 b）把这些采样点的值转换成二进制数，然后存入磁盘，这就产生了声音的 WAV 文件，即波形文件。

WAV 文件是由采样数据组成的，所以它需要的存储容量很大。例如，用 44.1 kHz 的采样频率对声波进行采样，每个采样点的量化位数选用 16 b，则录制 1 s 的立体声节目，其波形文件所需的存储容量为：

$$44100 \times 16 \times 2/8 = 176.4 \, KB$$

由此可见，WAV 文件所需的存储容量相当大。当然，如果对声音质量要求不高，则可以通过降低采样频率、采用较低的量化位数或利用单音来录制 WAV 文件，此时 WAV 文件可以成倍地减小。

实践发现，如果录音技术较好，那么用 22.05 kHz 的采样频率和 8 b 的量化位数，也可以获得较好的音质，其效果可达到相当于 AM 音频的质量水平。

③ MP3 文件。MP3 全称为 MPEG Audio Layer3。由于在 MPEG 视频信息标准中，也规定了视频伴音系统，因此，MPEG 标准里也就包括了音频压缩方面的标准，称为 MPEG Audio。MP3 文件就是以 MPEG Audio Layer3 为标准的压缩编码的一种数字音频格式文件。

MP3 语音压缩具有很高的压缩比率，一般说来，1 分钟 CD 音质的 WAV 文件约需 10 MB，而经过 MPEG Layer 3 标准压缩可以压缩为 1 MB 左右且基本保持不失真。

（3）音频编辑处理

在多媒体系统中，音频信号处理的时序性要求很高，理想的合成声音还应该是立体声，尤其是对语音信号的处理还包括语义抽取等其他问题，因为语音信号不仅仅是声音的载体，同时还携带了情感和意向等。

最简单的音频处理软件就是 Windows 自带的"录音机"程序，用它可以进行音频的简单制作和编辑。除此之外，目前应用较为广泛的音频处理软件还有 Sound Forge、Adoble Audition 等。下面就以 Adoble Audition 为例，介绍音频处理软件的基本使用。

随着 Syntrillium software 公司被 Adobe 公司收购，其旗下著名的音频编辑软件 Cool Edit Pro 2.1 也随之改名为 Adobe Audition v1.0。Adobe Audition 是一个专业音频编辑和混合环境，可提供先进的音频混合、编辑、控制和效果处理功能，最多混合 128 个声道，可编辑单个音频文件，创建回路并可使用 45 种以上的数字信号处理效果。Adobe Audition 3.0 不仅适合专业人员，也适合普通的音乐及朗诵爱好者。

Adobe Audition 3.0 的界面组成如图 3-100 所示。

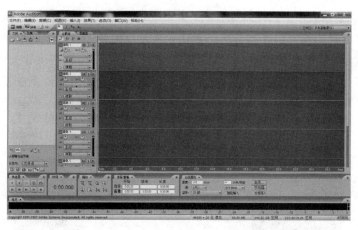

图 3-100 Adobe Audition 3.0 的界面组成

以下以录音为例做简要介绍：

① 首先单击左上角的"文件"菜单，选择"新建会话"命令，弹出对话框，如图 3-101 所示。

图 3-101 "新建会话"对话框

② 在这里选择新建文件的采样率，然后单击"确定"按钮。采样率越大，精度越高，细节表现也就越丰富，当然相对文件也就越大，这里我们选择默认的，也就是 44 100，因为大多数网络下载的伴奏都是 44 100Hz 的，当然也有少数精品是 48 000 Hz，比如一些从 CD 获取到的文件。建议在录音前先了解自己选用伴奏的采样率，以免出现变调等问题。

③ 接下来插入伴奏，可以单击"文件"菜单，选择"导入"命令来插入所要的伴奏，被导入的文件会排列在左素材面板中。选择刚刚导入的伴奏右击，在出现的快捷菜单中，选择"插入到多轨"命令，伴奏则自动插入到默认的第一轨道，如图 3-102 所示，也可以通过选择伴奏后按住左键不放直接拖动到合适的轨道中。

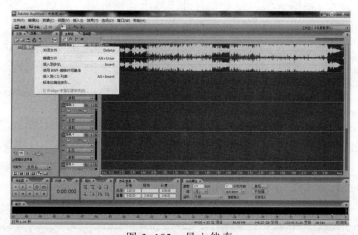

图 3-102 导入伴奏

④ 接下来就是录人声。选择第 2 音轨，单击红色按钮 R，会出现一个保存录音项目的对话框，选择一个容量比较大的硬盘分区，新建一个专门的文件夹，然后单击"保存"按钮，如图 3-103 所示。以后每次录音的时候都会有一个保存项目，这就是录音文件的临时储存区，所有录音的内容都可以从那里找到，不过如果能养成定期清理的习惯是最好的。

图 3-103　保存项目

⑤ 在"选项"菜单中选择"Windows 录音控制台"命令，在弹出的对话框中勾选"麦克风"并调整录音的音量到合适的大小。然后单击选左下角的红色录音按钮，即可通过麦克风进行录音，如图 3-104 所示。

图 3-104　录音控制

⑥ 录音完毕后，按下左下角的停止按钮，此时将可以看到在轨道 2 上面出现刚才录制的波形。接下来可以对录制的音频做适当的效果处理。觉得满意后进行输出，选择"文件"菜单中的"导出"→"混缩音频"命令，打开"导出音频混缩"对话框，定义保存的路径、保存的类型及文件名，单击"保存"按钮即可进行保存，如图 3-105 所示。

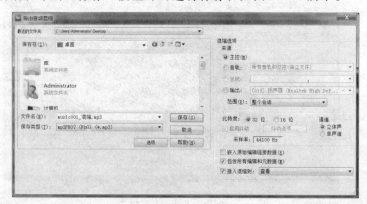

图 3-105　导出音频

4．数字视频的处理

（1）视频原理与表示方法

连续的图像变化每秒超过 24 帧（Frame）画面以上时，根据视觉暂留原理，人眼无法辨别单幅的静态画面，看上去是连续的平滑视觉效果，这样连续的画面叫作视频。视频信号可分为模拟视频信号和数字视频信号两大类。

① 模拟视频。模拟视频信号是指每一帧图像是实时获取的自然景物的真实图像信号。模拟视频就是采用电子学的方法来传送和显示活动景物或静止图像，也就是通过在电磁信号上建立变化来支持图像和声音信息的传播和显示。我们一般在电视机上收看的节目的图像信号都是模拟视频信号。模拟视频信号具有还原性好的优点，视频画面往往会给人一种身临其境的感觉。但是模拟视频信号有个很大的缺陷，就是不十分精确。对于存储的模拟数据，取出时就不能保证和原来存储时一模一样，如果经过长时间的存放，视频信号和画面的质量将大大降低；或者经过多次复制，画面的失真也会很明显。

② 视频的制式。电视信号的标准也称为电视的制式，目前各国的电视制式不尽相同。目前比较常用的有美国、日本、加拿大等国家使用的 NTSC 制式，澳大利亚、西欧、中国等国家使用的 PAL 制式，法国、俄罗斯等东欧国家和中东一带等国家和地区使用的 SECAM 制式。这 3 种制式的主要技术指标如表 3-18 所示。

表 3-18　3 种彩色电视制式的主要技术指标

TV 制式	NTSC	PAL	SECAM
帧率/Hz	30	25	25
行/帧	525	625	625
亮度带宽（MHz）	4.2	6.0	6.0
彩色幅载波（MHz）	3.58	4.43	4.25
色度带宽（MHz）	1.3(I)，0.6(Q)	1.3(U)，1.3(V)	>1.0(U)，>1.0(V)
声音载波（MHz）	4.5	6.5	6.5

③ 视频的基本属性。在数字视频中有 5 个重要的技术参数将最终影响视频图像的质量，它们分别为帧速、分辨率、颜色数、压缩比和关键帧。

- 帧速。视频通过快速变换图像帧的内容而达到运动的效果。帧速是指视频每秒展现的帧数，用于衡量视频信号传输的速度，单位为帧/秒（fps）。PAL 制式电视的帧速为 25 帧每秒，NTSC 制式电视为 30 帧每秒，电影中的帧速一般被描述为"XX 格每秒"，电影发明初期使用 16 格画面每秒标准，目前绝大多数国家的电影标准为 24 格每秒，少数国家为 25 格每秒。

- 分辨率。分辨率是指组成视频源数据的水平与垂直像素的点数。视频分辨率越大，数据量越大，质量越好。它与视频的显示分辨率（显示的像素点数）不同，如一段 320×240 分辨率的视频既可以在 160×120 像素的窗口播放，也可以放大显示在 640×480 像素大小的窗口内。

- 颜色数。颜色数是指视频中最多能使用的颜色数。由于每个像素上的颜色被量化后用若干位来表示，所以在数字视频中每个像素所占的位数就称为视频颜色深度，如 16

位、24 位、32 位等。颜色位数越多，色彩越逼真，数据量也越大。

- 压缩比。压缩比是指视频压缩前与压缩后数据量之比。压缩比比较小时对图像质量影响不大，但超过一定倍数后，就会明显看出图像质量的下降。
- 关键帧。视频数据具有很强的帧间相关性，动态视频压缩比正是利用帧间相关性的特点，通过前后两个关键帧动态合成中间的视频帧。而所谓的关键帧也就是指角色（物体）运动或变化中的关键动作所处的那些帧。对于含有频繁运动的视频图像序列，关键帧数目少就会出现图像画面不稳定的现象。

④ 数字视频的生成。数字视频就是以数字形式记录的视频，和模拟视频相对。就数字视频的生成方式来说，主要有两种：一是将模拟视频信号经计算机模/数转换后，生成数字视频文件，对这些数字视频文件进行数字化视频编辑，制作成数字视频产品，利用这种方式处理后的图像和原图像相比，信号有一定的损失；二是利用数字摄像机将视频图像拍摄下来，然后通过相应的软件和硬件进行编辑，制作成数字视频产品。目前，这两种处理方式都有各自的使用领域。

⑤ 数字视频的特点。数字视频信号是用二进制数字表示的，是计算机能够处理的数字信号，其每帧图像由 N 行、每行 M 个像素组成，即每帧图像共有 $M \times N$ 个像素。利用人眼的视觉暂留特性，每秒连续播放 30 帧以上，就能给人以较好的连续运动场景的感觉。数字视频具有如下特点：

- 数字视频是由一系列二进制位数字组成的编码信号，比模拟信号更精确，保存时间长，无信号衰减问题。
- 可以对数字信号进行多次处理与控制，画面质量几乎不会下降，可以无限制地复制副本，不存在失真问题。
- 可以利用计算机视频编辑技术，制作特殊效果的视频图像，例如三维动画效果、变形动画效果。
- 数字信号可以被压缩，使更多的信息能够在带宽一定的频道里传输，大大增加了节目资源，也可以节省大量的存储空间。
- 可以采用成本低、容量大的光盘存储介质。
- 适合于网络应用。在网络环境中，视频信息可以很方便地实现资源的共享，通过网线、光纤，数字信号可以很方便地从资源中心传到办公室和家中。

（2）视频格式标准

① 数字视频的格式。在计算机软硬件技术和宽带技术迅猛发展的同时，各种数字视频的录制和后期制作技术也得到了突飞猛进的发展。这些视频技术的创新和改进宏观上主要就表现在视频格式上。目前，数字视频格式可以分为适合本地播放的本地影像视频和适合在网络中播放的网络流媒体视频两大类。虽然后者在播放的稳定性和画面质量方面不一定有前者优秀，但它具有的广泛传播性使其被广泛应用于视频点播、网络演示、远程教育、网络视频广告等互联网信息服务领域。

- 本地视频格式：
  ➢ AVI 格式：音频-视频交互格式，是 Windows 平台上流行的视频文件格式。AVI 是

Audio Video Interlaced 的缩写。该格式的文件是一种不需要专门的硬件支持就能实现音频与视频压缩处理、播放和存储的文件。AVI 格式文件可以把视频信号和音频信号同时保存在文件当中，在播放时，音频和视频同步播放。在播放视频信号的同时，还可以调整音频信号的音量，聆听同步播放的声音。AVI 视频文件的扩展名是".avi"。

➢ MOV 格式：是 Apple 的 Macintosh 计算机的 QuickTime 的文件格式，图像质量优于 AVI。采用向量化的压缩技术，以及视频信息与音频信息混排技术。用户还可以通过鼠标或键盘的交互式控制，可以观察某一地点周围 360° 的景象，或者从空间任何角度观察某一物体，具有广泛的应用。

➢ MPG 格式：MPEG（.MPEG/.MPG/.DAT）标准是应用在计算机上的全屏幕运动视频标准文件格式。它包括 MPEG 视频、MPEG 音频、MPEG 系统（视频、音频同步）3 个部分。MPEG 的平均压缩比为 50:1，最高可达 200:1，压缩效率高，同时图像和音响质量也非常好，并且在 PC 上有统一的标准格式，兼容性好。目前 MPEG 格式有 3 个压缩标准，分别是 MPEG–1，MPEG–2 和 MPEG–4，另外，MPEG–7 与 MPEG–21 仍然处在研发阶段。

● 网络流媒体视频格式：

➢ ASF 格式：ASF（Advanced Streaming format，高级流格式）。ASF 是 Microsoft 为了和现在的 Realplayer 竞争而发展出来的一种可以直接在网上观看视频节目的文件压缩格式。ASF 使用了 MPEG–4 的压缩算法，压缩率和图像的质量都很不错。因为 ASF 是以一个可以在网上即时观赏的视频"流"格式存在的，所以它的图像质量比 VCD 差一点点，但比同是视频"流"格式的 RAM 格式要好。

➢ WMV 格式：一种独立于编码方式的在 Internet 上实时传播多媒体的技术标准，Microsoft 公司希望用其取代 QuickTime 之类的技术标准以及 WAV、AVI 之类的文件扩展名。WMV 的主要优点在于：可扩充的媒体类型、本地或网络回放、可伸缩的媒体类型、流的优先级化、多语言支持、扩展性等。

➢ RA/RM/RP/RT 格式：Real System 也称 Real Media，它是目前互联网上最流行的跨平台的客户/服务器结构的多媒体应用标准，它采用音频/视频流同步回放技术，可以实现网上全带宽的多媒体回放。Real System 包括了.RM、.RA、.RP 和.RT4 中文件格式，分别用于制作不同类型的流式媒体文件。

➢ RMVB 格式：这是一种由 RM 视频格式升级延伸出的视频格式，RMVB 中的 VB 指 VBR，Variable Bit Rate（可改变之比特率），较上一代 RM 格式画面要清晰了很多，原因是降低了静态画面下的比特率。

➢ FLV 格式：FLV 是 Flash Video 的简称，FLV 流媒体格式是一种新的视频格式。由于它形成的文件极小、加载速度极快，使得网络观看视频文件成为可能，它的出现有效地解决了视频文件导入 Flash 后，使导出的 SWF 文件体积庞大，不能在网络上很好的使用等缺点。

② 视频格式转换工具软件。由于视频的存储格式繁多，用途各不相同，所以，需要对制作好的视频作品进行格式转换，这个工作可以通过视频格式转换工具软件来完成。以下简

要介绍几种：

- Canopus ProCoder。CanopusProCoder 3 是 Canopus（康能普视）公司出品的一款广受赞誉的专业视频编码转换软件，它具有广泛的输入输出选项、先进的滤镜、批处理功能和简单易用的界面，如图 3-106 所示。使用该软件转换出来的画面清晰细腻，亮度和对比度表现很好，图像还原完整，影像的轮廓清晰、明显，边缘圆滑，色彩鲜艳，色彩饱和度很好，颜色过渡十分清晰自然。该软件不但支持所有主流媒体格式，还提供对高清晰度视频格式的支持，而且可以将单个源文件同时转换成多个目标文件，用批处理模式连续进行多个文件的转换工作，或者用 ProCoder3 的拖放预设按钮进行一键式转换。

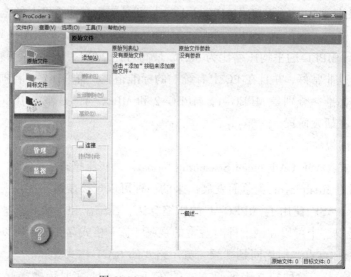

图 3-106　CanopusProCoder 3

- WinPPG Video Convert。视频转换大师（WinMPG Video Convert）是一款比较优秀的视频转换工具，它高度兼容导入 FLV、RMVB 和 RM 格式，可以将各种视频格式转换成便携设备的视频格式（如手机 3GP/MP4/iPod/PSP/AMV/ASF/WMV/PDA 等），也支持将各种视频转换成标准的 DVD、SVCD、VCD、MPEG、RMVB 等格式，它还可以从各种视频中抽取各种音频（MP3/WAV/WMA/AC3/OGG/MMF/AAC 等），如图 3-107 所示。

图 3-107　WinPPG Video Convert V9.2.9.0 专业版

- 格式工厂。格式工厂（FormatFactory）是一套广受欢迎和好评的多媒体格式转换器，如图 3-108 所示。它提供以下功能：所有类型视频转到 MP4/3GP/MPG/AVI/WMV/FLV/

SWF；所有类型音频转到 MP3/WMA/AMR/OGG/AAC/WAV；所有类型图片转到 JPG/BMP/PNG/TIF/ICO/GIF/TGA。抓取 DVD 到视频文件，抓取音乐 CD 到音频文件；MP4 文件支持 iPod/iPhone/PSP/黑莓等指定格式；支持 RMVB、水印、音视频混流等。

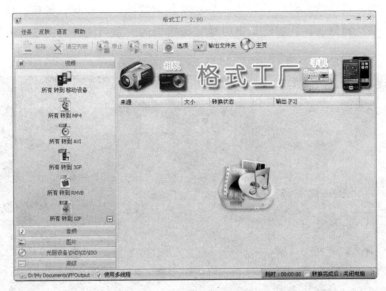

图 3-108　格式工厂 2.90

- AVS Video Converter。AVS Video Converter 是一个功能强大的多媒体视频文件转换工具，如图 3-109 所示。它可以快速地在多种视频文件格式之间进行互相转换，在转换过程中还可以对视频文件进行调整或者增加视频特效。软件支持包括 AVI、DivX、XVid、WMV、MPEG 等多种视频文件格式、支持包括亮度对比度、锐化、翻转、自动对照、重定义视频文件大小等多种视频调整功能。

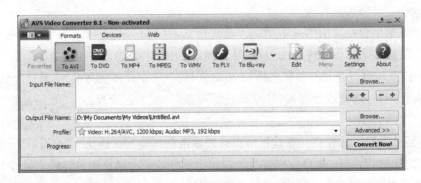

图 3-109　AVS Video Converter 8.1

（3）视频编辑与处理

数字视频的编辑主要是依靠软件来完成的，一般的编辑软件都包括素材整理、转场切换和特效、配音、添加字幕等功能。涉及的主要术语包括非线性编辑（Non-Linear Editing）、采集/捕捉、场景/镜头、转场、字幕/标题、特效/滤镜、剪辑等。目前常见的视频处理软件有 Adobe Premiere、Video for Windows、Digital Video Producer（DVP）、会声会影等。

会声会影 X4 的界面介绍

会声会影提供创新的影片制作向导模式，只要 3 个步骤就可快速做出 DV 影片，即使是入门新手也可以在短时间内体验影片剪辑乐趣。操作简单、功能强大的编辑模式，成批转换功能与捕获格式完整支持，画面特写镜头与对象创意覆叠，从捕获、剪接、转场、特效、覆叠、字幕、配乐，到刻录，让用户全方位地完成剪辑的一系列流程。图 3-110 所示为会声会影 X4 编辑界面。

图 3-110　会声会影 X4 编辑界面

① 菜单栏。菜单栏位于标题栏下，通过执行各菜单中的命令，可以对视频素材进行各种编辑操作。例如，执行"编辑"→"复制"命令，即可复制某段素材或素材中的属性。

文件：该菜单用于管理项目和采集外部视频素材，另外还可以保存和输出项目，当然也可以进行一些素材格式的转换。

编辑：该菜单包括常用的基本功能，也包括 Corel VideoStudio Pro 特有的视频编辑功能。

工具：该菜单提供了"DV 转 DVD 向导""创建光盘""绘图创建器"等 3 个常用工具。

设置：该菜单可以进行"参数选择""项目属性""智能代理管理器""素材库管理器""制作影片模板管理器""轨道管理器""章结点管理器""提示点管理器""布局设置"等众多属性的设置。

② 界面（步骤）选择栏。在这里可以通过单击快速地在"捕获""编辑""分享" 3 个界面（步骤）之间进行切换。顺序完成这 3 个步骤也就完成了一部视频剪辑的全过程。在"捕获"界面，可以采集来自摄像头、数字电视、DV 磁带的媒体素材，也可以导入来自视频光盘或内存/光盘摄像机、移动设备的媒体素材，还可以在此创建和编辑定格动画。在"分享"界面（步骤），可以对之前编辑的素材进行分享，如创建视频文件、创建声音文件、创建 DVD、导出到移送设备、上传到网站等。

③ 预览窗口。预览窗口是用户编辑影片和预览操作效果的重要部分，播放控制按钮可以对修正后的素材和项目进行播放预览。

④ 媒体/效果面板。该面板下提供了"媒体库""转场库""标题库""图形库""滤镜库"等内容，用户根据需要可以快速进行切换和选择。媒体库提供文件夹管理模式，同时可以将音频、视频和图像素材置于一个文件夹中，但又可以轻松隐藏某一类型的素材。同时各种滤镜库、转场库和字体库都是可以通过导入进行丰富的。

⑤ 时间线面板。该面板主要负责视频素材和音频素材编辑，它由一些能够放置视频、音频、字幕等的轨道，一些按钮以及时间线指针组成。分为两种视图方式：故事板视图和时间轴视图。时间线包括多个通道，用来组合视频（或图像）和声音。用户可以将媒体库中的素材、转场及字幕等直接拖放到时间线的通道上，要改变素材在时间线上的位置，只要沿通道拖动就可以了。将两段素材首尾相连，就能实现画面的无缝拼接，若两段素材之间有空隙，则空隙会显示为黑屏。如需删除时间线上的某段素材，可单击该素材，选中后按【Delete】键。在时间线中可剪断一段素材，方法是先将时间线指针移动到需要剪断的位置，然后在素材上右击选择"分割素材"，被分开的两段素材彼此不再相关，可以对它们分别进行删除、移动、特技处理等操作。当然也可以以类似的方法通过右击对视频素材中的音频进行分离，以方便单独处理。

会声会影的具体使用可参阅其他资料。

3.3.4　办公信息处理

1．Word 文字编辑软件

Microsoft Word 2010 是目前世界上最流行、最实用的一种文字处理软件，它可以帮助用户轻松、快捷地创建精美的具有专业水准的文档。并且可以很轻松地处理各种文档格式，以及检查文档的拼写及语法错误。Word 可以帮助用户有效地组织和编写所有类型的文字文档，比如备忘录、商业信函、论文、书籍和长篇报告等。Word 还包括功能强大的图文混排及编辑和修订工具，以便用户与他人轻松地开展协作。

通过以下内容的学习，我们应该了解以下 Word 的基本概念及基本操作技能：

① 文字处理软件的基础知识和文档操作。包括了解文字处理软件的基本功能；熟悉文字处理软件的用户界面；文档的建立、打开和保存；不同版本文档的和类型转换；文档视图切换；文档的保护。

② 基本的文本处理。包括文本的输入、编辑、修改和删除；文本的移动和复制，查找、替换、定位和选择；显示比例的调整；文档的预览和打印。

③ 文档内容的处理。其中文档排版包括字体设置，段落设置，页面设置，样式设置，大纲级别，使用模版，分栏，首字下沉；文档引用包括建立索引和目录，添加脚注和尾注，题注的插入和交叉引用；文档审阅包括对文本的校对、添加删除批注、修订的使用；邮件的编写，与 Excel 工作表合并生成信函等。

④ 表格处理。包括表格的新建；表格边框、底纹的设置；使用 SUM、AVERAGE、PRODUCT 等常用函数进行计算；引用表格中的单元格进行公式计算；表格自动套用格式；对表格内的文字对齐方式的设置；按照关键字进行排序。

⑤ 常用对象的使用。包括图片、艺术字、图表、符号、公式、SmartArt 的插入、编辑；

对象和文字的混合排版；超链接、书签的使用。

⑥ 翻译与同义词。包括对文档中的英文词句进行修改、翻译、查找同义词与反义词。

本书通过以下案例，学习和掌握 Word 的基本操作及编排技术。通过不同的案例学习掌握用 Word 处理日常生活中常用的一些实际问题。

（1）表格型个人简历

案例概述：

以介绍个人简历为例介绍表格制作中一些常用的操作与技巧。通过该表的制作方法，可扩展为其他表格制作的原理，对照其制作方法，可以制作其他不同类型的表格。

重点内容：

① 制作表格：了解表格的几种制作方法，以达到快速制作所需要的表格样式。

② 表格的修饰：通过设置不同的表格边框、底纹、表格样式，达到美化表格外观的效果。

③ 表格的调整：通过表格行高、列宽调整，合并与拆分和设置。根据需要调整表格结构。

实现步骤：

① 页面布局设置。页边距设置为：上"2厘米"，下"1.5厘米"，左右边距为"2厘米"。

② 制作表格标题。在文档中录入"个人简历"表标题内容。设置该内容文档的字体为"华文中宋"，字号为"小一"，字间距加宽"8磅"，字段前间距为"0行"，段后间距为"0.5行"。

③ 制作表格。表格制作有以下几种方法：即手动绘制表格、自动插入表格、文本转换表格等。本例用插入表格的方法自动生成所需的表格。

在表标题下插入一个 7 列 20 行的表格。对齐方式为"中部对齐"。插入表格后的效果如图 3-111 所示。

④ 表格编辑与修饰。

• 设置表格行高：

表格 1~9 行高为"固定值""0.7厘米"。

表格 10~19 行高为"固定值""1.5厘米"。

表格 20 行高为"固定值""2.5厘米"。

• 对表格按下述方法合并单元格：

将表格第 7 列，1~4 行单元格进行合并。

将表格第 5 行，2~3 列单元格进行合并。

将表格第 5 行，5~7 列单元格进行合并。

将表格第 6 行，2~3 列单元格进行合并。

将表格第 6 行，4~7 列单元格进行合并。

将表格第 1 列，6~9 行单元格进行合并。

将表格第 2~3 列，7~9 行单元格进行合并。

将表格第 4~7 列，7~9 行单元格进行合并。

将表格第 7 行，2~7 列单元格进行合并。

依次将表格第 8 行至 20 行的 2~7 列进行合并。

合并完成后的表格如图 3-112 所示。

⑤ 录入表格内容选项及修饰。按图 3-113 所示录入表内容标题，其中"相片""教育"
"备注"所在的单元格的内容将文字方向改为"垂直"显示。

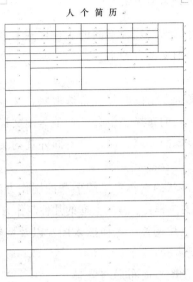

图 3-111　插入的表格效果　　　　　　　图 3-112　调整后的表格结构图

将表的第一列及表中所有文字标示的单元格用"白色，背景 1，深色 5%"底纹进行修饰。

用 2.25 磅，黑色实线对表格的外框线，1.0 磅，黑色实线对表格的内框线进行修饰。

插入一"矩形"形状图，设置其环绕方式为"四周型"，用素材文件夹下的"3.3\word\
素材文档\表格型个人简历\登记照.jpg"图片对矩形进行填充。设置其矩形线条颜色为"无线
条"，调整其该矩形大小和表格最右边"相片"的单元格的大小相似。并将图移至"相片"单
元格内。设计完成的表格如图 3-114 所示。

图 3-113　表格基本完成图　　　　　　　图 3-114　表格完成效果图

注意：如果表格内容过多，也可将一上表格拆分为两个表格，其方法是，将光标移至所需要拆分的行上，在"表格工具–布局"选项卡中，选项"合并"中的"拆分表格"即可将一张表拆分为两个表格。

还可以通过选择不同的表格样式来修饰表格的外观效果。

（2）图文型自荐书

案例概述：

该案例介绍以图片、自选形状、文本框等为基本元素制作的自荐书。通过制作可掌握文档中各元素的布局、组合、调整等图文混排的基本操作。通过对照其制作方法，可扩展为其他图文混排的文档，制作出不同外观的文档，如卡片、名片、贺卡等类型的文档。

重点内容：

① 形状的制作：了解形状的制作方法。掌握修改、美化形状的方法及各形状的组合。

② 文本框：了解文本框的几种制作方法、调整文本框中的文字、背景、线条及美化的方法。

③ 图片调整：怎样插入图片以及调整图片大小、环绕方式、图片样式。

实现步骤：

① 设置页面布局与背景：

- 页面布局设置。页边距设置为：上"0 厘米"，下"0 厘米"。左和右为"0 厘米"。纸张大小为：A4。

- 设置背景。在文档中插入一个宽为 21 厘米、高为 22 厘米矩形形状。将该形状的用纯色（白色，背景 1，深色 5%）填充，并将该形状的线条颜色设为"无"。设置其文字环绕为"浮于文字上方"，并将其拖放到版面的相应位置。

- 设置背景修饰。将素材文件夹下的"3.3\word\素材文档\图文型自荐书\ME.jpg"的图片插入到文档中。设置其文字环绕为"浮于文字上方"，并将其移动到版面的相应位置（见图 3–115）。

依照上面方法，依次将素材文件夹"3.3\word\素材文档\图文型自荐书\"中的"多边形.png""蓝色长线.png""蓝线.png""绿线.png"图片插入到该文档中。将上面的图片的文字环绕方式全部设置为"浮于文字上方"。并将其移动到版面的适当位置。如图 3–116 所示。

图 3–115　设置背景效果图

图 3–116　设置背景修饰效果图

在文档中插入一个形状为"椭圆形"和"等腰三角形"的图形，并用纯色"橙色"填充，取消图形线条，如图 3-117 左 2 张图所示。然后这两个图形进行组合，组合成的图形如图 3-117 第 3 张图所示。

插入素材文件夹下的"3.3\word\素材文档\图文型自荐书\登记照.jpg"图片，将该图片的文字环绕方式设置为"浮于文字上方"，如图 3-118 左图所示，将该图片样式设置为"棱台形椭圆，黑色"，将该图片的"图片效

图 3-117　插入自选图形效果图

果"中预设设置为"无预设"。设置该图片的线条颜色设置为"白色"，线条宽度为"1.5 磅"。并将该图移动到如图 3-118 右图上。将该两个图组合成新图片，效果如图 3-119 所示。

图 3-118　图片修饰后效果　　　　图 3-119　自选图形与图片组合效果图

将上图移至文档上端合适的位置，效果如图 3-120 所示。

② 设置文档中文字内容：

- 设置文档标题内容。插入一文本框，文本框内容为"应聘产品策划运营"，文本框字体字号设置为"微软雅黑""三号"。其他设置为："无填充""无线条颜色""中部对齐""横排"，文本框内部边距上下均为"0 厘米"。并将该文本框移到文档上部，效果如图 3-120 所示。

③ 设置文档主题介绍内容。插入一文本框，文本框内容为"关于我"，文本框字体字号设置为"华文中宋""三号""红色"。其他设置为："无填充""无线条颜色""中部对齐""横排"，文本框内部边距上下均为"0 厘米"。并将该文本框移到文档上部适当位置，效果如图 3-121 所示。再插入一文本框，文本框内容如图 3-121 所示，文本框字体字号设置为"宋体""小四号"。其他设置为："无填充""无线条颜色""中部对齐""横排"，文本框内部边距上下均为"0 厘米"。文本内容设置"红色"项目符号，各小标题加粗，并将该文本框移到文档上部适当位置，效果如图 3-121 所示。

图 3-120　组合图排版位置效果图　　　　图 3-121　文档主题内容效果图

- 设置文档其他主题内容。插入一样式为"填充–白色，投影"的艺术字，艺术字内容为"技能&荣誉"，艺术字字体字号设置为"华文中宋""25 磅"、字间距加宽 2.5 磅。并其移动到"多边形"图形上，并适当旋转使其在"多边形"图片位置里，如图 3–122 所示。复制上面的艺术字，将其内容更改为"工作实践&校内经验"。并其移动到"多边形"图形"绿线.png"图片上，并适当旋转使其在"绿线"图片位置中。如图 3–123 所示。

图 3–122　文档主题内容 2 标题效果图　　图 3–123　文档主题内容 3 标题效果图

- 设置文档其他详细内容。插入一文本框，文本框内容为"技能&荣誉"中的文本内容，正文部分字体字号设置为"宋体""12 磅"。其他设置为："无填充""无线条颜色""右对齐""横排"。为文本内容加颜色为"深蓝，文字 2"的项目符号。将该文本框中二个小标题字号设置为宋体，20 磅，字体颜色为"深蓝，文字 2"。并将该文本框移到文档上部适当位置并旋转至适合的位置，效果如图 3–124 所示。再插入一文本框，文本框内容为"工作实践&校内经验"中的文本内容，正文部分字体字号设置为"宋体""12 磅"。其他设置为"无填充""无线条颜色""左对齐""横排"。为文本内容加颜色为"绿色"的项目符号。将该文本框中二个小标题字号设置为宋体，20 磅，字体颜色为"绿色"。并将该文本框移到文档上部适当位置，效果如图 3–125 所示。

图 3–124　文档主题内容 2 标题效果图　　图 3–125　文档主题内容 3 标题效果图

该文档的最终效果图如图 3–126 所示。

图 3-126　"图文型自荐书"最终排版效果图

注意： 在进行图文移动时可按【Ctrl+光标键】进行移动，图中的线条也可用插入不同的形状，然后进行组合成所需要的图形。

（3）图文型版报

案例概述：

该案例介绍以图片、自选形状、文本框、艺术字等为基本元素制作的板报。通过制作可掌握在文档中用自选形状图形组合成不同形状来进行构图。以及通过不同的艺术字效果来美化文字的表现效果。设置通过对照其制作方法，可扩展为其他图文混排的文档，制作出其他不同外观的文档，如各种杂志封面等类型的文档。

重点内容：

① 形状的制作：了解不同的形状组合成所需要形状的构图方式。

② 文本框：了解文本框的几种制作方法、用多种不同效果的文本框中来调整文字在文档中的位置，实现文档的另一种排版方式。

③ 图片调整：了解多图片的编排，及图片大小、环绕方式、对齐方式、图片样式的调整。

实现步骤：

① 素材准备。该版报所有素材全部放置在素材文夹下"3.3\word\素材文档\图文型版报\"目录中。

②　页面布局（设置版面纸张）。新建一文档，取名为"版报第1期.docx"。设置版面纸张为"A4"，页边距全部设置为0厘米。

③　设置版面背景修饰。在文档中插入两个"矩形"形状，一个"直角三角形"形状。将一个"矩形"形状的大小中的高设置为"25厘米"、宽"6厘米"的竖形矩形，另一个"矩形"形状大小的高设置为"2.5厘米"、宽"15.5厘米"的横形矩形。将"直角三角形"形状大小的高设置为"5厘米"、宽为"6厘米"。

将上3个形状的"线条颜色"设为"无"，用浅紫色RGB（225，225，250）对上3个形状进行填充。

将上3个形状按图3-127所示进行组合，并移动到版面的左侧，效果如图3-128所示。

④　设置版面主标题。在版面中插入一竖排文本框，文本框中文字内容为"Spirit Travel"。设置文字为竖排"由下到上"，字体为"Times New Roman"，字号为"120磅"，颜色为"紫色"。将该文字移到版面的左侧，效果如图3-129所示。

图3-127　插入的形状　　图3-128　用形状组合修饰图　图3-129　设置版面主标题
　　　修饰图　　　　　　　　背景效果　　　　　　　　　效果图

⑤　设置版面标题2。在版面中插入一个艺术字，艺术字样式为"填充-蓝色，文本，内部阴影"。艺术字文字内容为"身"，字体为"仿宋"，字号为"95磅"。字体填充颜色为纯色"白色，背景1，深色35%"。取消字体轮廓，效果如图3-130所示。

将上面的艺术字复制两个，两个艺术字文字内容分别改为"未动"与"已远"。字号改为"36磅"，字体填充颜色改为纯色"白色，背景1，深色25%"。效果如图3-130所示。

将第一个艺术字再复制一个，将其内容改为"心"，字体为"新宋体"，字号为"120磅"。字体填充颜色为纯色"红色，强调文字颜色2，淡色40%"。效果如图3-130所示。

将上面制作的四个艺术字移动到版面上适当的位置，效果如图3-130所示。

⑥　设置版面标题文字内容。打开素材库文件夹下的"3.3\word\素材文档\图文型版报\版报文字说明.txt"版报文字说明文件。插入三个文本框，在三个文本框中依次插入"版报文字说明.txt"文档中的"标题文字说明"下的三段文字内容，如图3-131所示。三个文本框的边框线条颜色为"无线条"。将三个文本框分别移到艺术字后面适当的位置，效果如图3-131所示。

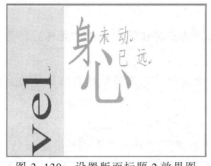

图 3-130 设置版面标题 2 效果图

图 3-131 设置版面标题文字内容效果图

⑦ 设置版面图片。在文档中适当位置插入素材库文件夹下的"3.3\word\素材文档\图文型版报\"目录中的"图片 1.jpg""图片 2.jpg""图片 3.jpg""图片 4.jpg"4 张图片，如图 3-132 所示。设置"图片 1.jpg"，高为"15 厘米"，宽为"9.5 厘米"，去掉"锁定纵横比"与"相对原始图片大小"中的勾选。图片文字环绕方式为"浮于文字上面"。并将该图片移动到如图 3-132 所示的位置。

设置"图片 2.jpg""图片 3.jpg""图片 4.jpg"高为"3.45 厘米"，宽为"4.75 厘米"，去掉"锁定纵横比"与"相对原始图片大小"中的勾选。图片文字环绕方式为"浮于文字上面"。并将该图片移到如图 3-132 所示的位置。

⑧ 插入图片文字说明。打开素材库文件夹下的"3.3\word\素材文档\图文型版报\版报文字说明.txt"版报文字说明文件。在每个图片下面各插入一个文本框，依次将"版报文字说明.txt"文档中的各图片说明文字复制到各个图片下面的文本框中。设置各文本框中的填充选择为"无填充"。将"图片 2.jpg""图片 3.jpg""图片 4.jpg"图片下的图片说明文本框的线条颜色设置为"无"。微调文本框与各图片在文档中的位置。版面的最终效果如图 3-133 所示。

图 3-132 插入版面修饰效果图

图 3-133 "图文型版报"最终效果图

小技巧

- 插入图片和形状时，先将图片插入到一空页上，然后将环绕方式等设置好后，再将图片移至所需位置。
- 在版面如果有多个图形，这样在选择或编辑一个素材时，可将暂时影响编辑的素材暂时隐藏，以利于编辑。
- 在某一内容块编辑完后，最好将该内容中的全部素材进行一次组合。
- 在编辑中如果某个元素内容挡住了其他内容，可使用上下移动层来调整要显示的内容。
- 在为各形态的图中加文字时，可用"添加文字"功能，也可以在形态上添加一个文本框来添加文本内容。

（4）排版与样式

案例概述：

在编排一篇长文档或是一本书时，需要对许多的文字和段落进行相同的排版工作，如果只是利用字体格式编排功能和段落格式编排功能，不但很费时间，让人厌烦，更重要的是，很难使文档格式一直保持一致。使用样式能减少许多重复的操作，在短时间内排出高质量的文档。

样式是指一组已经命名的字符和段落格式。它规定了文档中标题、题注以及正文等各个文本元素的格式。用户可以将一种样式应用于某个段落，或者段落中选定的字符上。所选定的段落或字符便具有这种样式定义的格式。

如果用户要一次改变使用某个样式的所有文字的格式时，只需修改该样式即可。例如，标题 2 样式最初为"四号、宋体、两端对齐、加粗"，如果用户希望标题 2 样式为"三号、隶书、居中、常规"，此时不必重新定义标题 2 的每一个实例，只需改变标题 2 样式的属性就可以了。

重点内容：

① 长文档的基本编排：项目符号与编辑、上下标设置、页眉与页脚设置、页码设置。

② 大纲的应用：大纲级别、大纲视图及文档目录生成、修改、更新的应用。

③ 样式的应用：添加、修改及应用样式的方法。

④ 分节符的应用：掌握分页符与分节符的运用方法。

⑤ SmarArt 图形：SmarArt 图形的应用、修改、美化等方法。

实现步骤：

本例素材选取计算机教材中的选节摘要，仅作为排版练习用。

① 打开素材文件夹"3.3\word\素材文档\排版与样式\样式排版素材.docx"文档，本文档所需文本内容已经录入完毕。有四章共 5 页内容。其各章标题目录及下级目录（含三级目录）结构如图 3-134 如示。

图 3-134　各章标题目录结构图

② 分页及样式设置。

将光标分别移至各章节目录上，在"页面布局"选项卡中，分别插入一分隔符，分隔符选用分节符中的"下一页"（注意：不要使用"分页符"）。使其每章从新页开始。分页后可看到文章总页数为 6 页。

样式设置，本文中共设置样式为 4 类，即"一级标题""二级标题""三级标题"和"正文样式"。

● 设置章节一级标题样式。

将光标移到"第 1 章当代信息技术与计算机"内容上。新建一个名称为"一级标题"样式。设置"一级标题"样式中格式内容如下：

样式类型为"段落"，样式基准为"无样式"，后续段落样式为"正文"。

该样式的其他设置如下：

字体格式为：中文字体为"黑体"、西文字体用"Timers New Roman"，字号为"三号"。

段落格式为：对齐方式为"居中"、大纲级别为"1 级"、左右缩为"0 字符"、特殊格式为"无"、段前间距为"2 行"、段后间距为"1 行"、行距为"单倍行距"。

将制作好的"一级标题"样式分别应用到"第 1~4 章"上的标题上。

● 设置章节二级标题样式。

将光标移到第一页"1.1　信息技术概述"内容上。新建一个名称为"二级标题"样式。设置"二级标题"样式中格式内容如下：

样式类型为"段落"，样式基准为"无样式"，后续段落样式为"正文"。

该样式的其他设置如下：

字体格式为：中文字体为"宋体"、西文字体用"Timers New Roman"，字号为"四号"。

段落格式为：对齐方式为"居中"、大纲级别为"2 级"、左右缩为"0 字符"、特殊格式为"无"、段前间距为"1 行"、段后间距为"0.5 行"、行距为"单倍行距"。

将制作好的"二级标题"样式分别应用到下列章节中的标题上。

"1.1　信息技术概述"

"2.1　近代计算机发展简史"

"2.2　计算机的分类"

"2.3 未来新型计算机"

"3.1　计算机的主要特点"

"3.2　计算机的应用领域"

"4.1　进位计数制"

"4.2　数制的相互转换"

"4.3　计算机中数据的存储单位"

"4.4　字符在计算机中的表示"

"4.5　汉字在计算机中的表示"

● 设置章节三级标题样式。

将光标移到第一页"1.1.1　信息技术基础知识"内容上。新建一个名称为"三级标题"

样式。设置"三级标题"样式中格式内容如下：

样式类型为"段落"，样式基准为"无样式"，后续段落样式为"正文"。

该样式的其他设置如下：

字体格式为：中文字体为"黑体"、西文字体用"Timers New Roman"，字号为"五号"。

段落格式为：对齐方式为"左对齐"、大纲级别为"3 级"、左右缩为"0 字符"、特殊格式为"无"、段前间距为"0.5 行"、段后间距为"0.5 行"、行距为"单倍行距"。

将制作好的"三级标题"样式分别应用到下列章节中的标题上。

"1.1.1 信息技术基础知识"

"1.1.2 信息技术的内容"

"2.1.1 人类第一台电子计算机的诞生"

"2.1.2 计算机发展的几个阶段"

• 设置文档正文样式。

将光标移到第一页正文第一段的内容中。修改样式中名称为"正文"样式格式如下：

字体格式为：中文字体为"宋体"、西文字体用"Timers New Roman"，字号为"五号"。

段落格式为：对齐方式为"两端对齐"、大纲级别为"正文文本"、左右缩为"0 字符"、特殊格式为"首行缩进 2 字符"、行距为"最小值 16 磅"。

修改完后可看到，所有文档中的正文都变成了"正文"样式中设定的格式。

③ 转换及插入 SmarArt 图形

• 将图片转换成 SmarArt 图形。

在文档第 2 页适当位置插入素材文件夹"3.3\word\素材文档\排版与样式\排版 1.jpg"图片。效果如图 3–135 所示。

将图片版式设置成 SmarArt 图表中的"图片题注列表"，如图 3–136 所示。将其环绕方式为"浮于文本上方"，在文本框中录入"图 1.4 小型计算机"内容，并将该字号设为"11 磅"。适当调整图框及图片大小。最后效果见图 3–137 所示。

 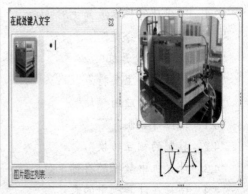

图 3–135 文档中插入"排版 1.jpg"图片效果图　　图 3–136 将插入的图片转为 SmarArt 图效果图

• 插入 SmarArt 图形。

将光标移到文档尾。准备插入图 3–138 所示图形。

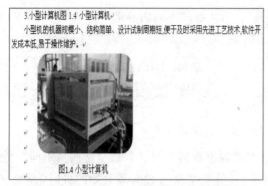

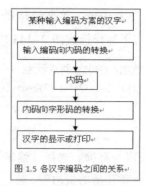

图 3-137　设置 SmarArt 图片最终效果图　　　　图 3-138　流程图设计方案图

插入一个名为"垂直流程"的 SmarArt 图形，如图 3-139 所示。

在图形中再添加两个文本框。在文本框中分别添加图 3-140 所示内容。设置其文本字号为"11 磅"，SmarArt 样式为"三维-卡通"。设置第 1~2、4~5 文本框的高度为"0.8 厘米"，宽度为"5 厘米"。设置第 3 个文本框的高度为"0.8 厘米"，宽度为"2 厘米"。效果如图 3-140 所示。

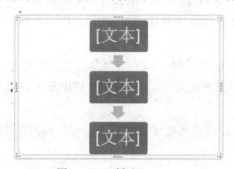

图 3-139　插入 SmarArt　　　　　　　图 3-140　插入内容的 SmarArt
"垂直流程"图形　　　　　　　　　　"垂直流程"图形

选中图形中所有文本框，将其"圆角矩形"图改成"矩形"图形。完成后的流程图如图 3-141 所示。

④ 项目符号及项目编号。将光标移到文档第 3 页，即"2.2　计算机的分类"章节中适当位置，将本节中的"巨型计算机""大型计算机""小型计算机""微型计算机"等标题，用"1."格式设置项目编号。

将光标移到文档档第 3 页，即"2.3　未来新型计算机"章节中适当位置。将"巨型化""微型化""网络化""智能化"。用"●"格式设置为项目符号。其效果如图 3-142 所示。

● 巨型化。用于天气预报、军事国防、飞机设计、核弹模拟等尖端科研领域。
● 微型化。微型机已从台式机发展到便携机、膝上机、掌上机。
● 网络化。近几年来计算机联网形成了巨大的浪潮，它使计算机的实际应用得到大大的提高。
● 智能化。使计算机具有更多的类似人的智能。

图 3-141　完成后的流程图效果图　　　　　图 3-142　设置项目符号后效果图

⑤ 上下标设置。将光标移到“第 7 页”、第 4 章的下列内容上。将图 3-143（a）所示内容用下标与下标修饰成图 3-143（b）所示效果。

例如，(1101)2 可表示为：

(1101)2=1×(2)3+1×(2)2+0×(2)1+1×(2)0

（a）设置上下标前

例如，$(1101)_2$ 可表示为：

$(1101)_2=1\times(2)^3+1\times(2)^2+0\times(2)^1+1\times(2)^0$

（b）设置上下标后

图 3-143　设置上下标前后效果图

⑥ 页眉与页脚。选择“编辑页眉”，在“编辑页眉”时，勾选“奇偶页不同”复选框。在编辑每一章开始的页眉时，输入页眉内容“计算机基础”，使每章开始的页眉，总是显示“计算机基础”。

将光标移到“第二章”后的一页，即第 3 页。单击“链接到前一条页眉”按钮。使该页眉内容不同于上节。在该页眉中录入该章目录“第 2 章计算机的发展”。

依照上述方法，对每一章节的页眉进行编排。编排后的结果是。第 1 第、第 2 页、第 4 页、第 5 页、第 7 页上显示的页眉是“计算机基础”。在第 3 页上显示的页眉是“第 2 章计算机的发展”。在第 6 页上显示的页眉是“第 3 章计算机的特点与应用”。在第 8 页上显示的页眉是“第 4 章计算机中信息的表现”。

⑦ 生成页码与目录。将光标移至第一页的目录前，插入一分节符，分节符选择“下一页”。在单页与偶页中分别添加页码，页码对齐方式为“居中”，在页脚中显示，页脚底端距离为“1.1 厘米”。注意第一页不设置页码。

将光标移至首页，选择“自动目录 1”，即可自动生成文档目录。效果如图 3-144 所示。

小技巧：

- 在进行文章编辑的时候可以选择“视图”选项卡，在“显示”选项栏中，勾选“导航窗格”复选框，这样，所有的标题都会显示到左边，这样在写文章时可以帮助思路变得清晰。如图 3-145 所示。

目　录

第 1 章　当代信息技术与计算机 .... - 1 -
1.1　信息技术概述 .... - 1 -
1.1.1　信息技术基础知识 .... - 1 -
1.1.2　信息技术的内容 .... - 1 -
第 2 章 计算机的发展 .... - 2 -
2.1　近代计算机发展简史 .... - 2 -
2.1.1 人类第一台电子计算机的诞生 .... - 2 -
2.1.2 计算机发展的几个阶段 .... - 2 -
2.2　计算机的分类 .... - 3 -
2.3　未来新型计算机 .... - 3 -
第 3 章　计算机的特点与应用 .... - 5 -
3.1　计算机的主要特点 .... - 5 -
第 4 章 计算机中信息的表示 .... - 7 -
4.1　进位计数制 .... - 7 -
4.2　数制的相互转换 .... - 7 -
4.3　计算机中数据的存储单位 .... - 7 -
4.4　字符在计算机中的表示 .... - 7 -
4.5　汉字在计算机中的表示 .... - 8 -

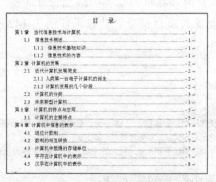

图 3-144　生成文档目录效果图

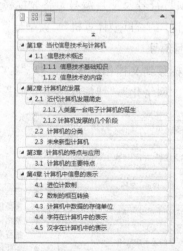

图 3-145　利用“导航窗格”效果图

● 如果将"目录"页复制到其他文档中打印时，会出现"错误！未定义书签。"错误提示。
处理方式为：将目录页复制到其他文档中后，选中目录页内容，并按下【Ctrl+F11】
组合键。取消跟踪，即可以正常打印了。

（5）翻译与同义词

案例概述：

在 Word 2010 中有强大的英汉、汉英词典功能及多语言翻译、拼写语法检查功能。利用
该功能，可不需要其他翻译软件，即可在文档中检查拼写和语法错误，也可用拼写和语法检
查器在工作时自动建议更正内容。

使用 Word 中的同义词库，可以查找同义词（具有相同含义的不同字词）和反义词（具有
相反含义的字词）。Word 的这一功能，给英语及其他语言的学习提供了极大的方便。

重点内容：

① 屏幕提示翻译：对屏幕的英语、汉语的单词及短语进行即时翻译。

② 英汉、汉英互译：了解英汉、汉英及多语言互译的功能。

③ 拼写与语法检查：对文档中的英语进行拼写与语法检查及处理方法。

④ 字典的添加：在不同的领域中，可添加不同的专业字典。

实现步骤：

① 打开素材文件夹"3.3\word\素材文档\翻译与同义词\翻译与同议词素材（The Loser Who
Squandered Opportunity）.docx"文件。

② 屏幕提示翻译。

● 翻译指定一个单词。

选择"审阅"选项卡中的"语言"选项组中"翻译屏幕提示"选项。将光标指向该文档
的要翻译的词或短语上，如第一段上的"community"词上时，此时在词上方即出现图 3-146
所示的翻译提示的浮动窗口。即在该窗口中显示翻译结果。单击该窗口"播放"按钮，即可
播放该单词的读音。如想深入了解和学习该单词可单击图中的"展开"按钮，这时会显示"信
息检索"窗格，在该窗格中可看到更详细的翻译解释，如图 3-147 所示。

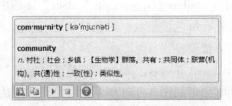

图 3-146　翻译提示的浮动窗口　　　　　　图 3-147　"信息检索"窗格

选择需要翻译的词或短语，右击，在弹出的快捷菜单中选择"翻译"命令，此时弹出的图 3-148 图所示的"信息检索"窗格。该窗格与图 3-148 所示的"信息检索"窗格相似，但该窗格可以选择将"英语"翻译成"多国"语言。如图 3-149 所示。

图 3-148　"信息检索"窗格中
选择"翻译"选项

图 3-149　"信息检索"窗格中
选择"多国"语言

- 汉译英功能。选择"审阅"选项卡中的"语言"选项组中"翻译屏幕提示"选项。选择需要翻译的词或短语，如文档中"计算机"一词，右击，在弹出的快捷菜单中选择"翻译"命令，此时弹出图 3-150 所示的"信息检索"窗格。在框中将"计算机"翻译成"英语"。如图 3-150 所示。通过选择也可将中文译成多国语言，图 3-151 所示，则将"计算机"译为"日语"。单击"插入"按钮，将翻译的语句插入到本文中。

注意：如果要译成多国语言，则必须安装相应语言的词典。

③ 同义词与反义词。将光标移至需要的词上（如文档中的"community"上），单击"审阅"选项卡中的"校对"组中的"同义词库"按钮，此时弹出的图 3-152 所示的"信息检索"窗格。该窗格中显示了该词的同义词与反义词（词后有"Antonym"字样的即是该词的反义词）。

④ 拼写和语法。在进行拼写与语法检查时，先对"选项"中的"在 Word 中更正拼写和语法时"中的选项进行图 3-153 所示选择。

在打开的"翻译与同义词素材（The Loser Who Squandered Opportunity）.docx"文档中。可以看到在该文档中 3 个词下有红色波浪线，有两处有绿色波浪线。红色波浪线表示该词有可能有拼写错误，绿色波浪线表示该词有可能有语法错误。

将光标依次移至有红色波浪线的词处（studenst、asignments、peuple），单击"审阅"选项卡中的"校对"组中的"拼写和语法"按钮，此时弹出的图 3-153 所示的"拼写和语法"对话框。在该"建议"选项中给出了建议修改的单词列表，选择正确的单词，单击"更改"按钮，即可将"studenst"更改为"students"。依照上述方法，依次将"asignments"更改为

"assignments"，将"peuple"更改为"people"。

图 3-150　"信息检索"窗格　　　图 3-151　"信息检索"窗格　　图 3-152　"信息检索"窗格
中选择"中译英"功能　　　　中选择"中译日"功能　　　　中"同义词"功能

　　参照上述方法可修改文档中两处有绿色波浪线的语法拼写建议修改。该功能也可对中文语法给出修改建议。

　　如果不想在输入时自动检查拼写和语法，可参照如图 3-154 中，将"键入时检查拼写"勾选去掉。

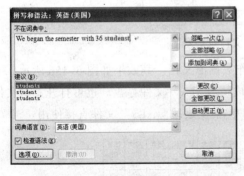
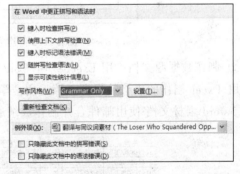

图 3-153　"拼写和语法"对话框　　　图 3-154　"更正拼写和语法时"选项窗口

（6）使用邮件合并制作成绩通知单

案例概述：

　　当我们要处理一批文档，但该批文档的主要内容和格式基本都是相同的，只是其中少数具体数据有变化需要修改时（如一批信函、通知、成绩单等）。我们可以灵活运用 Word 强大的邮件合并功能，即可很快地制作出满足许多不同用户不同需求的文档，高效、快速成批处理这些文档。

重点内容：

① 主文档的建立：建立主要格式统一的文档，以便在该文档适当处添加各不同的数据。

② 数据源文档的建立：建立具体数据源文件，以便将该文件中的不种数据源自动添加到主文档中。

③ 合并打印数据：根据主文档提供的统一文档格式和数据源文档提供的不同数据，自动合并成一批新文档。

实现步骤：

① 制作主文档新建图 3-155 所示主文档。其文档设置如下：

纸张大小为宽度为“21 厘米”、高度为“10 厘米”，页边距上与下设为“1 厘米”。

内容“四川外国语大学”的字体为“华文中宋”、字号为“小三”、居中、段前与段后均为“0.5”行。

表标题字体为“黑体”“四号”。

插入一 4 列 5 行的表格，其表格设置如下：表内标题为黑体、4 号。表内 1、3 列“课程名称”列的列宽为“3.5 厘米”，2、4 列的列宽为“2.5 厘米”，表格行高为“0.5 厘米”。表外框线、第 1 行下线、第 2 列的右侧线为“1.5 磅”实线，其他内框线为“0.5 磅”实线。表内标题字体为“宋体”、“5 号”、加粗。表内文字对齐方式为中“中部居中”。其效果如图 3-155 所示。

四川外国语大学

2012 – 2013 **学年第** 1 **学期期末成绩通知单**

学号： **姓名：** **系别：**

课程名称	**成 绩**	**课程名称**	**成 绩**
英 语		听 力	
计算机		阅 读	
写 作		体 育	

图 3-155 建立主文档效果图

② 制作数据源文档。用 Excel 或用 Word 制作数据源文档。其效果如图 3-156 所示。下例是用 Excel 制作的表格数据源文档，用“学生成绩源.xlsx”文件存盘。也可打开素材文件夹“3.3\word\素材文档\使用邮件合并制作成绩通知单\学生成绩源.xlsx”文件直接使用。

学号	姓名	性别	行政班	英语	听力	计算机	阅读	写作	体育
201410020001	谢洪	男	英语学院201401	88	78	100	82	90	95
2014100200012	刘娅琳	女	英语学院201401	94	69	95	87	84	91
201410020003	陈德花	女	英语学院201401	97	87	85	76	85	90
201410020004	朱彤	女	英语学院201401	82	79	91	82	90	80
201410020005	罗静	男	英语学院201401	76	63	77	86	90	84
201410020006	杨学治	女	英语学院201401	79	72	86	90	85	82
201410020007	李明	女	英语学院201401	92	95	90	87	84	96
201410020008	许英	女	英语学院201402	94	88	79	70	81	79
201410020009	朱华瑜	女	英语学院201402	81	79	90	86	79	87
201410020010	夏仁美	女	英语学院201402	89	65	70	80	65	92
201410020011	赵庭芳	女	英语学院201402	68	70	81	90	88	74
201410020012	肖仁	男	英语学院201402	80	85	91	95	92	84
201410020001	张美慧	女	英语学院201402	78	73	84	87	93	91
201410020001	苏伶利	女	英语学院201402	82	89	70	91	87	79

图 3-156 使用数据源文件文档效果图

③ 合并邮件。选择"邮件"选项卡，选择"选择收件人"→"使用现有列表"命令。在弹出的"筛选和排序"对话框中，选择"学生成绩源.xlsx"数据源文件。

编辑收件人列表：在"筛选和排序"对话框中，筛选行政班为"英语学院 201401"中的数据（见图 3-157（a）），筛选结果如图 3-157（b）图所示。

（a）"筛选和排序"对话框

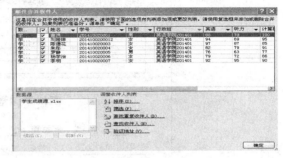

（b）筛选结果

图 3-157　对数据源进行筛选

将光标移到主文档的"学号："后，通过"插入合并域"按钮，插入"学号"字段。依照此方法分别在"姓名："系别："以及各科成绩后的单元格中插入相应的字段，插入字段后的效果如图 3-158 所示。单击"预览按钮"可看到图 3-159 所示的效果。如通过预览发现字符对位不正确，可通过增加空格与删除空格来调整。

图 3-158　插入合并域后效果图　　　　图 3-159　插入合并域后效果图预览效果图

通过预览看到结果，如果满意，单击"完成并合并"后的选项按钮，即可进行相应的"编辑单个文档""打印文档""发送电子邮件"操作。图 3-160 所示，是选择了"编辑单个文档"后生成的前 4 个同学成绩单的效果图。

2. Excel 电子表格制作软件

电子表格可以输入、计算、显示和输出数据，可以利用公式和函数进行简单或复杂的计算，帮助用户制作各种复杂的表格，并能把处理的数据以彩色图表显示和打印出来。具有数据统计、数据分析、预测和图表制作等功能。电子表格应用广泛，在政府部门、非营利机构、商业和教育等诸多领域都在使用，已成为日常工作中不可缺少的数据计算工具。常用的电子表格有金山公司的 WPS、微软公司的 Excel 等，在本书的案例中，所使用的工具是微软公司的 Excel。

学习电子表格，就要了解电子表格的基本概念和掌握基本的操作技能。这些基本概念和操作技能包括：

四川外国语大学

2012－2013 学年第 1 学期期末成绩通知单

学号：201410020001　姓名：谢洪　系别：英语学院201401

课程名称	成　绩	课程名称	成　绩
英　语	88	听　力	78
计算机	100	阅　读	82
写　作	90	体　育	95

四川外国语大学

2012－2013 学年第 1 学期期末成绩通知单

学号：201410020003　姓名：陈德花　系别：英语学院201401

课程名称	成　绩	课程名称	成　绩
英　语	97	听　力	87
计算机	85	阅　读	76
写　作	85	体　育	90

四川外国语大学

2012－2013 学年第 1 学期期末成绩通知单

学号：201410020005　姓名：罗静　系别：英语学院201401

课程名称	成　绩	课程名称	成　绩
英　语	76	听　力	63
计算机	77	阅　读	86
写　作	90	体　育	84

四川外国语大学

2012－2013 学年第 1 学期期末成绩通知单

学号：201410020007　姓名：李明　系别：英语学院201401

课程名称	成　绩	课程名称	成　绩
英　语	92	听　力	95
计算机	90	阅　读	87
写　作	84	体　育	96

图 3-160　合并完成后的文档效果图

① 工作簿、工作表和单元格的概念和操作。包括工作簿的建立、打开和保存；工作表的编辑和格式化；自动套用格式；页面设置和打印预览；工作窗口的视图控制；调整行高和列宽；单元格的插入、删除、复制、移动和清除；数据输入与数据格式的设置；条件格式；工作簿、工作表的隐藏与保护等。

② 公式与函数。包括输入和编辑公式；相对引用、绝对引用、混合引用和三维地址引用的概念及使用；函数的使用方法；常用函数，包括 SUM、SUMIF、AVERAGE、INT、COUNT、COUNTIF、IF、MAX、MIN、LEFT、LEFTB、RIGHT、RIGHTB、MODE、RANK 等；了解 Excel

常见的出错信息。

③ 图表的制作。包括利用向导创建图表；了解图表对象、更改图表类型、移动、缩放和删除图表；设置图表中各种对象的属性。

④ 数据管理与统计。包括记录的排序，记录的自动筛选与高级筛选，分类汇总，数据透视表和数据透视图。

⑤ 数据共享。包括获取外部数据，例如从文本文件、Access 数据库、网站获取数据；与其他程序共享数据，例如发电子邮件、发布 PDF/XPS 等。

在人们的日常生活中，电子表格也是一个好帮手，能让人们从烦琐的计算中解脱出来，而且可以帮助人们解决一些实际问题。本书中列举了 4 个案例，分别是个人费用统计表、CET4 单词记忆安排表、个人时间管理表和个人房贷计算表。以期通过这几个案例，让大学生知晓和学会利用电子表格，去解决在学习、生活，甚至以后工作中遇到的相关问题，从而达到抛砖引玉的效果。

（1）个人费用统计表

案例概述：

个人费用统计表，以月为单位记录大学生的日常开支，通过分类汇总和数据透视图察看费用支出情况，以达到对个人花费进行合理分配和管理的目的。个人费用统计表由三张表组成，分别是个人费用记录表、分类汇总表和数据透视图表。个人费用记录表记录每天的各项详细支出，如图 3-161 所示；分类汇总表对每月或每周支出进行分类汇总，并以图表方式显示相关数据，如图 3-162 所示；数据透视图表对每月或每周支出进行数据统计，并可以用筛选的方式进行动态查询，如图 3-163 所示。

	A	B	C	D	E	F	G	H	I	J	K	L
1	日期	月份	周次	正餐	水果	零食	网络手机费	交通费	书报	服装	娱乐	合计
2	2013-3-1	3	9	¥15	¥6	¥3	¥2	¥5	¥0	¥0	¥20	¥51
3	2013-3-2	3	9	¥18	¥0	¥0	¥2	¥0	¥0	¥0	¥0	¥20
4	2013-3-3	3	9	¥12	¥0	¥0	¥2	¥0	¥5	¥0	¥0	¥19
5	2013-3-4	3	10	¥15	¥0	¥5	¥2	¥0	¥0	¥0	¥0	¥22
6	2013-3-5	3	10	¥20	¥0	¥3	¥2	¥0	¥0	¥0	¥0	¥25
7	2013-3-6	3	10	¥15	¥0	¥0	¥2	¥0	¥0	¥0	¥0	¥17
8	2013-3-7	3	10	¥12	¥10	¥5	¥2	¥5	¥20	¥180	¥0	¥234
9	2013-3-8	3	10	¥12	¥0	¥0	¥2	¥4	¥0	¥0	¥0	¥18
10	2013-3-9	3	10	¥20	¥0	¥0	¥2	¥0	¥0	¥0	¥0	¥22
11	2013-3-10	3	10	¥15	¥0	¥6	¥2	¥4	¥30	¥0	¥30	¥87
12	2013-3-11	3	11	¥18	¥0	¥0	¥2	¥0	¥0	¥0	¥0	¥20
13	2013-3-12	3	11	¥14	¥0	¥0	¥2	¥0	¥0	¥0	¥0	¥16
14	2013-3-13	3	11	¥16	¥0	¥10	¥2	¥6	¥0	¥0	¥0	¥34
15	2013-3-14	3	11	¥20	¥5	¥5	¥2	¥0	¥0	¥0	¥0	¥32
16	2013-3-15	3	11	¥15	¥0	¥0	¥2	¥6	¥0	¥120	¥20	¥163
17	2013-3-16	3	11	¥15	¥0	¥0	¥2	¥0	¥0	¥0	¥0	¥17
18	2013-3-17	3	11	¥16	¥0	¥6	¥2	¥0	¥0	¥0	¥0	¥24
19	2013-3-18	3	12	¥20	¥0	¥5	¥2	¥0	¥0	¥0	¥0	¥27
20	2013-3-19	3	12	¥16	¥0	¥10	¥2	¥0	¥0	¥0	¥0	¥28
21	2013-3-20	3	12	¥18	¥0	¥0	¥2	¥0	¥15	¥0	¥0	¥35
22	2013-3-21	3	12	¥15	¥8	¥0	¥2	¥0	¥0	¥0	¥0	¥25
23	2013-3-22	3	12	¥15	¥0	¥0	¥2	¥0	¥0	¥0	¥0	¥17
24	2013-3-23	3	12	¥20	¥0	¥15	¥2	¥10	¥0	¥80	¥50	¥177
25	2013-3-24	3	12	¥20	¥0	¥0	¥2	¥0	¥0	¥0	¥0	¥22
26	2013-3-25	3	13	¥12	¥0	¥0	¥2	¥0	¥0	¥0	¥0	¥14
27	2013-3-26	3	13	¥14	¥6	¥5	¥2	¥0	¥0	¥0	¥0	¥27
28	2013-3-27	3	13	¥15	¥0	¥0	¥2	¥0	¥0	¥0	¥0	¥17
29	2013-3-28	3	13	¥12	¥0	¥0	¥2	¥0	¥8	¥0	¥0	¥22
30	2013-3-29	3	13	¥16	¥0	¥5	¥2	¥6	¥0	¥0	¥30	¥59
31	2013-3-30	3	13	¥16	¥0	¥5	¥2	¥0	¥0	¥0	¥0	¥23
32	2013-3-31	3	13	¥12	¥0	¥0	¥2	¥0	¥0	¥0	¥0	¥14
33	合计			¥489	¥35	¥89	¥62	¥46	¥78	¥380	¥150	¥1,329

图 3-161　个人费用记录表

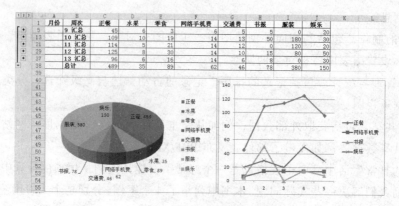

图 3-162　分类汇总表

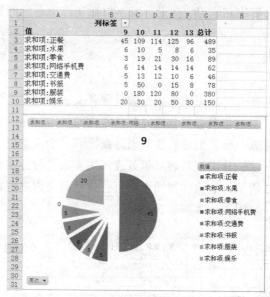

图 3-163　数据透视表

重点内容：

① 函数：MONTH 函数，根据日期返回一年中的月份值；WEEKNUM 函数，根据日期返回一年中的周数。

② 粘贴链接：在源文档与目标文档之间建立一个动态链接，当源文档数据更改后，目标文档的内容会自动更新。

③ 分类汇总：根据分类字段对相关数据进行汇总计算，可求总和、平均值、计数等。

④ 图表：对相关数据以图形的方式显示出来。

⑤ 数据透视表：一种多维式表格，可以从不同角度对数据进行分析，为决策者提供参考。

⑥ 数据透视图：以图形的方式将数据透视表的内容显示出来。可以基于已有的数据透视表建立数据透视图；也可以从原始数据开始，直接建立数据透视图。

实现步骤：

① 制作个人费用记录表。

新建一空白工作簿，将表"Sheet1"改名为"个人费用记录表"。

将各支出项名称输入到单元格 A1 至 L1，分别是"日期""月份""周次""正餐""水果""零食""网络手机费""交通费""书报""服装""娱乐""合计"，也可根据自己的实际情况修改各支出项。

在单元格 A2 输入日期，如"2013-3-1"，然后利用填充句柄向下扩充日期至"2013-3-31"。

在单元格 B2 中输入公式"=MONTH(A2)"，自动计算日期所在年的月份数，然后利用填充句柄向下扩充至单元格 B32。

在单元格 C2 中输入公式"=WEEKNUM(A2,2)"，自动计算日期所在年的周次数，然后利用填充句柄向下扩充至单元格 C32。

根据自己的实际情况，在单元格区域 D2:K32 中输入各项支出的数据。

在单元格 A33 中输入"合计"，在单元格 D33 中使用求和公式对单元格区域 D2:D32 进行求和，然后利用填充句柄，把单元格 D33 的公式向右扩充至单元格 K33。

在单元格 L2 中使用求和公式对单元格区域 D2:K2 进行求和，然后利用填充句柄，把单元格 L2 的公式向下扩充至单元格 L33。

对区域 A1:L33 加内外框线。个人费用记录表完成后，如图 3-161 所示。

② 制作分类汇总表。

一般情况下，在源数据的基础上进行分类汇总操作，分类汇总的结果与源数据同在一张表中。在本案例中分类汇总与源数据不在同一张表中，我们可以使用"复制、粘贴链接"的方法，把源数据复制到另一张表，来进行分类汇总操作。在"个人费用记录表"中选择区域 C1:K32 并复制（在这里我们只按周次进行分类汇总，不要"日期""月份"列与合计的数据），选择表"Sheet2"，点击单元格 A1 进行粘贴，选择"粘贴链接"，并把表名"Sheet2"改为"分类汇总"。

对"分类汇总"表按"周次"列进行排序，然后进行分类汇总。分类字段是"周次"，汇总方式是"求和"，选定汇总项是"正餐""水果""零食""网络手机费""交通费""书报""服装"和"娱乐"。完成后，单击分类汇总表左上方的显示数据为"2"的层次按钮，只显示每周的汇总数据。

插入图表——饼图，以显示本月各支出项总数。选择数据区域 B1:I1 和 B38:I38，在"插入"选项卡中单击"饼图"，选择"三维饼图"。饼图生成后，在"布局"选项卡中，单击"数据标签"，选择"其他数据标签选项"。在"标签选项"的对话框中，选择"类别名称""值""显示引导线"和"最佳匹配"。调整图表大小并把图表放置到区域 A40:F55。

插入图表——折线图，可以显示每月中各项支出的动态数据，在这里查看"正餐""书报""服装"和"娱乐"的动态支出情况。选择数据区域 A1:B37 和 G1:I37，在"插入"选项卡中单击"折线图"，选择"带数据标记的折线图"。调整图表大小并把图表放置到区域 G40:L55。

③ 制作数据透视图。

在"个人费用记录表"中，选择区域 B1:K33。单击"插入"选项卡，在"数据透视表"按钮中选择"数据透视图"。在弹出的对话框中，不做任何设置修改，直接单击"确定"按钮，这时会生成一个新表，把新表名改为"数据透视图"。

在"数据透视图"表的右侧，会打开"数据透视表字段列表"窗格，如图3-164所示。把"周次"字段拖动到"图例字段（系列）"框中，把"正餐"至"娱乐"的各项开支字段，依次拖拽到"Σ数值"框中。这时我们注意到，在"图例字段（系列）"框中，多出来一个"Σ数值"的字段，将这个字段拖动到"轴字段（分类）"框中，完成后结果如图3-165所示。

 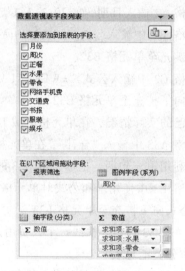

图3-164　"透视表字段列表"窗格　　　图3-165　字段设置完成效果图

完成对字段的设置后，表中自动生成数据透视表和数据透视图。单击数据透视图，选择"设计"选项卡中的"更改图表类型"，在"更改图表类型"对话框中选择"分离型饼图"。调整数据透视图大小并把数据透视图放置到区域A12:H31，完成效果如图3-163所示。

最后完成的文档请参考素材文件夹的"3.3\Excel\大学生个人费用记录表.xlsx"文件。

数据透视图完成后，所显示的是第九周的数据，如果想查看其他周次的数据，可使用"筛选"功能。单击数据透视图左下方的"周次"图标，从中可以选择某一周的数据查看并显示，或者使用"值筛选"，对数据进行一定范围的选择与查看。

（2）CET4单词记忆安排表

案例概述：

德国心理学家艾宾浩斯研究发现，人们在学习之后遗忘立即开始，并且遗忘过程是不均匀的。艾宾浩斯认为"记忆和遗忘是时间的函数"，他根据大量的实验结果，描述出遗忘进程的曲线，即著名的艾宾浩斯记忆遗忘曲线。如图3-166所示，人们在第一次的记忆后，会回忆出100%的内容。在一天后，如果不进行记忆练习，大脑剩下约33%的记忆内容。以此类推，到了第6天，大脑剩下约25%的记忆内容。记忆遗忘曲线图也表明，第一次记忆后的第1小时、第1天、第2天、第6天，分别是遗忘的关键期。如果能在这些遗忘关键期进行反复的记忆练习，则会达到事半功倍的效果。

背英语单词是大学生在大学学习期间必修的"功课"，如何利用最有限的时间把单词记忆的效果达到最优化，我们可以借鉴艾宾浩斯记忆遗忘曲线来安排我们的单词学习计划。结合大学生的实际情况，在本例中，我们采用第1次记忆后的第1天、第2天、第4天、第7天和第15天，作为遗忘关键期。对单词的反复记忆练习也安排在这几个遗忘关键期，如图3-167所示。

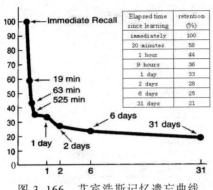

单词记忆周期	
第1个记忆周期	当前
第2个记忆周期	1天后
第3个记忆周期	2天后
第4个记忆周期	4天后
第5个记忆周期	7天后
第6个记忆周期	15天后

图 3-166　艾宾浩斯记忆遗忘曲线　　　　　图 3-167　记忆关键周期

本例主要由 CET4 单词记忆计划表和若干个单词记忆列表（LIST）组成。CET4 单词记忆计划表是按照遗忘关键期，自动生成每天的单词记忆时间安排表，使用时需要填写的只是"自己设定开始日期"单元格（A4）的日期。如图 3-168 所示，例如，我们的计划已从 2013 年 5 月12 日开始，今天是 2013 年 5 月 30 日。当我们打开表格时，可以从表中绿色单元格看出今天的任务是：要对 LIST29 和 LIST30 做第 4 次记忆、对 LIST23 和 LIST24 做第 5 次记忆、对 LIST7 和 LIST8 做第 6 次记忆。具体的记忆可在 LIST 表中进行，LIST 表中的内容（CET4 词汇表）可在网上免费下载，是 Word 文档形式，利用 Excel 的分列功能可将英文单词和中文解释分别放置到表的不同列中，从而制作自己的 LIST 表。LIST 表按大约每 50 个单词一组，叫一个 LIST，一共约有 30 个 LIST，可对每个 LIST 编号，如 LIST1、LIST2 等。每个 LIST 在一张表中，本例中的 LIST1（部分截图）如图 3-169 所示。在使用 LIST1 表时，使用者可将"单词"列（A 列）列宽缩小，如设置成 0.7。这样用户可根据中文列（B 列）进行单词听写，听写结果放在"记忆"列（C 列）中。听写单词的对错和统计值，在相关单元格中会自动显示出来。

本例以CET4词汇中主要的1500单词为例，每个LIST包含50个单词，共计30个LIST，每天至少记忆2个LIST。单词记忆安排表如下所示。

自己设定开始日期	结束日期	记忆天数	记忆单词数			
2013-5-12	2013-6-10	30	1500			

LIST	第1次记忆	第2次记忆	第3次复习	第4次复习	第5次复习	第6次复习
1	2013-5-12	2013-5-13	2013-5-14	2013-5-16	2013-5-19	2013-5-27
2	2013-5-12	2013-5-13	2013-5-14	2013-5-16	2013-5-19	2013-5-27
3	2013-5-13	2013-5-14	2013-5-15	2013-5-17	2013-5-20	2013-5-28
4	2013-5-13	2013-5-14	2013-5-15	2013-5-17	2013-5-20	2013-5-28
5	2013-5-14	2013-5-15	2013-5-16	2013-5-18	2013-5-21	2013-5-29
6	2013-5-14	2013-5-15	2013-5-16	2013-5-18	2013-5-21	2013-5-29
7	2013-5-15	2013-5-16	2013-5-17	2013-5-19	2013-5-22	2013-5-30
8	2013-5-15	2013-5-16	2013-5-17	2013-5-19	2013-5-22	2013-5-30
9	2013-5-16	2013-5-17	2013-5-18	2013-5-20	2013-5-23	2013-5-31
10	2013-5-16	2013-5-17	2013-5-18	2013-5-20	2013-5-23	2013-5-31
11	2013-5-17	2013-5-18	2013-5-19	2013-5-21	2013-5-24	2013-6-1
12	2013-5-17	2013-5-18	2013-5-19	2013-5-21	2013-5-25	2013-6-1
14	2013-5-18	2013-5-19	2013-5-20	2013-5-22	2013-5-25	2013-6-2
15	2013-5-19	2013-5-20	2013-5-21	2013-5-23	2013-5-26	2013-6-3
16	2013-5-19	2013-5-20	2013-5-21	2013-5-23	2013-5-26	2013-6-3
17	2013-5-20	2013-5-21	2013-5-22	2013-5-24	2013-5-27	2013-6-4
18	2013-5-20	2013-5-21	2013-5-22	2013-5-24	2013-5-27	2013-6-4
19	2013-5-21	2013-5-22	2013-5-23	2013-5-25	2013-5-28	2013-6-5
20	2013-5-21	2013-5-22	2013-5-23	2013-5-25	2013-5-28	2013-6-5
21	2013-5-22	2013-5-23	2013-5-24	2013-5-26	2013-5-29	2013-6-6
22	2013-5-22	2013-5-23	2013-5-24	2013-5-26	2013-5-29	2013-6-6
23	2013-5-23	2013-5-24	2013-5-25	2013-5-27	2013-5-30	2013-6-7
24	2013-5-23	2013-5-24	2013-5-25	2013-5-27	2013-5-30	2013-6-7
25	2013-5-24	2013-5-25	2013-5-26	2013-5-28	2013-5-31	2013-6-8
26	2013-5-24	2013-5-25	2013-5-26	2013-5-28	2013-5-31	2013-6-8
27	2013-5-25	2013-5-26	2013-5-27	2013-5-29	2013-6-1	2013-6-9
28	2013-5-25	2013-5-26	2013-5-27	2013-5-29	2013-6-1	2013-6-9
29	2013-5-26	2013-5-27	2013-5-28	2013-5-30	2013-6-2	2013-6-10
30	2013-5-26	2013-5-27	2013-5-28	2013-5-30	2013-6-2	2013-6-10

艾宾浩斯记忆法　CET4单词记忆计划表　LIST1　Sheet2

图 3-168　单词书记时间安排表

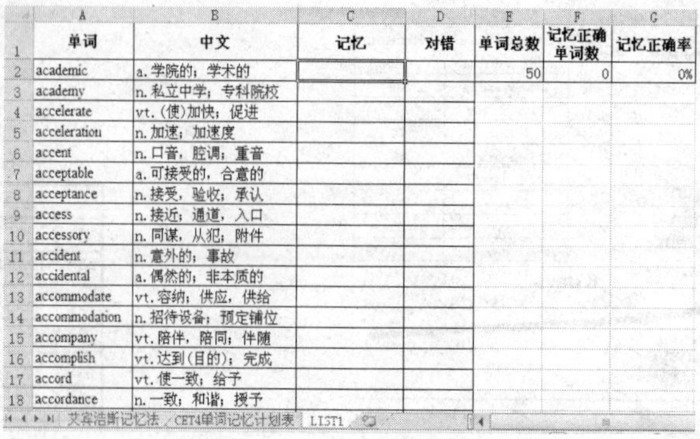

	A	B	C	D	E	F	G
1	单词	中文	记忆	对错	单词总数	记忆正确单词数	记忆正确率
2	academic	a.学院的；学术的			50	0	0%
3	academy	n.私立中学；专科院校					
4	accelerate	vt.(使)加快；促进					
5	acceleration	n.加速；加速度					
6	accent	n.口音，腔调；重音					
7	acceptable	a.可接受的，合意的					
8	acceptance	n.接受，验收；承认					
9	access	n.接近；通道，入口					
10	accessory	n.同谋，从犯；附件					
11	accident	n.意外的；事故					
12	accidental	a.偶然的；非本质的					
13	accommodate	vt.容纳；供应，供给					
14	accommodation	n.招待设备；预定铺位					
15	accompany	vt.陪伴，陪同；伴随					
16	accomplish	vt.达到(目的)；完成					
17	accord	vt.使一致；给予					
18	accordance	n.一致；和谐；授予					

艾宾浩斯记忆法 / CET4单词记忆计划表 / LIST1

图 3-169 单词列表

重点内容：

① 艾宾浩斯记忆法：科学的记忆方法之一，可以有效提高学习效率。

② 函数：IF 函数，判断是否满足条件，按判断结果返回不同的值；COUNTA 函数，统计区域中非空单元格的个数；COUNTIF 函数，根据条件统计某个区域中的单元格数目。

③ 条件格式：单元格内根据满足条件的内容，单元格以用户设置的格式显示出来。

④ 分列：将单元格的内容按一定规则，分隔为多个单独的列。

⑤ 合并单元格的内容：利用“&”运算符，可将多个单元格内容合并到一个单元格中。

实现步骤：

① 制作 CET4 单词记忆计划表。

新建一空白工作簿，将表“Sheet1”改名为“CET4 单词记忆计划表”。

在区域 A3:D3 分别输入“自己设定开始日期”“结束日期”“记忆天数”和“记忆单词数”。

在单元格 B4 中输入公式“=G36”，在单元格 C4 中输入公式“=B4-A4-1”，在单元格 D4 中输入公式“=C4*50”。区域 B4:D4 的正常数值，在完成本表后会显示出来。对区域 A3:D4 加内外框线。

在区域 A6:G6 分别输入“LIST”“第 1 次记忆”“第 2 次复习”…“第 6 次复习”；在单元格 A7 和 A8，分别输入数值“1”和“2”，选择区域 A7:A8，然后使用填充句柄向下扩充至单元格 A36，形成 LIST1 至 LIST30 序列。

在单元格 B7 中输入公式“=$A$4”，在单元格 C7 中输入公式“B7+1”，在单元格 D7 中输入公式“B7+2”，在单元格 E7 中输入公式“B7+4”，在单元格 F7 中输入公式“B7+7”，在单元格 G7 中输入公式“B7+15”。即按照记忆周期，在第 1 个记忆周期后的第 1 天、第 2 天、第 4 天、第 7 天和第 15 天再进行复习。因为一天要至少记忆 2 个 LIST，所以把区域 B7:G7 的复制到区域 B8:G8。再次把区域 B7:G7 的复制到区域 B9:G9，把单元格 B9 的公式改为“=B7+1”，把区域 B9:G9 复制到区域 B10:G10。选择区域 B9:G10，利用填充句柄向下扩展至区域 B11:G36，完成整体日期安排。对区域 A6:G36 加内外框线。

利用条件格式功能，自动显示当天记忆内容。选择区域 B7:G36，在“开始”选项卡中单击“条件格式”，在“突出显示单元格规则”中选择“发生日期”。在“发生日期”对话框中，选择“今天”“绿填充色深绿色文本”。

② 制作单词记忆列表（LIST）。

在新建的工作簿中，将表"Sheet2"改名为"LIST1"。

在网上下载免费的 CET4 关键词列表文件，是 Word 文档。把 Word 文档中前 50 个单词复制到 LIST1 表的 A 列中，内容形式为"英文单词中文解释"，如"academic a.学院的；学术的"。注意中、英文之间有一个空格，分列操作也就是利用了这个空格。

选择 A 列，在"数据"选项卡中单击"分列"，使用"分隔符号"进行分列，"分隔符号"选择"空格"，完成分列。这时我们就把英文单词和中文解释分别放在了 A 列和 B 列中。

选择 LIST1 表的第一行，在属性菜单中单击"插入"，插入一空行。在区域 A1:G1 中，分别输入"单词""中文""记忆""对错""单词总数""记忆正确单词数"和"记忆正确率"。在单元格 D2 中输入公式"=IF(C2="","",IF(A2=C2,"Right","Wrong"))"，然后利用填充句柄把公式向下扩展至 D51。在单元格 E2 中输入公式"=COUNTA(A:A)-1"。在单元格 F2 中输入公式"=COUNTIF(D:D,"right")"。在单元格 G2 中输入公式"=F2/E2"，并把单元格数值格式改为"百分比"，小数位数为 0。把相关区域设置框线，如图 3-169 所示。

最后完成的文档请参考素材文件夹的"3.3\Excel\单词记忆安排表.xlsx"文件。

在本案例中，每个 LIST 包含了 50 个单词列表，使用者可根据自己的具体情况调整单词数量。在完成 LIST1 表的基础上，使用者可在每天记忆前，将新的 LIST 表逐步（如 LIST2、LIST3、LIST4 等）加入到工作簿中。

（3）大学生时间管理表

案例概述：

本例由"帕累托定律"表、"一天时间安排表""一天时间汇总表"和"大二期间时间汇总表"组成。在"帕累托定律"表的区域 A1:E1 中，主要是对二八法则的介绍及利用二八法则进行时间管理的概念；在区域 A4:C19 有根据二八法则，制定的时间管理坐标图；在区域 D4:E19 中有根据时间管理坐标图，制订的每天事情分类表，如图 3-170 所示。此表可在素材文件夹"3.3\Excel\大学生时间管理.xlsx"工作簿中的"帕累托定律"表中查看。

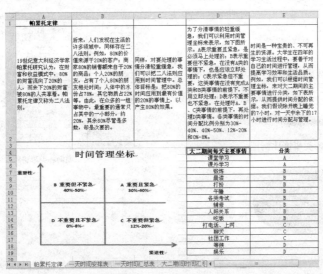

图 3-170　帕累托定律与时间管理介绍

"一天时间安排表"从早上 6 点至晚上 12 点，以 15 分钟为一个记录单位，记录各项事情的时间安排，单元格中有"1"表示这个时间段有相关事情安排。"一天时间安排表"的最后统计出各项事情的时间总数和事情的类别，如图 3-171 和图 3-172 所示。

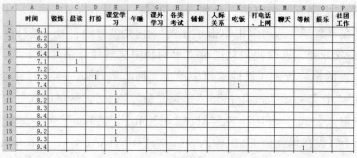

图 3-171　一天时间安排表 1

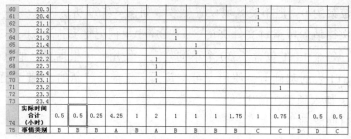

图 3-172　一天时间安排表 2

"一天时间汇总表"以统计表的方式，计算每类事情在一天时间中所占数量及比例，并以饼图方式显示出来，另外根据时间管理坐标中各类事情的比例范围，判断各类事情的时间安排是否合理。如图 3-173 所示。

"大二期间时间汇总表"在每天时间安排的基础上，统计出大学二年级整个一学年中，各类事情花费时间的总数，并以柱形图显示出来。如图 3-174 所示。

图 3-173　一天时间汇总表

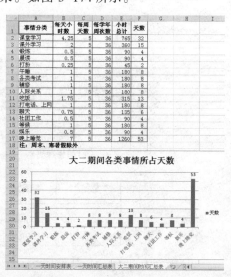

图 3-174　大二期间时间汇总表

重点内容：

① 帕累托定律：也叫二八法则、最省力法则，在任何一组东西中，最重要的只占其中一小部分，约 20%，其余 80% 的尽管是多数，却是次要的。

② 函数：COUNT 函数，计算区域中包含数值的单元格个数；VLOOKUP 函数，搜索区域首列中满足条件的元素，并返回和该元素相对应列中单元格的值；SUMIF 函数，对满足条件的单元格求和；AND 函数，检查是否所有参数均为真，如是返回真值，否则返回假值；OR 函数，检查是否所有参数均为假，如是返回假，否则返回真值；HLOOKUP 函数，搜索区域首行中满足条件的元素，并返回和该元素相对应行中的单元格的值。

实现步骤：

① 制作帕累托定律表——事情分类表。

新建一空白工作簿，将表"Sheet1"改名为"帕累托定律"。在区域 D4:E19 中，输入图 3-174 所示的每天事情分类表。本表的其他内容是为了让使用者阅读，并不涉及计算，可以不输入。

② 制作一天时间安排表。

将表"Sheet2"改名为"一天时间安排表"。

在区域 A1:P1 中，依次输入"时间""锻炼""打扮""课堂学习""午睡""课外学习""各类考试""辅修""人际关系""吃饭""打电话（上网）""聊天""等候""娱乐""社团工作"等内容。

计时以 15 分钟为一个单位，如早上 6 点到 7 点的 1 小时，表示为 6.1、6.2、6.3 和 6.4。计时范围从早上 6 点至晚上 12 点，在区域 A2:A73，形成时间的序列，共计 17 小时，如图 3-171 所示。

在单元格 A74 中输入"实际时间_合计_（小时）"；在单元格 B74 中输入公式"=COUNT(B2:B73)*15/60"，并把公式向右扩充至单元格 P74；在单元格 A75 中输入"事情类别"；在单元格 B75 中输入公式"=VLOOKUP(B1,帕累托定律!$D$5:$E$19,2,FALSE)"，并把公式向右扩充至单元格 P75。在函数 VLOOKUP 中的"帕累托定律!$D$5:$E$19"，指的是"帕累托定律"表的 D5:E19 区域。

对区域 A1:P75 加内外框线。

使用者在对一天中的各类事情进行时间分配时，可参考帕累托定律表中的时间管理坐标和每天事情分类表，并完成一天时间安排表中区域 B2:P73 的数值填写。

③ 制作一天时间汇总表。

将表"Sheet3"改名为"一天时间汇总表"。

在区域 A1:D1 中，依次输入"事情分类""小时总计""所占比例"和"是否合理"。

在区域 A2:A6 中，依次输入"A""B""C""D"和"总计"。

在单元格 B2 中输入公式"=SUMIF(一天时间安排表!$B$75:$P$75,A2,一天时间安排表!$B$74:$P$74)"，并把公式向下扩充至单元格 B5。

在单元格 C2 中输入公式"=B2/$B$6"，把单元格格式设置为百分比，不要小数位，然后把公式向下扩充至单元格 C5。

在单元格 B6 中，对区域 B2:B5 求总和。在单元格 C6 中，对区域 C2:C5 求总和。在单元格

D2 中输入公式 "=IF(AND(C2<0.4,C2>0.3),"合理","不合理")"，并把公式向下扩充至单元格 D5。

在单元格 D6 中输入公式"=IF(OR(AND(D2="合理",D3="合理"),AND(D2="合理",D3="合理",D4="合理")),"总体合理","总体不合理")"。对区域 A1:D6 加内外框线。

插入图表——饼图，以显示一天中各类事情所占时间比例。选择区域 A1:A5 和 C1:C5，在"插入"选项卡中单击"饼图"，选择"三维饼图"。

饼图生成后，在"布局"选项卡中，单击"数据标签"，选择"其他数据标签选项"。在"标签选项"的对话框中，选择"类别名称""值""显示引导线"和"最佳匹配"。调整图表大小并把图表放置到区域 A9:D22。

④ 制作大二期间时间汇总表。

新建一工作表，将表名改为"大二期间时间汇总表"。

在区域 A1:F1 中，依次输入"事情分类""每天小时数""每周天数""每学年周次数""小时总计"和"天数"。

在单元格 A2 中输入公式 "=帕累托定律!D5"，并把公式向下扩充至单元格 A16，在单元格 A17 输入"晚上睡觉"。

在单元格 B2 中输入公式 "=HLOOKUP(A2,一天时间安排表!$B$1:$P$75,74,FALSE)"，并把公式向下扩充至单元格 B16，在单元格 B17 中输入"7"。

在区域 C2:C17 中整体输入"5"。在区域 D2:D17 中整体输入"36"。

在单元格 E2 中输入公式 "=B2*C2*D2"，并把公式向下扩充至单元格 E17。

在单元格 F2 中输入公式 "=E2/24"，把单元格格式改为"数值"，不要小数位，然后把公式向下扩充至单元格 F17。

对区域 A1:F17 加内外框线。

插入图表——柱形图，以显示一年中各类事情所用总天数。选择区域 A1:A17 和 F1:F17，在"插入"选项卡中单击"柱形图"，选择"簇状柱形图"。

柱形图生成后，在"布局"选项卡中，单击"数据标签"，选择"数据标签外"。调整图表大小并把图表放置到区域 A19:I35。单击图表标题"天数"，改标题为"大二期间各类事情所占天数"。

最后完成的文档请参考素材文件夹的"3.3\Excel\大学生时间管理.xlsx"文件。

（4）个人房贷计算表

案例概述：

住房是每个人需要解决的基本生活问题。在购买个人住房的时候，很多人会选择住房贷款。个人住房贷款是指以个人名义向银行机构申请贷款，以购买住房，并向银行支付贷款利息。在住房贷款中，人们很关心每月的月供款是如何计算的。一般来说，住房月供款要根据贷款总金额、贷款年限、贷款类型和利率来计算。如果使用算式进行手工计算，过程十分烦琐。利用 Excel 的计算功能，可以轻松地解决这个问题。

本案例由"个人住房贷款情况表说明"表、"个人住房贷款计算器"表和"数据区"表组成。"个人住房贷款情况表说明"是对个人住房贷款的说明，此表可以不制作。"个人住房贷款计算器"表，是根据使用者提供的贷款类型、贷款总额、贷款年限，并按照当前的利率，计算每月还款金额等相关数据，如图 3-175 所示。

“数据区”表是存放计算中所需要的相关数据，如贷款类型和贷款利率数等，如图 3-176 所示。

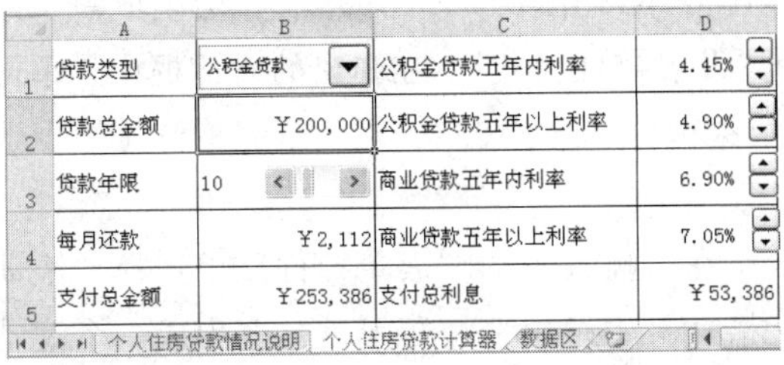

	A	B	C	D
1	贷款类型	公积金贷款	公积金贷款五年内利率	4.45%
2	贷款总金额	￥200,000	公积金贷款五年以上利率	4.90%
3	贷款年限	10	商业贷款五年内利率	6.90%
4	每月还款	￥2,112	商业贷款五年以上利率	7.05%
5	支付总金额	￥253,386	支付总利息	￥53,386

个人住房贷款情况说明　个人住房贷款计算器　数据区

图 3-175　个人住房贷款计算器

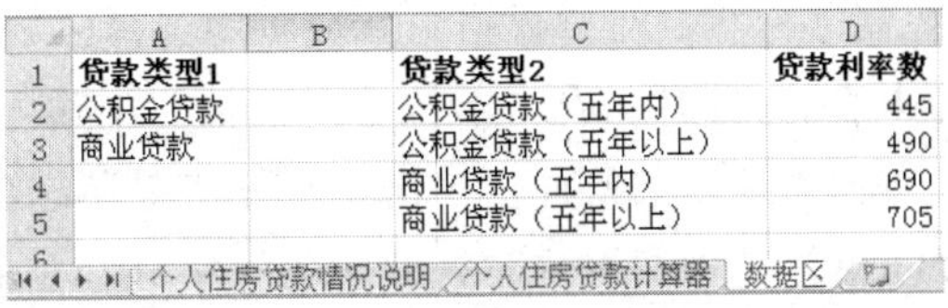

	A	B	C	D
1	贷款类型1		贷款类型2	贷款利率数
2	公积金贷款		公积金贷款（五年内）	445
3	商业贷款		公积金贷款（五年以上）	490
4			商业贷款（五年内）	690
5			商业贷款（五年以上）	705

个人住房贷款情况说明　个人住房贷款计算器　数据区

图 3-176　数据区表

重点内容：

① 函数：INDEX 函数，在给定的单元格区域中，返回特定行列交叉处单元格的值或引用；ABS 函数，返回给定数值的绝对值；PMT 函数，计算在给定的利率下，贷款的等额分期偿还额。在本例中要按月还款，所以对函数 PMT(rate,nper,pv)的参数进行如下设置，rate 为“利率/12”，nper 为“贷款年限*12”，pv 为“贷款总金额”。由于 PMT 计算出的是一个负值，所以对计算结果要使用 ABS 函数。

② 控件：放置在表格上的一些图形对象，如组合框、命令按钮、滚动条等，可以用来显示或输入数据、执行操作、扩展表格的功能等。

实现步骤：

① 制作数据区表。

新建一空白工作簿，把表“Sheet2”名改为“数据区”。

在单元格 A1 中输入“贷款类型 1”，在单元格 A2 中输入“公积金贷款”，在单元格 A3 中输入“商业贷款”。

在单元格 C1 中输入“贷款类型 2”，在区域 C2:C5 中，依次输入“公积金贷款（五年内）”、“公积金贷款（五年以上）”“商业贷款（五年内）”“商业贷款（五年以上）”。

在单元格 D1 中输入“贷款利率数”，在区域 D2:D5 中，依次输入“445”“490”“690”和“705”。

② 制作个人住房贷款计算器表。

把表“Sheet1”名改为“个人住房贷款计算器”。

选择 1 至 4 行，设置行高为“30”；设置 A 列的列宽为“12.38”；设置 B 列的列宽为“15.5”；设置 C 列的列宽为“22.88”；设置 D 列的列宽为“12”。

在区域 A1:A5 中，依次输入“贷款类型”“贷款总金额”“贷款年限”“每月还款”和“支付总金额”。

在区域 C1:C5 中，依次输入“公积金贷款五年内利率”“公积金贷款五年以上利率”“商业贷款五年内利率”“商业贷款五年以上利率”和“支付总利息”。

假设贷款总金额为 20 万，在单元格 B2 中输入“200000”，设置格式为“货币”，小数位为零。在单元格 B3 中输入"10",设置文本左对齐。在单元格 D1 中输入公式"=数据区!D2/10000",设置格式为"百分比",保留 2 位小数,并把公式向下扩展至单元格 D4。

插入组合框控件。单击"开发工具"选项卡,在"插入"中的"表单控件"中选择"组合框(窗体控件)",这时光标变为十字形,在单元格 B1 中画出一个矩形后,会生成一个组合框控件。右击这个控件,弹出快捷菜单,选择"设置控件格式"。在弹出的对话框中,单击"控制"标签。在"数据源区域"中选择区域"数据区!$A$2: $A$3",在"单元格链接"中选择本表的"B1",在"下拉显示项数"中输入"2"。

插入滚动条控件。单击"开发工具"选项卡,在"插入"的"表单控件"中选择"滚动条(窗体控件)",这时光标变为十字形,在单元格 B3 中画出一个矩形后,会生成一个滚动条控件,调整控件大小,不要遮挡住单元格中的数字"10"。右击这个控件,弹出快捷菜单,选择"设置控件格式"。在弹出的对话框中,单击"控制"标签。在"当前值"中输入"10",在"最小值"中输入"1",在"最大值"中输入"50",在"步长"中输入"1",在"单元格链接"中输入"$B$3"。

插入数值调节钮控件。单击"开发工具"选项卡,在"插入"中的"表单控件"中选择"数值调节钮(窗体控件)",这时光标变为十字形,在单元格 D2 中画出一个矩形后,会生成一个数值调节钮控件,调整控件大小,放置到单元格的右侧,不要遮挡住单元格中的数字显示。右击这个控件,弹出快捷菜单,选择"设置控件格式"。在弹出的对话框中,单击"控制"标签。在"当前值"中输入对应"数据区"表中单元格 D2 的数值"445",在"最小值"中输入"1",在"最大值"中输入"10000",在"步长"中输入"1",在"单元格链接"中选择单元格"数据区!$D$2"。以此类推,依次插入单元格 D2、D3 和 D4 的数值调节钮控件(注意对应单元格是"数据区"表的 D3、D4 和 D5)。

计算月还款金额。在单元格 B4 中输入公式"=IF(AND(INDEX(数据区!A2:A3,B1)="公积金贷款",B3<=5),ABS(PMT(D1/12,B3*12,B2)),IF(AND(INDEX(数据区!A2:A3,B1)="公积金贷款",B3>5),ABS(PMT(D2/12,B3*12,B2)),IF(AND(INDEX(数据区!A2:A3,B1)="商业贷款",B3<=5),ABS(PMT(D3/12,B3*12,B2)),ABS(PMT(D4/12,B3*12,B2)))))",并设置该单元格格式为货币。在单元格 B5 中输入公式"=B4*B3*12",并设置该单元格格式为货币。在单元格 D5 中输入公式"=B5-B2",并设置该单元格格式为货币。

选择区域 A1:D5,设置内外框线。

最后完成的文档请参考素材文件夹的"3.3\Excel\个人房贷计算表.xlsx"文件。

3. PowerPoint 演示文稿制作软件

Office 中有一款能创建形象生动、图文并茂的演示文稿的常用组件——PowerPoint。它是目前最实用、功能最强大的演示文稿制作软件之一,利用它能够制作出生动的幻灯片,并能达到最佳的现场演示效果。PowerPoint 允许用户以可视化操作,将文本、图形图像、动画、音频和视频集成到一个可重复编辑和播放的文档中,通过各种数码播放产品展示出来,是制作公司简介、会议报告、产品说明、培训计划和教学课件等演示文稿的首选软件。

(1)PowerPoint 2010 新增功能

作为 Office 2010 最重要的组件之一,相比之前版本,PowerPoint 2010 增加了大量使用的功能，为用户提供了全新的多媒体体验。

①　PowerPoint 2010 全新界面。PowerPoint 2010 的工作界面与其他 Office 2010 组件风格类似，主要包括 Office 按钮、快速访问工具栏、标题栏、功能选项卡、"幻灯片/大纲"窗格、状态栏和编辑区等几个部分。

②　强大的视频处理功能。在 PowerPoint 2010 中，提供了强大的视频处理功能，用户不仅可以将视频嵌入到 PowerPoint 文档中，还可以控制视频的播放，对视频进行裁剪，并在视频中添加同步到重叠文本、标牌框架、书签和淡化效果。

③　改进的图像编辑工具。PowerPoint 2010 提供了全新的图像编辑工具，允许用户为图像添加各种艺术效果，如素描、绘图、油画等，并进行高级更正、颜色调整和裁剪，可微调多媒体演示程序中的各种图像，以增强多媒体演示程序的感染力。

④　动态三维切换效果。PowerPoint 2010 添加了全新的动态幻灯片平滑切换效果以及更多逼真的动画效果，包括真实三维空间中的工作路径和旋转。

⑤　压缩和保护演示文稿。PowerPoint 2010 允许用户对已创建的基于 PowerPoint 2010 的多媒体演示文稿进行压缩，降低演示文稿所占用的磁盘空间，增强演示文稿在互联网中传输时的效率；还允许用户设置演示文稿的权限级别，允许用户对演示文稿加密、设置读写权限等，支持对演示文稿添加数字签名，提高演示文稿的安全性。

⑥　自定义工作区。PowerPoint 2010 允许用户自定义工作区，通过修改"自定义功能区"选项卡中项目的位置、项目内容等，将用户常用的一些功能集中起来，提高用户工作的效率。

⑦　共享演示文稿。在 PowerPoint 2010 中，提供了广播幻灯片的功能，允许用户将已创建的多媒体演示文稿通过局域网、广域网等网络广播给其他地方的用户，而这些用户无须安装 PowerPoint 软件或播放器。用户可以注册免费的 Windows Live 账户，将演示文稿上传到免费的 Windows Live SkyDrive 网盘中，以实现演示设计的网络化，在任意地点、任意计算机，只需登录 Windows Live 账户，即可对演示文稿进行编辑。

⑧　与他人共同创作演示文稿。多个作者可以同时独立编辑一个演示文稿，在处理面向团队的项目时，通过对幻灯片进行标记并将其分为多个节可以生成统一的演示文稿，提高团队创作的效率；用户可以使用多个节来组织大型幻灯片版面，以简化其管理和导航。

（2）PowerPoint 2010 的基本概念和操作

学习演示文稿，就要了解演示文稿的基本概念和掌握基本的操作技能。这些基本概念和操作技能包括：

①　PPT 基本操作：软件基本功能、软件用户界面、软件的视图模式。

②　演示文稿的创建：创建空演示文稿、应用设计模版、应用演示文稿模版。

③　演示文稿的编辑处理：打开与保存、输入、编辑、格式化、对象的插入编辑、幻灯片的选择、添加、删除、移动、复制。

④　演示文稿的修饰：设置背景、使用配色方案、应用设计模版、应用版式、添加页眉页脚、制作备注页和讲义、添加音乐和视频。

⑤　演示文稿的放映：设置片内动画及片间动画、设计幻灯片多媒体互动效果（插入及播放控制等）、创建和编辑超链接、放映幻灯片（设置放映方式，建立演讲者备注，使用画笔，

幻灯片放映）。

⑥ 演示文稿的高级应用：幻灯片母版的编辑、控件的使用。

（3）演示文稿的制作流程

① 确定演示文稿类型。在制作演示文稿前，首先要确定演示文稿的类型，然后才能确立整体的设计风格。一般将演示文稿划分为三种类型：

- 内容型演示文稿：在多媒体网络环境下，向用户播放图、文、声、像等多媒体演示文稿，将抽象的内容具体形象地表示出来，常用于产品简介、旅游宣传等。不仅要为演示文稿添加图像、文本内容，还要为幻灯片设置动画、切换效果，并设置自动播放功能。要为演示文稿设计美观的风格。

- 演讲型演示文稿：是为了帮助观众理解演讲者要表达的内容的产品，以图示为主，起到辅助演讲的作用，常用于会议报告、论文答辩、员工培训等。此类演示文稿是演讲者的提纲和板书内容，同时辅助观众直观地了解内容。要添加各种数据资料、图文信息，通过绘制各种 SmartArt 图形、流程图和结构图增强说服力。

- 交互型演示文稿：是根据用户的选择来演示不同内容的具有交互功能的产品。通过超链接、动作按钮、VBA 脚本和宏命令，实现用户和演示文稿的互动，常用于各种学习资料、简单的应用程序类产品。

② 收集素材。在确定了演示文稿的类型之后，就开始收集素材，素材分为文本、图像、声音、视频等。

- 文本：指的是字母、数字和符号，是最容易处理、占用存储空间最少、最方便利用的素材。

- 图形：是通过一组指令集来描述构成一幅图的所有直线、圆、圆弧、矩形、曲线等的位置、维数和大小、形状。常见图形文件格式有：WMF、JPG、PNG、GIF、TIF 等。

- 图像：由描述图像中各个像素点的强度与颜色的数位集合组成的。常见图像文件格式有：BMP、JPG、GIF 等。

- 声音：通常有语音、音效和音乐 3 种形式，可以是从自然界中录音的，也可以采用特殊方法人工模拟制作。常见声音文件格式有：WAV、MP3、MID 等。

- 动画：是通过一定速度的播放可达到画中形象连续变化的效果的文件。常见动画文件格式有：FLA、SWF、GIF、AVI 等。

- 视频：与动画一样，由连续的画面组成，只是画面是自然景物的动态图像。常见视频文件格式有：AVI、MPEG、RM、MOV 等。

③ 确定方案：对演示文稿的整个构架作一个设计，用 Mindmanager 或纸笔工具画出提纲或逻辑结构图。

④ 初步制作：编辑配色方案、应用设计模板、设计母版等，将文本、图形、图像、声音、动画、视频等对象插入到相应的幻灯片中。

⑤ 装饰处理：统一排版和美化页面，设置幻灯片中的相关对象的要素（包括字体、大小、动画、布局等），设计动画效果、超链接等。

⑥ 预演播放：幻灯片放映状态下检查演示文稿的各个要素，查看整体效果，修正和完

善之后正式输出。

（4）魅力古镇——磁器口

案例概述：

磁器口古镇（原名龙隐镇），位于重庆城西 14 千米的嘉陵江畔。自明、清时期以来磁器口古镇名扬巴蜀大地。古镇磁器口有 12 条街巷，街道两旁大多是明清风格的建筑，地面由石板铺成，沿街店铺林立，是重庆市著名景点之一。本案例主要通过图片、文字、动画、音乐等多种媒体全方位介绍磁器口古镇，演示文稿整体风格古典优雅，图文排版简洁和谐。演示文稿效果如图 3-177 所示。

图 3-177　魅力古镇——磁器口效果图

重点内容：

① 页面设置：用户可以对制作的演示文稿进行编辑，制作出符合播放设备（如数字幻灯机、数字投影仪、老式照片幻灯机等）尺寸的演示文稿。为了迎合宽屏的主流设计，PowerPoint 默认都将采用 16:9 的长宽比进行设计。

② 幻灯片主题：是应用于整个演示文稿的各种样式的集合，包含协调配色方案、背景、

字体样式和占位符位置，定义了演示文稿的整体外观。PowerPoint 2010 预置了 44 种主题供用户选择，将鼠标指针停留在某一主题的缩略图上，将显示该主题的名称并且可以预览应用该主题之后的当前幻灯片的外观。

③ 占位符：一种带有虚线的框。在框内可以放置各种文本、图标、表格和图像等对象。选中占位符后，PowerPoint 将会把占位符的边框突出显示，并显示 9 个相关的调节柄，以供用户调整占位符。

④ 幻灯片版式：是指在幻灯片页面上文字、图片、表格、SmartArt 图形等的排版布局方式，共有 11 种可选，分别是"标题幻灯片""标题和内容""节标题""两栏内容""仅标题""空白"等。

⑤ 幻灯片动画：为了使演示文稿的重点更突出，表现力更强且更显个性化，可以为演示文稿中的元素（如图片、文本等）添加动画效果。添加动画之后，可以继续调整动画效果的各个细节部分，以及选取各种计时方式，以控制动画启动和持续时间、进入方向和速度等。可以将动画效果应用于个别幻灯片上的文本或对象、幻灯片母版上的文本或对象，或者自定义幻灯片版式上的占位符。

实现步骤；

① 单击"文件"选项卡，执行"新建"命令，在更新的窗口中选择"空白演示文稿"项目，并单击窗口右侧的"创建"按钮。

② 选择"设计"选项卡，单击"页面设置"按钮，打开"页面设置"对话框，在"幻灯片大小"选框中选择"全屏显示（16:9）"，单击"确定"按钮。选择"设计"选项卡，在"主题"组中单击"其他"按钮，在弹出的菜单中选择预置的主题。

③ 单击"单击此处添加标题"占位符，输入文本"魅力古镇"；选中输入的文本内容，选择"开始"选项卡，在"字体"组中设置字体的格式；还可选择"格式"选项卡，单击"艺术字样式"组中的"其他"按钮，应用各种预设样式。单击"单击此处添加副标题"占位符，输入文本"磁器口"，并设置文本格式。

另外，可以单击"字体"组右下角的小斜箭头，打开"字体对话框"对文字进行设置。

④ 选中主标题"魅力古镇"，单击"动画"选项卡，单击"添加动画"按钮，在菜单中选择"浮入"进入动画效果，在"开始"属性中选择"上一动画之后"。按照此步骤为副标题"磁器口"添加进入动画效果。

⑤ 选择"开始"选项卡，单击"新建幻灯片"按钮，选择"空白"版式。单击"插入"选项卡，单击"图片"按钮，在对话框中查找红色古典标题图标，放置在幻灯片右上侧；单击"插入"选项卡中"文本框"按钮，选择"垂直文本框"，在文本框中输入"古镇历史"并设置格式；将文本框置于标题图标上方，并将两个部分进行组合操作，然后设置自定义动画。

单击"插入"选项卡中"文本框"按钮，选择"水平文本框"，在文本框中输入文本内容，设置格式和动画。

单击"插入"选项卡中"图片"按钮，插入图片，使用素材文件夹下的"3.3\ppt\素材文档\魅力古镇——磁器口\古镇历史.jpg"的图片。单击"格式"选项卡，在"图片样式"工作组中对图片进行格式设置，在"动画选项卡"中对图片设置进入动画效果。

⑥ 按照第⑤步依次添加第 3～5 张幻灯片，内容分别是"古镇美景"（使用素材文件夹下的"3.3\ppt\素材文档\魅力古镇——磁器口\古镇美景"的图片）、"古镇美食"（使用素材文件夹下的"3.3\ppt\素材文档\魅力古镇——磁器口\古镇美食"的图片）、"古镇名迹"（使用素材文件夹下的"3.3\ppt\素材文档\魅力古镇——磁器口\古镇名迹"的图片）。

⑦ 插入第 6 张幻灯片，内容为"古镇影像"，在此张幻灯片中插入关于"磁器口"介绍的.avi 格式视频。单击"插入"选项卡中"视频"按钮，单击"文件中的视频"，在对话框中查找视频，单击"插入"，使用素材文件夹下的"3.3\ppt\素材文档\魅力古镇——磁器口\磁器口视频.avi"的视频文件。

⑧ 单击选中第一张幻灯片，单击"插入"选项卡中"音频"按钮，单击"文件中的音频"，在对话框中查找音乐，单击"插入"，使用素材文件夹下的"3.3\ppt\素材文档\魅力古镇——磁器口\磁器口背景音乐.mp3"的音乐文件。单击"动画"选项卡，单击"动画窗格"，双击音乐，打开"播放音频"的对话框，选择"开始播放—从头开始"和"停止播放—在 99 张幻灯片后"，单击"确定"按钮。

⑨ 演示文稿制作完成后，按【F5】键，开始播放幻灯片。

（5）户外运动公司介绍

案例概述：

随着电子化办公的普及，PowerPoint 越来越多地应用在商业领域。商业性演示文稿要达到简洁明朗的表达效果，以便有效辅助沟通；要以数据说话，多用图表图示，少用文字；要建立清晰、严谨的逻辑；要运用适当的动画效果，美观大方的色彩搭配。演示文稿效果如图 3-178 所示。

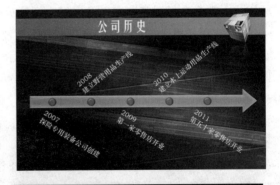
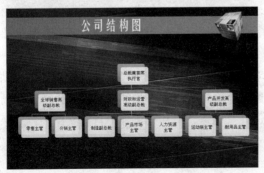

图 3-178　户外运动公司介绍效果图

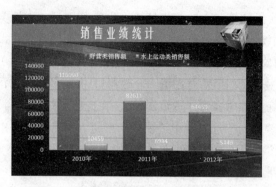

图 3-178　户外运动公司介绍效果图（续）

重要内容：

① SmartArt 图形：是信息和观点的视觉表示形式。可以通过从多种不同布局中进行选择来创建 SmartArt 图形，从而快速、轻松、有效地传达信息。SmartArt 图形类型包括列表、流程、层次结构、循环、矩阵、棱锥图、关系和图片，每种类型包含几个不同的布局。

② 添加形状：可用形状包括：线条、基本几何形状、箭头、公式形状、流程图形状、星、旗帜和标注。添加一个或多个形状后，用户可以在其中添加文字、项目符号、编号和快速样式。

③ 添加图表：可以插入多种数据图表和图形，如柱形图、折线图、饼图、条形图、面积图、散点图、股价图、曲面图、圆环图、气泡图和雷达图。

④ 添加表格：可以在 PowerPoint 中创建表格以及设置表格格式，从 Word 中复制和粘贴表格，从 Excel 中复制和粘贴一组单元格，还可以在 PowerPoint 中插入 Excel 电子表格。

⑤ 幻灯片放映：可以根据需要，使用 3 种不同的方式进行幻灯片的放映，即演讲者放映方式、观众自行浏览方式以及在展台浏览放映方式。

⑥ 演示文稿输出：PowerPoint 提供了多种保存、输出演示文稿的方法，如按幻灯片、讲义及备注页的形式打印输出演示文稿、将演示文稿保存输出为幻灯片放映、Web 格式及常用图形格式的方法。

实现步骤：

① 创建新的"空白演示文稿"文件，将页面设置为"全屏显示（16:9）"。选择"设计"选项卡，在"主题"组中单击"其他"按钮，在弹出的菜单中选择商业性主题。

② 选择"视图"选项卡，单击"幻灯片母版"按钮，进入幻灯片母版视图。单击选中"标题幻灯片版式"，依次单击"插入"选项卡→"图片"按钮，在弹出的对话框中选择素材文件夹下的"3.3\ppt\素材文档\户外运动公司介绍\魔方.jpg"，按照同样的方法插入"阶梯""小球"图片，将 3 张图片放置在合适位置。

单击"单击此处添加标题"文本框，单击"动画"选项卡，添加"挥鞭式"效果进入动画，选择"开始"属性为"与上一动画同时"。选择"阶梯"图片，添加"擦除"效果进入动画，选择"开始"属性为"与上一动画同时"。选择"小球"图片，添加"自定义路径"效果进入动画，沿着"阶梯"绘制曲线路径，选择"开始"属性为"上一动画之后"。选择"魔方"图片，添加"淡出"效果进入动画，选择"开始"属性为"上一动画之后"。

单击选中"Office 主题幻灯片母版",依次单击"插入"选项卡→"图片"按钮,在弹出的对话框中选择"户外运动公司介绍"文件夹中"魔方"图片,单击"插入",将图片放置在右上方。单击"单击此处编辑母版标题样式"文本框,单击"动画"选项卡,添加"飞入—自左侧"效果进入动画,选择"开始"属性为"上一动画之后"。

③ 选择"视图"选项卡,单击"普通视图"按钮,关闭幻灯片母版视图。单击"单击此处添加标题"占位符,输入文本"户外运动公司介绍",并设置文本格式。

④ 选择"开始"选项卡,单击"新建幻灯片"按钮,选择"标题和内容"版式。单击"单击此处添加标题",输入文本"公司历史"。依次单击"插入"选项卡→"形状"→"箭头总汇"→"右箭头",按住鼠标左键向右拖动,画出右箭头形状,松开鼠标左键。选中"右箭头",依次单击"格式"选项卡→"形状填充",选择"橙色"。同样的方法绘制 5 个圆形,将5 个圆形等距离放置在右箭头上方。

依次单击"插入"选项卡→"文本框"→"横排文本框",在第一个圆形下方单击,输入文字内容,并设置文本格式。鼠标放在文本框上侧绿色小点处,按住左键旋转,将文本框倾斜放置。同样的方法添加 4 个文本框。

选择"右箭头"图片,添加"擦除—自左侧"效果进入动画,选择"开始"属性为"上一动画之后"。选择"圆形"图片,添加"翻转式由远及近"效果进入动画,选择"开始"属性"上一动画之后"。使用"动画刷"工具将其他 4 个圆形设置为同样的动画效果。选择第一个文本框,添加"下浮"效果进入动画,选择"开始"属性"上一动画之后"。使用"动画刷"工具将其他四个文本框设置为同样的动画效果。

⑤ 选择"开始"选项卡,单击"新建幻灯片"按钮,选择"标题和内容"版式。单击"单击此处添加标题",输入文本"公司结构图"。依次单击"插入"选项卡→"SmartArt",在弹出的"选择 SmartArt 图形"对话框中选择"层次结构"→"层次结构",单击"确定"按钮,照图示结构输入文本内容,并设置文本格式。选择 SmartArt 图形,依次单击"设计"选项卡→"更改颜色",选择任一色彩;单击"动画"选项卡,添加"擦除—自顶部—逐个级别"效果进入动画,选择"开始"属性为"上一动画之后"。

⑥ 选择"开始"选项卡,单击"新建幻灯片"按钮,选择"标题和内容"版式。单击"单击此处添加标题",输入文本"产品销售情况"。依次单击"插入"选项卡—"表格",插入 6 行 6 列的表格。照图示输入文本内容,并设置文本格式。选择表格,单击"动画"选项卡,添加"缩放"效果进入动画,选择"开始"属性为"上一动画之后"。

⑦ 选择"开始"选项卡,单击"新建幻灯片"按钮,选择"标题和内容"版式。单击"单击此处添加标题",输入文本"销售业绩统计"。依次单击"插入"选项卡→"图表",在"插入图表"对话框中选择"柱形图"→"簇状柱形图",单击"确定"按钮。在打开的 Excel 表格中照图示输入文本内容,输入完成后关闭 Excel 文件。选择图表,分别单击"设计""布局""格式"选项卡对图表进行设置。

⑧ 按【F5】键,开始播放幻灯片。

(6) 小学英语课件

案例概述:

演示文稿因其直观性、灵活性、实时性、互动性，越来越多地应用到教学方面。用 PowerPoint 制作多媒体课件要注意界面设计与色彩搭配，增强画面表现力和吸引力；要在教学策略指导下，体现良好的交互性。本案例的教学对象是小学四年级学生，教学科目是英语，要选择活泼有趣的图片，注意课件的互动性和趣味性。演示文稿效果如图 3-179 所示。

图 3-179　小学英语课件效果图

重要内容：

① 幻灯片母版：幻灯片母版是幻灯片层次结构中的顶层幻灯片，用于存储有关演示文稿的主题和幻灯片版式的信息，包括背景、颜色、字体、效果、占位符大小和位置。

② 超链接：可以是从一张幻灯片到同一演示文稿中另一张幻灯片的连接，也可以是从一张幻灯片到不同演示文稿中另一张幻灯片、到电子邮件地址、网页或文件的连接。

③ 开发工具：PowerPoint 高级应用工具，可以执行以下操作——编写宏、运行以前录制的宏、使用 XML 命令、使用 ActiveX 控件、创建要与 Microsoft Office 程序一起使用的应用程序等。可以实行演示文稿的交互功能。

④ ActiveX 控件：ActiveX 是 Microsoft 对于一系列策略性面向对象程序技术和工具的称呼，PowerPoint 中常用的控件有标签控件、复选框控件、滚动条控件、文本框控件、命令控

件等。

⑤　文本框控件：即 TextBox 控件，通常用于可编辑文本，文本框可以显示多个行，对文本换行使其符合控件的大小以及添加基本的格式设置。

⑥　命令控件：即 CommandButton，程序运行中要执行一条或一组命令，通常通过单击命令按钮来实现，当然具体产生何种动作要通过执行相应的事件过程中的程序代码来决定。

实现步骤：

①　创建新的"空白演示文稿"文件，将页面设置为"全屏显示（16:9）"。

②　选择"视图"选项卡，单击"幻灯片母版"按钮，进入幻灯片母版视图。

③　单击选中"Office 主题幻灯片母版"，依次单击"插入"选项卡→"图片"按钮，在弹出的对话框中选择素材文件夹下的"3.3\ppt\素材文档\小学英语课件\背景图片 1.jpg"。在右侧插入按钮"sing""review""learn""practice"和"quit"，依次单击"插入"选项卡→"图片"按钮，在弹出的对话框中依次选择素材文件夹下的"3.3\ppt\素材文档\小学英语课件"中的图片"sing.png""review.png""learn.png""practice.png"和"quit.png"，单击插入。调整按钮的位置：选中第一个按钮图标放在合适位置，选中最后一个按钮图标放在合适位置，按住【Ctrl】键，选中所有按钮，依次单击"格式"选项卡→"对齐"→"垂直分布"，再依次单击"对齐"→"横向分布"。单击选中"标题幻灯片版式"，依次单击"插入"选项卡→"图片"按钮，在弹出的对话框中选择素材文件夹下的"3.3\ppt\素材文档\小学英语课件\背景图片.jpg"，调整背景图片大小和位置，覆盖该版式幻灯片；再次单击"图片"按钮，选择素材文件夹下的"3.3\ppt\素材文档\小学英语课件\进入图标.png"，放在幻灯片右下方。

④　选择"视图"选项卡，单击"普通视图"按钮，关闭幻灯片母版视图。依次单击"开始"选项卡→"新建幻灯片"按钮→"标题和内容"按钮，即可新建一张带按钮的幻灯片。照此方法，新建 4 张幻灯片。在第 2 张幻灯片中插入素材文件夹下的"3.3\ppt\素材文档\小学英语课件\sing 红色.png"，放置在"sing"按钮的上方。同样的操作放置在第 3 张幻灯片中插入素材文件夹下的"3.3\ppt\素材文档\小学英语课件\review 红色.png"，在第 4 张幻灯片中插入素材文件夹下的"3.3\ppt\素材文档\小学英语课件\learn 红色.png"，在第 5 张幻灯片中插入素材文件夹下的"3.3\ppt\素材文档\小学英语课件\practice 红色.png"。

⑤　选择"视图"选项卡，单击"幻灯片母版"按钮，再次进入幻灯片母版视图。选中"标题幻灯片版式"幻灯片，右击"enter"按钮，在弹出的快捷菜单中选择"超链接"命令，在对话框中单击"本文档中的位置"项，选中下一张幻灯片，单击"确定"按钮。

选中"Office 主题幻灯片母版"幻灯片，右击"sing"按钮，在弹出的快捷菜单中选择"超链接"命令，在对话框中单击"本文档中的位置"项，选中第 2 张幻灯片，单击"确定"按钮。照此方法，"review"按钮超链接第 3 张幻灯片，"learn"按钮超链接第 4 张幻灯片，"practice"按钮超链接第 5 张幻灯片。右击"quit"按钮，在弹出的菜单中选择"动作设置"命令，在弹出的动作设置窗口中选择"超链接到—结束放映"，单击"确定"按钮。单击"切换"选项卡，取消选择"换片方式"里的"鼠标单击时"，这样只能单击按钮才能实现幻灯片之间的切换，单击其他地方不跳转。

⑥　选择"视图"选项卡，单击"普通视图"按钮，关闭幻灯片母版视图。选中第一张

幻灯片，单击"单击此处添加标题"占位符，输入文本"It is a pineapple"，并设置动画效果。

选中第 2 张幻灯片，插入素材文件夹下的"3.3\ppt\素材文档\小学英语课件\两只兔子.png"，并设置动画。插入素材文件夹下的"3.3\ppt\素材文档\小学英语课件\singing.mp3"。

选中第 3 张幻灯片，插入素材文件夹下的"3.3\ppt\素材文档\小学英语课件\练习.jpg"，并设置动画。

选中第 4 张幻灯片，插入素材文件夹下的"3.3\ppt\素材文档\小学英语课件\学习.png"；插入素材文件夹下的"3.3\ppt\素材文档\小学英语课件\学习内容.docx"，设置图片和文本的动画效果。插入素材文件夹下的"3.3\ppt\素材文档\小学英语课件\talking.mp3"。

⑦ 设置显示"开发工具"选项卡，依次单击"文件"→"选项"→"自定义功能区"，在"从下列位置选择命令"中选择"主选项卡"，选中"开发工具"，单击"添加"按钮，单击"确定"按钮。

选中第 5 张幻灯片，插入素材文件夹下的"3.3\ppt\素材文档\小学英语课件\carrot.png"。单击"开发工具"选项卡，在"控件"工具组中选择文本框控件，按住鼠标左键拖动，划出一个矩形框用于输入文本内容，将文本控件放置在 carrot 图片右方；选择命令控件，按住鼠标左键拖动，划出一个矩形框，放置在文本控件右方。双击此按钮打开 VBA 窗口，在按钮的单击事件中输入以下命令：

```
    If TextBox1.Text="carrot" Then
MsgBox ("做对了！")
Else
MsgBox ("你再想一想")
End If
```

输入完成后关闭窗口。当放映 PowerPoint 时，在文本输入框中输入"carrot"后单击按钮，将弹出"做对了！"提示窗口，否则将弹出"你再想一想"提示窗口。

按照以上步骤制作"pineapple""apple""potato"的练习题，使用素材文件夹下的"3.3\ppt\素材文档\小学英语课件"中的"pineapple.png""apple.png""potato.png"图片素材。

⑧ 演示文稿制作完成后，按【F5】键，开始播放幻灯片。

3.3.5　自然语言的信息处理——机器翻译

信息处理在社会各领域中有着广泛的应用。在教育领域，学生利用信息检索系统查找自己需要的图书资料，教师利用 E-learning 教学软件安排和处理日常教学任务；在医学领域，医生利用 CT、核磁共振等先进的信息处理技术，为患者进行疾病的分析和诊断；在物流管理中，物品在递送过程中，其条形码或二维码信息被不断地读取，并实时地传送到物流管理系统，方便用户查询；在现代城市的交通管理中，利用交通管理系统，可以实时、高效地完成信号灯管理、交通流量和路况监控、违章记录等大量和烦琐的信息处理工作。

随着互联网的日益普及，越来越多的事务处理与互联网密不可分。在各种事务处理中，必然伴随着语言信息处理的需求越来越大，人们迫切需要利用自动化的手段来处理大量的各种语言信息。这就催生了信息技术与语言学的结合—计算语言学的产生，并促进了如机器翻译、语音识别、文字识别、自动文摘、计算机辅助翻译等智能信息处理技术的发展和应用。

1．机器翻译简介

自然语言处理是利用以计算机为主的信息技术，对人类的自然语言（口头语和书面语）进行加工处理和应用的技术，是一门融合计算机科学、语言学和数学于一体的科学。自然语言处理的研究领域非常广泛，包括机器翻译、文字识别、语音识别、语音合成、自动文摘和问答系统等。其中，机器翻译是自然语言处理中重要的研究方向，也是最复杂的研究领域。

机器翻译（Machine Translation，MT）是利用计算机把一种自然源语言自动翻译（转换）为另一种自然目标语言的过程。机器翻译的研究是建立在计算机科学、语言学和数学的基础之上，同时涉及理科、工科和文科三大领域。首先由语言学者提供语言翻译的相关的理论与规则；其次由数学学者将这些理论与规则进行形式化，以数学形式表达出来；最后由计算机学者将这些数学形式表示为算法，并将这些算法以代码形式予以实施。

2．机器翻译的发展

机器翻译的发展，是一个艰苦的探索过程。按照我国计算语言学家冯志伟的分类，把机器翻译的发展大致分为萌芽期、发展期和繁荣期。

20 世纪 30 年代到 1964 年为机器翻译的萌芽期。法国工程师阿尔楚尼在 1930 年初提出了用机器来进行语言翻译的想法，并于 1933 年获得了一项"翻译机"的专利。同年，苏联发明家特洛扬斯基用机械方法设计了把一种语言翻译为另一种语言的机器，并提出了机器翻译的三个阶段过程。1946 年，世界第一台电子计算机 ENIAC 诞生，其惊人的计算速度，启示着人们考虑翻译技术的革新问题。信息论的先驱、美国洛克菲勒基金会副总裁韦弗和英国工程师布斯在讨论电子计算机的应用领域时，就提出了利用计算机进行语言自动翻译的想法。1949 年，韦弗发表了《翻译》备忘录，正式提出机器翻译问题。在备忘录中，他认为翻译类似于解读密码的过程；并且原文与译文"说的是同样的事情"。1954 年，美国乔治敦大学使用 IBM-701 计算机进行了世界上第一次机器翻译实验，将几个简单的俄文句子翻译成英语。萌芽期的机器翻译方法受韦弗的影响很大，基本上使用查词典和词频统计等方法来实现词对词的机器翻译，因此译文的可读性很差。1964 年，美国科学院 ALPAC 公布《语言与机器》报告，对机器翻译采取否定态度，报告中指出：机器翻译研究遇到了难以克服的"语义障碍"、"在可预见的将来，机器翻译不会获得成功"。在 ALPAC 报告的影响下，机器翻译陷入低潮。

1970 年到 1980 年为机器翻译的发展期。在这一时期，研究者开始反思并认识到机器翻译必须对语言进行理解，不同语言之间的差异，不仅表现在词汇上的不同，还表现在句法结构上的不同。在研究的过程中，美国学者英格维提出把了语法和算法进行分离，这是机器翻译的一大进步，它有利于计算机专家和语言学专家的分工合作。随着机器翻译工作的不断探索与实践，研究者进一步认识到，在机器翻译中还需要保持不同语言语义上的一致，语义分析被引入到机器翻译中。这一时期出现了许多实用化的机器翻译系统，如美国 NASA 系统，可进行俄英和英俄机器翻译；美国乔治敦大学研制的 SYSTRAN 系统，是一个应用广泛、语种最多的实用化翻译系统。机器翻译发展期的翻译方法是基于规则的，即依据语言学理论和语法规则。

1980 年至今为机器翻译的繁荣期。在这一时期，人们发现基于规则的机器翻译方法的翻译系统性能很难进一步提高，在使用真实语言的情境下，机器译文几乎不可用。为了处理大规模真实文本，基于语料库的机器翻译方法被提出来，其中包括基于统计的方法和基于实例的方法，并由此产生了一门新的学科和研究方法——语料库语言学。由于语料库语言学从大规模真实语料中提取语言知识，在机器翻译系统中使得译文更为准确、可读性更好，从而极大地推动了机器翻译的进步，标志着机器翻译的发展进入了一个新纪元。基于统计的机器翻译系统有 Google 的多语言在线翻译系统、百度的在线英汉翻译系统；基于实例的机器翻译系统有日本京都大学长尾真和佐藤的 MBT1 和 MBT2 系统、美国卡内基–梅隆大学的 PANGLOSS 系统。

3．机器翻译过程

翻译是一个非常复杂的语言思维过程。译者在把源语言翻译成目标语的过程中，一般要经过"理解"和"表达"两个阶段。首先，译者要根据源语言的表层信息，运用语言知识，通过语法、逻辑、修辞、歧义等分析与判断，进入语言理解的深层结构，这是翻译中的理解过程。其次，译者在理解了源语言深层结构的基础上，要将其转换为目标语言的深层结构，并运用语言知识，兼顾目标语言的文化差异、风俗习惯、读者情况等因素，再转换为目标语言的表层语言信息，这是翻译中的表达过程。

机器翻译的实现过程就是模仿人工翻译的过程。早在 1957 年，美国学者英格维在《句法翻译的框架》一文中，就提出机器翻译可分为三个阶段来进行：第一阶段用代码化的结构标志来表示源语言的结构；第二阶段把源语的结构标志转换为目标语的结构标志；第三阶段构成目标语言的输出。一般来说，机器翻译处理要经过三个阶段：分析、转换和生成。这与人工进行翻译的过程是吻合的，分析阶段对应着源语言的理解过程，转换与生成阶段对应着目标语言的表达过程。按照机器翻译的基本过程，我国语言学家马庆株在 1999 年给出了机器翻译系统的基本模型，如图 3–180 所示。

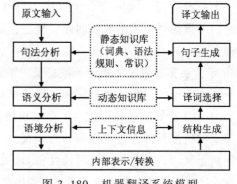

图 3–180　机器翻译系统模型

4．机器翻译方法

机器翻译的方法可分为基于规则的方法和基于语料库的方法。

（1）基于规则的方法

基于规则的方法是传统的经典机器翻译方法，也称为理性主义的方法，主要是指在设计翻译系统时依据语言学理论、语法规则的方法，语言学知识由词典和规则库构成。基于规则的机器翻译系统一般分为语法型、语义型、知识型和智能型。语法型机器翻译系统以词法和句法分析为重点，早期系统大多属于这一类型。语义型机器翻译系统在之前系统的基础上，引入了语义分析，主要解决形式和逻辑的统一问题。知识型机器翻译系统配备有人类常识知识库，以实现基于理解的翻译系统。智能型机器翻译系统采用了人工智能研究的最新成果，可以把语法、语义和常识等几个平面连成有机整体，进一步促进了基于规则机器翻译的进步。

法国著名机器翻译学家沃古瓦提出了机器翻译"独立分析—独立生成—相关转换"的思

想，并把基于规则的机器翻译过程总结为"机器翻译金字塔"，如图 3-181 所示。

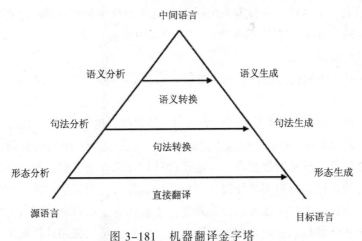

图 3-181 机器翻译金字塔

从机器翻译金字塔可以看出，为了使目标语言与源语言等价，可以使用"直接翻译""句法转换"和"语义转换"等技术手段。要使目标语言与源语言完全等价，在目前的技术条件下还是不可能的。

从图 3-181 可以看到，基于规则的机器翻译过程是：首先，对源语言进行形态分析，得到句子里的单词相关信息，如果在此时就把源语言转换为目标语言，这就是"直接翻译系统"。其次，在形态分析的基础上，进行句法分析，表示为句子句法结构的树形图，如果在此时进行句法转换与生成，这就是"语法型翻译系统"。最后，在以上分析的基础上，进行语义分析，得到句子中各成分的语义关系信息，如果在此时进行语义转换并进行目标语言的语义生成等工作，这就是"语义型翻译系统"。最理想情况是：分析到中间语言这个层次，得到中间语言表达式，但这是非常困难的。机器翻译金字塔对基于规则的机器翻译系统影响巨大，许多机器翻译系统都是根据这个模型来构建系统的。

机器翻译系统要顺利地完成翻译任务，就要依靠"算法"来实现。"算法"在机器翻译的过程中起着重要作用，在机器翻译的各个阶段，都可以看到"算法"的身影。例如，在词法分析中，要从句子里分离出每个单词，找出词汇的各个词素，从而获取单词的语言学意义。要解决这个基本问题，就要用到算法。

在英语中，单词是以空格自然分隔，但要找出各个词素就比较复杂。英语单词有数、时态、派生、词性等变化，所以在切分单词时，需要对词尾或词头进行分析处理。例如，unbelievable 可以是 un-believe-able 或 un-believable，因为 un，believe，able 都是词素。在机器翻译中，要用到电子词典，而电子词典一般只存储词根，以支持词素分析。对一个单词"works"进行词法分析的算法如下：

```
repeat
Look for work in dictionary
If not found
Then modify the work
until  work is found or not further modification possible
```

在电子词典中存放是的词根"work",而输入的单词是"works"。算法中的"work"是一个变量,初始值是"works"。执行第一次时,在词典中找不到"works",就进行修改,去掉词尾的"s",变成"work";执行第二次时,在词典中就可以找到"work",词法分析完成。

（2）基于语料库的方法

如前所述,基于规则机器翻译系统的发展中出现了"瓶颈",人们发现仅通过语言规则和词典的方法,只能适用于一种子语言,并不能推广到该子语言之外的于其他语言现象,具有很大的局限性。一些研究者采用了另外一种解决问题的思路:基于语料库的机器翻译方法,把语料库作为翻译知识的来源,也称为经验主义的方法。那么,为什么要使用语料库呢?

语料库是存储语言材料的数据库,以电子计算机为载体来存储,存储的材料是在实际使用中真实出现过的,这些材料需要经过计算机标注、分析、加工后,才能成为有用的语言资源。语料库中的语料可以真实地反映语言现象,克服语言学家观察语言现象时的主观性和片面性。语言知识和语篇知识都包含在语料库中,而语料库可以使用计算机技术进行加工和处理,从浩瀚的语料库中获得准确的语言知识。

基于语料库的机器翻译方法又可以分为两种:一种是基于统计的机器翻译方法;一种是基于实例的机器翻译方法。

早在1947年,韦弗就提出使用解读密码的方法来进行机器翻译,这种方法实质上是一种统计的方法。由于当时受计算机的处理速度的限制,实施基于统计方法的机器翻译在技术上还不成熟。时至今日,计算机在速度和容量上都有很大提高,同时大量的联机语料也可供统计使用。在20世纪90年代,基于统计的机器翻译开始兴盛起来。IBM公司的布劳恩等人在韦弗思想的基础上,提出了统计机器翻译的数学模型。

基于统计的机器翻译方法把机器翻译看成是一个信息传输的过程,用一种信道模型对机器翻译进行解释。这种思想认为,源语言句子到目标语言句子的翻译是一个概率问题,任何一个目标语言句子都有可能是任何一个源语言句子的译文,只是概率不同,机器翻译的任务就是找到概率最大的句子。具体方法是将翻译看作对原文通过模型转换为译文的解码过程。因此统计机器翻译又可以分为以下几个问题:模型问题、训练问题、解码问题。所谓模型问题,就是为机器翻译建立概率模型,也就是要定义源语言句子到目标语言句子的翻译概率的计算方法。而训练问题,是要利用语料库来得到这个模型的所有参数。所谓解码问题,则是在已知模型和参数的基础上,对于任何一个输入的源语言句子,去查找概率最大的译文。

目前,基于统计方法的机器翻译系统有IBM公司布劳恩等人开发的英法机器翻译系统Candide;美国Language Weaver公司利用机器自动学习技术,正在研发的"英语—西班牙语"双向机器翻译系统;谷歌开发的在线机器翻译系统Google Translator;微软开发的在线机器翻译系统Bing等。

另外一种基于语料库的机器翻译是基于实例的机器翻译,其基本思想是由日本机器翻译专家长尾真提出来的。长尾真研究了日本人初学英语时的翻译过程,发现初学者总是把不同的英语句子和相对应的日语句子进行对比,并记住一些最基本的英语句子和相对应的日语句子,在翻译时进行替换练习。参照这个过程,他提出了基于实例的机器翻译思想,即人类并不通过深层的语言学习和分析来进行翻译,而是通过"类比"来进行翻译。

在基于实例的机器翻译系统中，系统的主要知识源是双语对照的翻译实例库，实例库主要有两个字段，一个字段保存源语言句子，另一个字段保存与之对应的译文。每输入一个源语言的句子时，系统把这个句子同实例库中的源语言句子字段进行比较，找出与这个句子最为相似的句子，并模拟与这个句子相对应的译文，最后输出译文。

目前,基于实例方法的机器翻译系统有日本京都大学长尾真和佐藤研发的 MBT1 和 MBT2 系统；美国卡内基——梅隆大学的多引擎机器翻译系统 PANGLOSS；我国清华大学和哈尔滨工业大学联合研发的"达雅"系统等。

5. 计算机辅助翻译——翻译记忆

翻译记忆（Translation Memory, TM），也称为翻译记忆库，是一种计算机软件系统，用来辅助译者以实现专业翻译。

翻译记忆主要是解决专业译者在从事某个领域的翻译工作时，避免不必要的重复劳动，从而提高翻译的质量与效率。翻译记忆通过建立一个或多个翻译记忆库，存储已有的原文和译文。在译者进行翻译时，系统根据译者提供的原文，自动在翻译记忆库中搜索相同或相似的译文，并给出参考译文，译者只需要专注于新内容的翻译。对于较新的翻译资料，系统会自动进行学习和存储，也可以由译者进行记录，所以翻译记忆库也在不断地被充实和优化。

翻译记忆与机器翻译是不同的。翻译记忆是针对从事翻译工作的专业人员，机器翻译是针对需要解决基本语言障碍问题的大众用户；翻译记忆是协助译者进行翻译，系统并不把源语言转换为目标语言，机器翻译则把源语言全部或部分地转换为目标语言，并提供给用户；在翻译记忆过程中，译者起主导作用，译文的质量由译者的翻译水平决定，而在机器翻译中，翻译系统起主导作用，译文的质量由翻译系统的设计决定。

目前，商品化的翻译记忆系统有 SDL 公司的 TRADOS，中文译名塔多思，是非常适合专业翻译领域的计算机辅助翻译系统，支持多种语言，可以让译者的翻译工作效率提高 30%～80%，翻译成本降低 30%～60%；我国的"雅信 CAT"辅助翻译平台，也是为专业翻译人员定制的翻译记忆系统。以上的系统都与 Office 文档兼容，可以和 Word 软件进行"无缝"对接，翻译时就像在编辑 Word 文档，翻译、排版工作一次完成。

机器翻译经过了几十年的发展，已从当初人们用机器实现翻译的梦想变为了现实。现在每天都有许多机器翻译系统在不停地运行，给人们提供机器翻译后的参考译文。当然，目前机器翻译的效果还没有达到人们理想中的状态，还不能完全替代人工翻译。但我们无法确定，在将来机器翻译是否能达到或基本达到工人翻译的质量。

机器翻译随着计算机的诞生而诞生，它也将随着计算机的发展而发展，只要有计算机存在，机器翻译的研究就会存在。机器翻译永远是一个与计算机共生共存的研究领域。

3.4 信 息 执 行

在信息处理完成后，就要对处理后的结果（信息、知识和策略）进行实施，即执行信息处理的结果，从中转化为解决问题的行动。信息执行的目的是为了有效地干预对象的状态和行为，以检验是否解决了实际问题。信息执行的有效手段和方式分别是信息控制和信息显示。

3.4.1　信息控制

1. 控制的基本概念

事物之间，一般都存在相互影响、相互作用的关系，而控制是这些关系中的一种基本关系。控制一般是指掌握住，不使之任意活动或越出范围。从使用者的角度，可把控制分为人工控制和自动控制。人工控制指在整个控制过程中，人充当主导者的角色，即具有"控制器"的作用。例如，在进入电梯时，我们需要按下所到楼层的数字按钮，以实现到达具体的楼层，这就是人工控制。自动控制指在没有人直接参与的情况下，利用控制器，对整个操作过程实施调节与控制。例如，当我们走近宾馆、银行门口的自动门时，自动门的开关无须人工干预，这就是自动控制。从人工控制和自动控制的过程可以看到，控制是有预期目标的，要实现这个目标，就要收集、分析和处理相关信息，并利用这些处理后的信息，对控制对象进行调节和干预，以达成预期目标。

起源于明末清初的重庆嘉陵江畔、朝天门码头的重庆火锅，是广受大众喜爱的饮食。在品尝重庆火锅的过程中，由于各种菜品都要经过煮熟的过程，这就需要一个必不可少的环节——火候与时间的控制。例如，对鸭肠这类质地脆嫩的菜品，需要的是旺火，烫涮时间以 10～15 秒为宜，经过这样的处理，鸭肠既不生也不老，香脆可口；而对香菇这类质地较紧密的菜品，需要的是文武火，必须经过较长时间加热才能食用。在这一过程中，通过眼睛可判断火候的大小；通过大脑可计算出在这一火候的情况下，对烫煮时间进行把握；通过手的活动可用于对火候的调节和对锅中菜品的控制，如果喜食麻辣，可从火锅边上油多处烫食，反之则从中间沸腾处烫食。从控制的角度来看，眼睛是测量机构，大脑是控制机构，双手是执行机构，控制目标是菜品——既要煮熟又要可口。只要调整到在适当的火候，并持续相应的时间，经过多次这样的控制，就可将菜品煮好。

典型控制系统结构如图 3-182 所示，其基本组成包括控制器、执行器、传感器、被控对象等。其中，被控对象是控制系统所控制和操纵的对象，可以是设备、社会群体和事务过程；执行器是根据控制器输出信息，对被控对象进行调控，使被控对象的状态发生改变；传感器是用来采集被控对象状态改变的信息，并将此反馈信息提供给控制器；控制器把传感器的反馈信息和输入信息进行比较，根据比较的结果来产生控制信息输出到执行器。图中的负号是反馈信息的负反馈，控制器的输入是输入信息与负反馈信息的偏差。在控制的过程中，获得被控对象的反馈信息是至关重要的，只有通过反馈，才能实现偏差的逐步缩小，最终实现控制目标。所以，反馈是控制系统的核心。

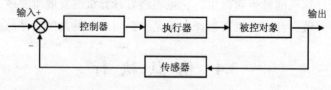

图 3-182　典型控制系统结构

2. 信息到行为的转换机制

从控制的过程中，我们可以看到信息起到了关键的作用。控制的研究对象不是物质，也不是能量，而是信息。为了实现控制，就应当产生出各种相应的"行为"或"调节力"，来对控制对象的状态进行改变和调整。那么，控制过程中非物质的信息是怎样转换为相应的"行为"呢？

我国信息论专家钟义信对此作了深刻的说明，信息源于物质，可以脱离源物质而独立地存在，这是信息的相对独立性；信息脱离了它的源物质，与此同时它就必然负载于别的物质上，后者称为信息的载体。因此，控制信息转化为调节力的过程，只不过是控制信息的载体的运行状态/方式作用于调节力载体的过程；而控制的过程则是控制信息的载体的状态/方式转换为被控对象的状态/方式的过程。显然，在这个转换过程中，信息本身并没有发生改变，改变的只是它的载体的物质和能量形式。信息与调节力的转化如图 3-183 所示。

图 3-183　信息与调节力转化图

由图 3-183 可见，控制信息是由控制器发出的，它指出了应该对被控对象实施怎样的调节。而具体的调节工作，则由执行器所产生的调节力来完成，于是完成了信息到行为的转换过程。应该注意的是，为了对目标进行控制，控制信息是不能任意选择的，否则将使系统偏离预定的目标，但可以对物质和能量手段进行选择。

3. 信息控制的应用

信息控制就是以信息为基础，利用物质和能量，去改变或维持被控对象的状态及其变化方式。例如，改变无机物的结构、位置、关系或相互作用方式，改变生物体的状态、习性或行为方式，影响或改变人的生理状态、心理状态、思维方式和行动方式，维持或改变社会的结构、关系和发展形式，包括政治、经济、观念以至生活的状态和方式，等等。由此可见，信息控制的应用领域非常广泛。为了加深对信息控制的认识，我们来看一下信息控制在日常学习、工作、娱乐生活和社会危机传播中的应用。

（1）远程控制

计算机的远程控制，是指用户使用本地的一台计算机或终端（称为控制端），通过网络，连接到另外一台或若干台计算机（称为被控端）并进行远程操作，远程的计算机或设备就好像放在用户面前一样。很多工具软件都可以实现计算机的远程控制功能，如 Telnet、PCanywhere、QQ 和微软的远程桌面连接等。

远程控制软件一般由两部分组成，客户端程序和服务器端程序，客户端程序是安装在控制端的计算机上（目前一些客户端程序可直接使用 Web 浏览器），负责接受用户的输入信息、与服务端程序建立连接、发送控制信息和显示服务器端程序的执行结果。服务器端程序是安装在被控端的计算机上，负责接收控制端程序的信息、执行相关操作并把执行结果返回给控制端。远程控制本身就是一个典型的控制系统，控制目标是在远程计算机上完成相关任务；本地计算机上的客户端程序就是控制器，控制器接收用户的输入信息，并通过网络向执行器输出控制信息。远程计算机上的服务器端程序就是执行器，它接收网络传输来的控制信息，然后调动被控端计算机的软硬件资源，产生"调节力"来完成操作，并把操作的反馈通过网络传输给控制端的显示器。被控端的计算机就是被控对象，它按照执行器的"调节力"来完成相应的操作。控制端的显示器就是传感器，它把被控对象的状态和行为方式及时反馈给用户。用户根据反馈的信息，并综合控制目标，逐步缩小偏差，再向控制器提供控制信息的输入。经过多次这样的循环，直到控制目标完成。远程控制系统的结构如图 3-184 所示。

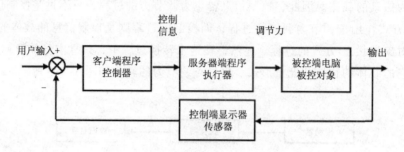

图 3-184　远程控制系统结构图

远程控制的基础是网络，所以远程控制软件和网络协议是分不开的。传统的远程控制软件一般使用 NETBEUI、NETBIOS 和 IPX/SP 等协议，使用这些协议的软件无法现实在 Internet 上实施远程控制。随着 Internet 的发展，基于 TCP/IP 协议的远程控制软件走上了历史舞台，可分为使用 TCP 协议的远程控制和使用 UDP 协议的远程控制。使用 TCP 协议的远程控制软件的优势是稳定、连接不易中断，不足之处是使用的区域有限制，控制端和被控端只能同在一个内网或其中一方必须有一个公网的 IP 地址。这种限制是由 TCP 协议本身的设计决定的，基于 TCP 协议的远程控制软件不能穿透内网。而现实情况是，我们大多数用户的 IP 地址是内网地址。由 Symantec 公司研发的著名远程控制软件 PCanywhere，就是使用的 TCP 协议。为了解决远程控制的区域限制问题，一些公司研发了基于 UDP 协议的远程控制软件，如腾讯公司的 QQ 和微软的 MSN。UDP 协议的不足之处是不稳定、容易丢失信息，但它的特点是连接速度快，并且在服务器的协助下，可以对内网进行穿透。例如，我们经常看到这样的情景：两个在各自家里或公司的 QQ 用户，利用 QQ 的远程桌面功能，其中一个用户在帮助另一个用户解决问题，而他们的计算机地址都是不同网段的内网地址。

远程控制有着非常广泛的应用领域，例如远程培训与教学、远程办公、远程监控与管理和远程协助等。这里我们举两个使用远程控制较普遍的例子：第一种情况是远程协助，当我们在安装或使用某个软件时，遇到了自己不能独立解决的问题，首先想到的是在网上搜索相关的帮助信息，然后根据这些信息尝试解决问题。但当以这种方式仍不能解决问题时，我们自然就会想到，通过电话或者 QQ 找一位计算机操作熟练的朋友，让这位朋友通过远程控制连接到自己的计算机来解决；第二种情况是远程办公，在一些工作场景中，一些职员在赶到现场与客户签合同时，才想起合同文件还放在数十千米外的公司办公室里。这时可以利用客户的计算机或者自己的智能手机，通过远程控制连接到自己公司的计算机，然后进行文件处理、传输并打印合同。

我们使用远程控制软件帮助我们完成任务的同时，也要注意区分远程控制软件和木马的不同。它们的共同点是都具有远程控制软件的主要功能，如都有客户端程序和服务端程序，都可以进行远程资源管理等，不同之处是木马具有破坏性和隐蔽性，可以把木马理解为具有恶意功能的远程控制软件。

（2）单反数码照相机的自动对焦

单反数码照相机就是指单镜头反光数码照相机，即 Digital 数码、Single 单独、Lens 镜头、Reflex 反光的英文缩写 DSLR。单反数码照相机是数码相机中的高端产品，其摄影质量明显高于普通数码照相机。相比普通数码照相机，单反数码照相机具有明显的优势。首先是单反数码照相机的感光元件尺寸大，具有出色的信噪比和记录宽广亮度范围的能力，这使得其成像质量好；其次，单反数码照相机在镜头和附件的选择上，非常丰富。镜头从超广角到超长焦、从微距到柔焦，附件从闪光灯到偏振镜、从电池手柄到定时遥控器，种类繁多；再次，单反数码照相机响应速度快。由于其对焦系统独立于成像器件之外，特别适合抓拍瞬间影像；最后，单反数码照相机具有很强的操控性。一般数码照相机只有几种固定的拍摄模式，在面对千变万化的拍摄对象与环境时，拍摄就显得力不从心。单反数码照相机可以方便地进行手动变焦、手动设定拍摄参数等操作，可以让拍摄者完全掌控拍摄过程，体验拍摄乐趣。

在使用单反数码照相机进行拍摄的过程中，对焦是影响拍摄成功的一个基本要素。对焦，也称为对光、聚集，是指在照相机的对焦机构中，通过调整物距与相距的位置，使被拍摄物的清晰成像的过程。单反数码照相机的对焦模式一般分为手动对焦和自动对焦。手动对焦是通过拍摄者的手转动照相机镜头上的对焦环，使成像清晰的对焦方式。自动对焦是利用照相机身的一套对焦系统（光学感应器、微处理器和镜头马达等），在拍摄者半按下快门并保持半按快门状态的过程中，自动使成像清晰的对焦方式。自动对焦方式一般分单次自动对焦、连续自动对焦和自动智能对焦。

① 单次自动对焦。在拍摄静止对象时，可以使用单次自动对焦方式，佳能照相机标记为 ONE SHOT，尼康照相机标记为 AF–S。具体操作是在半按下快门并保持半按快门状态时，可以听到镜头里有吱吱声、从取景器中看到对焦点闪亮并听到嘀嘀声，这时照相机完成单次自动对焦。当对焦完成时，可完全按下快门，完成拍摄。单反数码照相机自动对焦的过程是，首先是利用照相机上的传感器接收拍摄物的自然反射光信息或照相机本身发射光、发射声波的返回信息；其次再将这些信息转换为数字信息，经由微处理器计算后形成控制信息；最后利用镜头马达驱动镜片移动位置，从而使成像清晰并完成对焦。

② 连续自动对焦。在拍摄运动对象时，可以使用连续自动对焦方式，佳能照相机标记为 AI SERVO，尼康照相机标记为 AF–C。具体操作是在半按下快门并保持半按快门的状态时，会有焦点被激活，当被拍摄对象的位置发生改变时，照相机焦点会自动跟踪拍摄对象，这时可以听到镜头里有连续的吱吱声，这就是对焦系统在连续地工作。当完全按下快门时，可拍摄到一组运动对象清晰的照片。如果把单次自动对焦看作是信息控制的一个瞬间，那么连续自动对焦就可以抽象为一个信息控制对焦系统。在这个系统中，控制目标是完成拍摄对象的清晰成像；相机中的光学感应器是传感器，它在连续对焦过程中，不断地接收拍摄对象的自然光信息，并把光信息转换为数字信息，传递给微处理器；相机中的微处理器就是控制器，微处理器计算出被拍摄对象的距离，再综合目前镜头镜片组的位置信息，形成控制信息并传递给镜头马达；镜

头马达就是执行器，产生相应的"调节力"来完成镜头中一组镜片的位置移动；镜头中的镜片就是被控对象，当镜片移动到正确位置时，就完成了瞬间的自动对焦，形成清晰图像；当拍摄对象在连续移动位置时，会不断产生新的输入信息（自然光），而当前镜片组的位置就不能满足当前被拍摄对象的位置变化，由此产生了新一轮的对焦过程。在这个循环的过程中，信息是关键要素，经历了信息采集、信息转换、信息处理和信息控制等几个阶段，贯穿着整个连续自动对焦过程，构成了一个完整的信息控制对焦系统。单反数码照相机的对焦控制系统如图 3-185 所示。

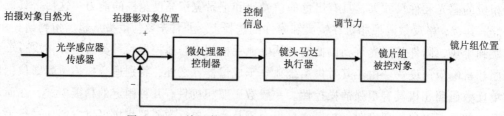

图 3-185　单反数码照相机对焦控制系统结构图

③ 自动智能对焦。自动智能对焦是将单次自动对焦和连续自动对焦结合起来的对焦方式，可根据被拍摄对象的状态（静止或运动），相机自动选择对焦方式。当拍摄对象处于静止状态时，相机自动选择单次对焦方式，当拍摄对象处于运动状态时，相机自动选择连续自动对焦方式。因此，自动智能对焦适合在被拍摄对象运动状态不确定的情况下使用。佳能相机标记为 AI FOCUS，尼康相机标记为 AF-A。

4. 危机传播中的信息控制与疏导

荷兰莱顿大学危机管理研究中心教授罗森塔尔（prof. Uriel Rosenthal）在他 1989 年出版的《应对危机：管理灾难、暴乱与恐怖主义》一书中，将危机定义为"对一个社会系统的基本价值和行为准则架构产生严重威胁，并且在时间压力和不确定性极高的情况下必须对其做出关键决策的事件"。斯蒂文·芬克在 1986 提出了关于危机传播四段论模式，危机传播可分为危机潜在期、危机突发期、危机蔓延期和危机解决恢复期。在目前信息化普及和新媒体、自媒体出现的环境下，危机传播的处理与控制显得尤为重要。信息传播具有双重作用，它既可以为组织带来宣传的"正能量"，也可以给组织带来某种潜在的危机。如果在信息传播过程中，组织对信息控制与疏导不当，则很容易陷入危机传播的漩涡之中，甚至会付出惨重的代价。

我们可以把危机传播的信息控制与疏导看作一个信息控制系统，如图 3-186 所示。在这一控制系统中，控制目标是使信息控制与疏导的传播效果达到最佳，从而转"危机"为"转机"。控制系统中存在五个基本要素。第一要素是危机应对者，即控制器，这是在危机传播中实施信息控制的组织，信息控制原则是该组织处理危机的关键。危机应对者掌握着涉及危机真实、全面的信息，并不断收集各方面的反馈信息；第二要素是媒体，包括传统媒体、新媒体和自媒体。媒体扮演着执行器和传感器的角色，是把危机应对者和受众联系起来的纽带。媒体具有相对独立性，即媒体对危机应对者提供的信息有独立判断的意识和能力，可以采取沉默、支持、质疑等态度，从而产生出不同的"调节力"；第三要素是受众，在控制系统中是被控对象，是危机应对者希望与其达成谅解与共识的群体。这个群体是个复杂的异质群体，由不同经历、知识、年龄、文化和背景的众多个体构成；第四要素是信息，指能够表达完整意义的信息，包括危机应对者掌握的全面、真实的信息、危机应对者提供给大众媒体的控制信息、媒体发布的信息、受众的各种反馈信息等；第五要素是危机传播的信息控制原则，在整个系统中是非常重要的。组织是否能将"危机"化为"转机"，在很大程度上取决于信息控制原则。信息控制的原则包括对信息内容的控制、信息形式的控制、信息发布时间和空间的控制等。具体的原则是，提供真实信息、反驳虚假信息和避免片面信息；根据受众的特点控制信息发布形式；根据危机传播的不同阶段，掌握信息发布的时机、节奏和渠道等。

在传统的控制系统中，执行器必须按照控制器的控制信息产生调节力，即控制器绝对控制执行器。在危机传播的信息控制系统中，由于执行器具有相对独立性，所以控制器产生的控制信息，除了具有传统的绝对控制作用外，还要具有相对的控制作用。在这个系统中，对执行器（媒体）的控制分为绝对控制和相对控制，绝对控制是传统意义上的"控制"，相对控制是"疏导"。绝对控制作用于危机应对者可以直接掌握的媒体，这些媒体按照危机应对者提供的控制信息，产生相应的调节力；相对控制作用于危机应对者不能直接掌握的媒体，比较典型的是自媒体。对于这部分媒体的相对控制，是通过疏导来实现的。危机应对者通过提供相关控制信息，去疏导和影响这部分媒体，以期这部分媒体产生危机应对者所期望的调节力。一般情况下，媒体采取的态度和行动，在很大程度上取决于危机应对者对信息控制原则的实施，即还是决定于控制信息。

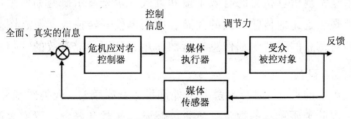

图 3-186　危机处理信息控制系统结构图

根据图 3-186 所示，危机处理的基本过程是，首先危机应对者要面对传播中的各种"负效应"，如图 3-186 中的"-"所示，从而展开信息控制工作，包括提供真实的信息、控制信息的形式、掌握发布时间和渠道等，并由此产生控制信息。媒体面对危机应对者提供的信息，可以采取不同的态度进行处理，从而产生了不同作用的调节力，可能是"正效应"的调节力，也可能是"负效应"的调节力。媒体产生的调节力作用于受众，受众在"调节力"的作用下产生反馈，反馈信息主要是通过媒体再传递给危机应对者。危机应对者收到受众的反馈信息后，与控制目标进行比较，并根据比较的结果调整控制策略和措施，又开始了新一轮信息控制过程。在危机传播的四个阶段中，这个过程在不断地循环，直到完成控制目标或者以失败告终。

2008 年发生的三鹿奶粉三聚氰胺事件，是危机传播的信息控制与疏导失败的典型案例。在整个事件发展的过程中，由于三鹿企业和相关责任人没有坚持正确的信息控制与疏导原则，采取了负面的信息控制与疏导策略和措施。例如，在事件初期，三鹿企业试图与个别消费者进行私下协商解决问题，让这些消费者对其产品质量问题保持沉默，这实际上是对广大消费者、媒体和受众掩盖真实信息；在事件发展过程中，三鹿企业试图通过技术手段对负面新闻报道和批评性言论予以屏蔽；在事件后期，当媒体将矛头指向三鹿奶粉的质量问题时，三鹿企业有关部门还发布虚假信息予以否认。这些措施不但没有化解危机，反而使三鹿企业在危机的漩涡中越陷越深，最终导致了企业的倒闭，并在社会上造成了恶劣的影响。反观同年 5 月 12 日，四川汶川发生了八级大地震。中国政府在应对这起重大危机事件的过程中，对危机传播的信息控制与疏导是一个非常成功的案例。"成功"来源于坚持正确的信息控制与疏导原则，采取"以人为本"的信息控制与疏导策略和快速、有效的信息控制与疏导措施。例如：对地震的相关信息持续公开，尽量满足公众的知情权；在第一时间发布权威信息有效制止一些谣言的扩散。在地震发生后，政府对紫坪铺水库不会形成危害的报道，有效制止了大量都江堰群众听信传言，试图盲目外迁的行为，稳定了群众的情绪；整合传播渠道，在传统传播渠道的基础上，补充了互联网和手机网络，提高信息传播速度和效率。虽然地震的破坏程度大、持续时间长、波及面广，但并没有造成严重的社会恐慌，不但全国各地很快恢复了常态，社会秩序井然，而且灾后的救援、重建等工作也迅速进入了有条不紊的阶段。由此可以看出，在处理重大危机事件中，信息的控制与疏导，具有重大的价值和作用。

3.4.2　信息显示

信息的价值在于能够被加工成知识和解决问题的策略，从而转化为解决问题的行为。信息控制和信息显示是实现信息执行的有效手段和方式。信息显示研究如何采用有效的手段将信息处理的结果直观、迅速地传输给人的大脑，即把电信号转换成文字、图形、图像、语音等形式，通过人脑对信息的理解起到信息执行的作用，从而形成有效的"信息表示"方法。

1. 信息显示基本知识

生活在客观世界中的人，每时每刻都要从外部世界获得信息。人类感知外界信息依靠眼、耳、鼻、舌、身（皮肤）所具有的视觉、听觉、嗅觉、味觉和触觉。研究表明，人的各种感觉器官从外界获得的信息中，视觉占 60%，听觉占 20%，触觉占 15%，味觉占 3%，嗅觉占 2%。信息显示的作用就是通过不同的通道将信息传递给人。

（1）信息显示的基本原理

① 信息的视觉显示。信息的视觉显示是通过显示器如仪表、信号灯、荧光屏来呈现的，这些显示器的设计需要适合人眼的特点。

② 信息的听觉显示。听觉传导系统可分成两大类：声音警觉系统和言语通信系统。听觉由空气中的振动或声波引起的，耳朵接收并传播这些振动到听觉神经。

③ 信息的触觉显示。皮肤感觉分为触压觉、温度觉（冷觉和热觉）和痛觉。大部分触觉显示器用手和手指作为信息的特定接收器,但并不是手部所有部分都有相等的触感受性(如触屏手机，货币上的盲文等）。

④ 信息的嗅觉显示。嗅觉显示器尚未普遍应用，这是因为不同的鼻子感受性不同，不通气的鼻子感受性下降。尽管如此，嗅觉显示器依然在某些特殊场合得到了应用，例如煤气中添加特有臭味以示警报,美国的一些地下铁矿里采用恶臭系统在危急情况下发出撤井信号。

它们就是利用了嗅觉显示器的强渗透性的优点。

（2）信息显示的基本方法

计算机是信息显示的最基本平台。除音频、视频、图形和动画等常规的计算机显示外，人们还试图将计算机开发成一台"通用机器"，使它能完整地理解人的需要，并和人沟通信息。目前主流的显示器件主要有：阴极射线管（CRT）、液晶及液晶显示器件、等离子体显示器件（PDP）、电致发光显示器件（ELD）、场发射显示器（FED）等。

同时，信息显示具有多样性和多模态，主要表现出多媒体（多样化、集成性和交互性）、屏幕显示、字符的显示、字段的布局、图形与图像、自然语言对话等方面。下面，我们从显示参量与人的因素角度出发，结合光度、色度的相关知识，从版面设计与色彩搭配、摄影摄像构图两个方面来做介绍。

2．版式设计

（1）版式与版式设计

版式（FORMAT）即指书刊等的版面格式。所谓版式设计，就是在版面上，将有限的视觉元素（文字、图片和图形）进行有机的排列组合。版式设计是现代设计艺术的重要组成部分，是视觉传达的重要手段。表面上看，它是一种关于编排的学问；实际上，它不仅是一种技能，更是技术与艺术的高度统一。

版式设计是对空间、力场、动势等设计要素的组合排列研究。空间，指物质大小和其方位的度量。在版式设计中，文字和图片的轮廓形成实空间，留白区域则形成虚空间。实与虚空间配合的好坏能直接影响版式设计的质量和读者的视觉心理。力场，指视觉元素产生的力的分布图式。版面中的不同位置视觉感受是不等量的，往往上轻下重，左轻右重，中间稳定。动势，指由力场、图形及图形间的组合关系而引起人对视觉对象产生整体意象上的动向态势感受。

好的版式设计首先可以有效地提高版面的注意值，再者能够有利于信息的有效传递，三则可以延长信息在观看者大脑中的持续留存时间。大学生在利用办公软件处理各类文档时，掌握一定的版式设计知识与技能是很有必要的。

（2）版式设计的三个基本原则

① 直观。版式设计的最终目的是让观看者明白作者想要传达的信息。特别是二十一世纪的今天，人们的生活节奏越来越快，而专注于一件事情上的时间越来越短，因此要求设计者必须将版式设计处理成让读者一望而知的程度。因此版面一定要主次分明，条理清晰，主题明确。

为了达到最佳诉求效果，按照主从关系，使放大的主体形象成为视觉中心，以此表达主题思想。将文案中的多种信息作整体编排设计，有助于主体形象的建立。在主体形象四周增加空白量，使被强调的主体形象更加鲜明突出。由此方法就可以确定出版面的黑（重要内容）、白（适量留白，一是突出重要内容，二是增加版面的透气感）、灰（次要内容）关系。直观的版式设计如图 3-187 所示。

② 易读。版式设计的前提是容易阅读，要能使观看者观看时感到轻松。文字过小、一行过长、字的间距行距段距过密、过多的装饰、将文字跳跃性插入页面等都是不易于阅读的。

因此要注意对以上这些元素的大小及疏密的把控，要做整体性的考量。不仅如此，在进行排版设计的时候，对读者目光的移动方向的预设也是非常重要的。想办法在页面中加入能够顺畅地引导读者视线移动的元素，就能够设计出便于阅读的版面。易读的版式设计如图 3-188 所示。

③ 美观。版面的各种编　排要素在编排结构及色彩上要做整体设计。生动、有序、和谐的版面能给人一种阅读上的愉悦。这就要求版面中各种设计元素要彼此呼应、和谐一致，使版面达到形式与内容、局部与整体的一致。美观的版式设计如图 3-189 所示。

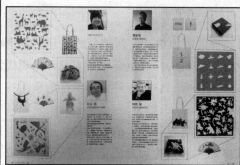

图 3-187　直观的版式设计　　　图 3-188　易读的版式设计　　　图 3-189　美观的版式设计

（3）版式设计前的必要准备

① 整理信息，确定图版率。贯穿于版式设计的最基本的工作即是对文字信息的整理。面对大量信息，首先要确定中心内容，而非中心的内容就必须变少或减弱。单就中心内容而言，要再进行分析，分出主要和次要的文字信息。

在排版元素中，除了文字，同时还包括图片和插图等元素。由于这些要素的加入，版式就从单纯文字的"阅读型"调整为了"观看型"。这两种要素在版式上所占的比率就叫作图版率。它对版面的易读性及页面整体的效果有着巨大的影响。因此设计者应结合文字内容和版面想给读者造成某种印象的特征来确定图版率。例如，像文学类的图书，版面想传达出非常沉稳的特点，图片和插图就会很少，甚至没有，那图版率则为 0%；相反像儿童类图书，页面需要给人造成热闹而活跃的印象，这就需要加入大量的图片和插图，这时候图版率就会很高。

② 设定网格。网格设计产生于二十世纪初，完善于二十世纪五十年代的瑞士。其目的是帮助设计者在设计版面时有明确的设计思路。可以将它看作是运用严谨的数学公式来计算出符合美学比例关系的排版向导。

在设计版式之前设计者可以用水平和垂直线条将版心划分成通栏、二等分、三等分或多等分，以此来规定出一定的标准尺寸。运用这种标准尺寸安排文字和图片的编排位置、大小以及对齐方式，使得版面取得严谨、有序的理性美。并且往往会将水平和垂直等分进行相互混合，这样设计出来的版式既理性、有条理，又活泼而具弹性，产生优美的韵律关系。

网格的设置不是千篇一律的，一般性的原则是：

- 首先利用 Word 中绘图栏里的直线工具在版面上画 0.25 磅的细线，以确定页边距，将图片和文字的区域划分出来。这就是我们通常所说的"确定版心"，如图 3-190 所示。
- 再用粗 6 磅，灰度为-25%的直线条划分版心。因为后期排版时，无论是文字区块还是图片区块，它们之间都有间距相隔，所以要用粗线条来进行网格的搭建。设计者可以将版心划分成水平或垂直的等分栏，如图 3-191 所示；也可以不平均划分各栏，如图 3-192 所示；还可以将两者进行混合，产生单元格，如图 3-193 所示。

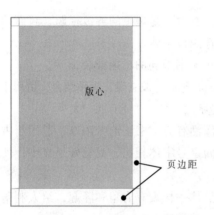

图 3-190　确定版心范围

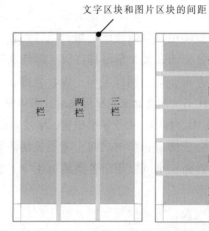

图 3-191　水平或垂直的等分栏样式

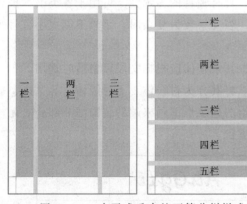

图 3-192　水平或垂直的不等分栏样式

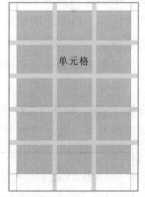

图 3-193　混合等分栏样式

- 最后在栏中进行文字和图片的编排。

③ 字体选择和应用。字体是版面设计的最基本元素。无论是中文字体还是英文字体，不同的字形都会产生不同的心理效应。因此在版式基本格式定下来后，就必须确认字体样式和字号。特别是标题的字体影响着整个版面的视觉效果。下面将分别介绍中文以及英文常用字体的选择原则。

一般来说，汉字字体可按照以下原则来选用：

宋体：字形方正，笔画横平竖直，均匀秀气，疏密合理，从而让人在久读时不宜疲劳，所以在书刊或报纸的正文部分常常选用宋体。

仿宋：它是将楷书笔画和宋体字的间架结构合二为一的字体。字形工整秀丽，横竖粗细一致，转峰有力，是桥梁、机械、建筑等专业图纸中汉字的首选字体，有时也用于正文的引文或献词。

楷体：笔画接近手写体，由古代书法发展而来，笔画有提顿，柔和华丽。常用于小标题、作者署名、小学课本、少年读物（4 号楷体是小学生摹写本上的常用字体）等。当使用楷体时，字号应比同号的宋体字大一号，不然会显得大小不一。

黑体：字形方正，画笔横竖粗细相同，笔形方头方尾，粗狂有力，非常醒目，常用于各级标题、封面或正文中需要着重强调的部分。

标题宋：字形端正，笔画横细竖粗，笔锋明显、刚劲有力，是理想的各级标题、封面的字体。行政机关公文的发文（即俗称红头）标题文字常选用该字体。

幼园：字形方正，笔画圆润柔和，婉转秀逸，一般用于书报刊的标题或装饰字。

隶书：由古代书法演变而来，字形偏扁，字体浑厚饱满，笔画左波右磔，提顿结合，适用于古朴风格文段的封面、标题。由于字形稍扁，字号应比同号字大一号，才能有同一大小。

行楷：字形介于楷书和草书之间，笔画灵活流畅，潇洒有力，书法韵味浓厚，适用于古风文章的标题、封面，也可以用于各类装饰用字。它与同字号字体相比，视觉效果显小，使用时应考虑该特点。

姚体：字形瘦长，笔画横细竖粗，收笔和转角处与黑体一样没有肩角和隆起，给人利落清丽之感，装饰性较强，偶用于需要变化的段落，别有一番趣味。

琥珀：字形极其圆润饱满，笔画活泼有趣，具有独特的美术性。可用于各类书、报刊的标题、装饰用字。由于它的笔画粗壮且有叠陷，当文字较为复杂时，字号不能太小，否则会影响其可读性。

文字排版最基本的汉字字体为宋体和黑体，其余字体应根据文段风格适时选用。

目前，英文字体已经超过上万种，大致可以将其分为衬线体、无衬线体、等宽体、书写体和装饰体 5 类，如图 3-194 所示。"衬线"指的是字形笔画末端的装饰细节部分。无衬线体的笔画粗细基本一致，没有衬线装饰，较为醒目。

AaGgIi	衬线体	*AaGgIi*	书写体
AaGgIi	无衬线体	AaGgIi	装饰体
AaGgIi	等宽字体		

图 3-194　常用的英文字体样式分类

通常情况下，英文字体可按照以下原则来选用：

- 衬线体一般用于正文印刷，因为它比无衬线体更易于阅读（最常用的是 Tines New Roman 字体）。
- 无衬线体往往用于短篇或标题等，因为它笔画规范且醒目，能够引起读者的注意。编码用字和打印机用字最好用等宽字体。
- 书写体和装饰体常用于强调或增强修饰效果部分的文字。

④ 图片的评估和运用。图片是有效传达信息的载体。从平面设计的角度看，图片可以使二维的空间展现出"三维"的空间感，带来更丰富的版面效果。丰富、色彩鲜艳的图片很容易成为版面的视觉中心，从而形成很强的视觉冲击力。

在对信息进行图片表现这种处理中，包括具有相同作用的照片与插图两种形式。但这两者又有各自的特征。它们最大的不同在于，照片是对现实情况的再现，而插图则是概括的表达。例如当需要介绍某种商品时，需要展示实际的颜色及形状，使用照片就比较适合。然而当需要对现实中并不存在的情况进行视觉化意向处理时，则选用插图会更贴合主题，如图 3-195 和图 3-196 所示。

图 3-195　照片

图 3-196　插图

单就照片的选择上又可以大致分为静态和动态、近景和远景、整体和局部几种类别。使用者在选择图片的时候可以根据版面所强调的内容选择合适的图片。

（4）版式设计基本类型

版式设计中，文字和图片单独出现的情况并不多，它们往往会同时出现在整个版面里。因此我们要将两者综合起来，创造图文并茂的版面。在文字区块和图片区块的编排形式上，以绘制的网格为基础，最常用的有满版型、上下分割型、左右分割型、中轴型、并置型这几种版式类型。

① 满版型。版面以图像充满整版，主要以图像为主体，视觉传达直观而强烈。满版型，给人大方、舒展的感觉，是封面常用的形式，如图 3-197 所示。

② 上下分割型。整个版面分成上下两部分，在上半部或下半部配置图片（可以是单幅或多幅），另一部分则配置文字。图片部分感性而有活力，而文字则理性而静止，如图 3-198 所示。

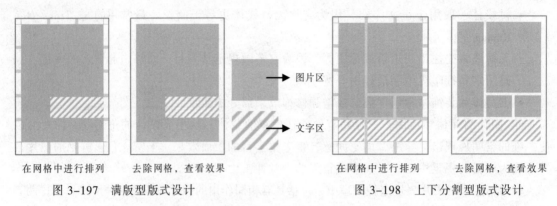

在网格中进行排列　　去除网格，查看效果　　　　　　　　在网格中进行排列　　去除网格，查看效果

图 3-197　满版型版式设计　　　　　　　　图 3-198　上下分割型版式设计

③ 左右分割型。把整个版面分成左右两部分，分别在左或右放置文字。文字和图片区块的面积相等时，则会形成强弱对比，造成视觉心理的不平衡。与上下型相比，这种结构在视觉流程上会显得不那么自然。不过，倘若将文字和图片区块大小进行调整，或用文字进行左右重复穿插，左右图文编排的效果就是变得自然和谐，如图 3-199 所示。

④ 中轴型。将图形水平或者垂直方向的排列，文字以上下或者左右配置。水平排列的版面给人稳定、安静、和平与含蓄之感；垂直排列的版面给人强烈的动感，如图 3-200 所示。

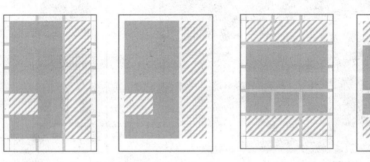

在网格中进行排列　去除网格，查看效果　　　　在网格中进行排列　去除网格，查看效果

图 3-199　左右分割型版式设计　　　　　　图 3-200　中轴型版式设计

⑤ 并置型。将相同或不同的图片作大小相同而位置不同的重复排列。并置构成的版面有比较或解说的意味，给予原本复杂喧嚣的版面以次序、安静感，如图 3-201 所示。

3. 色彩搭配基础

色彩与形状是视觉最基本的印象，存在于人们日常生活的各个方面。有研究表明，人们在观察事物的时候，最先被注意到的是色彩，其次是形状，最后才是文字。色彩能传递出相应的情感，它具有影响人心理、情绪和感觉的力量。

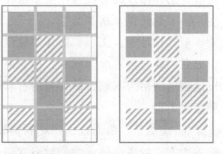

在网格中进行排列　　去除网格，查看效果

图 3-201　并置型版式设计

随着时代的变迁，人们对色彩的认识、运用过程是从感性到理性的过程。所谓理性色彩，就是人们借助判断、推理、演绎等抽象思维能力，将从大自然中直接感受到的色彩印象予以

规律性的揭示，从而形成色彩的理论和规则，并运用于实践。

（1）基本配色模式

无论是平面设计、网页设计、家居设计、穿衣打扮等诸多方面，颜色的搭配大体可以分为：单色搭配、双色搭配和三色搭配（黑、白、灰因为没有色相，所以不算作颜色的数量）。除了有极为特殊的需求，画面中不同色相的颜色不要超过 3 种，这是颜色搭配的关键原则。

在进行配色前请牢记"红、橙、黄、绿、蓝、紫"这个色彩顺序条，它揭示了各类色彩的相互关系，在以下的内容中我们会不断的用到这种色彩规律。

① 单色搭配。人类接受色彩是以色相为第一个原则，只要它色相感一致，我们就会觉得它们只是一种颜色（色相）的不同风貌。例如粉红、大红和暗红，我们仍然会将三者归为红色。单一色相的颜色搭配是最不容易出错的搭配方式，特别适合初学者。使用者可以在同一色彩里混入不同程度的白色或者黑色，使其明度和纯度发生改变，从而得到有变化的画面，如图 3-202 所示。当然还可以让无色彩倾向的"黑白灰"介入，调整它们的面积大小，传递出不同的心理感受，如图 3-203 所示。

图 3-202　同一色彩不同深浅的　　　　图 3-203　白色介入的单色搭配方案
　　　　　单色搭配方案

这种色彩搭配的优点是颜色信息量少，主色调很明确，是极其协调的搭配，给人亲近、平和的感觉，缺点是显得单调，甚至有时候会给人乏味、消极的感受。

② 双色搭配。在日常的生活当中，我们面临最多的色彩搭配行为就是双色搭配。我们常常是已经确定了一种颜色，需要为它选择一个合适的颜色做搭配，使两个颜色在一起合理、协调，同时还能够表达出想要的效果。在双色搭配中可以分为：邻近色搭配、间隔色搭配和互补色搭配。

- 邻近色搭配模式。邻近色搭配，指的是色彩顺序条中相邻的两个颜色做搭配。如红+橙、黄+绿、蓝+紫。因为两个颜色相邻，它们的色相、明度以及纯度上都是较为接近的。所以在颜色搭配上也比较的协调。值得注意的是，如果两个高纯度邻近色搭配在一起，而面积又大致相同时，会变得刺眼。这时候大幅度降低其中一个颜色的明度和纯度，则可以让颜色搭配变得和谐。

- 间隔色搭配模式。间隔色，又叫作类比色，它们由一个色彩间隔开来。如红和黄、黄和蓝、绿和紫。与邻近色相比，它们之间的色彩关系反差要大一些，因而会使画面更活泼、更有节奏，但也更容易出现刺眼的情况。调和它们的方法同样是改变颜色明度和纯度，如果还不行，可以再调整两个色彩的面积。

- 互补色搭配模式。互补色搭配，指的是由两个颜色隔开的一组颜色进行搭配。如红+绿、蓝+橙、紫+黄。它们是反差最强的色组，会营造出强烈的视觉冲击感，能让人产生不安定感。这一组颜色的搭配一定不能等面积地出现在画面中，不然会造成冲突的印象。调和它们的手法主要是通过拉大主色相和次色相的面积大小（例如：万绿中的一点红。）；加大两者的明度和纯度反差关系；用其中一个颜色的邻近色或无彩色（黑白灰）来将互补色进行间隔，让观看者的注意力得以分散。互补色搭配是最不容易掌握的一组颜色搭配，对于新手来讲，需要大胆的尝试，可以先从紫+黄练习，它们是普通人容易接受的一对色彩。

③ 三色搭配。三色搭配指的是三种不同色相的搭配。特别注意的是，黑白灰可以作为对画面色彩的补充，但它们并不算做第三种颜色。而三色搭配中同样存在三种取色方式：相邻色搭配、等距色搭配以及分裂互补色搭配。

三色搭配能使画面的色彩性更强。在进入到三色搭配讲解前请更新之前提到的 "红、橙、黄、绿、蓝、紫" 这个色彩顺序条。在此我们将加入"复色"，如红+橙能得到"橙红色"，绿+蓝能得到"蓝绿色"，而"橙红色"和"蓝绿色"就被称为"复色"。因此我们能得到一个新的色彩顺序条："红、橙红、橙、橙黄、黄、黄绿、绿、蓝绿、蓝、蓝紫、紫、紫红"。为了能更直观地看到三种颜色的关系，在此将其转换为色环，如图 3-204 所示。

图 3-204　色环

- 相邻色搭配模式。相邻色搭配，指的是从色彩顺序条中选出相邻的三个颜色做搭配，如图 3-205 所示。如"红+橙红+橙"或者"蓝绿+蓝+蓝紫"。因为相邻色系的色相不存在太大的差距，所以容易被人接受。

- 等距色搭配模式。等距色搭配，指的是从色彩顺序条中选出具有相等间隔距离的三个颜色做搭配，如图 3-206 所示。如"红+黄+蓝"或者"橙黄+蓝绿+紫红"彼此等距的三种颜色比较明确，差异大，辨识度高，通常会给人明朗的感觉。

- 分裂互补色搭配模式。分裂互补色搭配，指的是任意一种颜色与其互补色的相邻两种颜色的三色做搭配，如图 3-207 所示。如"黄+蓝紫+紫红"或者"红+黄绿+蓝绿"。这种方式可以柔化太强烈的对比效果，产生更加细腻的色彩边界。

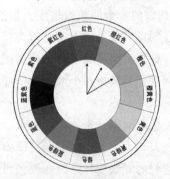  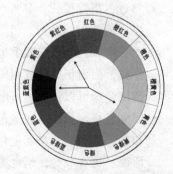

图 3-205　相邻色搭配模式　　图 3-206　等距色搭配模式　　图 3-207　分裂互补色搭配模式

（2）图文混排的配色思路

办公处理软件（如 Office、WPS）与专业设计软件（如 Photoshop）相比，设计功能和使用人群都不一样。一般情况下，办公处理软件中的文字信息会占有大部分的版面，并且更多以色彩信息复杂的图片形式出现。此处侧重讲述在办公处理软件中进行图文混排的配色思路。

设计是将自己的设想有目的的实现出来。无论排版还是配色都是先思考再执行的过程。做配色大致有七个步骤，将这七个步骤分成三个阶段来进行，我们可以快速有效地搭配出各种想要的配色方案。

① 第一阶段：根据文字信息确定色彩：

- 确定主要色相。在做色彩搭配时，首先要根据文字内容确定暖色还是冷色，再从"红、橙、黄、绿、蓝、紫"中挑选出最适合主题的色相。每一种色彩都有很深刻的文化积淀，当一种色彩成为主色后，它可以决定作品的文化方向。例如：红色给人喜庆、热情、革命感；绿色给人自然、生命、和平感；蓝色给人科技、理智、沉静感。传达的概念与主色是否匹配，将是作品配色能否成功的关键。

- 确定色相型。色相型，指的是搭配颜色的色相关系。其可以大致分为同相型、准对决型和对决型三种。同相型的颜色属于同色系。比如单色搭配、双色搭配中的邻近色搭配以及三色搭配中的相邻色搭配就是同相型色相；双色搭配中的间隔色搭配和三色搭配中的等距色搭配则属于准对决型色相；而双色搭配中的互补色搭配和三色搭配中的分裂互补色搭配属于对决型色相。当确定颜色关系后，就要确定各个颜色的作用，要注意分清主色、辅助色和点缀色，让颜色帮助整个版面更优秀。

- 确定色调对比度。色调对比度，指的是色调之间的对比关系，它与色彩的明度和纯度有关。虽然一种颜色所传达出来的情感由色相决定，但是明度和纯度能对其产生重大影响。如大红和粉红所表达的情感是完全不一样的。当使用色调对比度低的颜色做搭配时，即各个色彩都偏白或偏黑，如"粉红+粉绿+粉蓝"或者"枣红+墨绿+深蓝"的搭配，会给人优雅、沉静、朴实的印象，多用于表达都市感、纤细感的画面。当使用色调对比度高的颜色做搭配时，即各个色彩为原始色，会展现健康、积极、强烈的印象，在食品、儿童商品中大量使用。过低的色调对比度会显得苍白无力，无法给人信任感；反之，过高的色调对比度又会使人感到躁动不安，降低档次。因此我们常将两类色调混合使用。可以选择原始色为主色，配以明度和纯度不高的颜色，这样的组合可以达到一种稳定的效果。

② 第二阶段：文字、图片和图形的调和：

- 文字的处理。在含有大量文字信息的页面上，正文文字多是采用无彩色系的黑和灰。在阅读感上，用户会忽略掉文字所采用的无彩色。如果文字采用了彩色，其阅读感立刻被颠覆。无彩色和有彩色在阅读心理上有着本质的差异。在设计时，应该学会将文字看成图形对象，它不仅有传达信息的功能，还作为视觉符号，起着装饰的作用。通常对文字可以做以下几种处理：

  ➤ 放大标题，使其颜色与主色调一致；也可以提取图片中的某种颜色，让它成为链合图片的色块。

  ➤ 把成段的文字放在一个色块中或者填上同种颜色，使它们块状化、图形化。值得注意的是，这种处理方式更适合字号较小、行间距不大的段落。

- 图片的选择与处理。图片中的色彩信息一般情况下是复杂的。分析方法很简单：就是眯起眼睛，虚化了形象，留下色彩印象的时候，什么颜色是大面积的，这种颜色就是这个图片中的主色。在一篇文稿中，往往会插入多张图片，这时要注意图片色彩是否与主色调协调，并且要考虑各张图片之间的色彩是否呼应或统一。如果出现色调差异太大的情况，就需要调整或更换。如果不能更改图片，这里介绍 3 种最常用的统一零碎图片信息的方法：

➢ 为图片加上同一颜色的边框。但是注意不能太细。

➢ 将所有图片放在一个底图上，使它们成为一个整体。

➢ 在图片与图片之间的区域填上统一的颜色块，让色块起到稳定和链接图片的作用。

● 图形的绘制与调和。图文排版如果想变得活跃并不容易，要增加一些设计元素。图形就是其中一个很重要的元素。Word 中的绘图工具栏，里面集合了不少的图形。特别是利用线条工具，可以绘制出丰富的图形样式。图形不仅起到丰富版面的作用，而且也起着呼应和调和色彩的效果。冷色通常适合比较冷静、成熟的年龄层，偏重线条、几何图形。暖色通常适合较为活泼、可爱的，女性及儿童相关的题材，偏重花朵、卡通等图形。

③ 第三阶段：调整细节。第三阶段是在前两个阶段的基础上进行的。该阶段要检查画面整体色彩关系，对主体及细节进行强调和调整。当你眯着眼睛看画面，而最想传达的主体并不明确，那就得重新加强主体颜色。可以提高主体物颜色的明度或者纯度、扩大主体物在画面中所占面积、削弱配角的颜色、减掉或整合杂乱无章的颜色等方式来改善配色，最终达到意象中想要表达的效果。

通过以下例子简要说明，在办公信息处理中，图文混排的版式及色彩搭配技巧的应用，如图 3-208 所示。案例以玩具宣传为主题，左图是修改前的样式，右图是修改后的样式。虽然设计元素相同，但是设计师通过对版式和色彩的调整，修改后的设计方案更贴合主题，并且在视觉上也更引人注目。

图 3-208　版式和色彩设计实例

在版式上，设计师选用了"并置型网格"来做图文混排。修改前的画面中，小孩子形象的插图下空了一块，让人感觉下面漏印了东西，或觉得这块空白是多余的；并且每一个商品图片大小都基本一致，使整个画面缺乏对比，节奏感较弱，这与儿童主题不相符合；虽然在各种商品信息周围有红色的边线进行区域的划分，但是并不整齐，让人感到画面较为凌乱。因此右图在黄色熊照片以及其他商品图片尺寸作了调整，增加了它们大小的对比度，不仅填充了空白区域，还增强了画面的生动性，而且在红线边框上也做了统一，增强了画面的统一性。

在颜色上，修改前的画面留白区域过多，没有主要的颜色倾向，不仅画面色彩较为散乱，而且色彩张力也不够，不符合商品主题。因此右图根据主题，首先，选用了儿童喜爱的红色做画面的主色调，使画面呈现的效果发生了巨大的变化。再是，整个画面采用亮度高、纯度大的颜色，这符合儿童的审美需求。次之，因为各类商品自身就有很明显和丰富的色彩，形成了对决型色相，所以减少了文字颜色变化，将其统一成了与商品颜色相协调的绿、红、黑三种颜色，有变化但不杂乱。

4．摄影摄像构图

（1）几个基本参数

① 焦距（Focal length）。焦距是指从镜头的光学中心到成像面（焦点）的距离。此距离越长，则越能将远方的物体放大成像；此距离越短，则越能够拍摄更宽广的范围。

焦距的单位通常用 mm(毫米)来表示，一个镜头的焦距一般都标在镜头的前面，如 50 mm（这就是我们通常所说的"标准镜头"，指对于 35 mm 胶片），28 ~ 70 mm（我们最常用的镜头）、70 ~ 210 mm（长焦镜头）等。

② 光圈（Aperture）。用于控制镜头通光量大小的装置。开大一档光圈，进入照相机的光量就会加倍，缩小一当光圈光量将减半，光圈大小用 f 值来表示，序列如下（f 值越小，光圈越大），如图 3-209 所示。

f/1，f/1.4，f/2，f/2.8，f/4，f/5.6，f/8，f/11，f/16，f/22，f/32，f/44，f/64

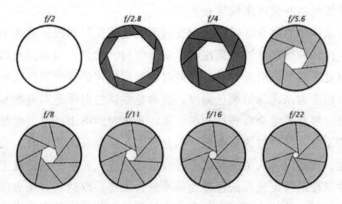

图 3-209　光圈大小示意图

光圈的数值越小，光圈孔径越大，进光量越多，画面就越明亮，景深越浅。光圈的数值越大，光圈孔径越小，进光量越少，画面就越灰暗，景深越深。

③ 快门（Shutter）。用于控制曝光时间长短的装置。快门一般可分为镜间快门和点平面帘幕快门（也就是人们常提到的钢片快门）。

④ 快门速度。快门开启的时间。它是指光线扫过胶片的时间（曝光时间）。例如，"1/30"是指曝光时间为 1/30 秒，同样，"1/60"是指曝光时间为 1/60 秒，1/60 秒的快门是 1/30 秒快

门速度的两倍，其余以此类推。快速的快门可以把运动瞬间凝结在底片或者 CCD 上，比如喷涌的瀑布，在阳光下凝结成晶莹剔透的水珠。如果放慢快门速度，那么，主体不动是清晰的，背景的人群就会变成模糊的运动效果，画面的生动性加强。

快门速度越快，光线通过时间越短，画面越暗，越能抓拍瞬间。快门速度越慢，光线通过时间越长，画面越亮，越能表现过程。

⑤ 景深（Depth of field）。当某一物体聚集清晰时，从该物体前面的某一段距离到其后面的某一段距离都是相当清晰的。焦点相当清晰的这段从前到后的距离就叫作景深。

⑥ ISO 感光度。表示感光材料（胶片或 CCD）感光的能力（快慢程度）。感光度越高，感光材料越灵敏（就是在同样的拍摄环境下正常拍摄同一张照片所需要的光线越少，其表现为能用更高的快门或更小的光圈）。普通家用的胶片一般 ISO 值是 100，在这个值下，我们基本可以实现各种场合的曝光正确。如果低于 100，比如 50 或更低，那么画面质量将有所提高，画面更细腻，适合于拍摄人像或风光静物等场景，层次非常丰富。低感光度带来的影响是造成感光时间加长，不得不使用放大光圈或者放慢快门来补充曝光，以达到正确的画面要求。如果感光度值高于 100，比如 200、400 或更高，那么，胶片画面的颗粒感就会增强，CCD 画面就有噪点产生，它的好处在于可以选择更快的快门速度或者更小的光圈，这样通过缩小进光量来达到正确曝光。这种方式比较适合抓拍运动场面或者动态景物，合理运用可以产生比较特殊的效果。

⑦ 色温。彩色摄影中，色温会影响一张照片的感觉。在早晨或黄昏拍摄的照片会偏红，在钨丝灯光下拍摄照片颜色会偏黄，这些现象都是因为当时的色温不能符合软片的色温标准而产生色偏。我们知道，通常人眼所见到的光线，是由 7 种色光的光谱叠加组成。但其中有些光线偏蓝，有些则偏红，色温就是专门用来度量和计算光线的颜色成分的方法，其 19 世纪末由英国物理学家洛德·开尔文所创立的，他制定出了一整套色温计算法，而其具体确定的标准是基于一黑体辐射器所发出来的波长。

色温是按绝对黑体（能够全部吸收入射光线而无任何反射的理想物体）来定义的，随着加热温度的升高，黑体的颜色逐渐由黑变红，最后变白，发光。当实际光源所发射的光的颜色与黑体在某一温度下的热辐射光的颜色相同时，就用黑体的这个温度表示该实际光源的光谱成分，并称这个温度为该光源的颜色温度，简称色温。色温用绝对温标 K 来表示。

我们在观看摄影展览时常会看到这样的作品：日出时的群山呈现出温暖的橘黄色，辉煌热烈；白雪覆盖的原野一派冷峻的灰蓝色，寒意袭人。但在现场拍摄时，我们的眼睛感受不到这样强烈的变化，这是因为人类的眼睛有很强的适应性，光源的色温发生变化时，会做适度的调整。而胶片是按照特定光源的色温为标准进行生产，以达到客观表现色彩的目的。当光源的色温发生偏差时，胶片表现出来的色调自然发生变化，这是理所当然的事情。这种偏差如果巧妙地加以利用，会产生强烈的艺术效果；如果表现不当，则会产生不愉快的气氛，如白炽灯下的人像，如同得了黄疸病，阴雨中的白墙，灰蓝的调子显得不干净。

（2）摄影摄像构图

人们在欣赏照片时首先会对照片有一个整体印象。特别是在被摄体并不是很引人注目的情况下，人们总是无意识地从画面整体寻找一种均衡感。就像光线一样，构图也会对画面给人的印象产生很大影响。一幅画面究竟是平稳安定还是充满着紧张感，是由构图决定的。所谓构图包括画面中被摄体的位置、拍摄时的高度和角度等要素。这些要素融合在一起就形成了构图。被摄体在画面中的位置非常重要，可以说决定了它的位置，就决定了构图的一半。如果学习构图的基础，首先应该明确被摄体在画面中的位置。当然，如何构图是拍摄者的自由，不存在绝对的和最好的构图方法。究竟应该使用哪种构图要视被摄体情况而定，没有哪一种场景就一定要使用特定构图的说法，根据被摄体选择构图方式是最理想的。但对于初学者来讲，掌握几种构图的基本模式还是有必要的。

① 三分式构图。将画面水平或垂直方向按 2:1 的比例分为两部分，形成左右呼应或上下呼应，表现的空间比较宽阔。其中画面的一部分是主体，另一半是陪体。常用于表现人物、运动、风景、建筑等题材，如图 3-210 所示。

② 对称式构图。具有平衡、稳定、相对的特点。缺点：呆板、缺少变化。常用于表现对称的物体、建筑、特殊风格的物体，如图 3-211 所示。

图 3-210 三分式构图（摄影 艺影坊）

图 3-211 对称式构图（摄影 丁建怀）

③ 三角形构图。在画面中将所表达的主体放在三角形中或影像本身形成三角形的态势，这种三角形可以是正三角、也可以是斜三角或倒三角。其中斜三角形较为常用，也较为灵活。三角形构图具有安定、均衡、灵活等特点。此构图是视觉感应方式，如，有形态形成的，也有阴影形成的三角形态。如果是自然形成的线形结构，这时可以把主体安排在三角形斜边中心位置上，以图有所突破。但只有在全景时使用，效果最好。三角形构图，产生稳定感，倒置则不稳定。可用于不同景别如近景人物、特写等摄影，如图 3-212 所示。

④ 对角线构图。将被摄体的主体安排在画面对角线上的构图方式，能有效利用画面对角线的长度，同时也能使陪体与主体发生直接关系，多用于拍摄风景照片。这是一个非常著名的构图表现方法，对角线构图在画面中，线所形成的对角关系，使画面产生了极强的动式，显得活泼，表现出纵深的效果。其透视也会使拍摄对象变成斜线，引导人们的视线到画面深处，容易产生线条的汇聚趋势，达到突出主体的效果，如图 3-213 所示。

⑤ S 形构图。这是在风光摄影中常常用到的构图方法。画面上的景物呈 S 形曲线的构图形式，具有延长、变化的特点，使人看上去有韵律感，产生优美、雅致、协调的感觉，而且能让画面整体充满动感，即动且稳。当需要采用曲线形式表现被摄体时，应首先想到使用 S 形构图。常用于河流、溪水、曲径、小路等。表现题材：远景府拍效果最佳，如山川、河流、地域等自然的起伏变化，也可表现众多的人体、动物、物体的曲线排列变化以及各种自然、人工所形成的形态。S 字形构图一般的情况下，都是从画面的左下角向右上角延伸，如图 3-214 所示。

图 3-212　三角形构图（摄影 张蕊）

图 3-213　对角线构图（摄影 曹建英）

⑥ 九宫格构图。这是一种将画面分成 9 部分，将主被摄体放在"九宫格"交叉点上的构图方式。这种构图方式非常有效，是进行摄影构图的常用方式。"井"字的四个交叉点就是主体的最佳位置。一般认为，右上方的交叉点最为理想，其次为右下方的交叉点。但也不是一成不变的。这种构图格式较为符合人们的视觉习惯，使主体自然成为视觉中心，具有突出主体，并使画面趋向均衡的特点，如图 3-215 所示。

图 3-214　S形构图（摄影：李家树）

图 3-215　九宫格构图（摄影 胡克斌）

⑦ 均衡式构图。给人以满足的感觉，画面结构完美无缺，安排巧妙，对应而平衡。常用于月夜、水面、夜景、新闻等题材，如图 3-216 所示。

⑧ 变化式构图。景物故意安排在某一角或某一边，能给人以思考和想象，并留下进一步判断的余地。富于韵味和情趣。常用于山水小景、体育运动、艺术摄影、幽默照片等，如图 3-217 所示。

图 3-216　均衡式构图（摄影 程岩）

图 3-217　变化式构图（摄影 段岳衡）

3.5　信　息　管　理

自从有了人类社会，就有了人类的信息交流活动，产生了社会信息管理活动。信息管理的实质就是人类综合采用技术的、政策的、法律的、人文的方法和手段对信息流进行控制，以提高信息利用效率，最大限度地实现以信息效用价值为目的的活动。

3.5.1　信息管理概述

1. 信息管理的含义

信息管理（Information Management）是一个正在发展的概念，一般存在两种基本理解。

① 狭义的信息管理认为，信息管理就是对信息本身的管理，即以信息科学理论为基础，以信息生命周期为主线，采用各种技术方法和手段（如分类、主题、代码、计算机处理等）对信息进行采集、整理、存储、加工、检索、传输和利用的过程。

② 广义的信息管理认为：信息管理不仅仅是对信息的管理，还包括对涉及信息活动的各种要素（信息、人员、技术设备、组织机构、资金、环境等）进行合理组织和有效控制，以实现信息和相关资源的合理配置，从而有效地满足社会的信息需求。在广义的信息管理概念中，信息被当作一种资源，信息管理则包括信息资源的管理和信息活动的管理。

信息资源是经过人类开发与组织的信息、信息技术、信息人员要素的有机集合。它是一个涉及信息生产、处理、传播、利用等整个工作过程的多要素概念。其中包括信息工作的对象——信息（数据），信息工作的工具——计算机、通信技术和网络等技术手段，信息劳动者——信息专业人员，包括信息生产人员、管理人员、服务人员等。信息资源的开发利用，是由信息人员运用专门的信息技术手段对各种原始数据进行搜集、选择、加工处理和分析研究，形成信息产品，然后传递给需要者使用。信息资源和信息这两个概念经常被看作同一个概念，但信息资源既包括信息人员、信息技术及设施，而信息仅指信息内容及其载体。

信息活动是指人类社会围绕信息资源的形成、传递和利用而开展的管理活动与服务活动。信息活动分为两个阶段，第一是信息资源的形成阶段，特点以信息的产生、记录、传播、采集、存储、加工、处理为过程，是为了形成可供利用的信息资源；第二是信息资源的开发利用阶段，特点是对信息资源的检索、传递、吸收、分析、选择、评价、利用，是为了实现信息资源的价值，达到信息管理的目标。

本书对"信息管理"持广义的理解。信息管理是指围绕信息资源的形成与开发利用，以信息技术为手段，对信息资源实施计划、组织、指挥、协调和控制的社会活动。

2. 信息管理的分类

信息管理，实质上是指对人类社会活动所产生的社会信息进行管理。由于人类信息活动的范围很广，对其产生的社会信息及其相关要素的管理范围也很广泛。

（1）根据信息管理范围不同分类

信息管理大致可分为：政务信息管理、经济信息管理、军事信息管理、科技信息管理、管理信息管理、文体信息管理等。

这些不同领域的信息管理的产生，往往是这些领域的人们信息活动的结果，也是这些不同领域实践的产物。这些实践领域所产生的信息不仅是该领域活动的伴生物，且对该领域活动产生重要影响，对该领域活动的现实决策、实施操作、经验积累、预测动向等起着重要作用。因此，人们都在有意识或无意识地在各自所在领域里不同程度地生产、存储、处理、分配、传播、交流、吸收和利用其领域的信息，并对这些信息实施不同程度的管理。

（2）根据信息载体不同分类

信息管理大致可分为：文献管理、数据管理、网络管理等。

① 文献，是人类社会重要的信息载体。图书馆和档案馆从古到今是最典型的文献管理机构。

② 数据库，是电子计算机发明以后新的信息管理技术。现在国内外已形成了数据库产业，数据库管理已成为网络环境下信息管理的最重要的管理。数据库管理包括：建库管理、产品开发管理、数据库质量管理、服务管理和数据库业管理等。

③ 网络管理，包括通信网络和资源网络的管理。网络扩大了数据库信息管理的各种功能，也使信息管理工作和技术变得更为复杂。

（3）根据信息管理层次不同分类

① 信息管理可分为：宏观信息管理、中观信息管理和微观信息管理。

宏观信息管理，是国家行政部门通过政策法律，运用行政、经济、法律等手段，从战略高度对全国信息活动实施管理。

② 中观信息管理，是地区政府和行业部门管理机构通过政策法规、管理条例等对地区或行业信息活动实施的管理。

③ 微观信息管理，是基层机构以各种手段方式对信息活动的全过程、各信息要素进行的管理。

此外，根据信息管理手段方式不同，信息管理可分为：手工管理、技术管理、行政管理、经济管理、法律政策管理等；根据信息管理的内容不同，信息管理可分为：信息工作管理、信息系统管理、信息事业管理、信息产业管理、信息市场管理等；根据信息管理的发展阶段可分为：文献工作分化管理阶段、数据技术管理阶段、信息资源集中管理阶段等；根据信息工作环节可分为：信息生产、信息资源建设与配置、信息资源整序开发、信息传递服务、信息吸收利用等环节的管理。

随着信息管理活动的发展，信息管理的规模在不断扩大，信息管理的对象也越来越复杂。但就其本质而言，信息管理是对信息资源的管理和对信息资源开发利用活动的管理。

3．信息管理的发展历程

人类社会自从诞生以来，人们就一直在从事着信息管理工作。随着生产社会化的发展，信息管理工作从粗化到细化，并形成一定规模，新的信息行业逐步从传统的产业中分离出来并得到进一步发展，特别是信息技术的发展加快了信息管理的发展，并带来了新的服务和需求。

信息时代，信息管理活动的范围十分广泛。信息管理活动是人类信息活动的自然结果。人类社会的信息管理主要是为了解决在适应和改造环境中，人类的知识匮乏与人类活动的高度复杂性导致的信息——知识需求，其目标是不断提高人类的活动效率和认识水平。以物质和知识拥有量为标志的社会发展表明，人类的信息管理水平是随着社会现有的技术水平、知识存量、物质产品占有量的增加而发展的。

信息管理是 20 世纪 60 年代才出现的新概念，一般认为，信息管理的发展历程可划分为四个阶段：传统管理时期、技术管理时期、资源管理时期和知识管理时期。这四个阶段并不仅仅是前后更替的，到目前为止，它们是同时并存的。

（1）传统管理时期

该时期以"信息源"为核心，以文献为主要载体，以公益性服务为主要目标，以图书馆为象征，也称为文献管理时期，为手工管理模式。随着人类社会的发展，记录人类经验、知识和信息的文献很快达到了较大数量，并且内容越来越复杂，给人们找寻和利用带来困难，图书馆便应运而生。这是人类历史上第一种信息管理的模式，即手工管理模式。后来，在科技领域出现了一类新兴的专职信息服务机构——科技信息机构，这类信息机构所从事的实质上仍然是文献管理工作，只不过偏重于图书之外的文献而已。

（2）技术管理时期

该时期以"信息流"为核心，以计算机为工具，以自动化、信息处理和信息系统建造为主要工作内容。其象征是计算机信息系统，信息技术及技术专家的作用日益突出。

第二次世界大战之后，以计算机和通信技术为中心的现代信息技术迅猛发展，对人类社会经济活动产生了广泛而深远的影响，并将信息管理活动推向一个全新的发展时期。特别是 20 世纪 60 年代，计算机在数据处理技术上的突破，为计算机在信息管理方面的应用奠定了基础。以计算机技术为基础的各种信息管理系统纷纷建立：50 年代的电子数据处理系统（EDPS），60 年代兴起了管理信息系统（MIS），70 年代的决策支持系统（DSS）和办公自动化系统（OAS）等。随着信息系统的发展，信息管理对组织管理的作用范围和中心逐渐发生了变化，管理由事物处理和业务监督逐步走向战略决策化。

（3）资源管理时期

该时期主要特征是以信息资源为中心，以战略信息系统为主要阵地，以解决信息资源对竞争战略决策的支持问题为主要任务，管理手段网络化，主要管理者为信息主管（CIO）。

20 世纪 70 年代末 80 年代初，提出了信息资源管理（IRM）的概念。这一概念确立了将信息资源作为经济资源、管理资源和竞争资源的新观念，强调信息资源在组织管理决策与竞争战略规划中的作用，从而使组织成为新的信息管理战略，这就是在信息技术急速发展和竞争环境急剧变化的背景下，如何合理地开发和有效利用信息资源以增强竞争实力、获得竞争优势的战略。

信息资源管理的提出，表明了现代社会管理活动对于信息资源的高度重视，信息管理实践自此走入了一个新的发展阶段。现代意义上的信息管理，就是对信息资源极其开发利用活动的计划、组织、控制和协调。信息管理的主要目的是要实现信息资源的充分开发、合理配置和有效利用。80 年代末，一种体现信息资源管理思想的新一代信息管理系统——战略信息系统（SIS）迅速兴起。

（4）知识管理时期

知识管理是信息管理发展的趋势和方向。它的主要特征是：信息管理从手工管理向自动化、网络化、数字化的方向发展；从单纯的管理信息本身向管理与信息活动有关的资源方向发展；从以分散、孤立、局部地解决问题走向系统、整体、全面地解决问题；从以收集和存储为主向以传递和检索为主的方向转变；从辅助性配角地位向决策性主角地位转变。

知识管理的理念和实践源于 20 世纪 80 年代。知识管理（KM）包括两方面的含义。一方面指对信息的管理，来源于传统的信息管理学，是信息管理的深化与发展。知识是信息深加工的产物，知识管理的手段和方法比之信息管理更加先进和完善，它充分利用信息技术，使知识在信息系统中加以识别、处理和传播，并有效地提供给用户使用。另一方面是对人的管理，认为知识作为认知的过程存在于信息的使用者身上，知识不只来自于编码化信息，而且很重要的一部分存在与人脑之中，知识管理的重要任务在于发掘这部分非编码化的知识，通过促进知识的编码化和加强人际交流的互动，使非编码化的个人知识得以充分共享，从而提高组织竞争力。信息管理是知识管理的基础，知识管理是信息管理的延伸和发展。

在管理理念上，知识管理真正体现了以人为本的管理思想，人力资源管理成为组织管理的核心；在管理对象和内容上，知识管理以无形资产管理为主要对象和内容，比以往任何形式的管理都强调知识资产的重要性；在管理范围上，知识管理的对象不只是显性知识，还包括隐性知识，更以隐性知识为重点，并重视显性知识与隐性知识的共享与转换；在管理目标和策略上，知识管理以知识创新为直接目标，以建立知识创新体系为基本策略；在组织结构上，知识创新采取开放的、扁平式的学习型组织模式而不是金字塔式的等级结构模式。信息管理使数据转化为信息，而知识管理使信息转化为知识。知识管理的目标是知识的运用，具有很强的方向性和效用性。

4. 信息管理的发展

信息管理是研究如何科学地组织管理信息工作的理论与应用技能的一门学科。具体来说，是研究与探讨整个信息系统各要素及其信息活动的规律性，以及信息工作的组织、结构、应用技术与一般方法。

信息管理既是管理科学的一个重要领域，同时又是信息科学的一个重要分支。它不仅遵循管理科学和信息科学的基本理论、原理、原则和科学方法，同时也确立了自身的特点、规律和理论体系，指导着信息服务产业以至整个社会信息实践活动的组织、领导、协调、规划和管理，促进信息事业的发展和社会功能的提高，是一门正在蓬勃发展的新兴学科。

（1）信息管理研究内容如下

① 社会信息现象与规律研究：对社会信息现象与规律的认识是信息管理的基点，只有科学而深入地揭示社会运行的信息机制，以及社会信息的产生、流动与利用原理，才能有效地建立信息管理的基本理论，确立作为一门科学的"信息管理"的学科地位。

② 信息组织与管理研究：旨在解决信息搜集、传递、揭示、加工、控制和利用的各种问题，寻求普遍适用的管理理论和方法，其主要内容可以归为信息资源、信息载体、信息技术和信息系统等方面的管理研究，包括信息测度理论、价值理论、控制理论和信息处理与通信技术管理理论。

③ 信息需求与服务研究：包括方法论研究，用户信息需求、获取与利用研究，以用户为中心的信息服务管理理论研究等。

④ 信息环境研究：包括信息政策与信息法律研究、信息人才培养和教育研究、信息环境的管理研究等。

（2）信息管理与其他学科

信息管理在四大学科内的应用有如下：

① 理论学科：包括信息管理基础、信息测度学、信息社会学、信息控制论、信息资源管理学等。

② 应用基础学科：包括信息传播学、信息经济学、信息市场学、信息法学、信息检索理论、信息系统开发与管理、信息技术管理、信息计量学、信息分析与预测、信息咨询与决策学等。

③ 各类专门化的应用性学科：包括管理信息学、科技信息学、经济信息学、文书信息管理学、新闻信息管理学、公关信息学、广告信息学、专利信息管理学等信息管理的业务部门分类的各学科。

④ 相关学科：信息学、电子信息学、计算机科学、图书馆学、情报学、社会学、法学、统计学、经济学、管理学等。

（3）信息管理与相关学科

① 信息管理与信息论、电子信息学、通信和计算机科学。信息管理科学以社会信息为对象，在揭示规律的基础上解决社会信息服务中的各种问题；电子信息学、通信和计算机科学在理论研究的基础上解决各种信息技术问题。电子信息学是在无线电电子学和信息技术基础上发展起来的一门学科，旨在研究信息传递、处理和控制中的电子材料、器件、设施的工作原理、制造技术和应用中的各种理论与实际问题，为通信、信息处理、计算机等技术提供"硬件"支持。现代信息和计算机科学利用电子信息学原理研究各种形式的通信方式与实现技术、计算机硬件等，同时利用多学科方法研究通信组织的计算机软件等问题。信息管理的核心内容之一是信息技术在信息管理中的应用研究，目前的网络化信息传递技术和远程数据处理技术已成为该方面研究的新热点。信息论等基础理论学科则是这两类学科共同的理论基础。

② 信息管理与图书馆学、情报学。图书馆学、情报学是以图书馆和情报工作实践为基础的两门学科，它们研究的核心问题是图书馆工作和情报工作的理论方法与工作组织等问题，题目对包括文献信息在内的信息及其载体的研究，针对各自的"工作需要"从不同角度研究信息管理问题、需求及其理论方法。同时，现代社会的信息化改变着社会职业结构和社会运行机制，信息的及时获取、传递和利用已成为开展各项工作的必备条件，显然传统的图书馆和情报服务已无法满足人们多方面的信息需求。在这种情况下，各种形式的数据传输网络、用户专用的各种形式的计算机信息系统、办公室自动化，以及内容丰富的"中介""经纪"服务迅速发展，社会的信息资源开发与组织已成为关系到社会全局的问题。信息管理的研究内容是存在于图书馆工作、情报工作和社会其他工作中的具有普遍性的问题。

③ 信息管理与社会学、经济学、法学等。社会学是研究社会现象及其规律的一门学科，当然也包括了社会信息现象的研究，这一点与信息管理科学对社会信息现象的研究是共通的。信息管理研究社会信息现象在于认识社会信息现象本身的规律，揭示信息的社会作用机理和信息开发、利用与社会发展的关系，旨在为社会信息工作开展服务。在社会产业结构变化中，社会的信息产业迅速增长，已经或即将成为一种最重要的社会产业，因而在经

济学中"信息经济"已成为一个十分引人注目的课题。鉴于此，信息管理中的信息经济学愈来愈显示其重要性。在社会信息化过程中，社会信息资源分配、信息传输与利用，以及信息产业发展中的竞争与合作问题日趋突出，社会信息形态的变化使得社会秩序问题愈来愈关键。有效地解决这些问题必然求助于信息法律的完善，这就给信息管理在法学中的应用提出了一系列的新问题。

3.5.2　信息管理应用

1. 教学资源管理

教学资源管理（Instructional Resources Management，IRM）是指通过对教学资源的计划、组织、协调和评价，以实现既定教学目标的活动过程。教学资源管理包括硬件资源的管理和软件资源的管理。教学资源是现代科学技术发展的产物，其产生和发展与信息技术发展息息相关。本书将介绍信息技术环境下教学资源管理的典型应用实例——正方教学管理系统。

正方教学管理系统是一个面向学校各部门及各层次用户的多模块综合信息管理提供，包括教务公共信息维护、学生管理、师资管理、教学计划管理、智能排课、考试管理、选课管理、成绩管理、教材管理、实践管理、收费管理、教学质量评价、毕业生管理、实验室管理、学生综合信息查询、教师网上登录成绩等模块，能够实现学生入学到毕业全过程及教务管理各个环节的管理需要。

正方教务管理系统能够实现以下功能：

① 学籍管理：实现学籍管理的信息化、网络化，能跟踪记录学生入学到毕业的学习信息。

② 教学资源管理：统一管理校区信息、教室信息、实验室信息、教师教辅人员信息、教学场地信息等，是学校正常运行的基本保障。

③ 教学计划管理：构建课程库、教学计划、开课计划，保障学校教学程序正常运行。

④ 选课管理：实现课程信息设置、选课名单设置、选课时间和进程设置等，是全面推行学分制的基础。

⑤ 成绩管理：实现教师网上录入成绩和学生网上查询成绩。

⑥ 评教管理：实现学生评教、教师自评、互评、专家评价等多层面评教，保证了评教数据的真实性。

⑦ 教务信息发布：及时发布教学安排调整信息、领取教材信息、考试安排信息等。

目前全国约有 500 所大学正在使用正方教学管理系统，如浙江大学、北京航空航天大学、北京理工大学、吉林大学、四川外国语大学等。

2. 物流信息系统

物流信息系统（Logistics Information System，LIS）是以现代管理理论为指导，以计算机和网络通信设施等现代信息技术为基础，以系统思想为主导，建立起来的能进行信息的收集、传输、加工、存储，并为物流管理人员提供决策信息的人机信息系统。

物流信息系统主要功能如下：

① 仓储管理：包括货物入仓管理、货物出仓管理、货物转名管理、自动收费管理和手

工收费管理、仓储业务以及作业管理等。可实现储位分配自动化和智能化，提高仓储作业效率和速度，提供准确的库存信息。

② 运输管理：包括运输资源管理、运输计划管理、装载优化、路径以及站点顺序优化、合同客户收货管理、零担收货管理、中转仓管理、车辆调度管理、车辆管理、车辆及货物跟踪管理、财务对账与结算管理等。

③ 配送管理：能为客户提供从仓储、装卸、集装箱场装、配送到结算的集成作业环境，与客户建立更紧密的业务联系。

以下是成功案例：沃尔玛物流信息系统。

沃尔玛是全球最大的大型零售连锁企业。沃尔玛是由美国零售业的传奇人物山姆·沃尔顿于 1962 年在阿肯色州成立的，如今沃尔玛已成为美国最大的私人雇主和世界上最大的连锁零售商。沃尔玛的成功预期、不断的业态创新、准确的市场定位、先进的配送管理、强大的信息技术支持、和睦的企业文化等因素密不可分。

沃尔玛的计算机数据通信系统、POS 终端、条形码、无线扫描枪、RFID 系统、ECR、EDI 系统等构建了现代化的信息数据交换平台。

沃尔玛是物流管理行业的楷模，采取过站式物流管理方式，即由公司总部"统一订货、统一分配、统一运送"的物流供应模式，以优质和高效的工作程序，将商品运送到各个营运单位，及时地将商品陈列在货架上，并且以合理的价格提供给顾客。沃尔玛拥有百分之百完整的物流系统，不仅包括配送中心，还有资料输入采购系统、自动补货系统等。它的优势如下：

图 3-218 所示为沃尔玛供应链管理系统。

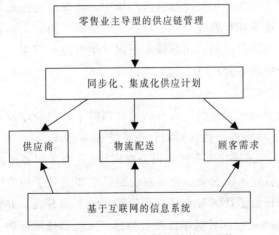

图 3-218　沃尔玛供应链管理系统

沃尔玛的优势如下：

- 沃尔玛是全球第一个使用物流通信卫星的企业。
- 建立全球第一个物流数据的处理中心。
- 将供应商纳入信息系统范围内。
- 与供应商、客户分享成本降低带来的好处。

- 利用信息系统,加强对业务流程各环节的控制,并建立起与信息系统相适应的控制活动。

完善的物流管理系统必须以信息技术手段为基础,沃尔玛物流信息系统应用的信息技术如下:

- 射频技术/RF（Radio Frenquency）,在日常的运作过程中可以跟条形码结合起来应用。
- 便携式数据终端设备/PDF。传统的方式到货以后要打电话、发 E-mail 或者发报表,通过便携式数据终端设备可以直接查询货物情况。
- 物流条形码/BC。这里要注意物流条形码与商品条形码的区别。

图 3-219 所示为沃尔玛物流系统。

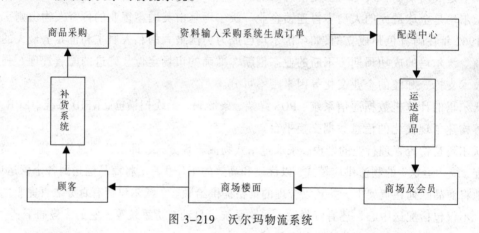

图 3-219　沃尔玛物流系统

3. 知识管理系统

知识管理应用领域在整个知识经济社会大环境中,正在由企业延伸至教育、政府、社区以及社会的各个领域,这是知识管理应用领域在宏观层面上拓展;在微观层面上,在教育领域中,由初期的仅面向教师群体的应用延伸至面向学生群体的应用。目前,知识管理在信息技术工具的支持下,应用越来越广泛。

（1）西门子的知识管理

西门子在知识管理领域所获得的巨大成功主要归因于其在全球最大的事业部——信息和通信网络公司（ICN）成功实施了社区知识管理系统 ShareNet。

1998 年成立的 ShareNet 是一个全球知识公享网络,是为了服务于西门子全球销售和营销社区。由于适应营销环境的不断变化,公司意识到必须加强对于相关知识、相关信息的认识和交换。于是,西门子开始了社区 KMS（知识管理系统）的开发,并将其命名为 ShareNet。对于"显性知识",ShareNet 系统目标是以项目描述、功能和技术解决方案、客户、竞争者和市场的形式提供架构性的知识客体。对于"隐性知识",ShareNet 系统将提供各种功能,例如新闻组、论坛和聊天室等。

ShareNet 系统获得成功主要经历了三个阶段。

第一阶段:理清需求,快速见效。

ICN 将 ShareNet 设计成互动的知识管理平台,其中的互动功能主要包括知识图书馆、为回复"紧急求助"而开设的论坛,以及用于知识共享的平台。这是建立在广泛收集使用 ShareNet

的经理和员工的意见基础之上。该平台不仅能够处理显性知识，而且能够帮助员工将个人隐性知识也贡献出来。

第二阶段：全球推广。

西门子分别在各个国家和地区的公司里选出 ShareNet 经理，分别设立了共享委员会、全球编辑、IT 支持人员和用户热线，他们和全球各地的投稿者一起组成了既注重全球总体战略，又关注各地分公司文化的"全球本土化"组织。在这个组织中，ShareNet 经理们尤其起到了一个跨文化"黏合剂"的作用。

"全球本土化"方案成功地让 ShareNet 网络获取全球员工所拥有的隐性知识。

第三阶段：持续推动和激励。

ShareNet 团队推出了网上奖励制度：参与者会因为质量高的投稿获得 ShareNet"股票"，该"股票"能兑换实物奖励。

ShareNet 平台把西门子员工捆绑在一个全球化的公司网络内，在相同的行业里工作，并且有着共同的行为守则，在 ShareNet 系统中获取和分享知识。

2004 年第七届年度全球最受赞赏的知识型企业（MAKE）评选中，西门子被评为 2004 年欧洲最受赞赏的知识型企业之一。

（2）个人知识管理

个人知识管理（Personal Knowledge Management）是一种新的知识管理的理念和方法，能将个人拥有的各种资料、随手可得的信息变成更具价值的知识，最终有利于自己的工作、生活。通过对个人知识的管理，能使个体养成良好的学习习惯，增强信息素养，完善专业知识体系，提高竞争力，为实现个人价值和可持续发展打下坚实基础。

个人知识管理内容有：

① 检索信息的技巧——包括技术要求很低的问问题然后听回答的技巧，充分利用互联网的搜索引擎、电子图书馆的数据库和其他相关数据库查找信息的技巧。

② 评估信息的技巧——指个人可以判断信息的质量，并且能判断这种信息与自己遇到的问题的相关程度。

③ 组织信息的技巧——过滤无用和相关度不大的信息资源，有效地存储信息，建立信息之间的联系，方便以后的查找和使用。

④ 分析信息的技巧——对数据进行分析并从中得出有用的结论。

⑤ 表达信息的技巧——实现隐性知识向显性知识的转化。

⑥ 保证信息的安全——开发与应用各种保证信息的秘密、质量和安全存储的方法和技巧。

⑦ 信息协同的技巧——交流和共享彼此的观点和知识。

个人知识管理工具有：

① iSpace Desktop：集成化的个人信息管理系统，以个人信息管理与知识管理为基本任务，帮助个人实现工作、学习、生活等相关信息和个人社会关系网络信息的有效管理；包括如下主要功能模块：通讯录、文档、日程分类、日程记录、日程浏览、博客等。

② iNota：个人知识管理编辑工具，可用拖动或剪贴的方式取得文字或图形，以树状结构来分类及管理资料，包含详细的资料注解，可自动转成 XML 文件，作为网络资源之用，并

且以自动化的方式整理、归类，用重点注记及内容加值的方法，建立个人的目录与个人知识管理系统，提高信息处理与知识吸收的效率。

③ Mybase：通用资料管理软件，可用于管理各种各样的信息，如：各类文档、文件、资料、名片、事件、日记、项目、笔记、下载的精华、收集的各种资料等。

④ OneNote 2003：使人们能够捕获、组织和重用便携式计算机、台式计算机或 Tablet PC 上的便笺。利用 OneNote 2003，可以方便地记录要做的事情，以及标记事情的轻重和状态，而且可与 MS Outlook 结合使用。

⑤ 百度文库：百度发布的供网友在线分享文档的平台。百度文库的文档由百度用户上传，需要经过百度的审核才能发布，百度自身不编辑或修改用户上传的文档内容。网友可以在线阅读和下载这些文档。

目前，国内应用较广的知识管理系统是中国知识管理中心。个人知识管理过程，是个不断行动的过程，是通过分享，不断建立个人学习网络的过程，要从以下三个方面实现个人知识管理：

① 不断地过程记录。

② 不断地回顾总结，分为过去较长时间段的回顾总结、较短时间段的回顾总结、一件事的回顾总结、一个阶段的回顾总结。

③ 社会化网络的分享。

3.6　信息安全技术

在科学技术不断发展的今天，计算机和计算机网络正逐步改变着人们的工作和生活方式，尤其是互联网的广泛使用更为各行各业带来了高效和便捷。随着互联网与人们的工作、学习和生活越来越紧密，信息安全问题也日益突出。各种病毒和木马肆意横行，每天都有成千上万的计算机被感染，从而造成或大或小的损失。网络信息安全问题时刻困扰着人们，给人们的工作、学习、生活带来诸多的麻烦与威胁。

3.6.1　常见信息安全问题

1. 计算机病毒

"计算机病毒"这一概念是 1977 年由美国著名科普作家雷恩在一部科幻小说《P1 的青春》中提出，1983 年美国计算机安全专家考因首次通过实验证明了病毒的可实现性。

计算机病毒(Computer Virus)在《中华人民共和国计算机信息系统安全保护条例》中被明确定义，病毒指：编制者在计算机程序中插入的破坏计算机功能或者破坏数据，影响计算机使用并且能够自我复制的一组计算机指令或者程序代码。

计算机病毒有的是计算机工作人员或业余爱好者为了纯粹寻开心而制造出的，有的则是软件公司因自己的产品被非法复制而制造的报复性惩罚的、具有破坏性的计算机程序。计算机病毒可以附属在可执行文件或隐藏在系统数据区中，在开机或执行某些程序后悄悄地进驻内存，然后对其他的文件进行传染，使之传播出去，然后在特定的条件下破坏系统或骚扰用户。

2. 计算机病毒的分类

传统病毒的类型常有下列几类

（1）引导型病毒

在各种 PC 病毒中，引导型病毒并不是数量占多数的一类，但引导型病毒往往具有隐蔽性强、兼容性强和较强的破坏性。

该病毒在计算机启动后自动感染计算机硬盘，在此后，所有使用的磁盘都会感染。引导型病毒进入系统，一定要通过启动过程。在无病毒环境下使用的软盘或硬盘，即使它已感染引导区病毒，也不会进入系统并进行传染，但是，只要用感染引导区病毒的磁盘引导系统，就会使病毒程序进入内存，形成病毒环境。

当病毒感染后，就会执行它的破坏功能，比如破坏磁盘分区表、格式化磁盘等，另外，病毒的破坏行为不一定要立即执行。它可以潜伏于计算机中，当触发条件满足时再去感染和破坏。触发条件有时间触发、键盘触发、感染触发、启动触发、访问磁盘次数触发、调用中断功能触发、CPU 型号触发、打开邮件触发、随机触发和多条件触发等。

引导型病毒的特征：

① 主要特征：桌面上出现几个删除不了的图标，其通过右键无法删除，使用工具删除清理后重复出现。

② 隐含特征：这是一个引导型病毒，病毒会在感染初期就修改 PC 系统的硬盘主引导模块（主 MBR），这样它就先于 Windows 系统启动而进入内存，病毒有一部分存在于硬盘的空闲扇区中，当引导程序激活它以后，用户即使重新安装系统也会在第一次启动时就被重复感染。

③ 感染系统在空闲时，系统进程中会多出一些未知的程序，并且伪装成与系统类似的名称，如 wupmgr.exe、svchost.exe。

④ 感染系统各分区根目录下全部的目录及程序。这些目录和程序可能被隐藏并出现伪装的替代同名程序。

引导型病毒的防范：

① 应首先重置硬盘的主引导记录 MBR。使用光盘、U 盘或移动硬盘启动，利用其所带磁盘工具，将主机的硬盘 MBR 还原为标准 MBR。

② 立刻重装系统，如果有还原备份的话，可以通过光盘、U 盘、移动硬盘运行 Ghost 主程序来还原主机系统。

③ 建议在 WinPE 工具环境下，整理主机各分区根目录，辨别删除病毒体伪装的文件。其伪装的文件的特征是，该文件的生成时间都是同一时刻（也就是此机被感染时间），大小相同，图标为文件夹类似黄色，名称为原目录名同名。

④ 正确重新做好系统后，进入桌面不要查看"计算机"，或者资源管理器中的任何文件（病毒体可能在其他分区中易被激活），请在第一时间配置好上网程序，下载安装杀毒软件，并且打全所有系统漏洞补丁。然后让杀毒软件查杀各磁盘分区，确保病毒被清除。现在的杀毒软件一般都能查杀所有的引导型病毒。

（2）DOS 病毒

DOS 病毒是指对 DOS 操作系统开发的病毒并在 DOS 环境下运行。目前几乎没有新制作的 DOS 病毒，由于 Windows 9X 病毒的出现，DOS 病毒几乎绝迹。但 DOS 病毒在 Windows 9X 环境中仍可以发生感染，因此若执行染毒文件，Windows 9X 用户也会被感染。

DOS 病毒最早出现的计算机病毒。感染主引导扇区和引导扇区的 DOS 病毒称为引导型病毒，米氏病毒、6.4 病毒等均属于此类病毒。这一类病毒在数量上与其他类病毒相比虽然不多，但却是感染率最高的 DOS 病毒。

DOS 病毒的绝大部分是感染 DOS 可执行文件，如：.EXE，.COM，甚至是.BAT 等文件。这类病毒被称为文件型病毒。像"黑色星期五""1575""卡死脖"病毒（CASPER）等就是文件型病毒。

（3）Windows 病毒

Windows 病毒主要指针对 Windows 9X 操作系统的病毒。现在的电脑用户一般都安装 Windows 系统。Windows 病毒最典型的病毒有 CIH 病毒。但这并不意味着可以忽略系统是 Windows NT 系列（包括 Windows 2000）的计算机。一些 Windows 病毒不仅在 Windows 9X 上容易感染，还可以感染 Windows NT 上的其他文件。主要感染的文件扩展名为 EXE、SCR、DLL、OCX 等。

（4）宏病毒

宏病毒是针对微软公司的文字处理软件 Word 编写的一种病毒。微软公司的文字处理软件是最为流行的编辑软件，并且跨越了多种系统平台，宏病毒充分利用了这一点得到恣意传播。

宏病毒是一种寄存在文档或模板的宏中的计算机病毒。一旦打开这样的文档，其中的宏就会被执行，于是宏病毒就会被激活，转移到计算机上，并驻留在 Normal 模板上。以后，所有自动保存的文档都会"感染"上这种宏病毒。如果其他用户打开了感染病毒的文档，宏病毒又会转移到它的计算机上。如果某个文档中包含了宏病毒，我们称此文档感染了宏病毒，如果 Word 系统中的模板包含了宏病毒，我们称 Word 系统感染了宏病毒。

宏病毒的危害：

① 宏病毒的主要破坏。Word 宏病毒的破坏在两方面：

- 对 Word 运行的破坏是：不能正常打印；封闭或改变文件存储路径；将文件改名；乱复制文件；封闭有关菜单；文件无法正常编辑。如 Taiwan No.l Macro 病毒每月 13 日发作，所有编写工作无法进行。
- 对系统的破坏是：Word Basic 语言能够调用系统命令，造成破坏。

② 宏病毒隐蔽性强，传播迅速，危害严重，难以防治。与感染普通.EXE 或.COM 文件的病毒相比，Word 宏病毒具有隐蔽性强、传播迅速、危害严重，难以防治等特点。

- 宏病毒隐蔽性强。人们忽视了在传递一个文档时也会有传播病毒的可能。
- 宏病毒传播迅速。因为办公数据的传播要比复制.EXE 文件更加经常和频繁，如果说扼制盗版可以减少普通.EXE 或.COM病毒传播的话，那么这一招对Word病毒将束手无策。
- 危害严重。因为 Word 文件的交换是目前办公数据交流和传送的最通常的方式之一。该病毒能跨越多种平台其涉及面比盗版软件的传播要大得多，其传播速度则更加有过之而无不及。当成千上万的计算机系统在传播和复制这些 Word 数据的同时，也在忠实地传播和复制这些病毒，并且针对数据文档进行破坏，因此具有极大的危害性。

- 难以防治。由于宏病毒利用了 Word 的文档机制进行传播，所以它和以往的病毒防治方法不同。一般情况下，人们大多注意可执行文件（.COM、.EXE）的病毒感染情况，而 Word 宏病毒寄生于 Word 的文档中，而且人们一般都要对文档文件进行备份，因此病毒可以隐藏很长一段时间。

宏病毒的预防与清除。Word 宏病毒的触发条件是在启动或调用 Word 文档时自动触发执行，因此，只要不打开被感染的文本，宏病毒是不会传播的。如果打开了带毒的文本，其他没打开的文本不会被感染；即使是打开了其他文本，只要不存盘，也不会感染到硬盘中的文本。Word 本身不带病毒，即初次进入 Word 环境时没有病毒，一旦在其中打开带宏病毒的文件，病毒就会留在 Word 环境中，如果这时打开其他文件，这些文件就会被感染；更严重的是，关闭 Word 时的环境就带上了宏病毒，而这时处理的所有文档都将感染上宏病毒。

清除宏病毒。一般可采取以下两个步骤：

① 进入"工具"→"宏"，查看模板 Normal.dot，若发现有 Filesave、Filesaveas 等文件操作宏或类似 AAAZAO、AAAZFS 奇怪名字的宏，说明系统确实感染了宏病毒。删除这些来历不明的宏，对以 Auto×××命名的，若不是用户自己命名的自动宏，则说明文件感染了宏病毒，此时一定要删除它们。若是用户自己创建的自动宏，在打开它时，查看是否与原来创建时的内容一样，如果存在被改变处，说明编制的自动宏已经被宏病毒修改。这时应该将自动宏修改为原来编制的内容。在最糟的情况下，如果分不清哪些是宏病毒，为安全起见，可删除所有来路不明的宏，甚至是用户自己创建的宏。因为即便删错了，也不会对 Word 文档内容产生任何影响，仅仅是少了"宏功能"。如果需要，还可以重新编制。

② 即使在"工具"→"宏"删除了所有的病毒宏，并不意味着可以高枕无忧了。因为病毒原体还在文本中，只不过暂时不活动了，也许还会死灰复燃。为了彻底消除宏病毒，可新建一个文档，再选择一个"模板"。正常情况下，可以在"文件模板"处见到"Normal.dot"模板文件。如果没有该文件，说明文档模板文件 Normal.dot 已被病毒修改了。这时可用原来备份的 Normal.dot 覆盖当前的 Normal.dot。如你没有备份 Normal.dot 模板文件，则可将染毒的 Normal.dot 文件删除，重新进入 Word，在系统重置默认字体等选项后退出 Word，系统就会自动创建一个干净的 Normal.dot。此时再进入 Word，再打开原来的文本，并新建另一个空文档，将原文件的全部内容复制到新文件中。然后再将新文本保存为原文件名存储。这样，宏病毒就感染彻底清除了，原文件也恢复了原样，可以放心大胆地编辑、修改、存储了。

虽然上述方法对大部分宏病毒可彻底清除，但有些智能点数比较高的宏病毒，会事先防范，让宏编辑功能失效，进入"工具"→"宏"的时候，看不到病毒的名字。因此，也就无法删除它们。对付这类宏病毒，可选用杀宏病毒的专门软件进行查杀。

（5）脚本病毒

脚本病毒通常是 JavaScript 代码编写的恶意代码，一般带有广告性质，会修改用户的 IE 首页、修改注册表等信息。这类病毒一味的耗费系统资源，直到系统崩溃死机，比起 CIH 病毒来说，它们看似很不起眼，但却让人头疼。

脚本病毒的前缀是：Script。脚本病毒的特性是使用脚本语言编写，通过网页进行的传播的病毒，如红色代码（Script.Redlof）脚本病毒通常有如下前缀：VBS、JS（表明是何种脚本编写的），如欢乐时光（VBS.Happytime）、十四日（Js.Fortnight.c.s）等。

脚本病毒的防范：

① 装系统的时候要用光盘启动，光盘一定是没有携带病毒的。硬盘一定要没有任何文件，否则残留的文件里面很可能就感染了病毒。

② 装完系统后，在装驱动之前，最好先装杀毒软件，杀毒软件首先要保证自己没有病毒。

③ 装好驱动后先上网把杀毒软件更新到最新，然后将病毒防火墙打开。

脚本病毒非常恶劣，一般在 Windows 下是不容易杀干净的，每次杀完病毒，紧接着再杀的时候就会发现杀毒软件本身还有 EXPLOR.EXE 等进程依然感染着病毒，你无论怎么杀也杀不干净，这样的话最好是重启到安全模式下再杀，杀毒的时候不要打开任何窗口，因为有些病毒只要打开窗口就会激活，如病毒占用到内存的话就很难清除了。杀完后重新启动机器，再进入安全模式再杀，一般这样几次病毒就会杀干净了。

3. 现代计算机病毒

（1）木马病毒

"木马"程序是目前比较流行的病毒文件，与一般的病毒不同，它不会自我繁殖，也并不"刻意"地去感染其他文件，它通过将自身伪装，吸引用户下载执行一段特定的程序（木马程序）来控制某一台计算机。向施种木马者提供打开被种主机的门户，使施种者可以任意毁坏、窃取被种者的文件，甚至远程操控被种主机。木马病毒的产生严重危害着现代网络的安全运行。

木马的设计者为了防止木马被发现，而采用多种手段隐藏木马。木马的服务一旦运行并被控制端连接，其控制端将享有服务端的大部分操作权限，例如给计算机增加口令，浏览、移动、复制、删除文件，修改注册表，更改计算机配置等。

随着病毒编写技术的发展，木马程序对用户的威胁越来越大，尤其是一些木马程序采用了极其狡猾的手段来隐藏自己，使普通用户很难在中毒后发觉。以下是常见的木马病毒：

① 特洛伊木马。特洛伊木马不会自动运行，它是暗含在某些用户感兴趣的文档中。该木马通常是用户下载文件时附带在文件中的。当用户运行该文档程序时，特洛伊木马才会运行。此时，信息或文档就会被破坏和遗失。特洛伊木马和后门不一样，后门指隐藏在程序中的秘密功能，通常是程序设计者为了能在日后随意进入系统而设置的。

特洛伊木马不经计算机用户准许就可获得计算机的使用权。该程序十分短小，运行时不会浪费太多资源，因此没有使用杀毒软件是难以发觉的。当它运行后很难阻止它的行动，它会立刻自动登录到系统引导区。以后每次在 Windows 加载时会自动运行，或立刻自动变更文件名，甚至隐形，或马上自动复制到其他文件夹中。特洛伊木马程序往往表面上看起来无害，但是会执行一些未预料或未经授权且通常是恶意的操作。

② 网游木马。网络游戏木马通常采用记录用户键盘输入、Hook 游戏进程 API 函数等方法获取网游账户和密码。窃取到的信息一般通过发送电子邮件或向远程脚本程序提交的方式

发送给木马作者。以便木马作者盗取网络游戏中的金钱、装备等虚拟财富等。

网络游戏木马的种类和数量在国产木马病毒中都首屈一指。流行的网络游戏无一不受网游木马的威胁。一款新游戏正式发布后，往往在一到两个星期内，就会有相应的木马程序被制作出来。大量免费的木马生成器和黑客网站公开销售的木马生成器也是网游木马泛滥的原因之一。

③ 网银木马。网银木马是针对网上交易系统编写的木马病毒，其目的是盗取用户的卡号、密码，甚至安全证书。此类木马种类、数量虽然比不上网游木马，但它的危害更加直接，受害用户的损失更加惨重。

网银木马通常针对性较强，木马作者可能首先对某银行的网上交易系统进行仔细分析，然后针对安全薄弱环节编写病毒程序。2013 年，安全软件电脑管家截获网银木马最新变种"弼马温"，弼马温病毒能够毫无痕迹的修改支付界面，使用户根本无法察觉。通过不良网站提供假 QVOD 下载地址进行广泛传播，当用户下载这一挂有木马播放器的文件并安装后就会中木马病毒。该病毒运行后即开始监视用户网络交易，屏蔽余额支付和快捷支付，强制用户使用网银，并借机篡改订单，盗取财产。

随着中国网上交易的普及，受到外来网银木马威胁的用户也在不断增加。

木马病毒的危害：

① 盗取用户的网游账号，威胁用户的虚拟财产的安全。木马病毒会盗取用户的网游账号，盗取账号后，立即将账号中的游戏装备转移，再由木马病毒使用者出售这些盗取的游戏装备和游戏币而获利。

② 盗取用户的网银信息，威胁用户的真实财产的安全。木马采用键盘记录等方式盗取用户的网银账号和密码，并发送给黑客，直接导致用户的经济损失。

③ 利用即时通信软件盗取用户的身份，传播木马病毒。中了此类木马病毒后，可能导致我们的经济损失。中了木马后计算机会下载病毒制造者指定的程序任意程序，具有不确定的危害性。

- 给我们的计算机打开后门，使用户的计算机可能被黑客控制，如灰鸽子木马等。当中了此类木马后，我们的计算机就可能沦为黑客手中的工具。

（2）蠕虫病毒

蠕虫病毒是一种常见的计算机病毒。计算机蠕虫是指一个程序（或一组程序），它会自我复制、传播到别的计算机系统中去。它主要利用网络进行复制和传播，传染途径是网络和电子邮件。最初的蠕虫病毒定义是因为在 DOS 环境下，病毒发作时会在屏幕上出现一条类似虫子的图形，胡乱吞吃屏幕上的字母并将其改形。

蠕虫病毒包含的程序（或是一套程序），它能通过自身复制功能传播到其他计算机系统中（通常是经过网络传播）。与一般病毒不同，蠕虫不需要将其自身附着到宿主程序。蠕虫病毒一般是通过 1434 端口漏洞传播。

近几年危害很大的"尼姆亚"病毒就是蠕虫病毒的一种，2007 年 1 月流行的"熊猫烧香"以及其变种也是蠕虫病毒。这一病毒利用了微软视窗操作系统的漏洞，当计算机感染这一病毒后，会不断自动拨号上网，并利用文件中的地址信息或者网络共享进行传播，最终破坏用户的大部分重要数据。

1988 年一个由美国 CORNELL 大学研究生莫里斯编写的蠕虫病毒蔓延，造成了数千台计算机停机。蠕虫病毒"尼姆达"疯狂的时候，曾造成了几十亿美元的损失。北京时间 2003 年 1 月 26 日，一种名为"2003 蠕虫王"的计算机病毒迅速传播并袭击了全球，致使互联网严重堵塞。作为互联网主要基础的域名服务器（DNS）的瘫痪造成网民浏览互联网网页及收发电子邮件的速度大幅减缓，同时银行自动提款机的运作中断、机票等网络预订系统的运作中断、信用卡等收付款系统出现故障。专家估计，此病毒造成的直接经济损失至少在 12 亿美元以上。

从 2004 年起，MSN 、QQ 等聊天软件开始成为蠕虫病毒传播的途径之一。"性感烤鸡"病毒就通过 MSN 软件传播，在很短时间内席卷全球，一度造成中国内地地区部分网络运行异常。

防范措施：

① 选择合适的杀毒软件。杀毒软件必须有内存实时监控和邮件实时监控功能。另外，面对防不胜防的网页病毒，也使得用户对杀毒软件的要求越来越高。

② 经常升级病毒库。杀毒软件对病毒的查杀是以病毒的特征码为依据的，而新病毒每天都在出现，尤其是在网络时代，蠕虫病毒的传播速度快、变种多，所以必须随时更新病毒库，以便能够查杀最新的病毒。

③ 提高防杀毒意识。不要轻易去点击陌生的站点，有可能里面就含有恶意代码。

当运行 IE 时，单击"工具"→"Internet 选项"→"安全"→"Internet 区域的安全级别"，把安全级别由"中"改为"高"。因为这一类网页主要是含有恶意代码的 ActiveX 或 Applet、JavaScript 的网页文件，所以在 IE 设置中将 ActiveX 插件和控件、Java 脚本等全部禁止，就可以大大减少被网页恶意代码感染的概率。

具体方案是：在 IE 窗口中单击"工具"→"Internet 选项"，在弹出的对话框中选择"安全"标签，再单击"自定义级别"按钮，就会弹出"安全设置"对话框，把其中所有 ActiveX 插件和控件以及与 Java 相关全部选项选择"禁用"。但是，这样做在以后的网页浏览过程中有可能会使一些正常应用 ActiveX 的网站无法浏览。

④ 不要轻易打开陌生的电子邮件，尤其是带有附件的邮件。由于有的病毒邮件能够利用 IE 和 OutLook 的漏洞自动执行。对于通过聊天软件发送的任何文件，都要经过好友确认后再运行，不要随意点击聊天软件发送的网络链接。

（3）间谍软件

此类软件会监测用户的使用习惯和个人信息，并且会将这些信息在未经用户的许可下发送给第三方。包括键盘记录、事件日志、Cookies、屏幕信息等，或者是上面所列的信息的组合。对系统的影响表现为系统运行速度下降，系统变得不稳定，甚至死机。

（4）DDos 攻击程序

DDos 攻击程序用于攻击并禁用目标服务器的 Web 服务，导致合法用户无法获得正常服务。

（5）钓鱼软件及钓鱼网站

钓鱼软件是通常以精心设计的虚假网页引诱用户上当，达到盗取银行账号、信用卡号码等目的。虚假网页一般以 QQ 及银行等大家熟悉的网页为招牌。用户点击链接之后就进入了一个看起来与真实网页完全相似的网页，如腾讯 QQ 软件，打开的界面和正常的 QQ 差不多。

如果不注意，以为是腾讯 QQ，就直接输入账号密码登了，就这样别人就可得到你的账号及密码。

"钓鱼网站"是一种网络欺诈行为，指不法分子利用各种手段，仿冒真实网站的 URL 地址以及页面内容，或者利用真实网站服务器程序上的漏洞在站点的某些网页中插入危险的 HTML 代码，以此来骗取用户银行账号或信用卡账号、密码等私人资料。

钓鱼网站通常伪装成为银行网站、淘宝店铺等这些可以利用网上交易并引导用户的消费行为的网站，窃取访问者提交的账号和密码信息。它一般通过电子邮件传播，在此类邮件中将一个伪装的链接将收件人引诱到钓鱼网站，或者通过信息内容里带有网站链接的行为来诱惑用户进到该网站中。钓鱼网站的页面与真实网站界面完全一致，要求访问者提交账号和密码。一般来说钓鱼网站结构很简单，只有一个或几个页面。

如真实的工行网站为 www.icbc.com.cn，针对工行的钓鱼网站则有可能为 www.1cbc.com.cn。真实的淘宝店铺的网址为 http://www.taobao.com/，针对淘宝的钓鱼网站则有可能是 http://list.taobao.com/、http://ship.36165279taobao.com/、http://taobao-hb.cn/ 等。应该特别小心由不规范的字母数字组成的 CN 类网址，最好禁止浏览器运行 JavaScript 和 ActiveX 代码，不要上一些不太了解的网站。

（6）黑客流氓软件

"流氓软件"是介于病毒和正规软件之间的软件。通俗地讲是指在使用计算机上网时，不断跳出的窗口让用户的鼠标无所适从。有时计算机浏览器被莫名修改增加了许多工作栏，当用户打开网页却变成不相干的奇怪画面。有些流氓软件只是为了达到某种目的，比如广告宣传。这些流氓软件不会影响用户计算机的正常使用，只不过在启动浏览器的时候会多弹出来一个网页，从而达到宣传的目的。

"流氓软件"同时具备正常功能（下载、媒体播放等）和恶意行为（弹广告、开后门），给用户带来实质危害。这些软件也可能被称为恶意广告软件（Adware）、间谍软件（Spyware）、恶意共享软件（Malicious Shareware）。与病毒或者蠕虫不同，这些软件很多不是小团体或者个人秘密地编写和散播，反而有很多知名企业和团体涉嫌此类软件。

流氓软件对终端的危害解析：

① 强制弹出广告软件。带有强制弹出广告的流氓软件，一般做得都比较隐蔽，它们在用户的桌面、程序组中没有任何快捷方式，有的流氓软件甚至隐藏了系统进程，使一般用户很难发觉。这类流氓软件，一方面占用了用户宝贵的带宽。另一方面，没有规律或者周期性的弹出广告，给用户正常使用计算机带来莫名的烦恼。

② 浏览器劫持。浏览器劫持可通过访问一些不良网站时中招。某些不良网站带有很多欺骗性质的链接，引诱用户点击。一旦用户点击后，会自动在后台下载、安装程序或代码。它不仅会更改浏览器默认首页、默认的搜索引擎。强行占用用户的网络带宽。这种未经用户允许、强迫用户改变使用习惯的做法，给用户造成工作和学习上的诸多不便。

③ 后台记录。一些软件看似没有任何恶意，却假借"免费在线升级"的幌子，以很短的时间间隔扫描（访问）某个域名。一方面为了提升网站排名，另一方面为了记录用户使用习惯，强制改写系统文件。一些软件虽不具备流氓软件的特征，但在安装时，会直接替换掉用

户系统中原有的系统文件。此类软件制作极为粗糙，会令用户操作系统变得极为不稳定，严重时可能会引起系统崩溃。

计算机病毒的症状与危害：

① 计算机病毒的危害会导致计算机运行缓慢，计算机运行比平常迟钝，程序载入时间比平常久。病毒运行时不仅要占用内存，还会抢占中断，干扰系统运行，这必然会使系统运行缓慢。

② 消耗内存以及磁盘空间。计算机病毒的危害会造成占用宝贵的磁盘空间，使系统内存容量忽然大量减少。

③ 破坏硬盘以及计算机数据，导致异常的错误信息出现，硬盘指示灯无缘无故的亮了。

④ 乱发垃圾邮件或其他信息，造成网络堵塞或瘫痪。

⑤ 计算机病毒给用户造成严重的心理压力。

⑥ 窃取用户隐私、机密文件、账号信息等。

3.6.2　主要防护技术

病毒历来是信息系统安全的主要问题之一。由于网络的广泛互联，病毒的传播途径和速度大大加快。现在我们常使用下面几种技术来防护可能对计算机造成的危害。

1. 加密技术

密码技术是网络与信息安全的核心技术，其基本的设计思想是把要发送消息（明文）经各种变换（称为加密算法）后的载体形式（称为密文）进行存储和传输。授权的接受者用相应的变换（称为解密算法）恢复明文，不合法的截收者对明文不可见或不理解，从而达到信息安全的目的。

现代密码技术发展至今，数据安全技术也已由传统的只注重保密性转移到了保密性、真实性、完整性和可控性的完美结合。并且相继发展了身份认证、消息确认和数字签名等技术。

加密在网络上的作用就是防止私有信息在网络上被拦截和窃取。如张三打算发送给李四的消息，我们称为明文。明文的形式可以是任意的，在计算机领域里通常是二进制数据。张三用预先确定的密钥处理（加密）明文，得到密文，通过信道发送给李四。在信道上通过截听而能看到密文的王五由于不知道解密密钥，所以不能确定明文是什么，而知道解密密钥的李四却能解密密文得到明文。这样就有效防止了数据的泄露。密码技术的基本任务是使张三和李四两个人进行通信时，而其他人王五不能理解他们正在通信的内容。

在这里需要强调一点的就是，文件加密不仅用于电子邮件或网络上的文件传输，也可应用静态的文件保护，如 PIP 软件就可以对磁盘、硬盘中的文件或文件夹进行加密，以防他人窃取其中的信息。

加密软件数据防泄露的优点是即使其他的控制机制（如口令、文件权限等）受到了攻击，入侵者窃取的数据仍是无用的。

2. 认证签名技术

数字签名就是基于加密技术的，它的作用就是用来确定用户是否是真实的。应用最多的是电子邮件，如当用户收到一封电子邮件时，邮件上面标有发信人的姓名和信箱地址，很多人可能会简单地认为发信人就是信上说明的那个人，但实际上伪造一封电子邮件对于一个通常人来说是极为容易的事。在这种情况下，就要用到加密技术基础上的数字签名，用它来确认发信人身份的真实性。

类似数字签名技术的还有一种身份认证技术。有些站点提供 FTP 和 WWW 服务，当然用户通常接触的这类服务是匿名服务，用户的权力要受到限制，但也有的这类服务不是匿名的，如某公司为了信息交流提供用户的非匿名的 FTP 服务，或开发小组把他们的 Web 网页上载到用户的 WWW 服务器上，用户如何确定正在访问用户的服务器的人就是用户认为的那个人？身份认证技术就是一个好的解决方案。

认证技术主要解决网络通信过程中通讯双方的身份认可，数字签名作为身份认证技术中的一种具体技术。

认证技术将应用到企业网络中的以下方面：

① 路由器认证，路由器和交换机之间的认证。

② 操作系统认证。操作系统对用户的认证。

③ 网管系统对网管设备之间的认证。

④ VPN 网关设备之间的认证。

⑤ 拨号访问服务器与客户间的认证。

⑥ 应用服务器（如 Web Server）与客户的认证。

⑦ 电子邮件通信双方的认证。

3．防火墙技术

网络防火墙技术是一种用来加强网络之间的访问控制，防止外部网络用户以非法手段通过外部网络进入内部网络访问内部网络资源，保护内部网络操作环境的特殊网络互联设备。网络防火墙对两个或多个网络之间传输的数据包如链接方式按照一定的安全策略来实施检查，以决定网络之间的通信是否被允许，并监视网络运行状态。

虽然防火墙是保护网络免遭黑客袭击的有效手段，但也有明显不足。它无法防范通过防火墙以外的其他途径的攻击，不能防止来自内部人员和不经心的用户们带来的威胁，也不能完全防止传送已感染病毒的软件或文件，以及无法防范数据驱动型的攻击。

作为内部网络与外部公共网络之间的第一道屏障，防火墙是最先受到人们重视的网络安全产品之一。现代防火墙技术，不仅要完成传统防火墙的过滤任务，同时还能为各种网络应用提供相应的安全服务。另外还有多种防火墙产品正朝着数据安全与用户认证、防止病毒与黑客侵入等方向发展。

4．入侵检测

利用防火墙技术，经过仔细的配置，通常能够在内外网之间提供一个安全的网络保护，降低了网络安全风险。但是，仅仅使用防火墙、网络安全还远远不够：

① 入侵者可寻找防火墙背后可能敞开的后门。

② 入侵者可能就在防火墙内。

③ 由于性能的限制，防火墙通常不能提供实时的入侵检测能力。

入侵检测系统是新型网络安全技术，目的是提供实时的入侵检测及采取相应的防护手段，如记录证据用于跟踪和恢复、断开网络连接等。

5．安全扫描技术

网络安全技术中，另一类重要技术为安全扫描技术。安全扫描技术与防火墙、安全监控系统互相配合能够提供很高安全性的网络。

安全扫描工具源于黑客在入侵网络系统时采用的工具。商品化的安全扫描工具为网络安全漏洞的发现提供了强大的支持。

安全扫描工具通常也分为基于服务器和基于网络的扫描器。

① 基于服务器的扫描器主要扫描服务器相关的安全漏洞，如 password 文件、目录和文件权限、共享文件系统、敏感服务、软件、系统漏洞等，并给出相应的解决办法建议。通常与相应的服务器操作系统紧密相关。

② 基于网络的安全扫描主要扫描设定网络内的服务器、路由器、网桥、变换机、访问服务器、防火墙等设备的安全漏洞，并可设定模拟攻击，以测试系统的防御能力。

安全扫描器不能实时监视网络上的入侵，但是能够测试和评价系统的安全性，并及时发现安全漏洞。

6．VPN 技术

VPN 的英文全称是"Virtual Private Network"，即"虚拟专用网络"。虚拟专用网络可以把它理解成是虚拟出来的企业内部专线。它可以通过特殊的加密的通信协议在 Internet 上为不同地方的多个企业内部网之间建立一条专有的通信线路。就好比是架设了一条专线一样，但是它并不需要真正地去建设一条物理的网络线路。

VPN 属于远程访问技术，简单地说就是利用公用网络架设专用网络。例如在外地的学校师生，他想访问校内网的服务器资源，这种访问就属于远程访问。在传统的网络配置中，要进行远程访问，传统的方法是租用 DDN（数字数据网）专线或帧中继，这样的通信方案必然导致高昂的网络通信和维护费用。对于移动用户（移动办公人员）与远端个人用户而言，一般会通过拨号线路进入内部的局域网，但这样必然带来安全上的隐患。

让在校外的师生访问到学校内网的资源，可利用 VPN 技术。其方法就是在学校内网中架设一台 VPN 服务器。当在校外的师生在远程连上互联网后，通过互联网连接 VPN 服务器，然后通过 VPN 服务器进入校内网。为了保证数据安全，VPN 服务器和客户机之间的通信数据都进行了加密处理。有了数据加密，就可以认为数据是在一条专用的数据链路上进行安全传输，就如同专门架设了一个专用网络一样，但实际上 VPN 使用的是互联网上的公用链路，因此 VPN 称为虚拟专用网络。

VPN 其实质就是利用加密技术在公网上封装出一个信隧道。有了 VPN 技术，用户无论是在外地出差还是在家中办公，只要能上互联网就能利用 VPN 访问内网资源，这就是 VPN 在企业中应用得如此广泛的原因。

7．常用查杀病毒软件

① 瑞星。其监控能力是十分强大的，但同时占用系统资源较大。瑞星采用第八代杀毒

引擎，能够快速、彻底查杀各种病毒。

② 金山毒霸。金山毒霸是金山公司推出的计算机安全产品，监控、杀毒全面、可靠，占用系统资源较少。其软件的组合版功能强大（毒霸主程序、金山清理专家、金山网镖），集杀毒、监控、防木马、防漏洞为一体，是一款具有市场竞争力的杀毒软件。

③ 江民。是一款老牌的杀毒软件。它具有良好的监控系统，独特的主动防御使不少病毒望而却步。建议与江民防火墙配套使用。

④ 卡巴斯基。卡巴斯基是俄罗斯网民使用最多的杀毒软件，卡巴斯基有很高的警觉性，它会提示所有具有危险行为的进程或者程序，因此很多正常程序会被提醒进行确认操作。

⑤ 诺顿。诺顿是 Symantec 公司个人信息安全产品之一，亦是一个广泛应用的反病毒程序。该项产品发展至今，除了原有的防毒外，还有防间谍等网络安全风险的功能。诺顿反病毒产品包括：诺顿网络安全特警（Norton Internet Security）、诺顿反病毒（Norton Antivirus）、诺顿 360（Norton ALL-IN-ONE Security）、诺顿计算机大师（Norton SystemWorks）等产品。

⑥ NOD32。NOD32 是 ESET 公司的产品，ESET NOD32 就可针对肆虐的病毒威胁为用户提供快速而全面的保护。

⑦ 安全卫士 360。360 安全卫士是一款由奇虎公司推出的完全免费的安全类上网辅助工具软件，拥有木马查杀、恶意软件清理、漏洞补丁修复、计算机全面体检、垃圾和痕迹清理、系统优化等多种功能。360 安全卫士软件硬盘占用很小，运行时对系统资源的占用也相对效低，是一款值得普通用户使用的较好的安全防护软件。

3.6.3 相关法律法规

从 20 世纪 60 年代后期起，西方 30 多个国家先后根据各自的实际情况，制定了相应的计算机和网络法规。瑞典 1973 年就颁布了数据法，涉及计算机犯罪问题，这是世界上第一部保护计算机数据的法律。1978 年，美国佛罗里达州通过了《佛罗里达计算机犯罪法》；随后，美国 50 个州中的 47 个州相继颁布了计算机犯罪法。1991 年，欧共体 12 个成员国批准了软件版权法。新加坡 1996 年颁布了管理条例。迄今为止，已有 30 多个国家先后从不同侧面制定了有关计算机及网络犯罪的法律和法规，这些法规对于预防、打击计算机及网络犯罪提供了必要的依据和权力。同时也为我国计算机及网络立法提供了可以借鉴的资料。

1. 我国政策法规的现状及特点

我国现行的有关信息网络安全的法律体系框架分为三个层面：

① 法律。主要包括：《中华人民共和国宪法》《中华人民共和国刑法》《中华人民共和国治安管理处罚条例》《中华人民共和国刑事诉讼法》《全国人大常委会关于维护互联网安全的决定》等。这些基本法的规定，为我国建立和完善信息网络安全法律体系奠定了良好的基础。

② 行政法规。主要包括：《计算机软件保护条例》《中华人民共和国计算机信息系统安全保护条例》《中华人民共和国计算机信息网络国际联网管理暂行规定》《互联网信息服务管理办法》等。

③ 部门规章及规范性文件。主要包括《计算机信息系统安全专用产品检测和销售许可证管理办法》《计算机病毒防治管理办法》《互联网电子公告服务管理规定》等。

在此应当特别指出的是 2000 年 12 月 28 日全国人大颁布的《关于维护互联网安全的决定》（以下简称《决定》），该《决定》系统总结了目前网络违法和犯罪的典型行为共 6 大类 18 项，对于保障互联网的运行安全，维护国家安全和社会稳定，维护社会主义市场经济秩序和社会管理秩序，保护公民、法人和其他组织的合法权益，具有重大意义，是中国网络安全立法的标志性法律。

在国家的法律法规基础上，一些省市也相继制定了相关的地方法规。国家法规和地方法规的相互补充，将大大加强我国在计算机信息系统安全方面的管理，促进我国信息产业的发展。以上这些法规主要涉及信息系统安全保护、国际联网管理、商用密码管理、计算机病毒防治和安全产品检测与销售等方面。

2．计算机犯罪

第八届全国人民代表大会第五次会议在 1997 年 3 月 13 日通过对《中华人民共和国刑法》的修改，在分则第六章妨害社会管理秩序罪第一节扰乱公共秩序罪中，专列三个条文规定了计算机犯罪。这些规定填补了刑法在计算机犯罪领域的空白，为我国以刑罚手段惩治计算机犯罪提供了法律依据。

计算机犯罪中包括针对系统的犯罪和针对系统处理的数据的犯罪两种，前者是对计算机硬件和系统软件组成的系统进行破坏的行为，后者是对计算机系统处理和储存的信息进行破坏。由以上定义，我们可以看到计算机犯罪在法律上的特点：

① 社会危害性。同所有的犯罪一样，正是因为计算机犯罪的行为具有社会危害性，我们才在刑法中规定其为犯罪，并且对其采取刑事制裁，没有社会危害性的行为绝对不是犯罪。虽然计算机犯罪人在主观上不一定是为了谋取利益，但是所有的计算机犯罪在客观上都会造成社会的损失。例如非法侵入计算机系统，虽然在表面上看犯罪者不一定获得什么利益，被侵入的计算机系统也不一定会发生什么变化，似乎这种行为没有什么危害，但是在事实上对计算机系统成功的侵入势必使得整个计算机系统的安全系统要重新构置，耗费的人力物力甚大，同时计算机系统所有者对资料的安全性在心理和物质上的损失也不小。

② 非法性。这种非法性体现在：首先计算机犯罪是法律所不允许的行为，这种行为的后果是法律所禁止的，计算机犯罪的后果直接触犯法律；其次，计算机犯罪必然是犯罪者超越了由法律或是权利人所授予的权利范围，也就是说计算机犯罪的本身表现为越权操作。

③ 广泛性。这种犯罪是一类特殊的犯罪形态，其中包含有许多具体的罪名，除了有关人身的一些犯罪，一般的犯罪都可以通过计算机犯罪来完成。

④ 明确性。虽然计算机犯罪的范围很广，但是其内涵十分明确，即它一定是对计算机系统内部的数据进行未经许可的处理，并且造成社会危害后果的行为。

从犯罪构成的客观方面来看，计算机犯罪是单一危害行为，即只要行为人进行了威胁或破坏计算机系统内部数据的行为，就可以构成计算机犯罪。

3．计算机犯罪的自身发展趋势

计算机和网络犯罪与其他种类的犯罪相比较，具有其独特的特点。其发展趋势也就具有不同于其他犯罪行为的地方。总体来讲，具有如下主要趋势：

① 侵财型犯罪行为趋于计算机化、网络化。随着电子商务等计算机及网络高级应用的逐渐普及，针对它们的犯罪行为也逐渐增加。现代社会的金融逐步走向电子化，货币也越来越多地体现为计算机系统内部的数据，这种数据人们称之为"电子货币"，其他金融工具也极大地电子化了。这种犯罪包括两种类型：一是通过修改计算机系统内部数据非法改变由计算机数据所表现的财产的所有权行为；二是对计算机系统内有关金融资产的数据进行故意破坏的行为，犯罪者可以通过修改系统内部数据而为自己的账户增加财产，也可以删改破坏他人账户的财产。

② 通过计算机网络窃取、泄露机密信息将成为间谍活动的主要形式之一。随着越来越多的政府机关、企事业单位连接互联网，其很多机密信息和数据都面临着网络窃密行为的威胁。而对于没有采取严格计算机和网络安全措施的单位，通过网络窃取其机密信息相对于其他方式具有更大的隐蔽性和快速性，因此大量的窃密犯罪转向网络化。

③ 传统型犯罪逐渐转向计算机化、网络化。随着计算机化、网络化趋势的普及和发展，传统型犯罪活动也逐渐转向计算机化和网络化，对社会所造成的危害范围也更加广泛。

④ 针对计算机和网络的新型犯罪形式将不断涌现。计算机和网络技术不断发展，其应用范围继续扩展。相应地，针对计算机和网络的新应用领域的犯罪行为也必将会出现。

⑤ 利用网络制作、传播黄色物品将成为黄毒犯罪的主要形式。通过网络传播信息具有速度快、隐蔽性强、影响面广等显著特点。因此，犯罪分子也极易通过网络传播各种带有违法性质的信息，其产生危害的速度更快、范围与传统的传播方式相比更广。

而所有这些类型的犯罪行为都会带来各种危害，大致可概括为 6 个方面：

- 影响世界的稳定和安全。
- 危及国家安全。
- 扰乱经济秩序。
- 影响社会治安。
- 影响青少年的健康成长。
- 影响高科技产业健康发展。

因此，对于各种形式的计算机及网络犯罪必须运用法律手段进行打击和惩处。而对于政府机关、企事业单位来讲，应该认真研究和学习如何对出现的入侵事件采取相应的法律程序来维护自己的合法权益，减少由此引起的损失。

思 考 题

1. 简述信息检索的一般步骤。
2. 什么是网络信息检索？从检索对象的角度看，网络信息检索的类型是怎样划分的？
3. 简述计算机网络发展历史。
4. 计算机网络接入方式有哪些？
5. 你使用的社会化网络工具有哪些？
6. 什么是算法？描述算法的方式有哪些？

7. 常用算法的策略有哪些？在解决日常生活问题的过程中，我们会用到算法策略吗？会用到其中的哪些策略？

8. 对算法的评价有哪些标准？

9. 简述数据库的设计步骤。

10. 根据自己的生活经验，找一个比较熟悉的业务，进行数据库设计。例如，银行和储蓄客户、图书借阅管理、超市管理会员制客户等。

11. 简述媒体的种类及特点。

12. 什么是图像？什么是像素？图像的主要参数有哪些？

13. 简述音频的数字化过程。

14. 什么是"视觉暂留"原理，区分视频与动画的区别。

15. 什么是自然语言处理？包括了哪些领域？

16. 请简述机器翻译的一般过程。

17. 机器翻译有哪些方法？

18. 机器翻译与计算机辅助翻译有什么不同？

19. 什么是信息控制？信息控制的基本组成有哪些？

20. 信息到行为的转换机制是什么？

21. 利用网格排版的版式特点有哪些？如何增强网格版式的生动性？

22. 当需要插入多张图片，并且图片色彩差异较大时，如何调和画面的色彩？

23. 试说明画面构图形式及其应用要点。

24. 简述信息管理的定义和分类。

25. 请选择工具实现个人知识管理。

26. 计算机病毒有哪些传播途径？

27. 现代主要防护计算机病毒有哪些技术？

28. 我国关于计算机犯罪的政策法规的现状及特点有哪些？

技术与实践部分

第 4 章 ｜ 个人信息处理环境构建

在信息处理的过程中，我们首先要构建自己的信息处理环境。本章中的三个实验将逐步引导读者构建个人信息处理环境，包括"个人计算设备的选购"、"小型局域网的建立和网络的接入"和"构建互联网中的个人空间与交际圈"。

4.1 我的地盘我做主——个人计算设备的选购

【实验目的】

① 了解个人计算设备的分类、组成结构和工作原理。

② 了解个人计算设备选购的一般过程和主要参数。

③ 制定个人计算设备的选购方案。

【实验内容】

掌握计算机组成结构，工作原理；了解台式计算机、笔记本式计算机、平板计算机各自的特点，了解选购个人设备的一般步骤；对自己的需求进行分析，并根据自己的具体需求能制定选购方案。

【预备知识】

1. 个人计算设备的分类

在现阶段，个人计算设备一般分为台式计算机、笔记本式计算机和平板计算机，如图 4-1 所示。

图 4-1　平板计算机、笔记本式计算机和台式计算机

台式计算机又称为个人电脑（Personal Computer）、台式机，台式计算机主要是由普通的显示器和主机组成。其优点就是：耐用、价格实惠，和其他类型计算机相比，相同价格下配置较好，散热性较好，配件若损坏更换价格相对便宜，可搭配性更强，是极具个性的产品。

缺点是：占用空间大、耗电量较大、比较笨重、连接线多且复杂。

笔记本式计算机又被称为"便携式电脑"，其最大的特点就是机身小巧，相比台式计算机携带方便。虽然笔记本式计算机的机身十分轻便，但能够完成和台式机一样的功能。日常的办公软件和基本的商务、娱乐应用，笔记本式计算机完全可以胜任。

平板计算机是一种小型、方便携带的个人计算机，以触摸屏作为基本的输入设备。它拥有的触摸屏（也称为数位板技术）允许用户通过触控笔或数字笔来进行操作，而不是传统的键盘或鼠标。用户可以通过内置的手写识别、语音识别程序或者一个真正的键盘（如果该机型配备的话）进行输入。平板计算机最早由比尔·盖茨提出，现支持 Intel、AMD 和 ARM 的芯片架构，从现今的平板计算机发展上看，平板计算机就是一款无须翻盖、没有专用键盘，但却功能完整的个人计算机。

2. 个人计算设备的工作原理和组成

现代的个人计算设备，包括平板计算机、智能手机等，最大的特点就是和传统的个人计算机（PC）有着相似的架构和工作原理，它们都有各自的 CPU、RAM（内存）和外存（硬盘或者存储卡），都是基于 PC 架构平台开发的，具有娱乐、办公等功能的一种 PDA（个人数字助理）。

个人计算设备的工作原理和个人计算机很相似。当个人计算机（PC）收到一些要处理的信息时，CPU 就会发出一系列的指令来完成信息到二进制（0 和 1）的转换，并由 CPU 来完成这些二进制数字的计算；然后把计算后得到的数字还原成所需要的信息，包括平板计算机、智能手机等计算设备内部都要进行这样的转换，最后把运算结果以直观图形或文字的形式显示在屏幕上。

有些用户在选择设备时，更为重视个人计算设备的屏幕、摄像头等外在配置，其实一部性能卓越的计算设备最为重要的应该是它的 CPU，如同个人计算机的 CPU 一样，它是整台计算设备的控制中枢系统，也是逻辑部分的控制核心。

（1）CPU（中央处理器）

对于不同的计算设备，我们应该选择不同类型的 CPU，表 4-1 列出了 Intel（英特尔）公司目前推出的三款基于不同平台的 CPU 参数。

表 4-1 不同平台的英特尔 CPU

处理器型号	适用机型	核心/线程	核心频率（GHz）	三级缓存（MB）	热设计功耗（W）	封装大小（mm）
i5-4430	台式机	4/4	3	6	84	37.5×37.5
i5-4330M	笔记本	2/4	2.8	3	47	37.5×37.5
Atom Z3740D	平板计算机/智能手机	4/4	1.83	2	2.2	17×17

在台式机的配置中，性能与可扩展性是用户最需要的，因此台式机 CPU 会有更多的缓存和更高的核心频率。由于台式计算机一般都是持续供电的，并且机箱内散热空间大，因此可以发挥 CPU 最佳的性能。

笔记本式计算机专用的 CPU，英文称 Mobile CPU，它除了追求性能以外，也要求低功耗。最早的笔记本式计算机直接使用台式机的 CPU，但是随 CPU 主频的提高，笔记本式计算机狭小的空间不能释放 CPU 产生的热量，电池也无法负担台式 CPU 的耗电量，所以开始出现专门为笔记本设计的移动版 CPU，它的制造工艺往往比同时代的台式机 CPU 更加先进，会集成电源管理技术，而且会先采用更高的制造精度。

Atom 处理器是英特尔历史上体积最小、功耗最小的处理器。Atom 基于新的微处理架构，专门为平板计算机、智能手机等小型设备设计，它的功耗极小，可以极大延长移动计算设备的使用时间；同时还保持了和同级 CPU 指令集的兼容，支持多线程技术，而所有这些只是集成在了面积大约 $17mm^2$ 的芯片上。

从表 4-1 中还能看到，现代 CPU 多采用多核技术，较之以前的单核 CPU，能带来更多的性能和生产力优势，已经成为一种广泛普及的计算模式。多核处理器技术是 CPU 设计中的一项先进技术，它把两个以上的处理器核心集成在一块芯片上，以增强计算性能。芯片制造商通过在多个 CPU 核心上分配工作负荷，并且依靠到内存和输入/输出（I/O）的高速片上互联和高带宽管道对系统性能进行提升。处理器实际性能是处理器在每个时钟周期内所能处理器指令数的总量，因此增加一个内核，理论上处理器每个时钟周期内可执行的单元数将增加一倍。多核 CPU 可以并行地执行指令，含有几个内核，单位时间可以执行的指令数量上限就会增加几倍。因此，多核处理器就能够在不提高生产难度的前提下，用多个低频率核心产生超过高频率单核心的处理效能，特别是目前多任务操作系统和多线程应用程序都需要处理大量并行数据，多核心分配任务更能够提高工作效率。

（2）内存

台式机内存和笔记本内存的区别主要是体积不同，由于笔记本体积小，内部空间有限。笔记本内存比台式机内存体积小，采用更密集的引脚，但频率和性能与台式机内存基本相同。

平板计算机、智能手机等小型设备则采用体积更小的内存芯片，以达到更高的集成度。这里必须说明一下，移动小型设备的内存分为 ROM 和 RAM。ROM（Read Only Memory，只读存储器），在设备上通常用来存放操作系统固件和安装的程序，相当于台式计算机里的"硬盘"，断电后能保存数据。RAM（Random Access Memory，随机存储器），主要用于临时数据交换，用来暂存正在运行程序的数据，和台式计算机里的"内存"一样，断电后数据会丢失。表 4-2 列出了常见的 RAM 类型。

平板计算机、智能手机等小型设备都有操作系统，存放在 ROM 中，这样即便是新买的设备，用于平常使用的 ROM 就会比标示的小。同理，开机运行操作系统也需要占用部分 RAM，因此在操作系统里查看本机存储时 RAM 和 ROM 会比产品标示上的数值略小。

表 4-2　常见的 RAM 类型

常见内存分类	适用机型	类型	速度	工作电压/V
	台式机	DDR3	1600	1.5
	笔记本式计算机	DDR3	1600	1.5
	平板计算机、智能手机	LPDDR3	1600	1.2

【实验步骤】

1．根据个人用途明确设备需求

购买个人计算设备要明确自己的用途，这是购买任何一款设备的基本前提。如果从事设计工作需要进行大数据量的运算，或者是需要撰写大量的文档，或者是游戏发烧友，那么可以选择台式机或者笔记本式计算机，因为经过这么多年的发展，台式机、笔记本式计算机的性能和兼容性是稳定的。

如果希望以经济的价格获得更好的性能，台式机将是理想之选。在体积较大的机箱内，制造商有更大的空间安装各种组件，集成各种独立芯片。因此，所有新推出的处理器都会首先应用于台式机。台式机能处理大量多媒体信息，还可以安装多种外围设备，例如多声道的音响、高清摄像头等。台式机可以拥有更多升级的空间，可通过购买多个大容量硬盘和CD/DVD-ROM 驱动器扩展存储容量。对于那些喜爱玩大型网游的同学，需要配置高性能的多核显卡，借助台式机的优异 CPU 性能、充足的内部空间和良好的散热系统，可以为用户带来极佳的娱乐体验。

便携性是笔记本式计算机相对于台式机最大的优势，一般的笔记本式计算机的重量只有 2 千克左右，无论是外出工作还是旅游，都可以随身携带。笔记本式计算机大部分采用非触控操作，现今也有采用触控屏幕的笔记本产品。

平板计算机的体积更小、重量更轻、结构更简单，因此便携性比笔记本式计算机更好。平板计算机的性能和兼容性目前没有台式机、笔记本式计算机那么成熟，并且平板计算机的信息输入不方便（除非外接键盘）。但如果只需要平时查看网页、收发邮箱、看电影听歌，或者已经拥有了一台笔记本式计算机，那平板计算机也是够用的。所以，要根据个人在实际生活中的用途来决定设备的需求。平板计算机的重量基本不会超过 1 千克，10 英寸的平板计算机在 600 克到 900 克之间，而 7 英寸的平板电脑在 400 克左右，更加轻巧。

2．根据学科需求选择个人计算设备类型

对于大部分在校大学生而言，如果是计算机类、数学类、艺术设计类、建筑设计类、机械设计类的同学，配置需求一般要高一些，如计算机类的 Oracle 大型数据库系统、数学类的 Matlab 软件、艺术设计类的 3DMax、建筑设计和机械设计的 AutoCAD 软件都是比较消耗计算机系统资源的，因此无论是选择台式计算机还是笔记本式计算机，在选购个人计算设备时就一定要选择性能优异的 CPU、内存、显卡。也可以根据自己所学专业的需求，查看行业软件对硬件系统的推荐配置。

如果是文科学生，买个人计算设备的用途主要是上网、查资料、使用办公软件、看视频等，那么一般标准配置的计算机就够用了。如果是女生，而又没有玩大型网游和以上所说耗资源的软件需求，可以购买轻便的超极本或者平板计算机。现在市面上有很多 9～11 英寸的小屏幕笔记本式计算机，重量不到 1 千克，可以很轻松地放在书包或手提袋里，便于随身携带。

3．购买个人计算设备

确定了要购买的设备类型，在预算资金内，就可以开始购买了。首先可以根据自己的需求在网络上搜索计算机网站的导购栏目，查看一些相关的设备推荐，或者了解最新的设备型号。在很多大型计算机评测网站里，会有这些产品信息，里面记录了各款设备的详细参数，同时还有公开的参考报价。当然公开报价一般都和实际成交价有一定的差距，这时还可以查看一下网友提交的成交价和对这些设备使用后的一些体验，同时有些网站还会定期根据网友们提交的成交价格做汇总，这样可以相互进行参照和比较。一般网友成交价都是比较真实的，颇有参考价值，如图 4-2 所示。在了解完自己选定的设备后，再去卖场或电商网站购买。

图 4-2 计算机评测网站提供的产品信息

建议购买符合环保标准的计算机及相关设备，以下这些都是在选购计算机设备的时候可以考虑的环保认证，如图 4-3 所示。

图 4-3 Energy Star、TCO、3C 认证

① 美国能源部和美国环保署共同推行的一项旨在更好地保护生存环境，节约能源的能源之星（Energy Star）计划，符合要求的产品能获准得到"能源之星"认证标签。

② 获得 TCO 认证的显示器要求计算机和显示设备在一定的闲置期后能自动降低功耗，逐步进入节能状态，并且要求产品从节能状态快速恢复到正常状态。并且还限制了显示器产品中重金属含量，尽量使产品减少对人体发射有害的辐射，对人体工学和环境保护作出了详细规定。

③ 3C 认证的英文名称为"China Compulsory Certification"，英文缩写为"CCC"，因此简称"3C 认证"，3C 认证是"中国强制认证"的代称，是国家针对涉及人类健康和安全，以及环境保护和公共安全的产品实行的认证制度。

购买设备时一定要进行验机，检查包装箱上的封条是否有重新包装的痕迹；在第一次打开笔记本式计算机时，检查笔记本屏幕和键盘之间是否有垫纸；笔记本的垫脚是否有磨损的迹象；笔记本的锁孔是否有使用过的痕迹；底部的 S/N 序列号和包装箱上的是否一致；等等。

4. 使用个人计算设备

很多同学刚买了计算机，开始还小心翼翼的轻拿轻放，没过几个月就逐渐丧失了这种习惯，不久计算机就开始出现问题了。因此个人计算设备在日常的使用中，要养成良好的使用习惯。在使用笔记本式计算机时，尽量不要在床上、沙发上等不利于笔记本散热的地方使用；也不要在温度过高或者过低的环境中使用，这样对液晶屏和电池的使用寿命都有影响；对于笔记本式计算机和台式计算机要定期进行灰尘清理，这样有利于设备的散热，避免散热器由于积尘影响散热，造成 CPU 温度过高；不要在震动的环境中（例如汽车内）使用笔记本式计算机，这样会影响硬盘的正常工作；学会使用计算机的正确坐姿，如图 4-4 所示。

图 4-4　使用计算机的正确坐姿

在日常使用中，利用计算机软件和硬件提供的功能养成良好的环保行为习惯，以达到节能环保的目的。如硬件方面，利用主板的高级电源管理系统（ACPI）中的自动休眠功能；软件方面，利用 Windows 系统控制面板的电源管理功能使计算机在没有使用一段时间后自动进入休眠状态；环保习惯方面，在不使用计算机的时候不打开设备的电源，短暂离开计算机的时候应该随手关闭显示器的电源，并使主机暂时处于休眠状态；避免过多打开应用程序加重计算机的负荷而浪费资源等。

平板计算机和笔记本式计算机有自带电池（见图 4-5），电池的维护非常重要。新设备在第一次开机时电池一般带有 3% 左右的电量，此时先不使用外接电源，把电池里的余电用尽，直至关机，然后再用外接电源充电。如果启用了电池，就要把余电用完后再充电，不要在余电还没用完时插上交流电源。首次充电时间一定要在 14 小时左右，反复做三次，以便充分激活电池。当电池电量完全充满的时候，应该断开交流电的输入，因为过度充电会使电池过热，缩短电池的使用寿命。电池的寿命是以充放电次数来衡量的，如果长时间不使用电池，充电到50% 左右再把电池放在阴凉的地方保存。

图 4-5　笔记本式计算机的电池

个人计算设备的售后服务同样很重要，国家《微型计算机商品修理更换退货责任规定》（简称三包法）中规定，当新购买的计算机在 7 天之内发生硬件问题时，可以免费更换全新机器或退款。以下是某生产厂商对某型号笔记本的保修规定：

① 整机三包有效期 1 年。

- 保修 36 个月的硬件包括：CPU、内存。
- 保修 24 个月的硬件包括：主板、显卡、LCD 屏、硬盘、电源适配器、键盘、鼠标模块。
- 保修 12 个月的硬件包括：LCD 之附件、光驱、DVD、 CDR/W、软驱、Modem 卡、网卡、摄像头等其余功能模块和部件。

● 电池保修 3 个月；购机后在官方网站上注册成功，电池免费保修延长到 12 个月。

② 随机光盘、随机赠送的外设商品等保修 3 个月。

③ 维修服务方式：送修。

④ 保修起始日：为有效发票购机日期。若用户无法提供正规发票，则产品保修期起算日将以笔记本序列号对应的出厂日期为准。

计算机到达一定年限不能使用后，要根据《废弃电器电子产品回收处理管理条例》进行电子产品的回收。因为废旧计算机等电子产品中，含有大量的有毒、有害物质，包括铅、镉等有毒有害材料，并含有 700 多种化学原料，50%对人体有害。

【评价与思考】

1. 评价

本任务共包含 1 个具体的训练项目，依据表 4-3 对照项目训练目标与操作过程，进行检测与评价。

表 4-3　评　价　表

一级指标	二级指标	掌握程度	存在问题
个人计算设备的分类	了解台式计算机、笔记本和平板的基本特点	□非常了解 □了解 □了解一些 □不了解	
个人计算设备的工作原理和组成	了解个人计算设备的工作原理	□非常了解 □了解 □了解一些 □ 不了解	
	在不同类型的计算设备中，选择 CPU 的类型	□熟练　　　□一般 □不熟练　　□ 未掌握	
	在不同类型的计算设备中，区分内存的类型	□非常了解 □了解 □了解一些 □不了解	
个人计算设备的选购和使用	能根据个人用途明确计算设备的需求	□熟练　　　□一般 □不熟练　　□ 未掌握	
	能根据学科需求选择个人计算设备类型	□熟练　　　□一般 □不熟练　　□ 未掌握	
	了解购买个人计算设备的一般步骤	□非常了解 □了解 □了解一些 □不了解	
	从硬件和软件两个方面，能够正确使用个人计算设备	□熟练　　　□一般 □不熟练　　□ 未掌握	
	了解个人计算设备的售后服务和回收条例	□非常了解 □了解 □了解一些 □ 不了解	

2. 思考

个人计算设备有相同的工作原理，我们在日常生活中经常看到相似的电子设备，例如智能手机、网络机顶盒等。如何用同样的分析过程来选购其他电子设备?请同学们思考以下问题：

① 如何选购适合自己的智能手机?

② 请比较笔记本与智能手机在应用上的异同。

4.2　无"网"不胜——小型局域网的建立和网络的接入

【实验目的】

① 掌握创建局域网的方法。
② 掌握无线路由器设置方法。
③ 掌握设置 WiFi 热点的方法。
④ 掌握笔记本、手机等设置无线接入方法。

【实验内容】

学习局域网组建流程，及构建小型有线和无线网络的方法（不单独设置服务器）。通过实践进行高效快捷的组网操作。

学习将笔记本及其他设置无线接入互联网的方法与技巧。

【预备知识】

1．组网目的

创建局域网的基本目的是实现资源共享，可用通过组建局域网来构建娱乐、游戏平台，能够实现统一化的网上管理，满足网内的交流和互动，利用局域网实现共享上网，在节省网费的同时也提高了资源利用率。对于互联网高速发展的今天，学会进行高效快捷的组网操作必将成为必备之知识及技能。

组成家庭局域网：对外，可以连接 Internet，允许局域网内的各个计算机共享连接。对内，可以共享网络资源和设备。

2．组网设备

两台及以上计算机，并且安装网卡。

交换机或路由器（无线路由器）。

网线（不要超过 100 米）。

【实验步骤】

1．组建有线网

本实验以组建一间寝室（4 台计算机）为例组建网络，本例选用 Windows 7 操作系统。

准备一台交换机或路由器、四根网线（长度根据联网实际需求决定）。

（1）连接各计算机测试

用网线将计算机的网卡接口连接到交换机或路由器的 LAN 端口上。确保各个计算机的网卡驱动安装正常。用下述方法测试各计算机连接状态是否正确。

单击"开始"按钮，在弹出菜单中选择"运行"命令，在弹出的"运行"对话框中，输入"ping 127.0.0.1 -t"后单击"确定"按钮，弹出窗口，如图 4-6 如示，

图 4-6　使用命令"ping 127.0.0.1 -t"后图

表明安装正常。否则应安装最新的网卡驱动程序。

说明：ping 127.0.0.1[参数]

该地址"127.0.0.1"被称作"回送地址"，该命令用来测试网卡的配置是否正确。输入
ping 命令：ping 127.0.0.1 –t（"–t"参数的作用是一直进行测试，可以按【Ctrl+Break】组合
键结束），按回车确认执行（单独使用 Ping 命令还可以直接在运行输入框中输入执行）；在
MS-DOS 方式下屏幕上连续出现："来自 127.0.0.1 的回复：字节=32　时间<1ms TTL=128"
则表示网卡配置正确。

（2）设置各计算机的 IP 地址

对于局域网用户，IP 地址推荐的范围是"192.168.0.1"至"192.168.0.254"。对于每台计
算机，都应该指定在该范围内且唯一的 IP。该实验用四台计算机互联，可按如图 4-7 分别设
置四台计算机的 IP。

打开"网络和共享中心"窗口，如图 4-8 所示，单击该对话框中的"本地连接"，打开
"本地连接状态"对话框，如图 4-9 所示。单击该对话框中的"属性"按钮，打开"本地连
接属性"对话框，如图 4-10 所示。双击该对话框中的"Internet 协议版本 4（TCP/IP）"选项，
打开"Internet 协议版本 4（TCP/IP）属性"对话框。在该对话框中输入 A 机的 IP 地址和子网
掩码。子网掩码设置为"255.255.255.0"，其他各项按默认处理，如图 4-11 所示。按此方法，
分别对 B、C、D 机进行不同的 IP 地址设置。

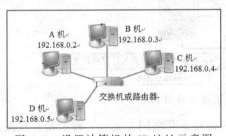

图 4-7　设置计算机的 IP 地址示意图

图 4-8　"网络和共享中心"窗口

图 4-9　"本地连接 状态"
　　　　对话框

图 4-10　"本地连接 属性"
　　　　对话框

图 4-11　"Internet 协议版本 4
　　　（TCP/IPv4）属性对话框

在各计算机的 IP 设置完成后，就进行各计算机之间的互通性测试。测试方法：打开"运行"对话框，在任意一台计算机上通过命令"ping 192.168.0.X"（X 代表任意一台计算机的 IP 最后一组数字）来测试。如果出现所测计算机的回复信息为"字节=32 时间<1ms TTL=128"，则说明已经和所测计算机连接正常。依次测试另外几台计算机，如果都正常，整个局域网就搭建完成。

对于局域网中计算机的数量多于交换机或路由器接口数量的情况，可采用多个交换机或路由器相连的方式来扩展网络范围。具体做法是：交换机或路由器之间通过 LAN 口相连接即可扩展网络，唯一需要注意的是路由器的 WAN 口不要用作扩展网络的接口，该接口的作用是用于连接 ADSL 或宽带。

注意：对于想通过组建局域网来达到共享上网目的地，联网设备建议选择路由器。同时将 ADSL 或宽带的接口与路由器的 WAN 相连，路由器的其他接口 LAN 与计算机相连就可以了。在组建局域网过程中，合理使用 Ping 命令，以确保网络的畅通。

（3）Internet 网的接入

Internet 主要有无线接入和有线接入两种方式。在上例的实验中，我们把以上网络中的路由器换成无线路由器，即可将上述网络以有线或无线连接到 Internet 网。将计算机按如图 4-12 所示方式连接到路由器。下面以 D-Link 无线宽带路由器为例，讲解连接 Internet 网的方法。

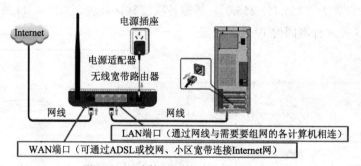

图 4-12　计算机连接路由器示意图

在路由器的 WAN 端口（Internet 端口）有两种接入互联网方式：一种的是直接接入，如图 4-13 所示；另一种是通过 ADSL 宽带猫连接入 Internet 网，如图 4-14 所示。

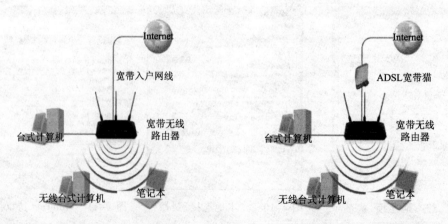

图 4-13　直接接入 Internet 网示意图　　图 4-14　通过 ADSL 宽带猫连接入 Internet 网示意图

无线宽带路由器允许用户通过有线或无线方式进行连接，但是第一次对路由器设置时，推荐用户使用有线方式连接。以下设置步骤均基于有线连接。

① 设置计算机（以 Windows 7 操作系统为例）。

单击开始 按钮，右击开始菜单右侧栏中的"网络"按钮，在弹出的快捷菜单中选择"属性"命令，如图 4-15 所示（如无"网络"按钮，则可在"自定义开始菜单"选项中，勾选"网络"选项）。在打开的"网络和共享中心"窗口中，单击该窗口左侧栏中"更改适配器设置"按钮，再右击弹出的窗口中"本地连接"图标，选择快捷菜单中的"属性"按钮（见图 4-16），打开"本地连接属性"对话框，如图 4-17 所示。在该对话框口中双击"Internet 协议版本 4(TCP/IPv4)"选项，打开图 4-18 所示的"Internet 协议版本 4(TCP/IPv4) 属性"对话框。选择"自动获得 IP 地址""自动获得 DNS 服务器地址"单选按钮，再单击"确定"，如图 4-18 所示。

图 4-15 打开"网络属性"示例

图 4-16 网络连接窗口

图 4-17 "本地连接 属性"对话框

图 4-18 "Internet"协议版本 4（TCP/IPv4）
属性对话框

② 登录路由器管理界面。

打开浏览器，在地址栏中输入 192.168.0.1，即路由器内置的管理界面的连接地址。在弹出的对话框中（见图 4-19）输入用户名及密码（初始用户名可参照路由器说明书，一般路由器默认的用户名和为"admin"，密码为空。）

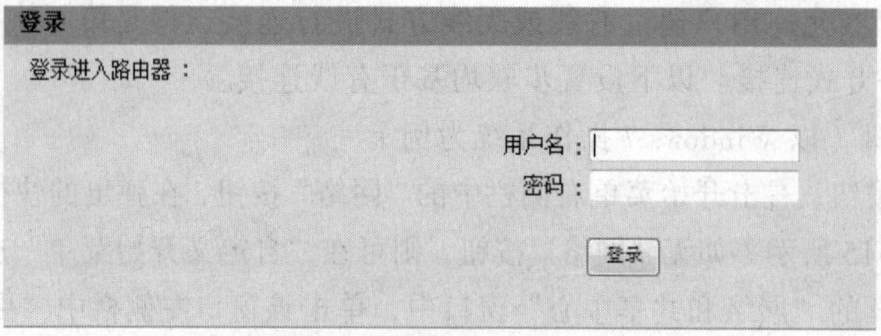

登录

登录进入路由器：

用户名：[_____]

密码：[_____]

[登录]

图 4-19　路由器管理界面登录对话框

成功进入路由器设置界面后，路由器将自动侦测用户的上网类型。

若侦测为 PPPoE（适用于 ADSL 或小区宽带），在弹出的窗口中，填入宽带网络运营商提供的上网用户和密码，如图 4-20 所示。单击"保存设置"按钮。系统在保存后，如果连接成功，则显示图 4-21 所示的窗口界面。

输入由您的因特网服务供应商提供的信息。

　　　　　○ 动态PPPoE　　○ 静态PPPoE

用户名：[_____]

密码：[_____]

确认密码：[_____]

图 4-20　路由器 ADSL 宽带用户设置对话框

当前网络配置

这是当前的网络设置与INTERNET的连接状态。若您想要重新设置无线网络，请按"设置"。您也可以按以下手动设置来设置路由器进阶设定。

Internet设置

Internet连接：PPPoE　　　　　状态：已连上 Internet

图 4-21　路由器正确连接 Internet 示意图

提示：用户申请的是 ADSL 宽带，网络服务提供商（如电信或联通等网络运营商）将会给用户提供上网账号及密码。若用户不慎遗忘上网账号及密码，可向网络服务提供商咨询。若用户办理的是计时宽带用户，建议用户在没有上网需求时，关闭路由器电源，避免产生多余上网费用。

③ 设置路由器中的无线网络。

单击图 4-22"无线设置"选项中的"设置"按钮，进入到无线设置页面，如图 4-23 所示。设置一个网络名（SSID）为"sisu"（注意网络名不能为中文），选择"AUTO-WPA/WPA2(建议)"单选按钮，在网络密钥选项中输入上网密钥。单击"保存"按钮。路由器更新网络配置，请稍等片刻即可设置好无线网络。图 4-24 所示的是正常连接到互联网的图示。

④ 笔记本无线接入互联网（Windows 7 系统）。

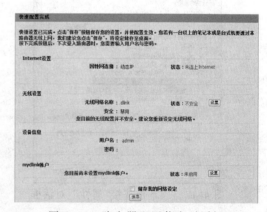

图 4-22　路由器配置信息对话框

单击桌面右下角▦图标，此时可看到上述实验中设置的无线网络名（SSID）为"sisu"的无线网络名，如图 4-25 所示。若路由器无线网络未设置无线安全密钥，单击"连接"按钮，则可正常连接到网络。若无线路由器中设置了无线密钥，则需在弹出的对话框中输入密钥，图 4-26 所示。单击"确定"按钮后，即可正常连接到互联网。

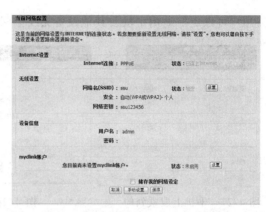

图 4-23 配置无线路由器 "网络名" 及 "网络密钥" 对话框

图 4-24 路由器配置完成后信息图

图 4-25 笔记本式计算机搜索到的 无线网络信息

图 4-26 笔记本式计算机中 "键入网络 安全密钥" 对话框

⑤ 用手机及其他设备无线接入互联网。

下面以手机中 Android 4.1 系统为例说明接入互联网的方法。

* 打开手机或其他设置，选择 "设置" → "WLAN"。此时即可找到上例中创建的网络名 "sisu"，选择该网络，再输入计算机上设置的密码（例如：sisu123456），密码输入正确后，即可轻松上网，如图 4-27 所示。

注意：在设置无线路由器时，为了防止有人盗有网络，建议在设置无线路由器时，勾选 "启用隐藏无线（SSID 广播）" 复选框，如图 4-28 所示。此时周围的所有笔记本或手机设备将无法自动探测到无线网络名，达到防止别人蹭网的目的。但这时用户必须在上网设备上手动输入网络名及密码才可正常上网。

（4）创建热点连接互联网

① 用 360 随身 WiFi 作热点连接互联网。

智能手机、Pad 的使用越来越广泛，上网环境却越来越复杂。随身 WiFi 的出现，其主要目的是为了解决广泛存在的无线环境缺乏问题。使用时只需将随身 WiFi 插进一台正常连接到互联网计算机的 USB 口上，其他设备即可通过该计算机提供无线 WiFi 服务联接到互联网。

让用户可以更好地用手机及其他设备无线上网。

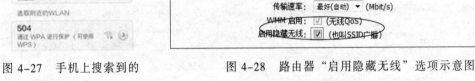

图 4-27　手机上搜索到的　　　　　图 4-28　路由器"启用隐藏无线"选项示意图

　　　　无线网络信息

　　现在市场上的随身 WiFi 产品很多。本实验选用"360 随身 WiFi"作为联网设备。360 随身 WiFi 的造型小巧，便于随身携带，辐射也很小，只是普通无线路由器大小的 1/6 ~ 1/8（见图 4-29），其售价也非常低廉。其使用方法如下：

　　将 360 随身 WiFi 插入一台能正常上网的计算机的 USB 端口，如图 4-30 所示。

图 4-29　360 随身 WiFi　　　　图 4-30　"360 随身 WiFi"接入计算机示意图

　　当第一次把 360 随身 WiFi 插入计算机 USB 接口，如果计算机中已经安装并运行了 360 安全卫士，此时静候片刻即可看到 360 随身 WiFi 的软件界面。系统将自动安装好驱动程序。

　　如果没安装 360 安全卫士，则需要打开浏览器，在 WiFi.360.cn 网站下载并安装驱动程序即可。驱动安装好后，此时计算机屏幕中会出现系统默认的 WLAN 名称提示及网络密码，如图 4-31 所示。驱动安装好后，如想要更改网络名称或密码，可单击网络名称后面或密码后面的"修改"按钮即可修改网络名称或密码，该实验中将密码设置为"sisu123456"，如图 4-32 所示。

　　系统设置好后，每当有 360 随身 WiFi 盘插入时，系统自动创建网络并将会弹出图 4-32 所示对话框。

　　在该对话框中的"主页"选项中：有"防蹭网""上网保镖及"和"防吸网"及修改网络名称或密码功能。

　　在"连接管理"选项中：可以查看来访者，可以对来访限制上网速度，还可以把不希望上网者加入黑名单等，如图 4-33 所示。

图 4-31　"360 随身 WiFi"
正确启动图示

图 4-32　"360 随身 WiFi"
修改 WiFi 密码图示

图 4-33　"360 随身 WiFi"
查看来访者图示

在"手机遥控"选项中：可以用手机遥控计算机开关机，可用手机访问计算机的分区数据。要使用"手机遥控"功能，则计算机必须安装有"无线网卡"。

② 手机及其他设备连接互联网。

下面以手机中 Android 4.1 系统为例。

打开手机，选择"设置"→"WLAN"，找到随身 WiFi 创建的热点名（网络名），如我们以上创建的"360WiFi-F1BD"。选择该热点名，再输入设置的密码，如上例的"sisu123456"。密码输入正确后，即可轻松上网，如图 4-34 所示。

打开笔记本式计算机，选择"设置"→"无线局域网"。找到随身 WiFi 创建的热点名，如上例中的创建的"360WiFi-F1BD"。选择该热点名，并输入设置的密码如上例的"sisu123456"。密码输入正确后，即可正常连入网络，如图 4-35 所示。

图 4-34　手机上搜索到的无线网络信息图

图 4-35　笔记本式计算机上搜索到的
无线网络信息图

③ 用笔记本式计算机设置 WiFi 连接热点。

随着智能手机及 Pad 对 WiFi 无线网络的需求的激增，如今许多人都是希望将笔记本式计算机作为 WiFi 无线路由器使用。现在只要用"新毒霸 WiFi 共享""360 免费 WiFi""WiFi 共享精灵"等软件即可开启 WiFi 共享功能。该实验用 360 安全卫士软件中的"免费 WiFi"功能。

360 安全卫士"免费 WiFi"是 360 安全卫士新增的一项实用功能，旨在为带有无线网卡的笔记本式计算机用户快捷、方便创建一个 WiFi 无线热点，让无线网卡发射 WiFi 信号，以便为周围其他计算机、智能手机等移动设备免费提供的上网服务。下面实验以 360 安全卫士（9.6.0.2001 版）为例，讲解快速一键开启 360 安全卫士中的"免费 WiFi"功能。

打开 360 安全卫士，在界面右侧功能大全中单击"更多"按钮，如图 4-36 所示。在弹出的窗口中将"未添加功能"下面的选项里，单击"免费 WiFi"按钮。将该功能添加到"已添加功能"选项中，如图 4-37 所示。

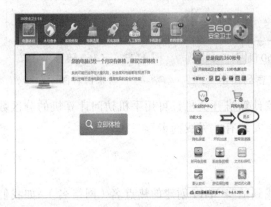
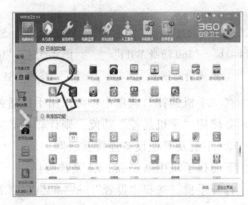

图 4-36 "360 安全卫士"打开"更多"　　图 4-37 "360 安全卫士"开启免费 WiFi 功能
选项示意图　　　　　　　　　　　　选项示意图

当用户需要使用"免费 WiFi"功能时，只要打开该界面，单击该功能按钮，即可一键开启免费 WiFi 功能了。

当单击"免费 WiFi"按钮后，就会弹出图 4-38 所示界面，单击"一键共享无线网络"，稍等几秒，WiFi 热点就创建成功了。这时，系统将自动生成一个 WiFi 账号和一串密码，如图 4-39 所示。单击"修改密码"，即可重新设置无线密码。这里建议用户最好修改一下默认的无线密码，以免被附近其他手机用户蹭网，导致网络变慢。

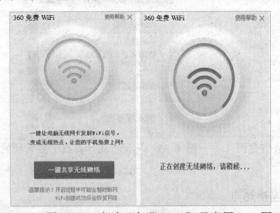

图 4-38 启动"免费 WiFi"示意图　　图 4-39 创建"免费 WiFi"热点成功示意图

当计算机成功开启"免费 WiFi"共享无线网络之后。其周边的智能手机、平板计算机或移动设备只要能搜索到该无线网络，即可输入密码连接，享受免费无线上网了。

注意：360 安全卫士"免费 WiFi"功能，仅支持带有无线网卡的计算机，如笔记本式计算机一般均可以创建，而且该计算机能正常连接到互联网。对于是台式机或者使用 Windows XP 的用户，建议购买上例介绍的"360 随身 WiFi"。

相比同类软件，360 安全卫士"免费 WiFi"功能它的易用性、稳定性都非常出色，值得用户体验。

另外，如果没有安装 360 安全卫士，也可直接在相关网站上，下载其他产品的免费 WiFi 软件。如图 4-40 所示的此类软件。这类软件安装及设置方法和 360 安全卫士"免费 WiFi"设置类似，用户可参照上述实验进行设置。

图 4-40　其他产品的免费 WiFi 软件

④ 用手机设置 WiFi 连接热点。

如果在某些地点需要用笔记本或其他移动设备上网，但当地没有可用的网络连接，只有手机可接收到网络信号时，此时将手机设置为 WiFi 连接热点，使笔记本或其他移动设备通过手机热点连接到互联网。将手机设置为 WiFi 热点连接互联网的方法如下：

打开手机（以小米手机为例，其他手机可参照设置），选择"设置"→"全部设置"→"更多无线连接"→"网络共享"→"便携式 WLAN 热点"，如图 4-41 所示。

点击"设置 WLAN 热点"选项，打开图 4-42 所示的窗口，在"网络 SSID"后输入网络名称，如"sisuL"，在"密码"框中的输入框中输入密码，如"sisu123456"。点击"确定"按钮即可。

图 4-41　开启手机便携式 WLAN　　图 4-42　设置手机 WLAN 热点的网络名及
　　　　　热点功能示意图　　　　　　　　　　密码示意图

完成设置后，用户即可用笔记本或其他移动设备以及其他手机找到该设置的网络名称，在输入密码后，即可联上互联网了。

注意：当不需要手机作热点后，应及时取消手机热点功能（点击图 4-41 中的"便携式 WLAN 热点"选项后的按钮），以免造成额外的手机上网流量费用。

【评价与思考】

1. 评价

本实验包含组建内部网络的方法、连接互联网的一般方法、几种创建上网热点的方法。依据表 4-4 对照实验目标与操作过程，进行检测与评价。

表 4-4　评　价　表

一级指标	二级指标	掌握程度				存在问题
问题解决	了解组建内部网络的意义	□非常了解	□了解	□了解一些	□不了解	
	了解连接互联网的一般方式	□非常了解	□了解	□了解一些	□不了解	
	了解创建热点的意义与用途	□熟练	□一般	□不熟练	□未掌握	
联网方式	掌握组建内部网络的方法	□熟练	□一般	□不熟练	□未掌握	
	掌握有线或无线连接互联网的方法	□熟练	□一般	□不熟练	□未掌握	
创建联网热点方式	掌握随身 WiFi 创建热点方法	□熟练	□一般	□不熟练	□未掌握	
	掌握免费 WiFi 创建热点方法	□熟练	□一般	□不熟练	□未掌握	
	掌握手机创建 WiFi 热点方法	□熟练	□一般	□不熟练	□未掌握	

2. 思考

互联网是二十世纪的重大科技发明，当代先进生产力的重要标志。互联网的发展和普及引发了前所未有的信息革命和产业革命，已经成为经济发展的重要引擎、社会运行的重要基础设施和国际竞争的重要领域，深刻影响着世界经济、政治、文化的发展。随着移动终端的多样化。智能终端的普及。怎样快捷方便地使这些设备连接到互联网，是我们现实生活中必须要掌握的一项基本技能。通过以上实验请同学们思考以下问题，并通过实际操作灵活运用掌握各种条件下快速连接互联网的各种方法。

① 如何快速创建内部网络，以及怎样实现网内资源共享？

② 常用连接互联网的方式一般有哪些？

③ 在什么条件下使用随身 WiFi 创建上网热点？

④ 在什么条件下使用免费 WiFi 创建上网热点？

⑤ 什么条件下用手机作为上网热点？

4.3　灯火阑珊处——构建互联网中的个人空间与交际圈

【实验目的】

① 了解网络在社会生活中的重要作用。

② 增强运用网络进行社交的能力。

③ 学会辩证地看待事物的两面性，学会调控自己的行为。

【实验内容】

充分利用自己已有的即时通信（IM）软件账号，构建自己在百度上的空间，体验百度除了搜索导航之外的社区服务和移动服务。体验国内知名的实名制社交网络"人人网"，并着重就综合了解移动网络、手机终端和社交网络服务的移动社交应用进行体验。

【预备知识】

1. 社交网络

社交网络的概念源自英文"Social Networking Service"（SNS），狭义的社交网络可以理解成"社交网站"，即为了一群拥有相同兴趣与活动的人服务的在线社区。这类服务往往是基于互联网，为用户提供各种联系、交流的渠道，并且通常是以朋友 "一传十、十传百"地方式将网络展延开去。典型的如 Facebook、Myspace、Twitter、腾讯、人人网、开心网、豆瓣、58 同城、新浪微博等。广义的设计网络不但包括为网络社交服务的硬件、软件及应用，还包括所有基于互联网的可用于网络社交的手段、工具、技术和媒介。

2. 网络社交

电子邮件是网络社交的起点。在 E-mail 解决了远程的邮件传输问题之后，BBS 则把"群发"和"转发"常态化，理论上实现了向所有人发布信息并讨论话题的功能，将网络社交向前推进了一大步。即时通信（IM）和博客（Blog）的出现则加强了即时效果（传输速度）和同时交流能力（并行处理）。而随着 Rss、Tag、weibo、flickr、wiki 等的进一步普及应用，信息发布结点开始体现越来越强的个体意识，用户越来越多地扮演信息提供者的角色。观察网络社交的演进历史不难发现，其一直在遵循"低成本替代"原则。网络社交一直在降低人们社交的时间和物质成本，或者说是降低管理和传递信息的成本。与此同时，网络社交一直在努力通过不断丰富的手段和工具，替代传统社交来满足人们社会性动物的交流需求，并且正在按照从"增量性的娱乐"到"常量性的生活"这条轨迹不断接近基本需求。

目前，约有一半以上的中国网民通过社交网络沟通交流、分享信息，社交网络在人们的生活中扮演着越来越重要的角色，已经成为人们获取信息、展现自我、营销推广的窗口，并且已成为人们生活的一部分，并对人们的信息获得、思考方式和生活产生着特殊的影响。就现在的网络社交来讲，除了最常用的微博、社交网站、即时通信、移动社交、视频&音乐、论坛、消费评论、电子商务等核心网络之外，还包括基础的网络社交（博客、百科、问答、文档分享、位置签到等）、新兴/细分的网络社交（轻博客、婚恋交友、图片分享、商务社交等）、增值衍生的网络社交（社交游戏、社会化电子商务等），具体如图 4-43 所示。

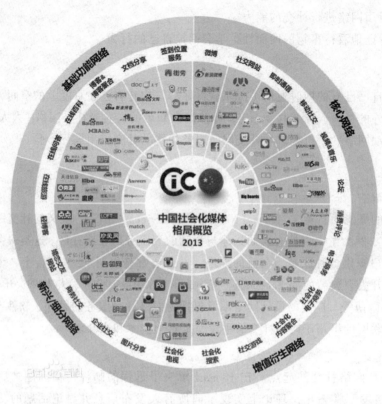

图 4-43　2013 年社交网络格局

3．六度空间理论

六度空间理论（Six Degrees of Separation）又称六度分隔理论或小世界效应。1967 年，哈佛大学的心理学教授斯坦利·米尔格兰姆（Stanley Milgram，1933—1984）想要描绘一个连结人与社区的人际联系网，做过一次连锁信件实验。米尔格兰姆把信随机发送给住在美国各城市的一部分居民，信中写有一个波士顿股票经纪人的名字，并要求每名收信人把这封信寄给自己认为是比较接近这名股票经纪人的朋友。这位朋友收到信后，再把信寄给他认为更接近这名股票经纪人的朋友。最终，大部分信件都寄到了这名股票经纪人手中，每封信平均经手6.2 次到达。

于是，米尔格兰姆提出六度分割理论，六度分割现象可以简单地描述为："你和任何一个陌生人之间所间隔的人不会超过五个，也就是说，最多通过五个中间人你就能够认识任何一个陌生人。" 这种现象，表达了这样一个重要的概念：任何两个素不相识的人，通过一定的方式，总能够产生必然联系或关系。"六度分隔"理论的出现使得人们对于自身的人际关系网络的威力有了新的认识。同时也说明了社会中普遍存在的"弱纽带"，却发挥着非常强大的作用。有很多人在找工作时会体会到这种弱纽带的效果。通过弱纽带人与人之间的距离变得非常"相近"。

社交网络的理论基础正是"六度分割"。而社会性软件则是建立在真实的社会网络上的增值性软件和服务。它的核心思想其实是一种聚合产生的效应。人、社会、商业都有无数种排列组合的方式，如果没有信息手段聚合在一起，就很容易损耗掉。而社交网络正是支持人们建立更加互信和紧密的社会关联。

【实验步骤】

本实验以社交网络常见的即时通信软件腾讯 QQ 为起点，带领大家浏览并体验常用社交网站，视频&音乐、论坛、移动社交（微博、微信）等应用，希望能拓展大家的日常网络社交，具体可参照以下提示来进行。

1. 体验基于百度账号的应用

相信绝大部分同学都经常使用百度搜索引擎进行信息检索，但百度之对于大家除了搜索之外还有什么功能？你是否留意过百度首页的登录按钮呢？

① 在 PC 浏览器中打开百度首页，单击右上角的"登录"按钮，如果你还有没有百度账号，也可以单击登录页面下方的 QQ 图标，以 QQ 号授权并登录百度，如图 4-44 所示。

图 4-44　登录百度账号

登录后的百度首页将会显示用户当地天气，用户最常/最近访问的综合网站，用户关注的贴吧动态，用户常用的社区、购物、阅读、影视、理财等网站。

② 单击搜索类型中的"更多"，可以看见百度的全部产品生态，这里主要体验社区服务和移动服务板块。其中社区服务功能如图 4-45 所示。

图 4-45　百度社区服务

③ 进入百度文库，以"如何用 Word 自动生成目录"为关键字检索".doc"格式文档，对检索到的结果按"最受好评"进行排序，选取其中的一篇文档，对其进行评价。查看并尝

试下载该文档，如果需要的财富值超出你现在拥有的财富值，收藏这篇文档，并将这篇文档分享到自己的 QQ 空间。返回文库首页，在右上角单击自己的用户名进入百度文库个人中心，如图 4-46 所示。分别完成以下任务：上传一篇文档；在文库中新建一个文件夹；为自己挑选一门感兴趣的课程；完成一项任务。

图 4-46　百度文库

④ 进入百度贴吧，搜索"四川外国语大学"吧，关注该贴吧，浏览或参与不少于 3 篇帖子，了解和体验众"sisuer"的喜怒哀乐，如图 4-47 所示。

图 4-47　百度贴吧

⑤ 进入百度知道，发布一个想了解的问题（如"夏季喝什么饮品补充水分最有效？"），尝试回答一个你知道的提问。

⑥ 进入百度百科，搜索一个自己不甚了解的词条（如"no zuo no die"），并选择参与编辑一个自己熟悉的词条。

⑦ 进入百度云，了解和使用百度网盘。

⑧ 进入百度识图，了解百度识图并进行试用。

⑨ 进入百度手机地图，针对自己的手机系统类型，下载合适的手机地图，自行尝试使用。

2. 体验移动社交应用

随着移动互联网用户数的不断增长，移动社交的发展势头正劲。用户信息的可靠性成为移动社交网络发展的基础。社交网络与其他网上社区、网上交友等方式不同的是，基本上是基于客户的真实信息建立的人际网络，较为贴近实名制。在大多数情况下，手机用户信息相比互联网来说可靠性更高，这为移动社交提供了一个十分广阔的平台和基础。

① 添加实名好友：同传统社交网络不同，手机比 PC 有着天然的联系人属性、实名属性和位置属性，可以大大地减少信任成本，同时又具有很强的便利性，满足了人们时时社交、永不离线的需求，加上智能设备的快速普及，移动实名社交在发展规模和发展远景上都比互联网社交更具有想象力。这里以微信添加朋友为例，打开微信 5.2，点击最上方"+"号，点击"添加朋友"，如图 4-48 所示。这里我们选择"添加手机联系人"，软件即会自动匹配手机通讯录（需要开放微信读取手机通讯录权限），根据需要添加实名制好友。在新浪微博（V4.2.5）的广场选项卡中，点击"找朋友"，也可以在通讯录中匹配好友，如图 4-49 所示。

图 4-48　微信添加好友

图 4-49　新浪微博找朋友

② 熟人圈子与陌生人交友：基于六度空间理论，每个个体的社交圈子不断放大就会形成一个大型网络，通过熟人的圈子认识陌生人是早期社交网络的雏形，而随着移动化与社交化概念的融合，移动社交的开放模式在界定陌生人与熟人之间加入多元化因素，比如基于 LBS 的签到、随机发送、兴趣等多种因素。在 QQ（V4.6.1.2110）的联系人选项卡中，点击右上角的添加图标，打开界面如图 4-50 所示。在这里选择"可能认识的人"就可以添加自己的好友或好友的好友，同时如果选择"加入群"，系统还会为根据不同的分类为我们推荐可能感兴趣的群。在人人（V7.3）的发现选项卡中，点击"找朋友"就可以按照"通讯录"或者"同校人"两种方式添加好友，同时系统还会把和我们有共同好友的人推荐给我们认识，如图 4-51 所示。

图 4-50　QQ 添加好友

图 4-51　人人网添加好友

③ 移动社交的多种形式：文字作为最早的移动社交的形式，具备简单、快速、及时等特点，在即时通信领域文字的地位无人可及，即使在移动社交发展的今天其依然是人们最为常用的沟通形式。但是，声音作为传播载体正在被人们广泛使用，与文字不同，声音在进行沟通时让人感觉更为直观、清晰。无论是国外的 Kiki 还是国内的微信，在移动社交领域已经渐露锋芒。图片社交形式的突起很大程度上要得益于智能手机拍照功能的逐步强大，用户急需一个专注于图片分享的移动社交形式，可以更加简单、生动的分享生活碎片。视频作为移动化分享的传播形式与前三种形式还有很大差距，这主要来源于其本身对于网络及硬件的要求较高，所以目前还在探索期，国外有很多应用正在专注于 15 秒视频分享的移动社交网络，比如 Shoutz。国内的腾讯微视也可以是一种选择。基于移动社交的多种形式，请参照以下要求完成剩余实验：

- 发布一条微博并@至少 3 位好友，进行截图并导入美图秀秀做适当处理，处理完的图片通过微信分享到朋友圈。
- 通过唱吧录制一支歌曲，分享至人人网。
- 通过微视录制一则视频，分享到微信朋友圈或者腾讯微博。

【评价与思考】

1．评价

请完成本任务共包含的训练项目，并依据表 4-5 对照项目训练目标与操作过程，进行检测与评价。

表 4-5　评　价　表

一级指标	二级指标	掌握程度	存在问题
概念理解	了解了社交网络的概念	□非常了解　□了解　□了解一些　□ 不了解	
	了解互联网社交的含义与意义	□非常了解　□了解　□了解一些　□ 不了解	

续表

一级指标	二级指标	掌握程度	存在问题
百度应用	拥有百度账号并总体了解了百度的各种应用	□熟练 □一般 □不熟练 □ 未掌握	
	使用百度文库检索、收藏、下载和管理文档	□熟练 □一般 □不熟练 □ 未掌握	
	使用百度贴吧	□熟练 □一般 □不熟练 □ 未掌握	
	使用百度问答	□熟练 □一般 □不熟练 □ 未掌握	
	使用百度百科	□熟练 □一般 □不熟练 □ 未掌握	
移动社交	添加微信和微博实名好友	□熟练 □一般 □不熟练 □ 未掌握	
	利用 QQ 和人人的朋友圈子添加陌生人好友	□熟练 □一般 □不熟练 □ 未掌握	
	能够通过文字，声音、图片、视频等分享给好友	□熟练 □一般 □不熟练 □ 未掌握	

2. 思考

① 社交网络使得互联网逐渐扩展成一个人类社会交流工具，涵盖了以人类社交为核心的所有网络服务形式，网络社交更是把其范围拓展到移动手机平台领域，借助手机的普遍性和无线网络的应用，利用各种交友/即时通信/邮件收发器等软件，使手机成为新的社交网络的载体。结合网络社交经验，你认为网络社交的发展能否替代传统接触型社交效果，或者其只能是传统接触型社交的有益补充？

② 据来自安全软件公司 Webroot 的一份最新调查显示，社交网站用户更容易遭遇财务信息丢失、身份信息被盗和恶意软件感染等安全威胁，当你在网络社交当中面对包括个人身份信息被窃、恶意软件感染、垃圾邮件、未经授权的密码修改和钓鱼欺诈等安全攻击时，你会怎么做？

③ 在移动互联时代，传统 PC 位置逐渐被智能手机取代，通过移动终端访问社交网站的用户数，因移动互联网的发展正呈爆炸式的增长态势，人类的社交行为正在跨过商业网站、垂直网站、社交网站，向移动社交演进。那么你认为移动社交将来会有哪些发展趋势？

第5章 个人信息处理

个人信息处理是使用各种信息处理工具，或在特定的信息处理环境下，对信息进行搜集、加工存储和传播。本章中的实验内容与大学期间学生的学习、生活密切相关，包括信息检索、媒体处理、办公应用、思维训练、利用信息技术和资源学习等。

5.1 众里寻他千百度——信息检索

【实验目的】

① 增强学生获取信息的能力。

② 培养学生对信息检索过程及其技术和系统的探索和分析能力。

③ 具有一定的管理和评价信息检索的能力。

【实验内容】

了解搜索引擎的类型及服务功能，学习搜索引擎的基本使用技巧解；了解大学图书馆数字化信息资源的分布情况，学习电子图书、电子期刊等数字资源的检索流程和方法。掌握中国期刊网（CNKI）数据库检索界面与检索方式。

【预备知识】

数据：一般被理解为未经整理的，可被判读的数字、文字、符号、图像、声音、样本等。不能被判读的符号、声音、图像，如计算机的乱码，则不能称作数据。

信息：在特定背景下经过整理的，表达一定意义的数字、文字、符号、图像、声音、信号等。

知识：是对信息的加工处理形成的见解、认识，需要主体根据自身已有的经验和掌握的信息对相关信息进行分析、筛选、总结和概括。

情报：既不等同于信息也不等同于知识，它是有明确目标的接受对象的那部分信息或知识，是被已知的需求者寻求的知识或信息。不管是信息还是知识，在特定条件下都可能成为情报。

从数据到知识是一个转化过程的递进链，数据是形成信息的原材料，信息是形成知识的原材料。而信息和知识在特定场合下都可以成为情报。

【实验步骤】

1. 使用搜索引擎搜索

打开 IE 浏览器，在地址栏中输入百度搜索引擎的网址，打开搜索引擎。

① 搜索结果要求包含两个及两个以上关键字。

示例：搜索所有包含关键词"机器翻译"和"历史"的中文网页。

② 搜索结果要求不包含某些特定信息。

示例：搜索所有包含"诺贝尔文学奖"但不含"莫言"的中文网页。

③ 搜索结果至少包含多个关键字中的任意一个。

示例：搜索必须含有"武侠小说"或"古龙"的网页。

④ 通配符的使用。

示例：搜索所有包含"以*治国"的网页。

⑤ 关键字的字母大小写。

示例：分别以"GOD"和"god"为关键词进行搜索，比较搜索结果。

⑥ 精确搜索整个短语或者句子。

示例：以关键字"什么是搜索引擎"进行搜索，并与关键字"搜索引擎"的结果进行比较。

⑦ 对搜索的网站进行限制。

示例：搜索中文教育科研网站（edu.cn）上有关"鲁迅"的页面。

⑧ 搜索的关键字包含在网页标题中。

示例：查找标题中含有韩国演员"李敏镐"的网页。

⑨ 地图搜索。

示例：检索从"四川外国语大学"到"洪崖洞"的"驾车路线"，查看详细的驾车路线、地图以及总里程等信息。

2．了解图书馆信息资源并进行电子图书检索

本节以"超星汇雅电子图书"为例来介绍电子图书的检索。超星汇雅电子图书数据库共有电子图书 100 余万种，涵盖中图分类法 22 个大类，学科涉及文学、艺术、语言、历史、经济、法律、哲学、政治、计算机、工程技术等，是全球最大的中文电子图书资源库。

目前绝大多数高校图书馆都已完成了网上图书馆的建设，校园网用户可以在本校的数字图书馆中以"包库网址"或者"镜像网址"的方式访问超星汇雅图书。使用超星汇雅电子图书资源需先下载并安装超星阅览器，这里以四川外国语大学购买的超星数字图书馆为例进行介绍。

① 打开 IE 浏览器，在地址栏中输入四川外国语大学网址（www.sisu.edu.cn），并进入图书馆主页。

② 了解四川外国语大学图书馆数字化信息资源的布局及主要服务内容，如图 5-1 所示。

③ 下载并安装超星阅览器。

④ 单击"常用资源"中的"超星图书"。

⑤ 选择进入方式，这里提供了"镜像访问""包库访问""超星名师讲坛""读秀学术搜索"等链接，如图 5-2 所示。本例选择以镜像方式进入。

图 5-1　四川外国语大学图书馆首页

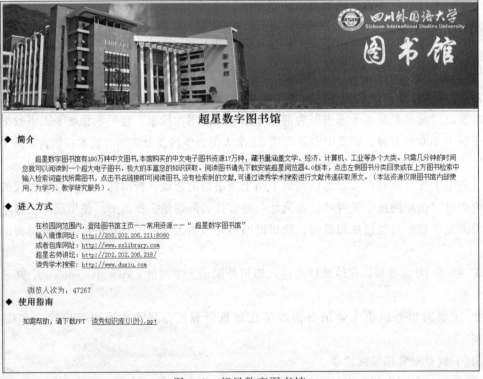

图 5-2　超星数字图书馆

⑥ 选择镜像方式后进入汇雅电子图书首页。其检索界面如图 5-3 所示。

图 5-3　汇雅电子图书首页

⑦　一般默认为快速检索界面，根据实际需要选择"书名""作者"或"主题词"，输入检索关键字，定义图书的分类，单击"搜索"按钮进行搜索。本例根据书名检索"机器翻译"相关的书籍，在检索结果中单击《自然语言机器翻译新论》这本书，可在超星阅览器中打开并进行阅读，如图 5-4 所示。

图 5-4　在线阅读

⑧　如果需要将该电子书下载以备脱机阅读，可单击"图书"菜单，选择"下载"命令，或右击阅读窗口，在弹出的快捷菜单中选择"下载"命令，弹出对话框如图 5-5 所示。选择

或新建存储路径后单击"确定"按钮即执行下载（注：非注册用户下载的图书只能在本机上阅读）。

⑨ 如用户需要做一些更精确的检索，可以利用"高级检索"功能，其提供书名、作者、主题词、出版年代等几种检索途径的逻辑组合，还可以按照书名或出版日期对检索结果进行排序。

3．外文电子期刊检索

EBSCO 全文数据库内容包括覆盖社会科学、人文科学、教育、计算机科学、工程技术、语言学、艺术与文化、医学、种族研究等方面的学术期刊的全文、索引和文摘。数据库提供了 7 695 种期刊的文摘和索引，3 834 种学术期刊的全文（占 50%），其中 100 多种全文期刊回溯到 1975 年或更早，大多数期刊有 PDF 格式的全文。

图 5-5　电子图书下载

① 进入检索界面。四川外国语大学已经购买 EBSCO 大众传播暨应用外语全文数据库和 EBSCO 人文学全文数据库。在浏览器地址栏中输入川外图书馆的 URL（ http://lib.sisu.edu.cn/ ），在"常用资源"中单击"EBSCO 全文数据库"，选择"EBSCO 人文学全文数据库"，即可以打开 EBSCO 数据库检索界面，如图 5-6 所示。

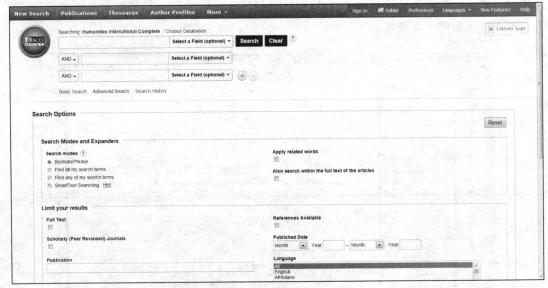

图 5-6　EBSCO 数据库检索界面

② EBSCO 基础检索。在 EBSCO 检索页面中，默认情况下为"Advanced Search"，单击"Basic Search"切换到基础检索。"Choose Databases"链接用于选择数据库，因学校购买的数据库限制，本例只在"Humanities International"数据库中进行检索。单击"Search Options"可以展开或隐藏搜索选项。"Search Modes and Expanders"用于设置搜索模式和一些拓展项，

"Limit your results"用于对检索结果进行限制（如发表日期、出版物的类型、文件的类型、ISSN 号及图片快速视图类型等）。例如，在搜索框中输入"mooc"，搜索模式限制为"布尔/短语"，单击选中"在文章的全文中搜索"，限定发表时间为"2012 年 1 月"到"2014 年 3 月"，出版物类型限定为"学术期刊"，其他选项采用默认设置，如图 5-7 所示。

图 5-7　EBSCO 检索选项

③ 单击"Search"按钮，将返回 15 条记录，如图 5-8 所示。

图 5-8　EBSCO 数据库检索结果

④ 浏览记录。任意选择一条记录，当鼠标指针指向该记录旁边的图标时，会弹出该记录的摘要信息，如图 5-9 所示；单击"PDF Full Text"或者"HTML Full Text"，将以 PDF 或者网页形式打开当前文章，如图 5-10 所示。

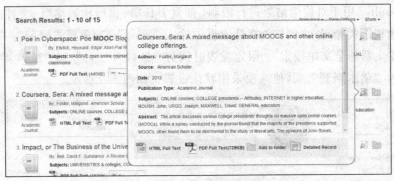

图 5-9　预览记录摘要

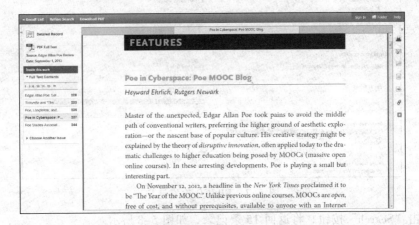

图 5-10　PDF 格式全文

⑤ EBSCO 高级检索。在 EBSCO 数据库检索界面中，选择"Advanced Search"按钮，即切换到 EBSCO 数据库高级检索页面。与基础检索相比，高级检索包含更多的检索选项，可使用更复杂的布尔逻辑，提供更强大而灵活的功能。

【评价与思考】

1. 评价

请完成本任务包含的训练项目，并依据表 5-1 对照项目训练目标与操作过程，进行检测与评价。

表 5-1　评　价　表

一级指标	二级指标	掌握程度				存在问题
使用搜索引擎	了解信息检索的含义和意义	□非常了解	□了解	□了解一些	□不了解	
	了解信息检索的一般过程	□非常了解	□了解	□了解一些	□不了解	
	掌握常见搜索引擎的使用方法和检索规则	□熟练	□一般	□不熟练	□未掌握	
检索电子图书	了解学校数字图书馆的资源情况	□熟练	□一般	□不熟练	□未掌握	
	能够使用电子图书检索工具	□熟练	□一般	□不熟练	□未掌握	
	能够对检索结果进行保存和备份	□熟练	□一般	□不熟练	□未掌握	
检索电子期刊	了解常见电子期刊的种类和特点	□非常了解	□了解	□了解一些	□不了解	
	能够使用电子期刊检索工具	□非常了解	□了解	□了解一些	□不了解	
	能够对检索结果进行保存和备份	□非常了解	□了解	□了解一些	□不了解	

2. 思考

① 传统的全文检索技术基于关键词匹配进行检索，往往存在查不全、查不准、检索质量不高的现象，特别是在网络信息时代，利用关键词匹配很难满足人们检索的要求，智能检索也就随之出现，那么什么是智能检索呢？

② 教育（学习）必然会贯穿一个人的整个一生，唯有全面的终身学习才能够成就完善的人，为了不断更新知识，适应当代信息社会发展的需求，我们每个人每天都不断学习，那么终身学习与信息检索有怎样的关系呢？

5.2　读书笔记应该这样做——使用思维导图

【实验目的】

① 了解思维导图的原理和方法。

② 了解思维导图软件如 MindManager 的用法。

③ 使用思维导图软件绘制读书笔记。

【实验内容】

当我们在阅读文章或书籍时，将读书的心得、体会或文中的精彩部分整理出来而做的笔记，就是读书笔记；做读书笔记，不仅能提高阅读的效率，还能积累学习资料、提高写作能力。传统的读书笔记是线性的文字，是提取了知识块的笔记或者是以知识点形式出现的大纲式笔记。

思维导图图文并茂地把各级主题的关系用隶属于相关的层级图表现出来，把主题关键词图形化、色彩化，高度模拟大脑想法与观点，并可视化地展现出来，具有结构清晰、便于记忆的优势。思维导图最适合阅读逻辑性较强、主题之间关联复杂的书籍。

本实验要求学生了解思维导图的绘制方法，掌握 MindManager 软件的使用方法，阅读《魅力何来：人际吸引的秘密》，并使用思维导图软件绘制读书笔记。

【预备知识】

思维导图

英国著名心理学家托尼·博赞于 19 世纪 60 年代发明了思维导图这一风靡世界的思维工具。根据全脑的概念，思维导图的制作按照大脑自身的规律进行思考，全面调动左脑的逻辑、顺序、条例、文字、数字以及右脑的图像、想象、颜色、空间、整体思维，使大脑潜能得到最充分的开发，从而极大地挖掘人的记忆、创造、身体、语言、精神、社交等各方面的潜能。

在哈佛大学、剑桥大学，学校师生都在使用思维导图来教学、学习；在新加坡，思维导图已经成为中小学生的必修课，用思维导图提升智力能力、提高思维水平已经得到越来越多人的认可。名列世界 500 强的众多公司更是把思维导图课程作为员工进入公司的必修课，其中不乏 IBM、微软、惠普、波音等世界著名的大公司。

思维导图是一种将放射性思考具体化的方法。不论是感觉、记忆或想法（包括文字、数字、食物、颜色、音符等），每一种进入大脑的信息，都可以成为一个思考中心，并由此中心向外发散出成千上万的结点，每一个结点代表与中心主题的一个连结，而每一个连结又可以成为另一个中心主题，再向外发散出成千上万的结点，这些关节的连结就是人的记忆。思维导图提供了一种方法与工具，运用左右脑的机能，协助人们在科学与艺术、逻辑与想象之间平衡发展。

思维导图可以提高学习效率，增进理解和记忆知识的能力；顺应了大脑的自然思维模式，实现新知识和原有知识之间的连结；运用色彩、形状和想象力绘制导图，激发了右脑。如图 5-11 所示是介绍托尼·博赞成就的思维导图。

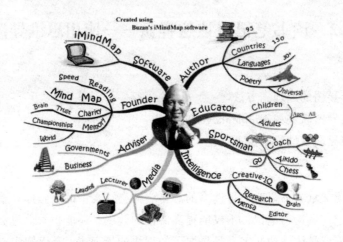

图 5-11 "托尼·博赞成就"思维导图

（1）MindManager 软件介绍

绘制思维导图需要白纸、软芯笔、色彩明亮的彩色笔、橡皮等工具。在信息社会，可使用计算机软件绘制思维导图，如 MindManager 等。

MindManager 是美国 Learning Partnership 公司开发的一款典型的思维导图软件。图 5-12 所示是 MindManager 软件界面。

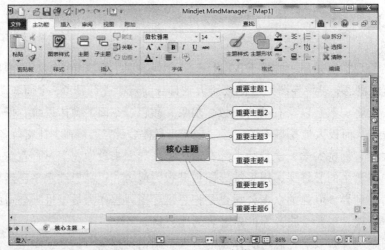

图 5-12 MindManager 软件界面

MindManager 中可以插入图片、Excel 等，还可以加入多媒体超链接，作品可以以 Word、PowerPoint、PDF、HTML 等多种格式输出。MindManager 界面直观、操作简单，初学者易学易用。MindManager 提供了丰富的素材库，包括图形、数字、艺术、科学、文化、地理、食品、人物、技术以及娱乐等多种静态或动态图形符号，用户还可以添加导入新素材。MindManager 中各结点都是模仿人脑模型的一种链接。

MindManager 常被教师应用于现代教学活动中，帮助学生理解知识、锻炼思维。

（2）使用思维导图绘制读书笔记的方法及步骤

① 浏览——制作一个中央图像。

② 设定时间和总量目标。

③ 把对该话题现存的知识用思维导图画下来。

④ 给目标下个定义并用思维导图画出来。

⑤ 总述——加上主要的思维导图主干。

⑥ 预览——第一级及第二级。

⑦ 内视——把思维导图的细节加上去。

⑧ 复习——完成思维导图。

【实验步骤】

本实验以制作《魅力何来：人际吸引的秘密》读书笔记为例，按照绘制思维导图方法和步骤进行，具体操作如下：

1．阅读书籍

《魅力何来：人际吸引的秘密》摘编自美国著名心理学家戴维·迈尔斯的超级畅销书《社会心理学》，这本在国外大学的心理学学生中几乎人手一册，也是国内大学心理学系采用率最高的书，集合了当今与我们的生活最为贴近的社会心理学中最优秀的成果。作为"社会性动物"，我们有着强烈的与他人建立亲密关系的归属需要，而人际吸引正是亲密关系得以建立的前提。那么，这种看不见、摸不着的魅力来自于何处呢？本书将会告诉你答案。

2．制作中心结点和一级分支

本实验采用提纲式读书笔记的方法。提纲是用纲要的形式把一本书或一篇文章的论点、论据提纲挈领地叙述出来，可按原文的章节、段落层次，把主要的内容扼要地写出来。提纲式读书笔记可以采用原文的语句和自己的语言相结合的方式来写。

《魅力何来：人际吸引的秘密》的中心结点是"魅力何来"，首先第一次阅读本书，了解全书的内容和框架，找出 6 个一级分支，分别是书籍 1~5 章的内容及"作者后记：经营爱情"。

打开 MindManager 软件，选择"文件"菜单→"新建"命令，选择其中一个样式，单击右下方"创建"按钮。

单击选中一个"核心主题"，输入中心结点"魅力何来"。依次单击"重要主题 1-6"，输入 6 个一级分支。按【Insert】键可插入一级分支；如要删除分支，先选中该分支，按【Delete】键。单击结点，即可在分支中填写中心词。输入完成后，效果如图 5-13 所示。

图 5-13　一级分支效果图

3. 制作第二级、第三级分支

第二次甚至第三次阅读《魅力何来：人际吸引的秘密》一书，制作二三级分支。方法如下：把每一章的要点都做出来，根据自己的理解进行整合和调整，进行删减后留下对自己有用的部分。注意在建立分支的时候尽量使用短语和词而不是句子，从整体考虑全书的结构是否合理，对内容进行排列组合，使其更清晰更合理。

选中一级分支，按【Insert】键插入一个二级分支。效果如图 5-14 所示。

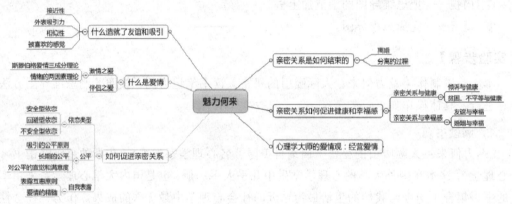

图 5-14　二级分支效果图

4. 对制作的图形进行美化处理

对制作的图形进行美化处理，可选中一个结点，右击，在弹出的快捷菜单中完成，如图 5-15 所示。

① 选中中心结点，右击，在弹出的快捷菜单中，选择"格式化主题"命令，在弹出的对话框中能设置主线条及填充颜色、图片与文字排列、线条弧度样式、子主题布局设置线条粗细、阴影效果，如图 5-16 所示。

② 依次选中一级、二级分支，右击，在弹出的快捷菜单中，选择"格式化主题"命令，在弹出的对话框中能设置主线条及填充颜色、图片与文字排列、线条弧度样式、子主题布局设置线条粗细、阴影效果。

③ 选中对象，右击，在弹出的快捷菜单中选择"图标"或者"图像"，打开"图库"任务窗格，在其中可以插入图标、图像。

④ 在快捷菜单中可以插入"关联""边框""超链接""附件""便签""电子表格""日期和时间"等内容。

完成后效果如图 5-17 所示。

图 5-15　美化图形快捷菜单

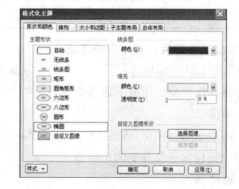

图 5-16　"格式化主题"设置对话框

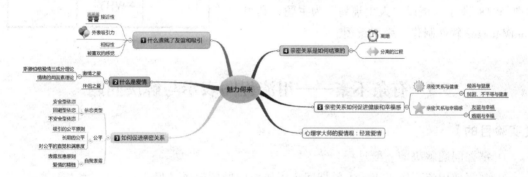

图 5-17　最终效果图

5．制作完成，导出文件

保存为可修改的源文件，选择"文件"→"另存为"命令，在保存类型中选择".mmap"，可对思维导图进行修改。在保存类型中选择".jpg"".gif"".bmp"".png"之一，保存的文件为图片格式，不可修改。

【评价与思考】

1．评价

本任务共包含 1 个具体的训练项目，依据表 5-2 对照项目训练目标与操作过程进行检测与评价。

表 5-2　评 价 表

一级指标	二级指标	掌握程度	存在问题
思维导图概念	了解思维导图的概念	□非常了解　□了解　□了解一些　□ 不了解	
	了解读书笔记的制作方法	□非常了解　□了解　□了解一些　□ 不了解	
思维导图制作方法	掌握思维导图基本操作	□熟练　　　□一般　□不熟练　□ 未掌握	

续表

一级指标	二级指标	掌握程度				存在问题
思维导图制作方法	掌握 MindManager 基本操作	□熟练	□一般	□不熟练	□ 未掌握	
	使用 MindManager 绘制思维图	□熟练	□一般	□不熟练	□ 未掌握	
	对思维图进行美化处理	□熟练	□一般	□不熟练	□ 未掌握	

2．思维训练工具：曼陀罗思考法

思维导图工具应用极为广泛，与大学生联系紧密的应用还有单词记忆、思维训练。请同学利用网络查找资源，完成下面两个练习。

（1）单词记忆

以"ab-"前缀为中心结点，利用 MindManager 软件制作一张包含三级分支的思维图。

（2）思维训练

曼陀罗思考法是一种思维方法，含有 5 个 W，如图 5-18 所示。请以"人生规划"为主题，利用 MindManager 软件制作一张思维图。

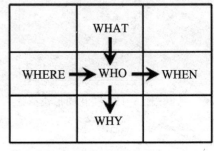

图 5-18　5W

5.3　有条不紊——用流程图表示与解决问题

【实验目的】

① 掌握问题解决的一般过程。
② 掌握使用流程图来表示大学期间个人压力问题的解决过程。
③ 掌握使用流程图来描述一般常见问题的解决过程。

【实验内容】

了解问题解决的含义及过程；了解流程图的常用符号和含义，学习流程图的制作，掌握使用流程图表示程序执行过程的三种基本结构；了解大学期间可能出现的压力问题和应对方式；学习使用问题解决的过程和方法来表征、分析压力问题，学习使用流程图来表示和解决压力问题。

【预备知识】

1．问题解决的一般过程

问题解决（problem solving）是由一定的情景引起的，按照一定的目标，应用各种认知活动、技能等，经过一系列的思维操作，使问题得以解决的过程。人的一生要遇到各种各样的问题，人生就是解决各种问题的过程。问题解决一般分为四个过程：发现问题、表征问题、选择策略与方法、实施方案。

在问题解决的过程中，可以利用各种工具来帮助人们分析、表示和解决问题，流程图是其中一种有效的工具。

2．流程图

流程图也叫程序框图，是用一组几何图形来描述算法。不同的图形表示不同的含义，用流程线来指示算法的执行方向。

常见的流程图符号如图 5-19 所示。

图流程图中各符号的含义如下：

① 起止框：表示算法或处理过程的开始或结束。

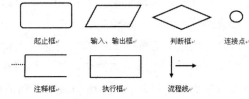

图 5-19　常见流程图符号

② 输入、输出框：表示处理过程中的输入和输出操作。

③ 判断框：表示对给定条件的判断，一般来说判断框左边为条件成立时的流程，右边为条件不成立时的流程，有时就在其流程线上标注"真""假"或"是""否"。

④ 连接点：连接点把分离的流程图连接起来，所以总是成对地出现，同一对连接点标注相同的数字或文字。

⑤ 注释框：表示进行解释，帮助读者理解。

⑥ 执行框：表示处理操作。

⑦ 流程线：表示算法或处理的执行顺序。

流程图可以用来表示问题解决的过程，这种过程既可以是生产线上的工艺流程，也可以是完成一项任务必需的管理过程。本书使用流程图来表示大学生在应对压力时的处理过程。

3．压力应对

所谓压力，是指人的内心冲突和与其相伴随的强烈情绪体验。压力可能是威胁，让人变得更加糟糕，也可能是机遇，把人历练得更加坚强。压力的好坏取决于大学生如何对它进行管理和应对。

【实验步骤】

本实验以大学生压力应对为例，按照问题解决的一般过程来进行，即发现问题、表征问题、选择策略与方法、实施方案。在问题解决过程的结构中，总蕴含着顺序、选择和循环结构，也就是说程序执行过程的三种基本结构及其组合，构成了问题解决的完整结构。我们在日常生活中，对其他具体问题的分析与处理，也可以参照以下步骤来进行：

1．发现问题

当今社会的快速发展与变迁，行业竞争日益复杂，社会对人才需求层次不断提高，给当代大学带来了较多的心理压力。在大学学习、生活期间，有的同学出现情绪易波动、焦虑不安等表现；有的同学在行为上表现为沉默寡言、注意力减退，甚至出现异常或过激行为；有的同学在生理方面出现问题，如内分泌和免疫力系统失调、胃痛、头痛等。这些问题都对大学生正常的学习和生活造成了不良影响，为了使身心得到健康发展，同学们应该学会及时发现压力、正确认识压力和积极应对压力。

2．表征问题

当代大学生的压力一般分为五类，人际关系压力、经济压力、学业压力、情感压力和就业压力。就通常情况来说，大一的学生要适应新环境，主要面临人际关系压力，贫困学生同时会有经济压力，大一学生有效解决压力的方法并不多，大多采取被动的应对方式，如压抑、幻想、求助等；大二和大三的学生主要面临学业压力和情感压力，他们在这一阶段还没形成成熟的压力应对机制，一方面会采取被动的应对方式，如回避、推诿等，另一方面也在尝试新的应对方式，如倾诉、调整心态和总结经验等；大四的学生主要面临就业压力，他们在这一阶段基本形成了成熟的压力应对机制，从而会采取积极应对方式，如调整情绪、调整认知等。

我们可以制作流程图来表征大学期间压力应对的总体流程，如图 5-20 所示。

打开 Word 2010，新建一空白文档。单击"插入"选项卡，在"形状"按钮中选择"流程图"区域中的相关形状（判断框、执行框和流程线），制作压力应对总体流程图，该流程图包含程序执行过程的顺序结构和选择结构。在流程图的制作过程中，对相同类型的形状可采用复制功能，再使用形状对象属性中的"编辑文字"选项，对其文字进行修改；流程线的说明文字可使用添加"文本框"来现实；对折线型流程线的制作可先绘制若干条直线和箭头，再同时选择这些直线和箭头，然后进行这一组对象的"组合"操作。

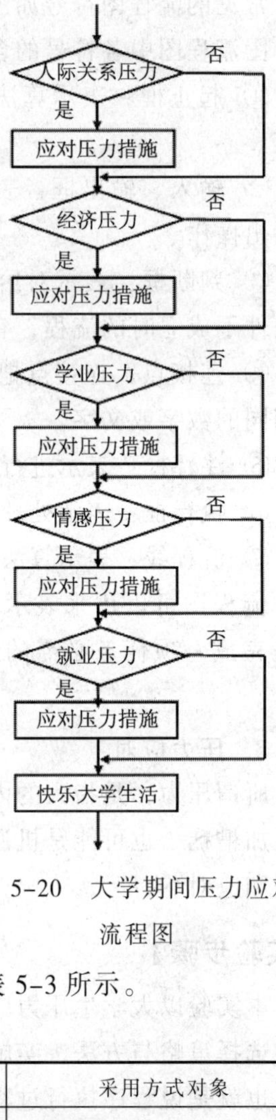

3．选择策略与方法

当代大学生面对压力所采用的应对方式，本书引用吉林大学张林老师《大学生心理压力应对方式特点的研究》一文中的观点，分为积极应对方式、消极应对方式和中间型应对方式，如表 5-3 所示。

图 5-20　大学期间压力应对流程图

表 5-3　压力应对方式

分　类	应对方式	方式内容	采用方式对象
积极	心理调节机制	调整心态、调整情绪、调整认知、总结经验	主要是大四等高年级学生
中间型	外部疏导机制	转移、宣泄、倾诉、求助	主要是大二、大三学生
消极	自我防御机制	压抑、推诿、否认、幻想、退避	主要是大一学生

大学生在面对各种压力时，应该放弃消极心态，因为消极心态只会让压力更大。中间型心态能在一定程度上解决压力问题，但只能解决表面问题。大学生应该发挥个人主动性和能动性，采取或保持积极心态，才能为解决根本问题奠定基础。

我们可以制作流程图来表示选择的策略与方法，如图 5-21 所示。

打开 Word 2010，新建一空白文档。单击"插入"选项卡，在"形状"菜单中选择"流程图"区域中的相关形状（判断框、执行框和流程线），制作压力应对总体流程图，该流程图包含程序执行过程的选择结构和循环结构，其中"自我防御机制"为死循环，我们要在实践中尽量避免这种方式的发生。

4．实施方案

有了对压力应对和问题解决的了解和认识之后，大学生就要在实践过程中不断地锻炼自身的抗压能力和解决问题的能力。除了发挥自身的主动性和能动性，如加强自我教育和培养良好个人品质外，还应该积极寻求外界的帮助与支持，如经常与老师、同学和家长沟通、交流，寻求社会支持等，从而营造健康、快乐的大学生活。

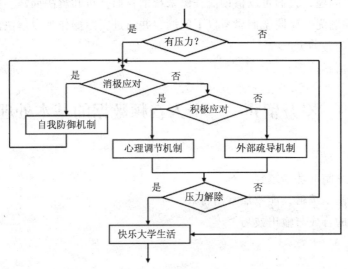

图 5-21　压力应对的选择策略

【评价与思考】

1．评价

本任务共包含 1 个具体的训练项目，依据表 5-4 对照项目训练目标与操作过程，进行检测与评价。

表 5-4　评 价 表

一级指标	二级指标	掌握程度				存在问题
问题解决	了解问题解决的含义和意义	□非常了解	□了解	□了解一些	□ 不了解	
	了解问题解决的一般过程	□非常了解	□了解	□了解一些	□ 不了解	
	掌握具体情境中的问题解决步骤	□熟练	□一般	□不熟练	□ 未掌握	
流程图的制作	正确掌握程序执行的三种结构	□熟练	□一般	□不熟练	□ 未掌握	
	正确使用流程图的各种形状	□熟练	□一般	□不熟练	□ 未掌握	
	正确掌握形状的属性设置（大小、颜色、粗细、组合、叠放等）	□熟练	□一般	□不熟练	□ 未掌握	
	在流程图中的适当位置添加文字并设置文字属性	□熟练	□一般	□不熟练	□ 未掌握	
	掌握使用流程图表示一般问题解决的过程	□熟练	□一般	□不熟练	□ 未掌握	

一级指标	二级指标	掌握程度	存在问题
应对压力	了解大学期间的常见压力及产生原因	□非常了解　□了解　□了解一些　□ 不了解	
	了解应对压力的不同方式及影响	□非常了解　□了解　□了解一些　□ 不了解	
	了解如何正确应对压力	□非常了解　□了解　□了解一些　□ 不了解	

2. 思考

由于流程图形象直观、简单明了，在社会的许多领域得到了广泛应用。在人的一生中，会遇到各种各样的问题，我们可以借助流程图来帮助我们分析和解决问题。如何利用流程图来解决某些日常问题呢？请同学们思考以下问题，并通过实际操作加以解决。

① 如何解决利益冲突？

② 如何面对情感挫折？

5.4　岁月留声——个人音频数据的基本处理

【实验目的】

① 掌握音频录制的基本过程。

② 掌握音频基本编辑，能添加常用特效。

③ 掌握音频的合成与输出技巧。

【实验内容】

熟悉 Audition 软件的界面，了解使用计算机进行数字录音的基本方法和流程；了解采样频率对文件质量和大小的影响；掌握数字音频编辑的基本方法和不同压缩方法对文件质量和文件大小的影响；学习对音频进行简单的淡入淡出、回响、噪音控制等效果的处理。

【预备知识】

在录制和处理数字音频数据之前，我们有必要对声音信号的特点、数字化过程、常见格式及压缩标准、硬件（音频卡）和接口有所了解。这里，主要介绍录音前的准备工作：配置录音选项与麦克风测试。

1. 区别"播放控制台（Volume Control）"与"录音控制台（Recording Control）"

（1）播放控制台

使用"音量控制"可以调节计算机或其他多媒体应用程序（如 CD 唱机、DVD 播放器和录音机）所播放声音的音量、平衡、低音、高音设置（高音与低音控制，通常是高级声卡才有此控制）。也可以使用"音量控制"调节系统声音、麦克风、CD 音频、线路输入、合成器和波形输出的级别，播放控制台如图 5-22 所示。

在图 5-22 里，我们可以看到主音量（Volume）、波形（Wave）、软件合成器（SW Synth）、麦克风（Microphone）、CD 音量（CD Audio）、线路输入（Line In）等控制，它们的含义分别是：

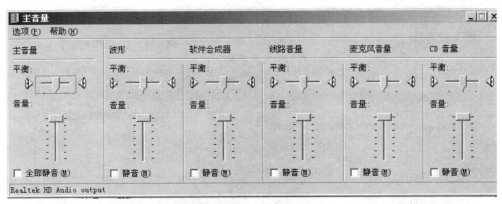

图 5-22　播放控制台

① 主音量（Volume）：它能控制系统所有设备的播放音量，如果将其设置为静音，则整个系统将没有声音被放出来（ASIO、E-WDM 等专业驱动除外）。

② 波形（Wave）：它控制的是系统内部数字音频流的声音，如：WAV、MP3、WMA 等格式的音量，而 MIDI 播放的音量是不受它控制的。

③ 软件合成器（SW Synth）：它专门控制 MIDI 合成器的音量，如果静音，系统 MIDI 播放就无声，而其他 WAV、MP3、WMA 播放就不受此影响。

④ 麦克风（Microphone）：它是控制麦克风捕获声音并被送到声卡输出的音量，声卡 MIC 孔一旦插上麦克风并对麦克风说话，麦克风捕获的声音将被输出到声卡的输出系统，用户就可以直接在音箱或耳机里听到自己说话的声音，在录音过程中，通常是控制麦克风实时监听音量的，方便在录音的时候能从耳机里听到自己的声音，而不是控制麦克风录音音量。

⑤ CD 音量（CD Audio）：通常情况下，CD-ROM 会有一条四芯模拟音频线（L、G、G、R）连接到声卡，这个项目就是控制 CD-ROM 驱动器模拟线路的音量的。现在，有很多播放器（Windows Media Player 9.0、Foobar 2000 等）都可以通过操作系统内部的 DirectX 通道来播放 CD 音频，CD 音频数据通道来自 CD-ROM 的 IDE 线路，从而实现"软数字播放"，如果是这样，CD Audio 模拟音量将不控制 CD 播放音量。

⑥ 线路输入（Line In）：所有声卡都有 Line In 接口，可以通过一根立体声音频线来把外部模拟设备（如：收音机、录音机、CD 随身听、调音台等）连接到声卡，这样，就可以通过计算机来播放声音了。同 Microphone 控制一样，它仅仅是控制外部线路设备的播放音量，而不是控制录音音量。

（2）录音控制台

使用"录音控制"可以调节系统声音、麦克风、CD 音频、线路输入、合成器和波形输出的录音级别。我们通常使用它来控制这些设备的录音音量。

打开"录音控制台"的方法：在"播放控制台"的"选项"菜单选择"属性"选项，在混音器中选择"Audio Input"，在设备框里选择要调节其输入音量的设备，然后单击"确定"按钮，如图 5-23 所示。

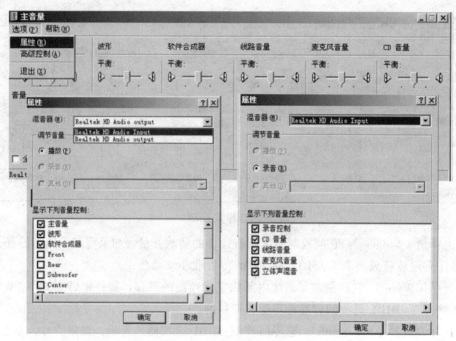

图 5-23 打开录音控制台

或者在"Adobe Audition 3.0"软件里，选择"选项"菜单下的"Window 录音控制台"选项，同样可以打开它。

下面，来看看"录音控制台"里面各个设备的含义：

① 立体声混音（Stereo Mix）：一旦选择它，录音软件将录制系统发出的所有声音，即"播放控制台"里所有没有被静音的设备。我们通常称之为系统内录。比如说，使用播放器听 MP3 音乐，选择"录音控制台"里的"立体声混音（Stereo Mix）"，然后打开录音软件来录音，会发现录音软件会录下播放器所播放的 MP3 音乐，这个过程是内录的，如图 5-24 所示。通过这个选项，可以把那些网络限制下载的音乐直接录下来（此处我们只做技术探讨，请尊重原作品版权）。

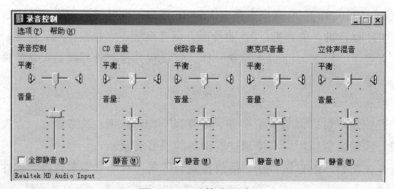

图 5-24 立体声混音

② 麦克风音量（Microphone）：对于一般的声音录音，这个才是真正的麦克风录音音量控制，我们应该选择此项，如图 5-25 所示。只有这样，录音软件才会单独记录麦克风的声

音，而不会记录其他声音。多轨录音中，人声音轨就不会录下伴奏音轨的声音，而是纯净的人声。

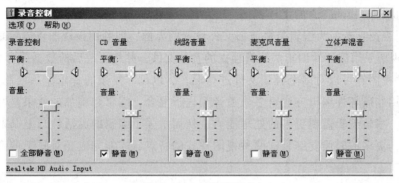

图 5-25　麦克风录音

③ CD 音量：选择它，可以用录音软件来单独录制 CD-ROM 播放的音乐，不过，现在有强大的 CD 抓取软件，这种方法使用较少。

④ 线路音量（Line In）：选择它，可以使用录音软件来记录外部模拟设备的音乐，如，把收音机连接到声卡的 Line In 口上，这样就可以使用录音软件来录制电台的广播节目了。

⑤ 波形录音（Wave）：它和"Stereo Mix"主要区别是："波形录音音量控制"仅仅记录系统内部的 PCM 音频流（如：WAV、MP3、WMA 等），而不会记录 MIDI 通道和麦克风的声音。

⑥ 软件合成器（SW Synth）：选择它以后，录音软件将单独录制系统内 MIDI 通道的声音，这也就是 MIDI 转换成 WAV、MP3、WMA 的一个通用方法了。

2. 配置录音选项，测试麦克风

① 配置录音选项：在"Adobe Audition 3.0"里，单击"选项"菜单下的"Window 录音控制台"选项，打开 Windows 的录音控制面板（即"录音控制台"），里面列有各个录音设备，适当调节"麦克风音量"，设置其他音量为"静音"，如图 5-26 所示。

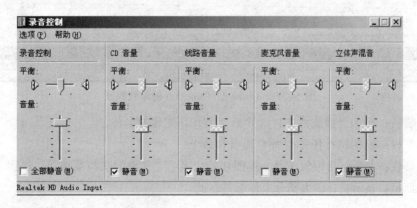

图 5-26　配置录音选项

② 测试麦克风，在"Adobe Audition 3.0"单轨状态下，单击左下角的红色录音按钮，系统会要求确认录制格式，选默认的（44.1Hz / 16 位）即可。这个时候，系统开始录音，对着麦克风清唱，观察下面的音量电平指示，看看是否有问题。较合适的音量应该控制在接近零分贝，

但不超过零分贝，一旦超过零分贝就会出现过载现象，这时应该将麦克风音量调小一些。

3．Adobe Audition 3.0 功能及界面

（1）Adobe Audition 3.0 的工作视图

① 编辑视图：专门为编辑单轨波形文件设置的界面，即利用该视图可以处理单个的音频文件。编辑视图采用破坏性编辑法编辑独立的音频文件，并将更改后的数据保存到源文件中。

② 多轨视图：可以对多个音频文件进行混音，以创作复杂的音乐作品或制作视频音轨。多轨视图采用非破坏性编辑方法对多轨道音频进行混合，编辑与施加的效果是暂时性的，不影响源文件。多轨编辑需要更多的处理能力，从而增强了编辑的灵活性与复杂的处理能力。实践过程中，更多的时候要结合这两种视图模式的特点，才能完成相对复杂的音频和视频的编辑任务。

③ CD 工程视图：可以集合音频文件，并将其转化为 CD 音轨，该视图主要为刻录 CD 服务。

（2）单轨模式界面

Adobe Audition 3.0 的单轨模式界面如图 5-27 所示。

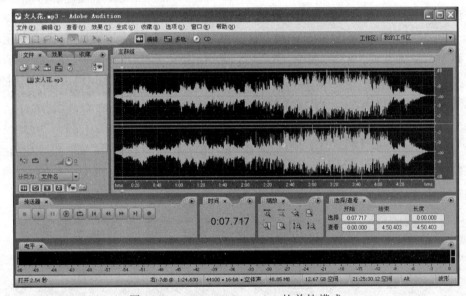

图 5-27　Adobe Audition 3.0 的单轨模式

① 标题栏：显示当前波形文件、声音工程/CD 工程的名称。

② 菜单栏：包括执行任务的所有选项和命令。

③ 工具栏：主要包括编辑工具、视图切换工具、工作空间选择菜单等，如图 5-28 所示。

④ 主面板：显示窗口，大部分工作都是在此进行。

⑤ 文件面板：显示出打开的波形、MIDI、视频文件。

图 5-28　工具栏

⑥ 效果面板：列出了所有可以利用的声音特效，方便用户快速进行选择，并为音轨、

声音添加特效。

⑦ 收藏夹面板：自动列出的默认的效果或工具，在此可以设置常用的工具或效果选项。

⑧ 传送器面板（播放控制面板）：控制声音的播放和录制。

⑨ 时间显示面板：显示的是游标的当前位置、选择区的起点、播放线的位置。

⑩ 缩放控制面板：对波形、音轨进行水平/垂直方向的缩放。

⑪ 时间选择/查看面板：时间选择可以对波形和音轨的起始点、结束点及其长度进行精确的选择；时间查看可以查看音轨和波形在显示窗口里的起始点、结束点和长度。

⑫ 主控电平面板：用来监视录音和播放的音量级别。

⑬ 状态栏：显示文件大小、声音长度和其他一些有用的信息。

（3）多轨模式界面

Adobe Audition 3.0 的多轨模式界面如图 5-29 所示。

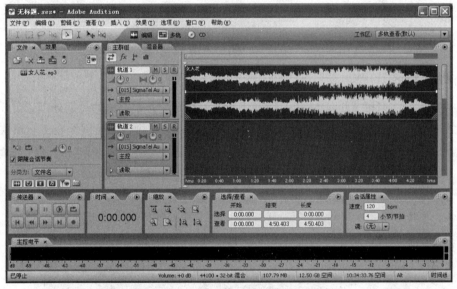

图 5-29　Adobe Audition 3.0 的多轨模式界面

多轨视图提供了一个相对复杂的实时编辑环境，可以在回放时更改设置，并且立刻听到结果。在多轨视图中，任何编辑操作的影响都是暂时的、非破坏性的。如果对混音效果不满意，可以对原始文件进行重新混合，自由地添加或移除相关的效果，以改变音质。在该视图下编辑完毕进行保存时，会将源文件的信息和混合设置保存到会话（.ses）文件中。会话文件相对较小，因为其中仅包含了源文件的路径和相关的混合参数，如音量、声像和效果设置等。为了更好地管理会话文件，可以将其与所用素材文件放置在同一个文件夹内。

多轨视图界面中，除了有与单轨视图界面下部分相同的面板外，还有以下两种：

① 混合器面板：主要是对音轨的音量、音效进行总体和单独的调节、控制。

② 会话属性面板：设置和查看当前多音轨工程的一些属性。

（4）CD 轨模式界面

CD 轨模式平时使用较少，此处不做讲解，其界面如图 5-30 所示。

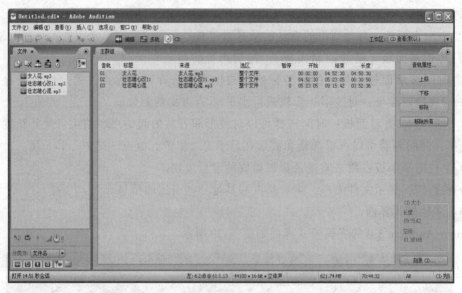

图 5-30　Adobe Audition3.0 的 CD 轨模式界面

【实验步骤】

本实验我们将使用 Adobe Audition 3.0 进行录音合成，并做简单的后期处理。在开始本例的操作之前，我们已经下载并准备好了伴奏音频，接下来要做的事情就是在多轨模式中，在有背景音乐的情况下尝试录制歌曲，再对录制的人声进行简单处理后，与伴奏进行合成，最终输出为一个 MP3 格式的音频文件。具体可以参见以下步骤：

① 启动 Adobe Audition 3.0，进入 Audition 的编辑界面，如图 5-31 所示。（需注意的是，有的时候，尤其是第一次启动 Audition 的时候，会出现一些提醒用户设置临时文件夹的界面，这个时候采用默认的设置，直到出现编辑界面即可。）

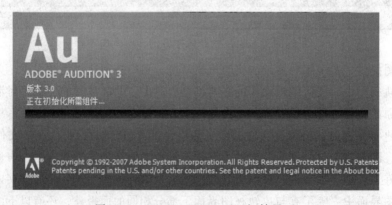

图 5-31　Adobe Audition 3.0 初始界面

② 导入伴奏等必要的素材，单击"文件"菜单选择"导入"浏览并选择素材文件夹中"5.4\素材文档\伴奏.mp3"文件，导入后的文件会排列在左边的文件窗口中（也可以在文件窗口的空白处双击，调出导入文件对话框）。

③ 选择"伴奏.mp3"右击，在弹出的快捷菜单中选择"插入到多轨"命令，这时"伴奏.mp3"会自动插入到默认的音轨 1，也可以通过选择"伴奏.mp3"后按住左键不放直接拖到音轨 1 中，如图 5-32 所示。

④ 选择音轨 2，单击红色按钮 R，在弹出的保存录音项目对话框中，选择一个合适的分区目录进行保存，如图 5-33 所示（建议选择一个容量相对较大的硬盘分区，并新建一个专门的文件夹，用来保存每次录音时的项目文件）。

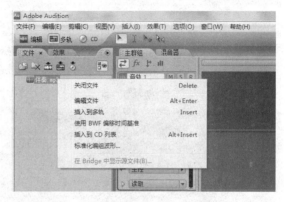

图 5-32　添加伴奏到音轨

图 5-33　"保存会话为"对话框

⑤ 在 Audition 中单击"选项"菜单，选择"Windows 录音控制台"选项，勾选"麦克风"复选框并调整录音的音量到合适的大小。然后单击左下角"传送器"面板中的红色录音按钮，即可通过麦克风进行录音，如图 5-34 所示。

图 5-34　传送器

⑥ 录音完毕后，单击左下角的停止按钮，此时将可以看到在轨道 2 上面出现刚才录制的波形，如图 5-35 所示。

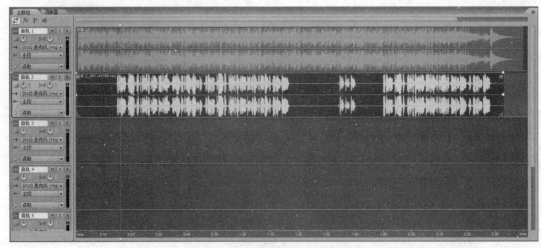

图 5-35　录制的波形文件

⑦ 降噪处理。首先双击人声所在的音轨 2 切换到单轨编辑模式，或者可以通过单击"编辑"下的"多轨"切换图标来选择，如图 5-36 所示。进入单轨编辑视图后，单击下方的波形水平放大按钮（带"+"号的两个分别为水平放大和垂直放大）放大波形，如图 5-37 所示。

图 5-36　视图切换

图 5-37　缩放面板

在人声轨道找一处没开唱的部分（一般是开头），近邻鼠标左键拖动选择一段，以找出一段适合用来作噪声的采样波形。然后选择左上角的"效果"选项卡，选择下面的"修复"结点，双击"降噪器"后将会出现降噪器对话框，如图 5-38 所示。

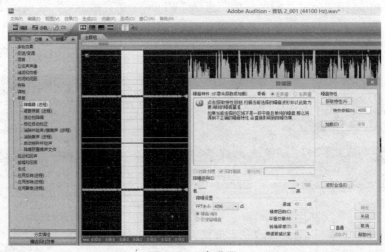

图 5-38　降噪器

设置"特性快照"和"FFT 大小"（特性快照决定降噪所使用的样本数量。值越大去除的噪音越多，但速度越慢，对音乐本身影响也越大。FFT 大小的设置主要依据录音设备、录音环境和电流底噪来决定），参数都选好后单击"获取特性"。对照噪音特性图，通过鼠标拖动参数线位置的来调节参数线的频段，在降噪完成后可以单击"试听"按钮，当然也可以按【Ctrl+Z】组合键返回降噪前状态继续调节参数线（初学者也可以直接使用默认的参数）。调节完成后依次单击"波形全选"→"确定"按钮完成降噪处理，如图 5-39 所示。

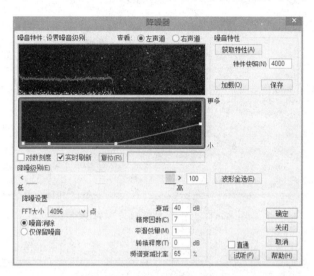

图 5-39　降噪处理

根据需要，还可以对人声做进一步的"高音激励处理""压限处理"和"混响处理"。

⑧ 以上处理完成之后，就可以进行混缩合成，单击"编辑"菜单，选择"混缩到新文件"→"会话中的主控输出（立体声）"选项便可将伴奏和处理过的人声混缩合成在一起，如图 5-40 所示。

图 5-40　混缩音频

⑨ 选择"文件"菜单中的"导出"→"混缩音频"选项，打开"导出音频混缩"对话框，定义保存的路径、保存的类型及文件名，单击"保存"按钮即可进行保存，如图 5-41 所示。

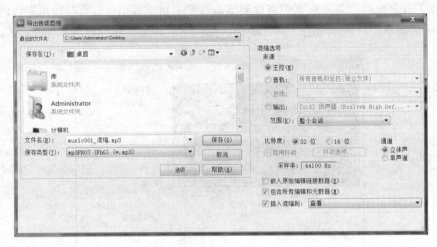

图 5-41　"导出音频混缩"对话框

【评价与思考】

1. 评价

请完成本任务共包含的训练项目，并依据表 5-5 对照项目训练目标与操作过程，进行检测与评价。

表 5-5　评 价 表

一级指标	二级指标	掌握程度				存在问题
音频录制	理解并能区分"播放控制台"和"录音控制台"	□非常了解	□了解	□了解一些	□不了解	
	能熟练操作"录音控制台"并进行话筒测试	□非常了解	□了解	□了解一些	□不了解	
	能够获取并导入伴奏	□熟练	□一般	□不熟练	□未掌握	
	能适时切换"编辑"和"多轨"视图	□熟练	□一般	□不熟练	□未掌握	
	能选择合适的录音轨道并成功录音	□熟练	□一般	□不熟练	□未掌握	
基本编辑	能操作"缩放"面板	□熟练	□一般	□不熟练	□未掌握	
	能根据实际需要"选取""复制""移动""删除"部分波形	□熟练	□一般	□不熟练	□未掌握	
	能进行基本的"降噪"	□熟练	□一般	□不熟练	□未掌握	
	能进行基本的"变调""混音"等	□熟练	□一般	□不熟练	□未掌握	
合成输出	能单独保存"人声"	□熟练	□一般	□不熟练	□未掌握	
	能混缩导出"伴奏"和"人声"	□熟练	□一般	□不熟练	□未掌握	

2. 思考

① 声音是人类最熟悉的传递消息的方式，音频文件有哪些基本的属性？音频文件为什么会有各种各样的格式？

② 你知道基于计算机的口语考试是如何工作的吗？请谈谈语音识别和语音合成的应用领域，以及它们带给我们生活上的变化。

5.5 其实我很美——个人生活照片的美化与合成

【实验目的】

① 掌握图形处理的基本技术。

② 掌握利用 Photoshop 处理、美化日常生活照片。

【实验内容】

本实验以处理和合成照片为例，对图片进行分析、加工，修复、明暗修改、调色、抠图、合成、添加文字等处理，结合配色和排版的设计理念，让画面满足视觉、心理的要求。图 5-42 所示为修改前后的对比效果图。

图 5-42 修改前（左）和修改后（右）效果图

【预备知识】

九宫格构图原则

九宫格构图也称井字构图，实际上属于黄金分割式的一种形式，是最基础的构图原则，如图 5-43 所示。将画面的横向和纵向平均分成三份，这样画面就被平均分成了九块。中心块上四个角的点，用任意一点的位置来安排主体物，就能使其处于视觉的趣味中心上。相机中都内置有构图辅助线功能，开启这个功能，相机会自动的在取景器中添加构图辅助线，来帮助我们进行构图。这种构图能呈现变化与动感，画面富有活力。而这四个点也有不同的视觉感应，上方两点动感比下方强，左面比右面强。

图 5-43 九宫格构图

【实验步骤】

1. 导入照片

双击 Photoshop CS3（后面统一简称 PS）图标 **Ps**，打开该软件，如图 5-44 所示。单击"文件"菜单，选择"打开"命令，找到"5.5\素材文档\生活照.jpg"文档，单击"打开"按钮，弹出"打开"对话框，将照片导入到软件中，如图 5-45 所示。

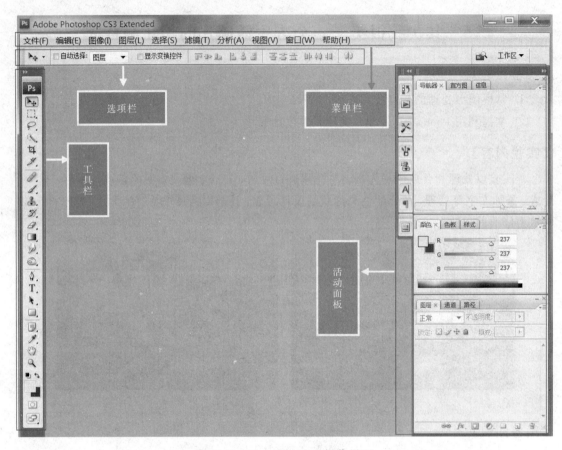

图 5-44　Photoshop CS3 操作界面

图 5-45　导入照片

2．修复和美化照片

（1）对照片上不尽人意的地方进行修复

例如：眼袋、黑眼圈、斑点和多余的人或景物等。

在 PS 里面有 4 种修复工具，在这里介绍两个常用的工具，如图 5-46 所示。

① 污点修复画笔工具，它多用于对脸部的修复。

② 图章工具，它较常用于对景物的修复。

污点修复画笔工具的使用：

按下鼠标左键不松开，将照片上的斑点完全选中。松开鼠标后即可完成对该区域的修复。

③ 图章工具的使用：

按下【Alt】键不松开，在需要修复区

图 5-46 两个常用的修复工具

域的旁边单击，取一个复制源。松开【Alt】键，将鼠标移动到需要修复的区域，按下鼠标拖动，将不需要的地方涂抹掉。修复效果如图 5-47 所示。

图 5-47 修复前（左）和修复后（右）对比图

（2）调整照片的对比度

对比度指的是一幅图像中暗部和亮部的差值。差异越大代表对比度越大，差异越小代表对比度越小。一般拍摄者拍摄的照片往往会偏灰，则需要加大其对比度，让画面色彩更加绚丽，使照片更加具有感染力。

利用 PS 处理发灰的照片常用的手法是：单击"图像"菜单，选择"调整"→"曲线"命令，在斜线上设置两个点，拖动这两个点，将斜线调整为 S 曲线，如图 5-48 所示。观察照片的对比度，满意后单击"确定"按钮。

3．合成照片

根据设计需要，可以将两张或两张以上的照片合在一张图片上。图片合成处理有两种常用技术：一种是抠图；一种是图层融合。

（1）抠图

在 PS 里面有 8 种抠图工具，在这里介绍两个最常用的工具，如图 5-49 所示。

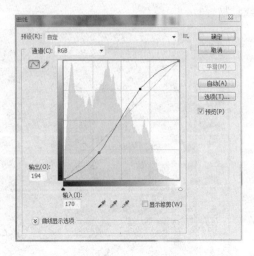

图 5-48　"曲线"对话框

① 套索工具，它常用于是粗略、快速的抠图。

② 快速选择工具，它常用于较为细致的抠图。

本实例采用套索工具做抠图。

套索工具的使用：

依照之前导入照片的方法，将 "5.5\素材文档\鸳鸯.jpg" 文档导入到软件中。在工具箱中单击 "套索工具"，按下鼠标左键不放，将需要抠图的区域选出来。再选中 "移动工具"，把鼠标指针移动到虚线选区中，如图 5-50 所示。按下鼠标左键拖动，将抠出的图片区拖至之前处理好的照片窗口内即可完成移动操作。调整后效果如图 5-51 所示。

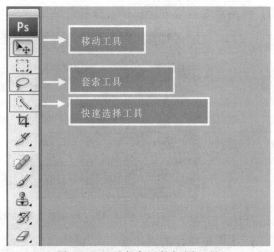

图 5-49　两个常用的抠图工具

图 5-50　套索工具抠取图片

图 5-51　调整后效果图

快速选择工具的使用：

　　快速选择工具是一种基于色彩差别，用画笔方式在画面中拖动而智能选择类似颜色的新颖方式，它可以制作出选区，是最为快捷的抠图工具。在选项栏中有两个重要的工作区。使用者可以利用　　　　对选区做修改。左边的按钮是重新制作选区，中间的按钮是将之后制作的选区添加进已有的选区内，右边的按钮则是让之后制作的选区减去已有的选区。而　　　　是控制笔头大小的工作区。画笔数值越小，笔头则越小，选择类似颜色的面积也越小，因此常用于细小面积的精细选择；反之适用于较大面积的粗略选择。选项栏及其功能解释，如图 5-52 所示。

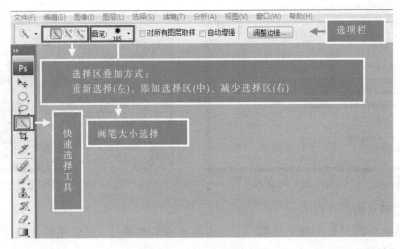

图 5-52　快速选择工具

（2）调整画面大小和方向

　　如果合成照片在原照片上的大小或方向不合适，则需要做调整画面大小的处理。先按下【Ctrl】键，再按【T】键，画面四周则出现 8 个圆点，进入缩放和旋转的编辑项。再将鼠标指针放在矩形框的 4 个顶点中任意一点上，如图 5-53 所示，会出现斜向缩放图标。按下鼠标进行拖动，则可缩小/放大图片。如果将鼠标指针稍微远离矩形框的 4 个顶点中的任意一点时，会出现圆角旋转图标。按下鼠标进行拖动，则可旋转图片方向。调整好图片样式后，单击选项栏上的✓按钮表示确认；如需取消变换，则单击🚫按钮。调整后效果如图 5-54 所示。

图 5-53　变换图片大小

图 5-54　调整后效果图

（3）调整合成图片的色调

好的合成图片效果不仅仅需要好的抠图技术，而且图层之间的融合也至关重要。该例子的合成图片和原始图片在色彩上有较大的差异，一张个偏冷，另外一张偏暖。为了能让两张图片完美的合在一起，则必须做色调的处理。

单击"图像"菜单，选择"调整"→"色彩平衡"命令，弹出面板，如图 5-55 所示。色彩调整是通过在这里的数值框输入数值或移动三角形滑块实现。三角形滑块移向某一个颜色则表示增加该颜色值，而与它相对的颜色则被减少。这里有相对应的三组色，通过 3 个三角滑块就可以改变图像中的颜色组成。本例子的参数为：色阶"+28，0，-31"，单击"确定"按钮。调整后效果如图 5-56 所示。

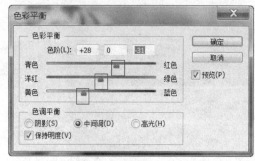

图 5-55　"色彩平衡"对话框

图 5-56　调整后效果图

（4）擦除多余的图片区

选择工具箱中的"橡皮擦工具 ⬜"，擦去不要的某些部分。其选项栏及其功能解释如图 5-57 所示。调整后效果如图 5-58 所示。

图 5-57　橡皮擦工具

图 5-58　修改后效果图

4．添加文字

无论在何种视觉媒体中，文字和图片都是其两大构成要素。文字排列组合的好坏，直接影响着版面的视觉传达效果。因此，文字设计是增强视觉传达效果、赋予版面审美价值的一种重要构成技术。

选择工具箱中的"文字工具 Ｔ"，在选项栏中设置字体等参数后，在合成好的照片中单击，输入文字。完成后，在选项栏中单击✓按钮表示确认；如需取消文字输入，则单击◯按钮。其选项栏及其功能解释如图 5-59 所示。调整后效果如图 5-60 所示。

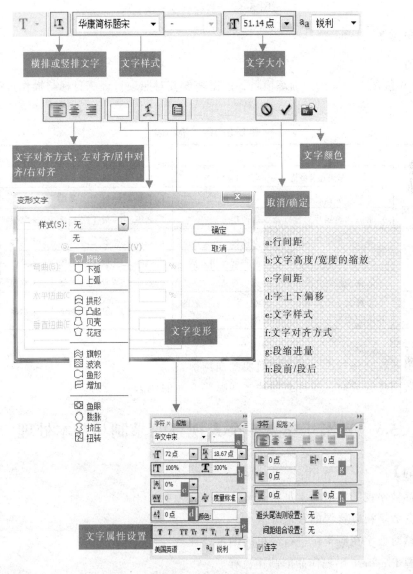

图 5-59　文字工具对话框

图 5-60 修改后效果图

【评价与思考】

1. 评价

本任务共包含 1 个具体的训练项目，依据表 5-6 对照项目训练目标与操作过程，进行检测与评价。

表 5-6 评 价 表

一级指标	二级指标	掌握程度	存在问题
获取照片	了解并掌握九宫格构图法则获取照片的方法	□熟练 □一般 □不熟练 □ 未掌握	
修复和美化照片	掌握两个修复画面瑕疵工具的使用方法	□熟练 □一般 □不熟练 □ 未掌握	
	掌握调整照片对比度命令的使用方法	□熟练 □一般 □不熟练 □ 未掌握	
合成照片	掌握两个抠图工具的使用方法	□熟练 □一般 □不熟练 □ 未掌握	
	掌握调整照片大小和方向命令的使用方法	□熟练 □一般 □不熟练 □ 未掌握	
	掌握调整照片色彩命令的使用方法	□熟练 □一般 □不熟练 □ 未掌握	
添加文字	掌握文字的属性设置（添加、大小和颜色的修改、变形、行间距的调整等）	□熟练 □一般 □不熟练 □ 未掌握	

2. 思考题

① 利用"九宫格构图"时，如何使画面均衡？

② 在做图片合成时，应注意照片之间哪些方面的融合？

5.6 光影年华——个人视频的录制与基本处理

【实验目的】

① 了解数字视频资源的常见格式。

② 学会数字视频资源的获取方法。

③ 能够对数字视频资源进行简单的编辑处理。

④ 掌握 Premiere 影视作品的制作流程。

⑤ 学会在适当场合使用或者分享数字视频资源的方法。

【实验内容】

以"我的大学"为主题，通过多种方式和途径获取制作数字视频所需要的图片、动画、声音及文字素材，并利用 Premiere 等软件完成视频片段的制作。作品要求画面合成自然、主题贴切、色彩和谐，完成的作品根据情况应用在课件、网站或者通过其他方式与他人分享。

【预备知识】

1. 影片编辑方式

（1）联机方式

联机方式指的是在同一台计算机上，完成对素材从粗糙编辑到生成最后影片需要做的所有工作。一般来说就是对硬盘上的素材进行直接的编辑。以前联机工作方式主要运用于那些需要高质量画面和高质量数字信息处理的广播视频中。它需要拥有昂贵的工作设备，编辑者常常付不起这种费用。如今计算机的处理速度愈来愈快，联机编辑的方式已经适用于编辑很多要求各异的影片了。拥有高级计算机终端的用户可以使用联机方式进行广播电视或动画片的制作。值得注意的是，该编辑方式需要大量的磁盘空间，而且对计算机的配置要求也很高。使用这种方法编辑数字化文件时，所有的编辑工作都要在保证计算机正常运行的状态下才能实现真正的联机。

（2）脱机方式

脱机方式在编辑过程中是使用原始影片的复制副本，并且使用高级的终端设备软件进行输出来制作影视节目。脱机方式编辑影视作品只强调编辑速度而不是影片的画面质量，影片画面质量只跟原始素材和最后高级终端编辑器有关。另外，产生最后的影片节目后，还可以使用高级设置将节目进行再次数字化，从而得到更佳的影片质量。

（3）替代编辑和联合编辑

替代编辑是在原有素材的基础上使原来编辑过的内容被最新编辑的内容替换。联合编辑是将视频的画面和音频的声音进行相应的组接，合成视频音频。这两种编辑方式都是编辑影片的常用方式，采用哪种方式进行编辑取决于编辑设备的质量与软硬件的兼容性。另外，捕获视频和音频时所使用的捕获设置同用户所采用的编辑形式有很大关系。

2. Premiere Pro CS5 简介

Premiere Pro CS5 为影视节目的创建和编辑提供了更加强大的功能，在多媒体制作领域扮演着举足轻重的角色。用户在进行视频编辑、节目预览、视频捕获以及节目输出等操作时，可以同时兼顾到播放速度，获得声色俱佳的影音效果。

Premiere Pro CS5 可以自动处理冗长乏味的任务，使用户体验不同的特效、转换、文本和音频。还可利用菜单和场景索引快速编辑所拍摄的素材，并且可以创建 VCD 和 DVD 光盘。在 Premiere 中用户可以完成以下任务：

① 对数字视频进行剪辑，并编辑成为完整的数字影视作品。

② 从便携式数字摄像机或者磁带录像机上捕获视频素材。

③ 从麦克风或者录音设备上捕获音频素材。

④ 编辑已有的数字图形、视频或音频剪辑。

⑤ 为影视作品创建字幕和动态字幕效果，如影视作品中常见的滚动字幕。

⑥ 使用其他软件制作的文件，以完成影视作品的最终效果。

⑦ 使用视频特效来制作视频的特殊效果。如扭曲变形、模糊化及收缩等。

⑧ 为素材设置透明效果和运动效果。

⑨ 组接镜头，即利用切换效果在上一个镜头与下一个镜头间添加切换效果，使之平滑过渡。

⑩ 对音频素材进行剪切组合，并可以为其添加音频效果和滤镜，产生各种微妙的声音效果。

⑪ 输出不同格式的数字影视文件，例如.avi 或.mov 文件等。

⑫ 可以将生成的作品输出到网上、DVD 光盘或录像带上。

3. Premiere Pro CS5 工作界面

Premiere 是具有交互式界面的软件，其工作界面中存在着多个工作组件。用户可以方便地通过菜单和面板相互配合使用，直观地完成视频编辑。Premiere Pro CS5 工作界面中的面板不仅可以随意控制关闭和开启，而且还能任意组合和拆分。用户可以根据自身的习惯来定制工作界面。Premiere Pro CS5 启动后默认的工作界面如图 5-61 所示。

图 5-61　Premiere Pro CS5 工作界面

（1）项目窗口

"项目"窗口一般用来储存"时间线"窗口编辑合成的原始素材。在"项目"窗口当前页的标签上显示了项目名，"项目"窗口分为上下两个部分，下半部分显示的是原始的素材，上半部分显示的是下半部分选中的素材的一些信息，这些信息包括该视频的分辨率、持续时间、帧率和音频的采样频率、声道等。

（2）监视器窗口

在监视器窗口中，可以进行素材的精细调整，比如进行色彩校正和剪辑素材。默认的监视器窗口由两个窗口组成，左边是"素材源"窗口，用于播放原始素材；右边是"节目"窗口，对"时间线"窗口中的不同序列内容进行编辑和浏览。在"素材源"窗口中，素材的名称显示在左上方的标签页上，单击该标签页的下拉按钮，可以显示当前已经加载的所有素材，可以从中选择素材在"素材源"窗口中进行预览和编辑。在"素材源"窗口和"节目"窗口的下方，都有一系列按钮，两个窗口中的这些按钮基本相同，它们用于控制窗口的显示，并完成预览和剪辑的功能。

（3）时间线窗口

在 Premiere Pro CS5 中，"时间线"窗口是非线性编辑器的核心窗口，在"时间线"窗口中，从左到右以电影播放时的次序显示所有该电影中的素材，视频、音频素材中的大部分编辑合成工作和特技制作都是在该窗口中完成的。

（4）效果面板

在默认的工作区中，"效果"面板通常位于程序界面的左下角。如果没有看到，可以选择"窗口"→"效果"命令。在"效果"面板中，放置了 Premiere Pro CS5 中所有的视频和音频的特效和转场切换效果。通过这些可以从视觉和听觉上改变素材的特性。

（5）特效控制台面板

"特效控制台"面板显示了"时间线"窗口中选中的素材所采用的一系列特技效果，可以方便地对各种特技效果进行具体设置，以达到更好的效果。

在 Premiere Pro CS5 中，"特效控制台"面板的功能更加丰富和完善，增设了"时间重置"为固定效果。"运动"（Motion）特效和"透明度"（Opacity）特效的效果设置，基本上都在"效果控制"面板中完成。在该面板中，可以使用基于关键帧的技术来设置"运动"效果和"透明度"效果，还能够进行过渡效果的设置。

（6）调音台面板

在 Premiere Pro CS5 中，可以对声音的大小和音阶进行调整。调整的位置既可以在"效果控制"面板中，也可以在"调音台"面板中。在"调音台"面板中，可以方便地调节每个轨道声音的音量、均衡/摇摆等。Premiere Pro CS5 支持 5.1 环绕立体声，所以，在"调音台"面板中，还可以进行环绕立体声的调节。

（7）信息面板

"信息"面板显示了所选剪辑或过渡的一些信息，"信息"面板中显示的信息随媒体类型和当前活动窗口等因素而不断变化。如果素材在"项目"窗口中，那么"信息"窗口将显示选定素材的名称、类型（视频、音频或者图像等）、长度等信息；如果该素材在"时间线"窗口中，还能显示素材在时间标尺上的入点和出点。同时，素材的媒体类型不同，显示的信息也有差异。例如，当选择"时间线"窗口中的一段音频，或者"项目"窗口中的一个视频剪辑时，该控制面板中将显示完全不同的信息。

（8）其他面板

① "工具栏"面板中的工具为用户编辑素材提供了足够用的功能。

② "历史"面板与 Adobe 公司其他产品中的"历史"面板一样，记录了从打开 Premiere Pro CS5 后的所有的操作命令，最多可以记录 99 个操作步骤。

4. Premiere 实例制作的前期工作

（1）策划剧本

① 确定作品的主题，即需要制作什么。

② 根据主题，收集素材，包括视频、图片、声音、文本等。

③ 根据确定的主题、现有的素材及硬件条件，策划剧本。

（2）准备素材

① 素材。Premiere 通过组合素材的方法来制作影片。

所谓"素材"，指的是未经剪辑的视频、音频片段，将视频图像采集到计算机中形成的视频文件，基本上都需要 2 次加工。所谓"影片"，指的是 Premiere 对素材加工后的成品，一般是较完整的片段。

② 素材内容。素材内容可以是以下内容：

- 从摄像机、录像机或磁带机上捕获的数字化视频。
- 幻灯片或扫描的图像。
- 数字音频、合成音乐和声音。
- Adobe Photoshop 文件。
- 动画文件。
- 标题字幕。

【实验步骤】

大学只是人生的另一个起点，但是对于刚刚入校的一年级同学来讲总是新鲜的。大学新生，是那样懵懂青涩，对一切都好奇不已。本例实验中，我们就以刚入校的新生的视角来审视周围的一切，并将我们期盼已久的"大学"以数字视频的方式分享给我们的亲友。

① 明确作品主题，以《我在川外》（My Life in SISU）为创作线索。

② 根据主题，广泛收集视频、动画、图片、声音、文本等素材。

③ 梳理作品的稿本，必要的话根据需要自己动手录制一些音视频素材，并进行必要的旁白文字的写作。

④ 启动 Premiere Pro CS5 软件，会出现 Premiere Pro CS5 欢迎界面，在界面上单击"新建项目"按钮新建一个工程文件，如图 5-62 所示，会打开"新建项目"窗口。

⑤ 在"新建项目"窗口中，会显示 Premiere Pro CS5 预设的活动与字幕安全区域参数、音视频显示

图 5-62　新建项目

和采集格式等，用户也可以根据需要自行定义，此处我们不做调整。在"位置"选项的右侧单击"浏览"按钮，打开"浏览文件夹"对话框，新建或选择存放工程文件的目标文件夹，如图 5-63 所示。

⑥ 在"新建项目"窗口的"名称"项中输入所建工程文件的名称，这里输入"我在川外"，单击"确定"按钮完成工程文件的建立，进入 Premiere Pro CS5 的"新建序列"界面，如图 5-64 所示。

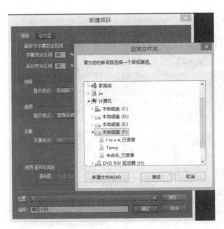

图 5-63　定义项目文件的存放位置　　　　　　图 5-64　新建序列

⑦ "新建序列"窗口主要提供各种视频编辑的制式以供选择。在"有效预设"选项中内置了 DV-NTSC、DV-PAL 等格式，每种格式又根据音频和屏幕纵横比的不同分为了标准 32 kHz/48 kHz 和宽银幕 32 kHz/48 kHz 等类别。宽银幕即 16:9 的画面。这里选择展开 DV-PAL，选择国内电视制式通用的 DV-PAL 标准 48 kHz，默认序列名称为"序列 01"，"常规"和"轨道"选项卡中的参数不做调整，单击"确定"按钮进入 Premiere Pro CS5 的编辑界面，如图 5-65 所示。

图 5-65　Premiere Pro CS5 的编辑界面

⑧ 选择"文件"→"导入"命令（快捷键为【Ctrl+I】）导入素材，在弹出的"导入"窗口中，选择素材文件夹中"5.6\素材文档\"下的"校园 01.avi""校园 02.avi""校园 03.avi""校园 04.avi""校园 05.avi""校园 06.avi""校园 07.avi""校园 08.avi""校园 09.avi""校园 10.avi""校园 11.avi""马优雅..avi"等视频文件和"音频.mp3""几米-拥有"等音频文件。在"项目面板"中，按住鼠标左键拖动某个素材至右侧的预览窗口，可查看相应的素材，如图 5-66 所示。

图 5-66　导入素材

⑨ 在素材窗口中，将所需素材拖入到时间线的"视频1"轨道中，本例中依次拖入"马优雅.avi、校园 01.avi、校园 02.avi 等素材），可以选取单个素材进行拖动，也可以按住【Ctrl】键依次按顺序选择需要的素材将其拖入视频 1 轨道中，此时时间线如图 5-67 所示。

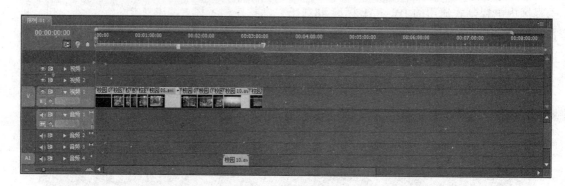

图 5-67　添加素材到轨道

如果把素材文件拖入时间线后发现文件在时间线上显示太短，可以拖动时间线最上方的显示区域条滑块，对素材文件进行放大和缩小，以方便对素材进行编辑，这样做并不影响素材文件的实际长度。

⑩ 对素材进行适当的剪辑，这里我们对素材"校园 01.avi"进行处理，在"视频1"轨道中，双击"校园 01.avi"使其在源素材预览窗口中打开，播放并观看其效果发现，该段素材的前面 7 秒 3 帧都是黑色背景，可以将其删除。在 7 秒 3 帧处设置入点，在 11 秒 20 帧处设置出点，如图 5-68 所示。这时，在"视频 1"轨道中，素材"校园 01.avi"前面 7 秒 3 帧呈灰色显示，右键选择"波纹删除"，则后面的所有素材均向前移动 7 秒 3 帧。

类似的可以对其他的素材分别做进一步的处理。

⑪ 设置转场效果，例如在"校园 02.avi"和"校园 03.avi"两则素材之间设置转场效果。选择"效果"控制面板，选择"视频切换效果"→"划像"→"圆划像"命令，如图 5-69 所示。

图 5-68 源素材预览窗口　　　　　　　　图 5-69 转场特效

　　将"圆划像"转场拖至"校园 02.avi"和"校园 03.avi"两则素材之间,时间线效果如图 5-70 所示。

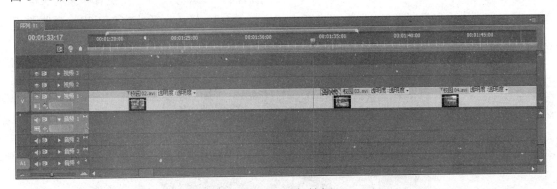

图 5-70 添加转场

　　将时间线的"圆划像"转场选中,单机监视器窗口的"特效控制台"面板,对转场效果进行设置,如图 5-71 所示。

　　设置之后的效果在监视器中可以预览,如图 5-72 所示。类似的,可以根据各自的喜好设置其他素材之间的转场效果。

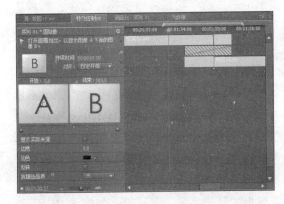

图 5-71 特效控制台　　　　　　　　图 5-72 转场效果预览

⑫ 进行音频处理，选择音频文件"音频.MP3"，将其拖至时间线的"音频 1"轨道中，可以看到"音频.MP3"的长度并不十分合适，"视频 1"轨道和"音频 1"轨道素材不等长，如图 5-73 所示。

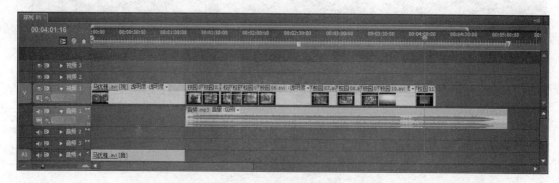

图 5-73　添加音频素材

一方面可以在"视频 1"轨道中对各个素材的时间长度进行调整，使视音频素材长度一致；另一方面也可以在"音频 1"轨道中双击"音频.mp3"，然后在预览窗口中进行预览并适当剪辑，如图 5-74 所示。

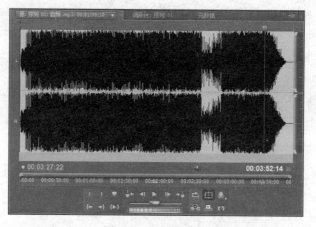

图 5-74　音频预览

选中"马优雅.avi"，右击，在弹出的快捷菜单中选择"解除视音频链接"命令，然后选中"马优雅.avi"的音频部分，右击，右弹出的快捷菜单中选择"波纹删除"命令。在音频轨道 2 中添加音频"几米-拥有"，并做适当设置。

对各音频轨道上的音频素材进行综合调制，可以打开"调音台"面板，如图 5-75 所示。在这个界面下可以完成各个音频轨道上不同音量的调节，以及录音设置等操作，本例中不做详细叙述。

⑬ 添加字幕效果。字幕是影片制作不可缺少的一部分，比较复杂的字幕效果可以通过其他软件制作成指定格式的文件后，再导入到 Premiere 中进行编辑，而比较简单的字幕效果可以通过 Premiere 的字幕设计窗口直接制作。下面简单介绍本例中片头字幕的制作方法。

选择"文件"→"新建"→"字幕"命令，弹出"新建字幕"对话框，如图 5-76 所示。

图 5-75　调音台

图 5-76　"新建字幕"对话框

单击"确定"按钮，利用文字工具，在字幕编辑区域输入"我在川外"以及"My Life in SISU"，选择合适的字体和字号，设置合适的字体间距，调整文字所在的位置等，效果如图 5-77 所示。

图 5-77　字幕效果

在字幕设计窗口的右侧可以设置字幕的属性，设置完毕后关闭字幕窗口，则项目面板中将增加"字幕 01"这个素材，如图 5-78 所示。

将"字幕 01"文件素材拖入时间线的"视频 2"轨道，时间线如图 5-79 所示。可以根据需要调整"字幕 01"的长度。

还可以为"字幕 01"素材设置关键帧动画，本例不赘述。这时，可以在监视窗口中预览制作好的效果，如图 5-80 所示。

⑭ 完成输出。为了便于以后修改，选择"文件"→"保存"命令，可将项目保存为一个扩展名为 prproj 的项目文件，这个项目文件保存了当前视频编辑状态的全部信息，以后在需要调用时，只要打开它，就可以编辑视频。

图 5-78　字幕素材

图 5-79　添加字幕后的时间线

图 5-80　节目预览

输出视频就是将时间线中的素材合成为完整的视频。选择"文件"→"导出"→"媒体"命令，打开"导出设置"对话框，如图 5-81 所示。

图 5-81　"导出设置"对话框

在"导出设置"对话框中按需要定义输出格式、编码器类型以及裁剪的设置等信息，本例设置输出格式为"Windows Media"。单击"输出名称"项后面的"序列 01.wmv"打开"另存"为对话框，选择存储路径并输入名称，单击"保存"按钮关闭"另存为"对话框，如图 5-82 所示。

图 5-82　保存设置

设置完成后单击"导出"按钮完成作品的导出。

【评价与思考】

1. 评价

请完成本任务包含的训练项目，并依据表 5-7 对照项目训练目标与操作过程，进行检测与评价。

表 5-7　评价表

一级指标	二级指标	掌握程度				存在问题
基础知识	了解数字视频创作的基本流程	□非常了解	□了解	□了解一些	□ 不了解	
	了解数字视频常见格式	□非常了解	□了解	□了解一些	□ 不了解	
	熟悉数字视频获取的常见方法	□熟练	□一般	□不熟练	□ 未掌握	
基本操作	熟悉 Premiere CS5 的操作界面	□熟练	□一般	□不熟练	□ 未掌握	
	熟悉 Premiere CS5 新建工程的操作	□熟练	□一般	□不熟练	□ 未掌握	
	熟悉 Premiere CS5 素材的导入	□熟练	□一般	□不熟练	□ 未掌握	
	能对素材进行基本的剪辑操作	□熟练	□一般	□不熟练	□ 未掌握	
	能对素材进行基本的效果处理	□熟练	□一般	□不熟练	□ 未掌握	
	能制作简单字幕	□熟练	□一般	□不熟练	□ 未掌握	
	熟悉转场特效的使用	□熟练	□一般	□不熟练	□ 未掌握	
合成输出	能输出影片	□熟练	□一般	□不熟练	□ 未掌握	
	能单独输出音频	□熟练	□一般	□不熟练	□ 未掌握	
	能输出单帧画面	□熟练	□一般	□不熟练	□ 未掌握	

2. 思考

① 画面镜头的组接是视频作品构成的基础，无论是什么类型的作品，都是由一系列的镜头按照一定的排列次序和长度组接起来的。镜头组接的基本要求是流畅和连贯，为达到这一要求，在镜头组接的具体技巧和手法上，应该服从那些基本规律和原则？

② 字幕指的是显示在屏幕上并具有特定表述意义的文字，视频作品中字幕的运用经历了一个从不被重视到得到重视的发展过程。如今，字幕已经成为数字视频作品的重要构成元素之一，那字幕在数字视频作品中到底有什么功能？

5.7 英语学习的好帮手——免费网络语料库资源COCA

【实验目的】

① 掌握语料库的基本概念。

② 掌握网络语料库（COCA）的界面与基本功能。

③ 掌握使用网络语料库（COCA）进行英语学习的具体方法。

【实验内容】

了解语料库的含义、特点、分类和实际应用价值；了解 COCA 语料库查询界面及相关功能区的常用操作；学习注册为 COCA 用户；掌握词汇扩展查询的基本操作；掌握词汇搭配、用法查询的基本操作；掌握同义词查询的基本操作；利用 COCA 激活被动词汇的记忆。

【预备知识】

1. 语料库的基本概念

语料库（corpus，复数为 corpora），是指经过科学采样和加工，能代表某种语言的一种变体或文类的电子文本库。说得通俗一点，语料库就是存放语言材料的数据库。

语料库具有以下三个特点：一是语料库中存放的语言材料必须是在真实语言环境中使用；二是语料库必须是以信息技术和设备为支撑和载体；三是真实语料需要经过一定的分析、加工、处理，才能成为有用的资源。

根据语料库的用途、收录内容等不同，可将语料库分为多种类型。常见的语料库主要类型有：

① 通用语料库（General Corpus）。广泛采集某语言的口、笔语形式，取样时尽可能考虑口、笔语的主要社会变体、地域变体、行业变体等各种变异及语言使用的各种场合之间的平衡，力求最好地代表一种语言的全貌而建成的语料库。通用语料库由于记录语言的全貌，其容量非常庞大，如美国国家语料库 ANC、英国国家语料库 BNC 等。

② 专用语料库（Specialized Corpus）。与通用语料库相反，出于某种特定的研究目的，人们常常只收集某特定领域（Domain）的语料样本建成语料库，此类语料库称为专用语料库。专用语料库对了解和研究特定领域内语言的特点很有帮助。

③ 口语语料库（Spoken Corpus）。口语语料库常常包括由口语转写而来的文本，有时也包

括语音文件。将口语语料库与通用语料库进行对比，可以有效发现口语特征。为了方便口语研究，人们常常对口语语料库中的语音、语调、停顿、重复、修正等口语特征进行标注。

④ 笔语语料库（Written Corpus）。与口语语料库不同，笔语语料库的语料来自于书面语，如书籍、报刊、论文等。由于笔语语料库的来源较广，其容量比口语语料库更大。

⑤ 本族语者语料库（Native Speakers' Corpus）。顾名思义，该语料库的语料来自于本族语者。

⑥ 学习者语料库（Learner Corpus）。由非本族语学习者的语言使用样本构成的语料库。学习者语料库又可分为口语语料库和笔语语料库。学习者语料库属于外语学习者中介语范畴，从中可以发现中介语发展的规律和特点。

⑦ 平行/双语语料库（Parallel/Bilingual Corpus）。双语/平行语料库中的语料来自于两种语言，而且相互对应，即一种语言是另外一种语言的译文。双语语料库建设中的一个重要环节是两种语言间的对应（Alignment）问题。目前，大多数双语语料库都进行了句子间的对齐，也有人尝试词语间的对齐和意义单位之间的对齐。平行语料库对翻译研究和实践具有重要价值。

正是因为信息技术革命，使得当代语料库具有高速、可靠、可重复性，以及处理大量文字信息的能力。信息技术把语言学家从烦琐的手工劳动中解放出来，计算机软件准确地计算语言条目在文本中的概率，这些统计信息又使得语言学家能更有效地探寻语言和语言使用的一般规律；同时，当代语料库也能让语言学习者从中受益。学习者可以"通过发现来学习"，观察和分析真实语料，发现语言的语法规则、意义表达和语用特征，从而掌握准确地道的语言。

2. 美国当代英语语料库——COCA

2008 年由美国杨伯翰大学（Brigham Young University）Mark Davies 教授开发，库容达 4.5 亿词汇的美国当代英语语料库（Corpus of Contemporary American English，COCA）在互联网上发布，该语料库是目前最大的英语平衡语料库。COCA 具备一个优秀语料库的三项基本条件：规模、速度和词性标注，其查询结果大多都能在几秒钟内呈现。COCA 收集了 1990 年至 2012 年美国境内多个领域的语料，其语料涵盖美国小说、口语、报纸、杂志和学术期刊五大类，五大类中的语料分布均匀，每年进行至少两次数据更新，新增词汇约 2 000 万。与其他语料库不同的是它是，免费在线供大家使用，给全世界英语学习者带来了福音，是不可多得的一个英语学习宝库，也是观察美国英语使用和变化的一

图 5-83　COCA 网站首页

个绝佳窗口。COCA 的网站首页显示如图 5-83 所示。

3. COCA 语料库查询界面

COCA 查询网页界面如图 5-84 所示，其中包括四大功能区：①基本信息显示区，用于显

示语料库的基本信息，如语料库名称、作者信息等；②显示及查询条件界定区，包括显示方式区、字串查询区、语料库分类区和查询结果排列方式区；③查询结果数据显示区，以 LIST 方式显示前 100 个默认查询结果；④例句显示区，用于显示在"查询结果数据显示区"中相关的词汇项目，所查询字符串的上下文将以列表方式表示出来。

在本实验中，对功能区②的使用介绍如下：

（1）显示方式（DISPLAY）

显示方式（DISPLAY）如图 5-85 所示，分为列表显示（LIST）、图表显示（CHART）和单词比较（COMPARE）。其中，LIST 表示查询结果以列表方式在"查询结果数据显示区"中显示；CHART 表示以图表方式显示查询结果，可以显示在各语料库类型中的使用频率和各时间段内的使用情况；COMPARE 可以比较不同单词或短语的搭配，并把结果显示出来。

（2）字串查询（SEARCH STRING）

字串查询（SEARCH STRING）如图 5-86 所示，分为字符串查询（WORD(S)）、上下文限定（COLLOCATES）和词性列表（POS LIST）。其中，WORD(S)中可以输入查询的字符串，最多可输入连续的 9 个词，不分大小写。字串查询的常见用法请参考表 5-8 所示，完整用法请参考 COCA 语料库的在线帮助；组合查询（COLLOCATES）对话框需要单击"COLLOCATES"方可打开，在这个对话框中，用户可输入希望在"WORD(S)"中在一定上下文中出现的词汇，在对话框的右侧有两个选择的对话框，表示 COLLOCATES 中的词在 WORD(S)中的词左边、右边出现的最远位置，默认是前后 4 个单词的距离。组合查询的常见用法请参考表 5-9；POS LIST 选择框也是需要单击"POS LIST"方可打开，选择框中可对各种词性进行选择，对查询的词汇进行词性范围限定，共有 39 种词性分类；单击 SEARCH 按钮可对所输入的字符串和相关设置进行查询；单击 RESET 按钮可对 SEARCH STRING 功能区进行重置。

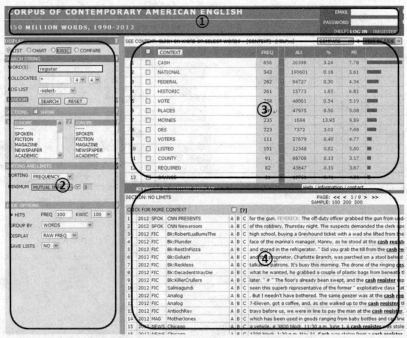

图 5-84　COCA 语料库查询界面

图 5-85　显示方式 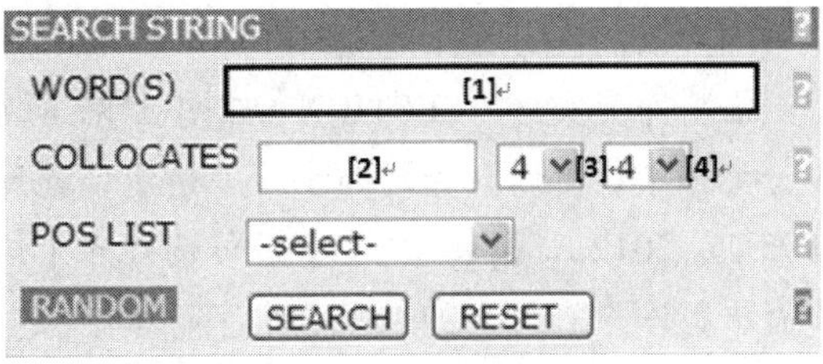　　　　图 5-86　字串查询

表 5-8　字串查询常见用法

输入字符串	功能说明	查询结果
mysterious	查询具体的词或短语，如 mysterious	查询 mysterious 在语料库中的频数及例句
[v*]	查询所有动词	查询所有动词的频数及在各语料库、时间段的分布
-[v*]	查询非动词的所有词	the, and, of
[walk]	查询具体词的所有形式	walked, walking, walks
[=hot]	查询 hot 的同义词	strong, warm, emotional
gorgeous|charming	对比两个词的使用频数	查询到 gorgeous 和 charming 在语料库中的使用频数及分布情况
un*ly	查询以 un 开头并以 ly 结尾的词	unlikely, unusually
s?ng	查询以 s 开头并以 ng 结尾，之间包含一个字母的单词	sing, sang, song
strike.[v*]	查询作为动词的 strike	查询到 strike 的频数及例句
[strike].[v*]	查询作为动词 strike 的任何形式	struck, strikes, striking
strike [nn*]	查询 strike 与名词的搭配情况	strike zone, strike force, strike fighter
[break] the [nn*]	查询与 break 的任何形式搭配的 the 名词的情况	Breaking the law, broke the law, broke the news
It is [j*] that	查询句式结构	It is clear that, it is likely that

表 5-9　常见组合查询

WORDS[1]	COLLOCATES[2]	[3]/[4]	Explanation	SORTING	Examples
[literal]	[n*]	0/4	A form of literal followed by a noun	Frequency	sense, meaning
loss.[n*]	[j*]	4/4	Adjectives within five words of the noun loss	Frequency	net, great, total
loss.[n*]		4/5	Any words within five words of the noun loss (sorted by relevance)	Relevance	noise-induced, sensorineural, double-overtime
take off	[nn*]	0/6	Nouns after a form of takeoff	Frequency	clothes, shoes, land
[=beautiful]	[n*]	0/4	Nouns after a synonym of beautiful	Frequency	woman, thing, day
work/job	hard/tough/difficult	4/0	Work or job preceded by hard or tough or difficult(group by both words)	Frequency	hard||work, tough||job

（3）语料库分类区（SECTION）

语料库分类区（SECTION）如图 5-87 所示，在这个分类区中有两个相同的部分。在语料库分类区中，可以对查询的字符串指定语料库类型（如 SPOKEN 或 MAGAZINE）或年份（如 1995 或 2012），按住【Ctrl】键可选择多个语料库或年份。默认情况下是"IGNORE"，即在所有语料库中查询。如果只查询字符串在某些库或某些年份的信息，则只需要使用其中一个部分；如果要比较字符串在不同库或年份的信息，则要同时使用两个部分。

（4）查询结果排列方式区（CLICK TO SEE OPTIONS）

查询结果排列方式区（CLICK TO SEE OPTIONS）需要单击"CLICK TO SEE OPTIONS"方可打开，如图 5-88 所示。在这个区中有四项内容，分别是#HITS（显示最多条数）、GROUP BY（按词形排列）、DISPLAY（显示方式）和 SAVE LISTS（存储结果）。

#HITS 表示在"查询结果数据显示区"显示满足条件的 100 项查询结果，默认值是 100，用户可自定义，最大值为 1 000。

GROUP BY 中有 5 个选项：LEMMAS 表示查询的词以原形词排列，包含词的时态变化、形容词的变化和单复数的变化等；WORDS 表示查询时不涉及词的多重词性；NONE 表示所查询的词作不同词性的搭配情况；BOTH WORDS 或 BOTH LEMMAS 表示在使用上下文限定（COLLOCATES）查询时，显示查询词汇的多重搭配结果。

DISPLAY 中有 4 个选项：RAW FREQ 表示字符串总词频；PER/ML 表示每百万词频；RAW FREQ+表示总词频和每百万词频；PER/ML+表示每百万词频和总词频。

SAVE LISTS 可以让用户把查询结果导入到自己的查询列表，但需要先建立 USER LISTS。

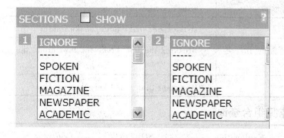

图 5-87　语料库分类区

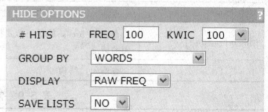

图 5-88　查询结果排列方式

【实验步骤】

1. 注册新用户

在 COCA 语料库系统中进行注册，可以更好地使用语料库的功能。打开 COCA 查询页面，在页面右上角单击"(REGISTER)"链接，进入注册页面，如图 5-89 所示。

COCA 用户类型分别是 RESEARCHER、SEMI-RESEARCHER 和 NOT RESEARCHER，用户类型等级越高权限越多。如果是专业研究人员（如大学教授、研究生），可选择 RESEARCHER 用户类型进行注册；如果是非专业的研究人员和语言使用者（如非语言专业的大学教授、职业教师），可选择 SEMI-RESEARCHER 用户类型进行注册；如果是学习者或其他类型用户，可选择 NOT RESEARCHER 用户类型进行注册。

图 5-89 是 NOT RESEARCHER 用户的注册界面。如图 5-90 所示，注册 SEMI-RESEARCHER

和 RESEARCHER 用户需要提供更为详细的信息。

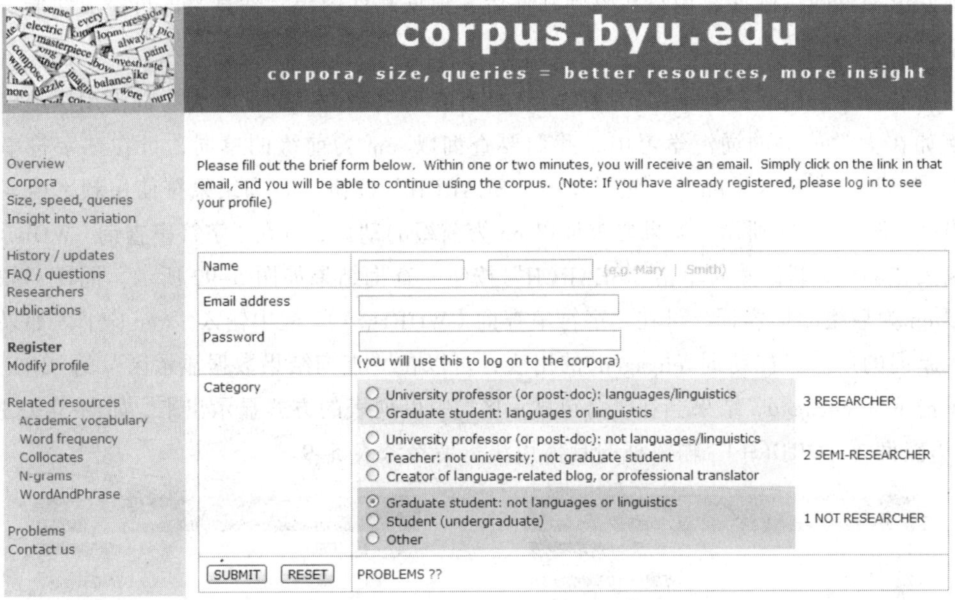

图 5-89　COCA 注册页面

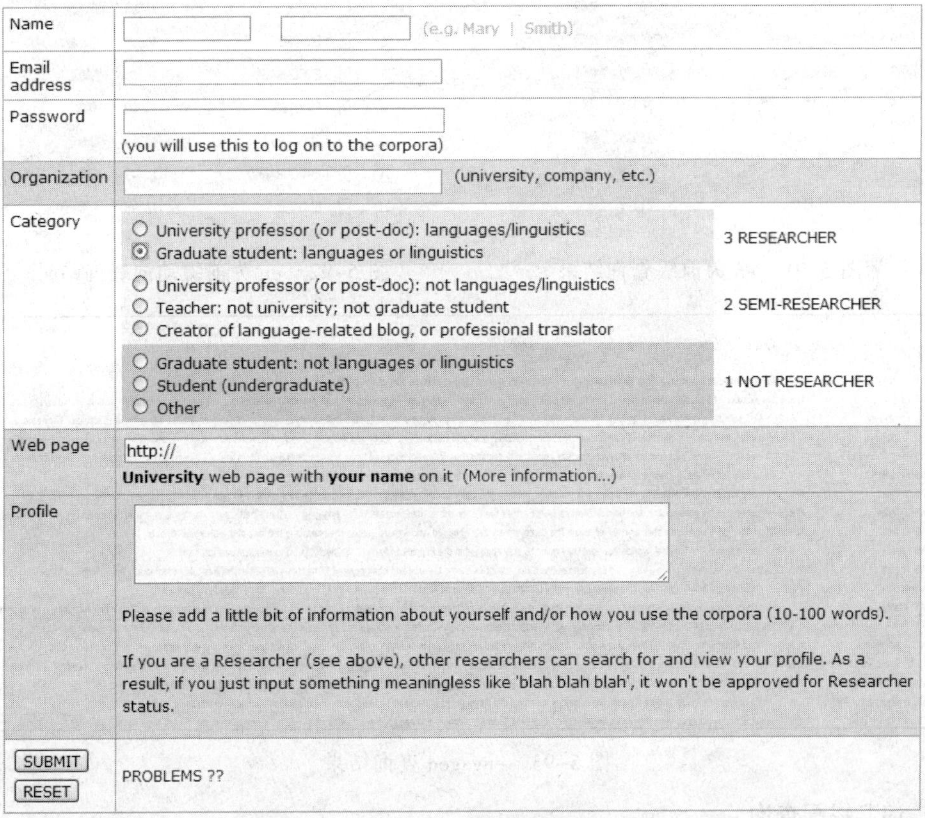

图 5-90　研究者注册页面

在正确填写相关信息后，单击“SUBMIT”按钮，COCA系统会自动根据用户所提供的邮箱地址发出一封确信邮件。用户在收到邮件后，根据邮件的提示信息，即可完成注册。

2. 词汇扩展查询

使用COCA语料库进行词汇扩展练习，具有查询效率高、词汇量大、词汇用法准确等特点。例如在大学英语的词汇学习中，我们要查询以en为前缀的单词，可在“字符串查询（WORD(S)）”框中输入“en*”，然后单击“SEARCH”按钮，查询结果按使用频率由高到低显示出来，如图5-91所示。如果要查询以en为前缀的动词，可在“字符串查询（WORD(S)）”框中输入“en*.[v*]”，然后单击“SEARCH”按钮，查询结果如图5-92所示。同样，如果要查询以en为后缀的形容词，可在“字符串查询（WORD(S)）”框中输入“*en.[j*]”。如果要查询某个单词的用法，如动词engaged的用法，可以在“查询结果数据显示区”的CONTEXT列中单击单词engaged，结果会在“例句显示区”中以列表的方式显示出来，如图5-93所示。“字符串查询（WORD(S)）”输入框的具体用法，请参考表5-9。

		CONTEXT	FREQ
1	□	END	189254
2	□	ENOUGH	173025
3	□	ENERGY	73693
4	□	ENVIRONMENTAL	57016
5	□	ENTIRE	50700
6	□	ENVIRONMENT	48977
7	□	ENGLISH	46879
8	□	ENDED	30334
9	□	ENGLAND	25930
10	□	ENJOY	25578
11	□	ENTIRELY	21672
12	□	ENTERED	21587

图 5-91　en为前缀查询结果

		CONTEXT	FREQ
1	□	END	46743
2	□	ENDED	30303
3	□	ENJOY	25562
4	□	ENTERED	21569
5	□	ENTER	21568
6	□	ENSURE	18853
7	□	ENCOURAGE	17136
8	□	ENJOYED	13900
9	□	ENGAGED	13766
10	□	ENCOURAGED	13745
11	□	ENGAGE	13298
12	□	ENTERING	10784

图 5-92　en为前缀动词查询结果

SECTION: NO LIMITS　　PAGE: << < 1 / 138 > >>　SAMPLE: 100 200 500 1000

CLICK FOR MORE CONTEXT				□ [?] SAVE LIST CHOOSE LIST --------- CREATE NEW LIST [?]
1	2012	NEWS	AssocPress	A B C " he recalled to laughter, before turning serious. # " These kids were **engaged** in some part of the process of what it meant to grow and eat food
2	2012	NEWS	AssocPress	A B C Association of Securities Dealers found that Robert Bales, another man and his company " **engaged** in fraud, breach of fiduciary duty, churning, unauthorized trading and unsuitable investments
3	2012	NEWS	AssocPress	A B C a $1.5 million securities fraud judgment. Hè and others were found to have " **engaged** in fraud, breach of fiduciary duty, churning, unauthorized trading and unsuitable investments
4	2012	NEWS	AssocPress	A B C National Association of Securities Dealers found that Bales, another man and his company " **engaged** in fraud, breach of fiduciary duty, churning, unauthorized trading and unsuitable investments
6	2012	NEWS	AssocPress (1)	A B C the right mix online, part content and part business opportunity keeping their followers **engaged** while also padding the bottom line. # Players such as Cincinnati Reds second baseman
7	2012	NEWS	AssocPress	A B C is to help sell tickets, generate revenue and keep the fan base interested and **engaged**. # " I think it's still kind of new to everybody. Once
8	2012	NEWS	NYTimes	A B C I found myself overwhelmed by the dignity and the sheer heroism of those who are **engaged** in this struggle, those who have to take their courage in their hands every
9	2012	NEWS	NYTimes	A B C the conservative government. And political tremors swept across the Continent as the European Union **engaged** in a fierce battle over whether Germany is demanding excessively deep budget cuts in
10	2012	NEWS	NYTimes	A B C from the bag on Richard's back as they fell away. The chute immediately **engaged**, and Richard guided the pair along the face of the canyon wall, over
11	2012	NEWS	Atlanta	A B C If Paul doesn't win, Tomczak wondered, " are they going to stay **engaged** in the Republican Party? " # Chuck Clay, a former state senator and
12	2012	NEWS	Atlanta	A B C action after prosecutor Don Geary said Sneiderman has been disruptive during the trial and has **engaged** witnesses even after she was told not to do so. The defense did not
13	2012	NEWS	Atlanta	A B C 84056 Political Washington spent Tuesday **engaged** in an odd parlor game that combined the guesswork of charades with the messaging confusion
14	2012	NEWS	Atlanta	A B C workers at the largest independent day school in the contiguous United States tend to be **engaged**, as reflected by their designation as metro Atlanta's Top Workplace among large companies
15	2012	ACAD	TechEngineerTeacher	A B C technique could be used in drafting or computer-aided design. It also keeps the students **engaged** and excited in the learning process (Villano, 2008). For example,
16	2012	ACAD	PracticeNurse	A B C , i.e. to what extent they feel their role is important and they are actively **engaged** in self-management.18 Local and national commissioners need to ensure that patient involvement is measured wher
17	2012	ACAD	EnvironmentalHealth	A B C from ambient air and drinking water exposures can also affect the metabolic pathway that is **engaged**. For example, brominated THMs are much more likely than TCM to proceed through
18	2012	ACAD	EnvironmentalHealth	A B C protection equipment, landing craft, and other work boats. A second drill rig **engaged** in Beaufort Sea exploration -- the Kulluk -- could begin drilling a relief well in
19	2012	ACAD	EnvironmentalHealth	A B C oil to accumulate under the ice through the winter. # A second drill rig **engaged** in Beaufort Sea exploration -- the Kulluk -- could begin drilling a relief well in
20	2012	ACAD	AmJPubHealth	A B C most scoliosis patients led normally active and productive lives, worked, married, and **engaged** in activities little different from those of the normal population. " Although Collis and

图 5-93　engaged查询结果

3. 词汇搭配查询

在词汇的学习中，学习词汇的搭配用法是十分重要的。学习动词要了解动词是跟分词还是跟不定式搭配，学习介词要清楚介词的使用语境，学习形容词要注意形容词所修饰的名词等，COCA 语料库给我们提供了快捷查询词汇搭配情况的途径。例如，要查询哪些名词经常和形容词 authentic 搭配，在"字符串查询（WORD(S)）"框中输入"authentic.[j*]"，然后在"COLLOCATES 对话框"中输入"[n*]"，左右分别设置为 0 和 1，然后单击"SEARCH"按钮。此查询表示查找在形容词 authentic 右边出现的并与其搭配最为紧密的单个名词，查询结果按搭配频率由高到显示，如图 5-94 所示。从图中可以看出，ASSESSMETN、SELF、LEARNING 等单词经常与 authentic 进行搭配，其中，ASSESSMENT 与 authentic 搭配频率最高，为 121 次。

		CONTEXT	FREQ	
1	☐	ASSESSMENT	121	
2	☐	SELF	65	
3	☐	LEARNING	47	
4	☐	EXPERIENCE	38	
5	☐	VOICE	33	
6	☐	SOCIETY	32	
7	☐	ASSESSMENTS	25	
8	☐	WAY	24	
9	☐	MUSIC	20	
10	☐	TEACHING	20	
11	☐	LIFE	19	
12	☐	DEVELOPMENT	17	
13	☐	DIALOGUE	17	
14	☐	EXPERIENCES	16	
15	☐	CULTURE	15	
16	☐	SELVES	15	
17	☐	EXPRESSION	14	
18	☐	FLAVOR	13	
19	☐	TASKS	13	
20	☐	TOUCH	13	

图 5-94　词汇搭配查询结果

再例如，学习者知道 consonance 一词，但不清楚哪些动词与之搭配，就可以在"字符串查询（WORD(S)）"框中输入"[v*] * consonance"，然后单击"SEARCH"按钮，得出高频搭配动词形式为 Is IN CONSONANCE，如图 5-95 所示。

		CONTEXT	FREQ	
1	☐	IS IN CONSONANCE	6	
2	☐	USES ALLITERATIVE CONSONANCE	4	
3	☐	ARE IN CONSONANCE	3	
4	☐	'S IN CONSONANCE	1	
5	☐	WORK IN CONSONANCE	1	
6	☐	WERE IN CONSONANCE	1	
7	☐	WAS IN CONSONANCE	1	
8	☐	VARY IN CONSONANCE	1	
9	☐	UNITES INTO CONSONANCE	1	
10	☐	REVEALS REMARKABLE CONSONANCE	1	
11	☐	RESTORED IN CONSONANCE	1	
12	☐	OPERATE IN CONSONANCE	1	
13	☐	LIVE IN CONSONANCE	1	
14	☐	IS NO CONSONANCE	1	
15	☐	IS ALLITERATIVE CONSONANCE	1	
16	☐	IS A CONSONANCE	1	

图 5-95　词汇搭配查询结果

　　学习者还可以使用 KWIC 方式来查询词汇的搭配、用法。例如，要查询 result 一词的搭配和用法，可以在显示方式（DISPLAY）区中单击 KWIC 选项按钮，然后在"字符串查询（WORD(S)）"框中输入"result"，单击 SEARCH 按钮，查询结果部分截图如图 5-96 所示。在 KWIC 显示方式中，不同词性用不同的颜色标注。名词用蓝色、动词用紫色、形容词用绿色、副词用棕色、代词用灰色、介词用黄色。从查询结果可以看出，result 作为名词（蓝色），介词 of（黄色）与之搭配较多；result 作为动词（紫色），与介词 in（黄色）搭配较多；典型的用法有 the result be/will be/would、will/would/may/might result 等。

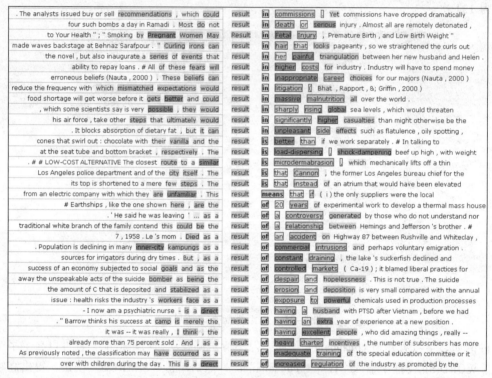

图 5-96　KWIC 查询结果

4. 同义词汇查询

　　在英语词汇学习中，学习者被动学习了来自教材和词典的过于规范的词汇，在学习的过程中缺乏真实的语言环境；加之学习者最先掌握的相关词汇往往容易成为使用频率很高的词，即形成了超用词。对这些超用词的过度依赖，导致学习者在话语情境中无法激活同一概念的同义词、近义词或反义词。学习者对词汇的词义往往掌握得很好，但不清楚词汇使用的语体、语境，所以经常出现实际语用中的词汇失误。COCA 语料库中的语料来自于英语本族语者，在对相关词汇的查询过程中，能够使学习者辨识词汇的使用语境。COCA 语料库的一大特色——同义词查询，有助于学习者解决在写作中遇到的"词穷句乏"问题和翻译中的常见的词汇失误问题。

　　例如，查询动词 cancel 的同义词，可以在"字符串查询（WORD(S)）"框中输入"[=cancel].[v*]，然后单击"SEARCH"按钮，就可以查询到动词 cancel 的同义词，如图 5-97 所示。

		CONTEXT	FREQ	
1	☐	STOP [S]	71660	
2	☐	ABANDON [S]	5002	
3	☐	WITHDRAW [S]	4887	
4	☐	CANCEL [S]	2673	
5	☐	SCRATCH [S]	1844	
6	☐	REPEAL [S]	1157	
7	☐	TERMINATE [S]	1155	
8	☐	REVOKE [S]	329	
9	☐	RESCIND [S]	276	
10	☐	ANNUL [S]	85	
		TOTAL	89068	

图 5-97 同义词查询结果

从图 5-97 可以看出，与 cancel 同义频数最高的三个词是 stop、abandon 和 withdraw，但有语域差异。如果要查询某个同义词的用法，如动词 abandon 的用法，可以在"查询结果数据显示区"的 CONTEXT 列中单击 abandon，结果会在"例句显示区"中以列表的方式显示出来。

如果要查询动词 withdraw 的语域使用情况，就重新选定显示方式（DISPLAY）中的 CHART 选项按钮，在"字符串查询（WORD(S)）"框中输入 withdraw.[v*]，然后单击 SEARCH 按钮，查询到的结果如图 5-98 所示。从图中可以看出，withdraw 作为动词在口语和报纸中的使用频率很高，在小说中的使用频率最低；从时间段来看，withdraw 近年来使用频率在下降。

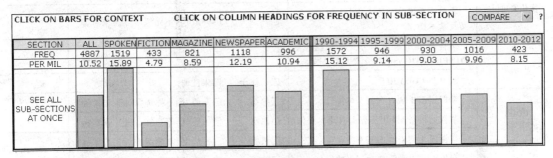

SECTION	ALL	SPOKEN	FICTION	MAGAZINE	NEWSPAPER	ACADEMIC	1990-1994	1995-1999	2000-2004	2005-2009	2010-2012
FREQ	4887	1519	433	821	1118	996	1572	946	930	1016	423
PER MIL	10.52	15.89	4.79	8.59	12.19	10.94	15.12	9.14	9.03	9.96	8.15

图 5-98 语域查询结果

5. 激活被动词汇的记忆

在英语词汇的学习和使用中，学习者不需要多少刺激就可激活使用的高频词汇，这类词汇属于积极词汇。而对一些词汇是学习者能部分理解，但还不能积极使用的词汇，这类词汇属于被动词汇。学习者可以通过 Head-and-Tail 词汇练习法来激活被动词汇的记忆，最终将其转化为积极词汇。Head-and-Tail 练习法是随意以一个单词开始，然后用该词的尾字母作为第二个单词的首字母，以此类推，直到练习者的"词穷"为止。在 Head-and-Tail 练习中可以设定一些条件，如时间限定、单词长度限定、单词词性限定等。

使用 COCA 语料库有助于激活学习者被动词汇的记忆。例如，在 Head-and-Tail 练习中，学习者需要查询以字母 C 开头并且以字母 E 结尾的任意长度的单词。可以在"字符串查询（WORD(S)）"框中输入 c*e，然后单击 SEARCH 按钮，就可以按频率查询到以字母 C 开头并且以字母 E 结尾的任意长度、任意词性的单词。如果要查询长度为 5、以字母 C 开头并且以字母 E 结尾的单词，可以在"字符串查询（WORD(S)）"框中输入 c???e，然后单击"SEARCH"按钮。如果只查询以上相关的形容词，可以在"字符串查询（WORD(S)）"框中输入 c*e.[j*]。如果只查询以上相关的动词，可以在"字符串查询（WORD(S)）"框中输入 c*e.[v*]。

【评价与思考】

1. 评价

本任务共包含 1 个具体的训练项目，依据表 5-10 对照项目训练目标与操作过程，进行检测与评价。

表 5-10　评　价　表

一级指标	二级指标	掌握程度				存在问题
语料库的基本概念	了解语料库的含义和特点	□非常了解	□了解	□了解一些	□ 不了解	
	了解常用语料库的分类	□非常了解	□了解	□了解一些	□ 不了解	
	了解使用语料库的实际意义	□非常了解	□了解	□了解一些	□ 不了解	
COCA语料库相关知识	掌握 COCA 语料库查询界面	□熟练	□一般	□不熟练	□ 未掌握	
	掌握显示方式（DISPLAY）的含义及基本操作	□熟练	□一般	□不熟练	□ 未掌握	
	掌握字串查询（SEARCH STRING）的含义及基本操作	□熟练	□一般	□不熟练	□ 未掌握	
	掌握语料库分类区（SECTION）的含义及基本操作	□熟练	□一般	□不熟练	□ 未掌握	
	掌握查询结果排列方式区（CLICK TO SEE OPTIONS）的含义及基本操作	□熟练	□一般	□不熟练	□ 未掌握	
	注册为 COCA 用户	□已注册	□未注册			
COCA 在英语学习中的具体运用	掌握词汇扩展查询的基本操作	□熟练	□一般	□不熟练	□ 未掌握	
	掌握词汇搭配、用法查询的基本操作	□熟练	□一般	□不熟练	□ 未掌握	
	掌握同义词查询的基本操作	□熟练	□一般	□不熟练	□ 未掌握	
	利用COCA激活被动词汇的记忆	□熟练	□一般	□不熟练	□ 未掌握	

2. 思考

语料库以大量真实语料为基础，利用信息技术进行高效检索，已日渐成为语言学习和研究的一种常用方法和手段，在语言学习和教学领域都有广阔的应用前景。如何利用语料库来提高学习者学习语言的效率呢？请同学们思考：如何在英语课程的自主学习中充分利用 COCA 语料库？

5.8　理智的抉择——用 Excel 透视博弈论

【实验目的】

① 掌握博弈论的基本概念。

② 使用 Excel 进行博弈分析，计算绝对优势战略与纳什均衡。

③ 应用博弈论解释和解决日常生活中的现象和问题。

【实验内容】

了解博弈论的概念；了解博弈论的分类与基本要素；了解博弈论的应用领域；掌握什么是纳什均衡；掌握什么是帕累托最优；掌握收益表的制作；掌握使用 Excel 相关函数、图表与设置来进行博弈分析；掌握"囚徒困境"的形成原因；掌握如何形成"帕累托最优"；掌握应用博弈论对日常生活中的现象与问题进行解释与解决。

【预备知识】

1. 为什么要了解博弈论

我们先来看一个例子，假如现在我们要选择一名领导人，目前共有三位候选人，他们的基本情况是：第一位候选人 A，他平时喜欢与一些狡诈的政客来往，喜爱星相占卜术，个人生活充斥着婚外情，嗜好吸烟和喝酒；第二位候选人 B，他有些懒惰，一般要睡到中午才起床，大学时有吸鸦片的不良记录，工作中有 2 次被解雇，晚上喜欢抱着威士忌喝个酩酊大醉；第三位候选人 C，他是位素食主义者，不抽烟，偶尔喝点啤酒，个人生活从未发生过婚外恋等情况，并且是本国某次战争中的授勋英雄。

按照我们日常的思维方式，一般情况下我们都会选择 C 作为领导人。但当我们看到这三个人的名字时，却会对自己的选择后悔不已。候选人 A 是富兰克林·罗斯福，候选人 B 是温斯顿·丘吉尔，而候选人 C 是阿道夫·希特勒。

通过这个例子我们不难发现，很多人在做决定时，往往在"经验"的层面上来思考问题，对获取到的信息没有做深入地分析和研究，所以得出的结论也常常是片面的，甚至是错误的。为了避免此类情况发生，我们需要改变既定的思维方式，由习以为常的"经验"层面跃迁到"科学"层面来认识和思考。"科学"层面的思考，就是把获取的信息按一定的科学方法进行分析和研究，以客观的规律和数据作为我们决策的参考和依据。博弈论就是其中的一种有效方法。

2. 博弈论与纳什均衡

博弈论又被称为对策论（Game Theory），既是现代数学的一个新分支，也是运筹学的一个重要学科。博弈论中不仅包含人与人之间为了某些利益问题而展开的"竞争"与"对抗"，也包含了"合作"与"共赢"。简单地讲，博弈论就是指处于利益关系中的人如何做出决策。博弈源自生活，可以这样说，我们每天处理的很多事情中，都在进行着博弈。博弈论在政治、经济、国际关系、生物、计算机、军事等诸多学科领域得到广泛应用，是经济学的标准分析工具之一，随着博弈论的发展，目前博弈论又延伸到了社会心理学、伦理学、哲学等其他学科领域。

博弈理论自古就有，中国古代的《孙子兵法》可以算是最早的一部关于博弈理论的专著。1928 年，美国科学家冯·诺依曼证明了博弈论的基本原理，博弈论正式诞生。1944 年冯·诺依曼在研发 ENIAC 计算机的同时，与美国经济学家莫根斯特恩共同发表了论文——《博弈论与经济行为》，对零和博弈的相关理论进行了论述，并证明了所有的零和博弈都有均衡点。1950 年，美国数学家纳什在他仅 27 页的博士论文——《n 人博弈中的均衡点》中，利用不动点理论证明了非零和博弈中同样也存在均衡点，后来被称为"纳什均衡"。常见的博弈分类见表 5-11 表所示。

表 5-11 博弈分类表

类 别	博弈类别名称 1	博弈类别名称 2	类别比较
类别 1	零和博弈	非零和博弈	收益与损失是否相同
类别 2	合作博弈	非合作博弈	双方是否有约束性的协议
类别 3	完全信息博弈	不完全信息博弈	参与者是否了解其他参与者的相关信息
类别 4	战略型博弈	展开型博弈	是同时开始还是交替进行

博弈论有五大的基本要素。第一要素是决策主体，指在博弈过程中可以独立决策、行动和承担结果的个人或组织。决策主体可以是个人、家庭、企业或国家。只有两个人参加的博弈叫"两人博弈"，由多人参加的博弈叫"多人博弈"。第二要素是策略，指供决策主体选择的策略和行动空间。策略越多，博弈就越复杂。如果在博弈中策略数目是有限的，称为"有限博弈"，否则称为"无限博弈"。第三要素是收益，指博弈结束后的结果，决策主体的收益。每个决策主体在博弈中的收益不但与自身选择的策略有关，也与其他决策主体所选择的策略有关。第四要素是信息，信息是制定策略的依据。在策略选择中，信息是最为关键的因素，只有掌握了信息，才能制定正确的策略。第五要素是均衡，均衡即平衡的意思。虽然博弈是为了赢得收益，但并非是占有所有收益，而是要遵循均衡原理，其中最著名的就是"纳什均衡"理论。

纳什均衡指全体决策主体都采用了最优策略，所有决策主体都找到了"均衡点"，整体上达到了"均衡"，但不一定是最优。在博弈中，只要找到了均衡点就能保障自己最低限度的利益。反过来说，只要对方的行动偏离了均衡点，我们只需要调整自己的行动，就可以扩大收益。

3. 博弈分析工具

本实验中使用 Excel 作为博弈分析工具，将相关数据输入 Excel 中进行分析，有利于更深刻地理解博弈论的原理与一般方法。在利用 Excel 分析博弈的过程中，我们会用到"收益表"工具，如图 5-99 所示。

收益表在博弈分析中十分重要，我们以具有代表性的两个决策者来说明。图 5-99 中有决策者 A 和决策者 B，决策者 A 的策略和收益以粗体表示。在图中可以看出，对于决策者 A 来说，当选择策略 A 时，收益分别是 140（当决策者 B 选择策略 C）和 300（当决策者 B 选择策略 D）；当选择策略 B 时，收益分别是 120（当决策者 B 选择策略 C）和 250（当决策者 B 选择策略 D）。当然，对于任何一位决策者来说，总是希望收益表中自己的收益值越大越好。

4. 囚徒困境与帕累托最优

博弈论中一个非常典型的例子就是囚徒困境。假设有犯罪嫌疑人 A 和 B 因合伙抢劫被警察逮捕，而后警察将两名犯罪嫌疑人分开进行单独审讯，为了寻找进一步的证据，警方给出了宽大处理的条件：在证据确凿的情况下，两人都坦白交代，则两人都入狱 5 年；如果其中一名犯罪嫌疑人坦白，另一名抵赖，则坦白者无罪释放，抵赖者入狱 10 年；如果两名犯罪嫌疑人都抵赖，则两人都入狱 2 年。图 5-100 是囚徒困境的收益表。

		决策者B			
		C策略		D策略	
决策者A	A策略	140	800	300	380
	B策略	120	200	250	200

图 5-99　收益表

		疑犯B			
		抵赖		坦白	
疑犯A	抵赖	-2	-2	-10	0
	坦白	0	-10	-5	-5

图 5-100　囚徒困境收益表

现在来看一下两个疑犯会做出什么样的选择？

首先，我们先从心理学角度进行分析。对于疑犯 A 来说，选择坦白是最好的出路，因为在被隔离的情况下，自保是最重要的。自己选择坦白，最多坐 5 年牢，还有被释放的机会，风险小；而自己选择抵赖，如果对方选择坦白，那就要坐 10 年牢，风险太大，所以选择坦白。对于疑犯 B，情况也是一样的。所以最终结果是两名疑犯都坦白，各入狱 5 年，警方也获取了进一步的证据。在这个例子中，两个疑犯都选择了坦白，形成了“纳什均衡”。

其次，我们再用收益表进行分析。如前所述，在收益表中，决策者总是希望收益值越大越好。先以疑犯 A 为例，当疑犯 A 认为疑犯 B 选择抵赖时，自己应该选择坦白，这时收益值为最大 0；当疑犯 A 认为疑犯 B 选择坦白时，自己也应该选择坦白，这时收益值为最大-5。所以不论疑犯 B 做何选择，疑犯 A 都会选择坦白。所以对疑犯 A 来说，选择坦白是“绝对优势战略”（不论对方选择何种战略，自己所选定的某一特定战略都优于其他战略）。同理，对疑犯 B 来说，他也会选择坦白，坦白也是疑犯 B 的“绝对优势战略”。当所有决策者都是选择“绝对优势战略”时，就形成了“纳什均衡”，其交叉点就是均衡点。

但我们从图 5-100 中看出，最好的结果是两名疑犯都选择抵赖，这是整体最优结果。两名疑犯也知道这个选择，但最终还是选择了坦白，这就是困境。在这个例子中，如果两名疑犯都选择抵赖，所形成的结果是整体最优的，这种整体最优称为“帕累托最优”。

帕累托最优，是指资源分配的一种理想状态，假定固有的一群人和可分配的资源，从一种分配状态到另一种状态的变化中，在没有使任何人境况变坏的前提下，使得至少一个人变得更好。帕累托最优状态就是不可能再有更多的帕累托改进的余地；换句话说，帕累托改进是达到帕累托最优的路径和方法。帕累托最优是公平与效率的“理想王国”。

从囚徒困境中可以看到，形成了纳什均衡，不一定会形成帕累托最优。也就是说，对个人是最好的选择，但对整体来说不一定是最优的。

以上的例子中，我们是使用文字来说明博弈的过程和结果。在实验中，我们要使用 Excel 来完成博弈的分析和计算过程，最后自动显示结果。我们要做的，只是输入相关数据和获取计算结果。

【实验步骤】

本实验利用博弈论对经济发展与环境保护的选择进行分析。

近年来，中国经济的持续发展，带来了更高水平的物质文明，其巨大的经济增长能力与潜力举世瞩目。在取得经济成就的同时，环境污染和生态破坏的程度也不容乐观。一些土壤中重金属超标，某些城市空气中的 PM 2.5 超标，有害化学物质对一些饮用水源的污染……加强环境保护已逐渐成为了全社会乃至全人类的共识，中国政府提出的科学发展观也将环境保护提升到了极为重要的位置。

在环境保护的实施过程中，一般有这样几种观点：第一种观点是优先发展经济，环境问题放在第二位，因为经济是推动社会进步的主要动力；第二种观点是优先保护环境，再发展经济，那么经济发展速度将会放缓，效率也会降低，但至少环境得到了保护；第三种观点是经济发展与环境保护同时进行，它们之间并不矛盾，既可以实现经济发展，环境也得到保护。

从以上观点可以看出，持第一种和第二种观点的本质，是一种“对立”或“对抗”的思维方式，即一方的收益肯定是另一方的损失，这种情况在博弈论中叫作“零和博弈”。而第三种观点的本质，是一种“合作”或“共赢”的思维方式，即一方的收益并不导致另一方的损失，还有可能增加另一方的收益，这种情况在博弈论中叫作“非零和博弈”。

在经济建设中，企业是基本的经济单元，也是容易造成环境污染的基本单元。所以，要搞好环境保护的落脚点，还是在于生产企业本身。在这里以两个生产同类产品，有竞争关系的企业 A 和企业 B 为例，来看一下在经济发展过程中，环境污染是怎样形成的。前提条件是两个企业都以盈利为首要目标，政府和社会对环境保护关注不大。我们先在 Excel 中制作收益表，如图 5-101 所示。

	A	B	C	D	E	F	G
1							
2			企业B				
3			环保		污染		
4	企业A	环保	50	50	35	55	55
5		污染	55	35	45	45	45
6			55		45		
7							
8	企业A	1	存在绝对优势战略				
9	企业A的决策	1	污染				
10	企业B	1	存在绝对优势战略				
11	企业B的决策	1	污染				
12	纳什均衡点	E5, F5					

图 5-101　企业 A、B 收益表

在 Excel 表中，我们把文字和收益值录入后，在相关单元格中录入所用到的公式，注意公式中所涉及的符号全为半角符号：

① 在单元格 C6 中输入“=MAX(C4:C5)”，然后合并单元格 C6 和 D6。这个公式是求在企业 B 采用环保策略时，企业 A 所应采取策略的最大收益值。

② 在单元格 E6 中输入“=MAX(E4:E5)”，然后合并单元格 E6 和 F6。这个公式是求在企业 B 采用污染策略时，企业 A 所应采取策略的最大收益值。

③ 在单元格 G4 中输入“=MAX(D4,F4)”。这个公式是求在企业 A 采用环保策略时，企业 B 所应采取策略的最大收益值。

④ 在单元格 G5 中输入“=MAX(D5,F5)”。这个公式是求在企业 A 采用污染策略时，企业 B 所应采取策略的最大收益值。

⑤ 在单元格 B8 中输入“=IF(C4<C5,1,0)”。在单元格 B9 中输入“=IF(E4<E5,1,0)”。这是判断企业 A 是否存在绝对优势战略的辅助数据。

⑥ 在单元格 B10 中输入“=IF(D4<F4,1,0)”。在单元格 B11 中输入“=IF(D5<F5,1,0)”。这是判断企业 B 是否存在绝对优势战略的辅助数据。

⑦ 在单元格 C8 中输入“=IF(OR(B8+B9=2,B8+B9=0),"存在绝对优势战略","没有绝对优势战略")”。这个公式是判断企业 A 是否有绝对优势战略。

⑧ 在单元格 C9 中输入“=IF(B8+B9=0,"环保",IF(B8+B9=2,"污染",""))”。这是根据当前数据，计算出企业 A 的决策。

⑨ 在单元格 C10 中输入“=IF(OR(B10+B11=2,B10+B11=0),"存在绝对优势战略","没有绝对优势战略")”。这个公式是判断企业 B 是否有绝对优势战略。

⑩ 在单元格 C11 中输入 "=IF(B10+B11=0,"环保",IF(B10+B11=2,"污染",""))"。这是根据当前数据，计算出企业 B 的决策。

在单元格 B12 中输入 "=IF(SUM(B8:B11)=0,"C4,D4",IF(SUM(B8:B11)=4,"E5,F5",IF(AND(SUM(B8:B9)=0,SUM(B10:B11)=2),"E4,F4",IF(AND(SUM(B8:B9)=2,SUM(B10:B11)=0),"C5,D5","无"))))"。这个公式是判断出有无纳什均衡。如果存在均衡点，就给出均衡点所在单元格位置信息。

为了在表中能清楚地看出有没有形成纳什均衡，我们使用条件格式来标注相关的行和列。如果被标注的行与被标注的列形成了交叉点，那么这个交叉点就是均衡点，即形成了纳什均衡。条件格式的设置共有以下四步：

① 选择单元格 C4 和 C5，单击 "条件格式" 按钮，从中选择 "突出显示单元格规则"，再选择 "等于"；在弹出的对话框中，点击单元格 C6，这时在对话框中自动生成 "$C$6"；然后再单击 "设置为" 组合框，从中选择 "自定义格式"；在弹出的对话框中单击 "填充"，然后单击 "图案样式" 组合框，从中选择 "6.25%灰色"；然后单击 "确定" 退出设置。

② 选择单元格 E4 和 E5，单击 "条件格式" 按钮，从中选择 "突出显示单元格规则"，再选择 "等于"；在弹出的对话框中，单击单元格 E6，这时在对话框中自动生成 "$E$6"；然后再单击 "设置为" 组合框，从中选择 "自定义格式"；在弹出的对话框中单击 "填充"，然后单击 "图案样式" 组合框，从中选择 "6.25%灰色"；然后单击 "确定" 退出设置。

③ 选择单元格 D4 和 F4，单击 "条件格式" 按钮，从中选择 "突出显示单元格规则"，再选择 "等于"；在弹出的对话框中，单击单元格 G4，这时在对话框中自动生成 "$G$4"；然后再单击 "设置为" 组合框，从中选择 "自定义格式"；在弹出的对话框中单击 "填充"，然后在 "背景色" 中选择一个浅灰色；然后单击 "确定" 退出设置。

④ 选择单元格 D5 和 F5，单击 "条件格式" 按钮，从中选择 "突出显示单元格规则"，再选择 "等于"；在弹出的对话框中，单击单元格 G5，这时在对话框中自动生成 "$G$5"；然后再单击 "设置为" 组合框，从中选择 "自定义格式"；在弹出的对话框中单击 "填充"，然后在 "背景色" 中选择一个同色的浅灰色；然后单击 "确定" 退出设置。

我们现在对图 5-101 做一下说明，先分析一下企业 A 的决策。当企业 B 采取环保决策时，企业 A 当然会选择 "污染"，因为此时收益最大——55，我们以 "6.25%灰色" 填充该单元格；当企业 B 采取污染决策时，企业 A 当然会选择 "污染"，因为此时收益最大——45，同样我们以 "6.25%灰色" 填充该单元格。所以，不论企业 B 采取何种决策，企业 A 都会选择 "污染"，对企业 A 来说，"污染" 是绝对优势战略。同时，对企业 B 来说，也存在绝对优势战略，也是 "污染"，我们用浅灰色来填充企业 B 的相关单元格。企业 A 的绝对优势战略所在 "行 5"，与企业 B 的绝对优势战略所在 "列 F"，行和列形成了交叉点，即达到了纳什均衡。均衡点所在位置是 "E5,F5"。

但我们同时也从图 5-101 中可以看到，如果两个企业都采取环保决策，其收益值比两者都采取污染决策都大，但两个企业都没有这样做。这难道不正是 "囚徒困境" 吗？怎么样走出 "困境"，达到帕累托最优呢？

要走出 "困境"，就需要 "外力" 的介入。"外力" 包括政府的干预、舆论的监督、社会的关注、企业管理、创新水平和能力的提高等，其中政府的干预至关重要。在政府的干预下，经济发展与环境保护问题可以得到妥善的解决。企业牺牲环境来发展经济的短期行为不能长期存在，因为污染的企业将被政府课以重税，而采取环保措施的企业将得到政府宏观政策与货币政策的支持。因此，采取环保决策的企业从长远来看，会得到真正的更多实惠。在“外力”的介入下，企业的收益值将发生变化，其决策的结果形成了帕累托最优，走出了“困境”，如图 5-102 所示。在表中只需要把双方收益数据填入相关单元格，决策结果是自动生成的。

以上的博弈属于纯粹战略博弈，也就是说决策者 100%地选择某一特定决策。如企业 A 不是选择环保，就是选择污染，对企业 B 也一样。除此之外，还有一种战略叫作混合战略博弈，即按照概率将多个决策混合使用，在实际应用中，这种情况非常普遍。

我们来看下面这个例子，了解在混合战略博弈中，如何找出纳什均衡，决策者又应该如何决策。假设超市 A 和超市 B 都在同一个商业区内，销售同类产品并存在竞争关系，都以追逐收益为首要目标。在即将到来的国庆节期间，为了增加商品销售额，两家超市都在考虑采取促销手段，二者选其一，要么采用送礼品，要么采用返现金。此时，两家超市都不知道对方会采取什么样的促销手段。如果双方采取不同促销手段的收益表如图 5-103 所示，那么，如果你是超市 A 的销售经理，你应该如何决策？

	A	B	C	D	E	F	G
1							
2			企业B				
3			环保		污染		
4	**企业A**	**环保**	**65**	65	**60**	30	65
5		**污染**	**30**	60	**40**	40	60
6			**65**		**60**		
7							
8	**企业A**	**0**	**存在绝对优势战略**				
9	**企业A的决策**	**0**	**环保**				
10	企业B	0	存在绝对优势战略				
11	企业B的决策	0	环保				
12	纳什均衡点	C4, D4					

图 5-102　企业 A、B 收益结果表

	A	B	C	D	E	F	G
1							
2			超市B				
3			送礼品		返现金		
4	**超市A**	**送礼品**	**55**	55	**35**	40	55
5		**返现金**	**40**	35	**45**	45	45
6			**55**		**45**		
7							
8	**超市A**	**0**	**没有绝对优势战略**				
9	**超市A的决策**	**1**					
10	超市B	0	没有绝对优势战略				
11	超市B的决策	1					
12	纳什均衡点	无					

图 5-103　超市 A、B 收益表

从图 5-103 中看出，两个超市都没有绝对优势战略，也不能形成纳什均衡。那么在这种情况下，超市应该如何决策呢？我们知道，美国数学家纳什已经证明，在所有博弈中，都存在均衡点。只要找到这个均衡点，博弈对于决策者来说将会变得更加有利。对于这种博弈，我们需要利用概率来找出均衡点并进行决策。

我们先看超市 A 的决策选择。对超市 A 来说，假设超市 B 选择送礼品的概率为 q，那么超市 B 选择返现金的概率为 $1-q$。所以，当超市 A 选择送礼品时的预期收益应为公式“$55q+35(1-q)=35+20q$”；当超市 A 选择返现金时的预期收益应为公式“$40q+45(1-q)=45-5q$”。

然后我们考虑超市 A 选择送礼品和选择返现金的预期收益均衡时，q 是什么值？可以用公式求解“$35+20q=45-5q$”，求解出 q 为 0.4。那么，概率 q 说明什么呢？概率 q 说明当超市 B 以 0.4 的概率选择送礼品时，或者以 0.6 的概率选择返现金时，无论超市 A 做出什么选择，其收益都是一样的。

那么超市 B 会以 0.4 的概率来决策吗？当然不一定。所以作为超市 A 的销售经理，要根据超市 B 的概率变化，来推断超市 A 的决策。超市 B 的概率变化范围当然要包含 0.4，我们

以 0.1 为刻度，将超市 B 的概率 q 的范围设置从 0 到 1 为止。针对超市 B 不同的概率，超市 A 的预期收益如图 5-104 所示。

制作"超市 A 的预期收益"表，先把文字输入相关单元格（前三行），q 的刻度值用数据扩展生成。在单元格 B4 中输入公式"=35+20*A4"，然后将公式向下扩展到单元格 B14；在单元格 C4 中输入公式"=45-5*A4"，然后将公式向下扩展到单元格 C14。

为了让表格看起来容易理解，我们再使用条件格式来进行设置，使收益更高的决策值突出显示。选择单元格区域 B4:C14，单击"条件格式"按钮，选择"新建规则"，在弹出的对话框中选择"使用公式确定要设置格式的单元格"，然后在下面的输入框中输入公式"=B4=MAX($B4:$C4)"，再单击"格式"按钮，选择"填充"标签，在"背景色"中选择一种浅灰色，单击"确定"完成设置，如图 5-105 所示。

	A	B	C
1		超市A的预期收益	
2		送礼品	返现金
3	q	35+20q	45-5q
4	0	35	45
5	0.1	37	44.5
6	0.2	39	44
7	0.3	41	43.5
8	0.4	43	43
9	0.5	45	42.5
10	0.6	47	42
11	0.7	49	41.5
12	0.8	51	41
13	0.9	53	40.5
14	1	55	40

图 5-104　超市 A 预期收益表　　　图 5-105　条件格式下的收益表

在图 5-105 中可以看到，当超市 B 选择送礼品的概率 q 值大于 0.4 时，超市 A 应该选择送礼品，这时的收益较大（以浅灰色显示）；当超市 B 选择送礼品的概率 q 值小于 0.4 时，企业 A 应该选择返现金，这时的收益较大（以浅灰色显示）；当超市 B 选择送礼品的概率 q 值等于 0.4 时，超市 A 选择送礼品或返现金都可以。

超市 A 的决策选择也可以通过折线图来观察，选择图 5-105 中的单元格区域 A2:C14，单击"插入"选项卡，再单击"折线图"按钮，从中选择"带数据标记的折线图"，生成结果如图 5-106 所示。

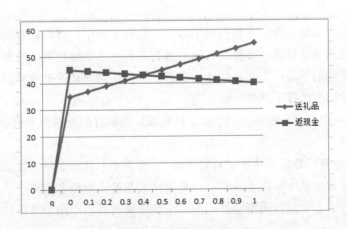

图 5-106　带数据标记的折线图

折线图中的 X 轴表示超市 B 选择送礼品的概率 q，Y 轴表示超市 A 的收益，两条线的交叉点即是 q 为 0.4 时的收益值。从图 5-106 中可以直观地看出，当概率 q 值大于 0.4 时，超市 A 应该选择送礼品决策；当概率 q 值小于 0.4 时，超市 A 应该选择返现金决策；当概率 q 值等于 0.4 时，超市 A 选择任何一种决策都可以。

同样，我们也可以用以上方法找出超市 B 的决策战略。这样一来，在混合战略博弈中，我们就找到了纳什均衡的存在并可以做出决策。

【评价与思考】

1. 评价

本任务共包含 1 个具体的训练项目，依据表 5-12 对照项目训练目标与操作过程，进行检测与评价。

表 5-12　评　价　表

一级指标	二级指标	掌握程度	存在问题
博弈论的基本概念	什么是博弈论	□非常了解 □了解 □了解一些 □不了解	
	博弈论的分类与基本要素	□非常了解 □了解 □了解一些 □不了解	
	博弈论的应用领域	□非常了解 □了解 □了解一些 □不了解	
博弈论的分析方法	什么是纳什均衡	□非常了解 □了解 □了解一些 □不了解	
	什么是帕累托最优	□非常了解 □了解 □了解一些 □不了解	
	掌握博弈论分析工具	□熟练 □一般 □不熟练 □未掌握	
	囚徒困境是怎么形成的	□非常了解 □了解 □了解一些 □不了解	
	如何走出"囚徒困境"	□非常了解 □了解 □了解一些 □不了解	
	使用 Excel 进行本实验的博弈分析	□熟练 □一般 □不熟练 □未掌握	
	为什么博弈论是理性的选择	□非常了解 □了解 □了解一些 □不了解	
博弈论在日常生活中的应用	对生活中的情景进行正确博弈分类	□熟练 □一般 □不熟练 □未掌握	
	能建立基本的博弈模型	□熟练 □一般 □不熟练 □未掌握	
	能使用 Excel 进行博弈分析	□熟练 □一般 □不熟练 □未掌握	

2. 思考

博弈无时不在，无处不在。在我们的学习、工作和生活中，都面临着诸多的选择。在做出选择的时候，我们要尽量保持冷静的头脑与理智的思考。在道德规范的框架内，学习和应用博弈论，会提高我们学习、工作和生活的质量。如何应用博弈论来解释和解决日常生活中的问题呢？请同学们思考以下问题：

① 在现实生活中总有一些漂亮的、自身其他条件也很好的女孩没人追求，这是为什么？请用博弈论来解释一下。

② 在博弈论中有一种博弈叫作"智猪博弈"，请同学们自行了解"智猪博弈"模型，并用此模型来解释日常生活中的两个现象：一是为什么在股市中经常出现"散户跟大户"？二是为什么往往只有大企业花巨额资金打广告，生产同类产品的中小企业不打广告，它们的生存空间又在哪里？

5.9 办公组件——社会实践活动中信息综合处理的利器

【实验目的】

① 掌握问卷调查的编制方法。

② 使用 Word 编制问卷，并调整格式。

③ 使用 Excel 对回收的数据进行统计和分析。

④ 使用 PowerPoint 制订并演示方案。

【实验内容】

假设本班要组织全体同学进行暑期旅行，请你设计旅行方案，尽可能符合全班同学的需求和爱好。从收集全班同学需求到制定旅行方案，需要了解调查问卷的编制方法，并运用办公自动化软件录入问卷、统计数据、分析数据、最后制订项目方案。

【预备知识】

1. 办公软件（Office Suite）

办公软件是计算机系统中应用最广泛也最重要的应用软件之一。办公软件指用于处理办公过程中文字和数据信息的软件，包括文字处理、电子表格、演示文稿、简单数据库应用、电子邮件客户端、图像处理、通信客户端、群体和个人信息管理等。办公软件的应用在社会统计、会议记录、数字化办公等。Microsoft Office 是一套由微软公司开发的办公软件，主要包括文字处理软件 Word、表格处理软件 Excel 和演示文稿处理软件 PowerPoint。

① 文字处理软件（Word Processor）是在计算机上辅助人们制作文档的计算机应用程序，以友好的界面、简便的操作、强大的功能、精美的页面效果，将文字、图形和表格融合为一体。文字处理软件的功能有文字输入与编辑，格式设置，图形、表格化处理，自动化处理和打印文档等。

② 电子表格（Spreadsheet）是专门进行表格绘制、数据整理、数据分析的数据处理专业软件，特点是将重复的数据快速复制，将常用的数据进行函数化处理，并在拖动中快速完成数据统计。电子表格软件的功能有数据输入与编辑，美化表格，数据计算，数据分析，打印输出与自动化等。

③ 演示文稿软件（Presentation Program）是为了向大众展示、演示或提供某些信息而创作的文档，主要用于设计与制作教师授课讲稿、会议讨论讲稿、毕业论文答辩稿、公司新产品演示和自我介绍等各种电子演示文稿。演示文稿软件的功能有创建幻灯片内容、美化幻灯片、添加多媒体信息、设置动画与交互、幻灯片设置与播放等。

2. 问卷调查

问卷又称调查表或询问表，它是调查的一种重要工具，用以记载和反映调查内容和调查项目。问卷调查是运用统一设计的问卷向调查对象了解情况或征询意见的一种调查方法。它是以书面提出问题的方式搜集资料的一种方法，将所要了解的问题编制成问题表格，以电子邮件、当面作答或者追踪访问方式填答，从而了解被调查者对问题的看法和意见。

① 问卷的功能：

- 能正确反映调查目的、具体问题，突出重点，能使被调查者乐意合作，协助达到调查目的。
- 能正确记录和反映被调查者回答的事实，提供正确的情报。
- 统一的问卷还便于资料的统计和整理。

② 问卷的组成部分：

一份正式的调查问卷一般包括以下三个组成部分：

第一部分：前言。主要说明调查的主题、调查的目的、调查的意义，以及向被调查者表示感谢。

第二部分：正文。这是调查问卷的主体部分，一般设计若干问题要求被调查者回答。

第三部分：附录。这一部分可以将被调查者的有关情况加以登记，为进一步的统计分析收集资料。

③ 问卷调查应遵循以下原则：

- 问卷上所列问题应该都是必要的，可要可不要的问题不要列入。
- 所问问题是被访对象所了解的。
- 在询问问题时不要转弯抹角。
- 注意询问语句的措辞和语气。

④ 问卷的问答形式有两种类型：

- 开放式——允许被调查者用自己的话来回答问题。由于采取这种方式提问会得到各种不同的答案，不利于资料统计分析，因此在调查问卷中不宜过多。
- 封闭式——规定了一组可供选择的答案和固定的回答格式。

应根据问卷调查的目的合理选择问答形式。封闭式问卷的答案是预先设计的，不仅有利于被调查者正确理解和回答问题，而且有利于对回答进行统计和分析。初学者应尽量选择封闭式问卷。

⑤ 在设计调查问卷时，设计者应该注意遵循以下基本要求：

- 问卷不宜过长，问题不能过多，一般控制在 10 分钟左右回答完毕。
- 能够得到被调查者的密切合作，充分考虑被调查者的身份背景，不要提出对方不感兴趣的问题。
- 要有利于使被调查者做出真实的选择，因此答案切忌模棱两可，使对方难以选择。
- 不能使用专业术语，也不能将两个问题合并为一个，以至于得不到明确的答案。
- 问题的排列顺序要合理，一般先提出概括性的问题，逐步启发被调查者，做到循序渐进。
- 将比较难回答的问题和涉及被调查者个人隐私的问题放在最后。
- 提问不能有任何暗示，措辞要恰当。
- 为了有利于数据统计和处理，调查问卷最好能直接被计算机读入，以节省时间，提高统计的准确性。

【实验步骤】

本实验的具体要求如下：

背　景：A 班级，有学生 15 人。

任　务：人均费用在 500 元以内；旅行时间为 2～3 天。

要　求：利用 Word 编制调查问卷，收集全班同学的爱好需求。

利用 Excel 统计、分析回收的数据。

利用网络查找资源，提供 1 个旅行的建议方案，每个方案要包含形成特点、主要景点、经费预算。

获取信息并处理信息，形成最终方案并用 PowerPoint 展示。

1. 编制问卷

在制订旅行方案之前，要充分了解全班同学的需求和爱好，请同学们了解调查问卷的相关知识，编制一个有关本班同学旅行需求的问卷。请参考素材文件夹下的 "5.9\素材文档\四川外国语大学××班级旅行意向调查表.docx" 案例：

四川外国语大学××班级旅行意向调查表

亲爱的同学：

你好！非常感谢您回答此次问卷，本问卷由四川外国语大学××班级学生设计，此次调查旨在了解大学生旅行动机和需求状况，采用不记名方式进行。我们希望深入了解有关大学生旅行情况，并据此设计出最适宜本班同学旅行的方式、地点、经费等问题，请您能配合我们的调查工作，谢谢合作！

在此感谢您的大力支持!

1. 您比较偏爱的旅行天数是（　　　）。（单选题）

　　A. 3 天以内　　　　　　B. 3～7 天　　　　　　C. 7～15 天　　　　　　D. 15 天～30 天

　　E. 一个月以上

2. 您最喜欢的旅行景点类型是（　　　）。（单选题）

　　A. 繁华都市，例如北上广、港澳等　　　　B. 水乡古镇，例如苏杭、乌镇等

　　C. 名胜古迹，例如故宫、长城等　　　　　D. 海滨海岛，例如海南、大连、青岛等

　　E. 自然奇观，例如张家界、九寨沟等

3. 您的旅行预算大概是（　　　）。（单选题）

　　A. 200（含）以下　　　　　　　　　　B. 200-500（含）

　　C. 500-1000(含)　　　　　　　　　　D. 1000～1500（含）

　　E. 1500 以上

4. 在出行时，您更倾向于哪种餐饮方式？（　　　）（单选题）

　　A. 中西式快餐　　　B. 当地特色饮食　　　C. 自带食物　　　　　D. 酒楼饭店

5. 您的兴趣和爱好有哪些？（　　　）（请选择两项）

　　A. 登山　　　　　　B. 游泳　　　　　　　C. 跳舞　　　　　　D. 球类项目　E.唱歌

6. 您通常会选择以下哪种住宿方式？（　　　）（单选题）

    A. 亲友家   B. 青年旅舍   C. 农家院   D. 经济性酒店

    E. 帐篷等住宿设备

问卷到此结束，感谢您的配合！

2. 发放并回收问卷

问卷一般有纸制文本和电子文档两种。纸制文本的问卷发放可以采取集中、分散或邮寄的方法，而电子文档的问卷发放主要是通过网上进行，两者的关键都在于对调查对象讲清问卷调查的目的与意义，使他们能主动地进行合作。要确保答卷在独立情况下完成，保证信息的真实、有效。

本次调查的对象是本班同学，建议采用电子文档，通过班级群邮件的方式发给每位同学，请他们在限定时间内回复群邮件（将回答结果添加在回复附件处）。

对回收的问卷，在剔除废卷的同时要统计有效问卷的回收率。一般来说，回收率如果仅有 30% 左右，资料只能做参考；50% 以上，可以采纳建议；当回收率达到 70% ~ 75% 以上时，方可作为研究结论的依据。因此，问卷的回收率一般不应少于 70%。如果有效问卷的回收率低于 70%，要再发一封信及问卷进行补充调查。

3. 统计数据

根据回收的问卷，可以将数据登记在表 5-13 中。

表 5-13　调查问卷数据统计表

序号	旅行时间	景点类型	旅行预算	餐饮	爱好	住宿
1	3 天以内	名胜古迹	200 ~ 500（含）	当地特色饮食	登山，唱歌	青年旅舍
2	3 天以内	名胜古迹	200 ~ 500（含）	当地特色饮食	游泳	青年旅舍
3	3 天以内	名胜古迹	200（含）以下	自带食物	球类项目	青年旅舍
4	3 天以内	名胜古迹	200 ~ 500（含）	当地特色饮食	登山	青年旅舍
5	3 天以内	名胜古迹	200 ~ 500（含）	当地特色饮食	登山	青年旅舍
6	3 天以内	海滨海岛	200 ~ 500（含）	当地特色饮食	登山，跳舞	青年旅舍
7	3-7 天	名胜古迹	200 ~ 500（含）	当地特色饮食	登山	经济性酒店
8	3 天以内	名胜古迹	200 ~ 500（含）	当地特色饮食	登山	经济性酒店
9	3-7 天	名胜古迹	200 ~ 500（含）	当地特色饮食	游泳	青年旅舍
10	3 天以内	自然奇观	200 ~ 500（含）	当地特色饮食	登山，游泳	青年旅舍
11	7-15 天	海滨海岛	500 ~ 1000（含）	中西式快餐	登山，球类项目	青年旅舍
12	3 天以内	自然奇观	200（含）以下	中西式快餐	登山，唱歌	青年旅舍
13	3 天以内	水乡古镇	200 ~ 500（含）	当地特色饮食	球类项目	经济性酒店
14	3 天以内	自然奇观	200 ~ 500（含）	当地特色饮食	球类项目	经济性酒店
15	3 天以内	水乡古镇	200 ~ 500（含）	当地特色饮食	登山，唱歌	青年旅舍

Office 软件包中的 Excel 电子表格是专门进行表格绘制、数据整理、数据分析的数据处理专业软件。在数据表格基础上，可以在 Excel 中进行简单的数据分析；生成不同的数据图表，方便快捷地得出百分比数据。

4．分析数据

旅行意向调查问卷的数据分析请参考素材文件夹下的 "5.9\素材文档\四川外国语大学 × × 班级旅行意向调查分析.xlsx" 案例。根据问卷调查的数据，我们可以得出以下结论：

80%的同学选择 3 天以内的旅行，如图 5-107 所示。

54%的同学倾向游览名胜古迹，如图 5-108 所示。

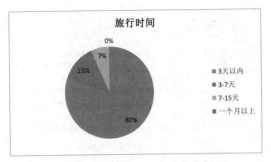

图 5-107　旅行时间需求分析

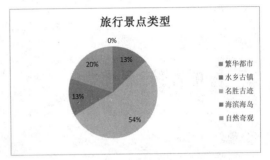

图 5-108　旅行景点类型需求分析

12 名的同学能承受的旅行费用为 200～500 元，有两名同学能承受的旅行费用为 200 以下，如图 5-109 所示。

80%的同学想要品尝当地特色饮食，如图 5-110 所示。

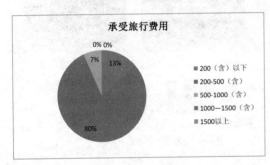

图 5-109　旅行费用需求分析

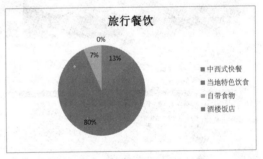

图 5-110　旅行餐饮需求分析

每人可以选择两项兴趣爱好，根据统计可知，10 人次喜爱登山，4 人次喜欢球类项目，3 人次喜爱游泳，3 人次喜爱唱歌，1 人次喜爱跳舞，如图 5-111 所示。

73%的同学选择的住宿为青年旅舍，因其性价比最高，适合年青一代方便快捷、干净卫生、网络等设施齐备的需求，如图 5-112 所示。

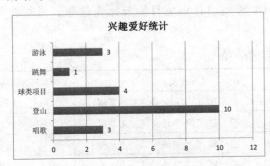

图 5-111　兴趣爱好统计分析

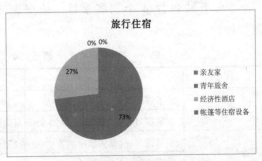

图 5-112　旅行住宿需求分析

5．制订旅行方案

综合以上数据，可以拟定 2~3 天的短期旅行，旅行地点为名胜古迹，乘汽车即可到达，预订青年旅舍为住宿地点，可以安排登山、唱歌或者球类运动作为休闲，预计每人费用为 500 元以内。具体旅行方案的制订请参考素材文件夹下的 "5.9\素材文档\四川外国语大学××班级旅行方案.pptx"，如图 5-113 所示：

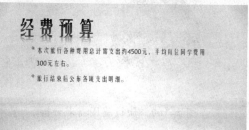

图 5-113　旅行方案设计

【评价与思考】

1．评价

本任务共包含 4 个训练项目，依据表 5-14 对照项目训练目标与操作过程，进行检测与评价。

表 5-14　评　价　表

一级指标	二级指标	掌握程度				存在问题
问卷编制	了解问卷调查的含义和功能	□非常了解	□了解	□了解一些	□ 不了解	
	掌握问卷编制方法	□熟练	□一般	□不熟练	□ 未掌握	
Word 使用	掌握 Word 录入文字的方法	□熟练	□一般	□不熟练	□ 未掌握	
	设置 Word 文档格式	□熟练	□一般	□不熟练	□ 未掌握	

续表

一级指标	二级指标	掌握程度	存在问题
Excel 使用	掌握 Excel 录入数据的方法	□非常了解　□了解　□了解一些　□ 不了解	
	掌握 Excel 公式和函数的应用	□非常了解　□了解　□了解一些　□ 不了解	
	掌握 Excel 图表生成的方法	□非常了解　□了解　□了解一些　□ 不了解	
	掌握数据透视表制作方法	□非常了解　□了解　□了解一些　□ 不了解	
PowerPoint 使用	掌握 PowerPoint 录入文字、插入图片的方法	□非常了解　□了解　□了解一些　□ 不了解	
	掌握 PowerPoint 美化、动画制作方法	□非常了解　□了解　□了解一些　□ 不了解	
	设置 PowerPoint 放映方式	□非常了解　□了解　□了解一些　□ 不了解	

2．思考

① 调查问卷应用极为广泛，请利用网络查找相关应用。

② Office 软件和日常工作生活联系紧密，请尝试用 Word 实现报纸排版、用 Excel 制作一学期支出明细、用 PowerPoint 制作个人照片集。

第6章 | 个人信息管理

　　在信息处理完成后，如何管理好信息资源，是我们必须掌握的技能。本章中的实验将协助读者对个人信息资源进行管理，包括"云存储中的文件管理与共享"和"PKM 的知识管理"。

6.1　文件都去哪儿了——云存储中的文件管理与共享

【实验目的】

①　了解网盘的基本概念和现状。

②　掌握传统硬盘在 Windows7 操作系统下如何进行简单的文件与文件夹的管理。

③　以百度云盘为例，学会通过网盘进行个人文件的管理，实现笔记本式计算机、手机等的跨平台文件共享。

【实验内容】

　　了解网盘的概念；了解常用网盘种类和使用网盘的注意事项；掌握 Windows 7 操作系统下使用"计算机"修改文件夹属性，新建、复制、移动、删除文件和文件夹，修改文件和文件夹名称、修改文件和文件夹属性；学会新建百度云盘；掌握使用百度云盘 Web 版管理文件；学会在手机上安装百度云盘；掌握将手机图片上传到百度云盘，并将图片共享给其他人。

【预备知识】

　　网盘，又称网络硬盘，云盘等。是基于云计算发展起来的在线存储服务，是指通过集群应用、网格技术和分布式文件系统等功能，将网络中大量各种不同类型的存储设备通过应用软件集合起来协同工作，共同对外提供数据存储和业务访问功能。相对于传统的实体磁盘来说，同样具备文件保存、删除、修改、备份等功能。网盘还具有跨平台、使用方便、轻松共享等特点，用户不需要把储存重要资料的实体磁盘带在身上，无论何时何地，都可以通过互联网，使用计算机、智能手机等工具轻松地从云端管理和编辑自己网盘里的文件，方便地将文件共享给其他人。目前国内提供免费网盘服务的有搜狐企业网盘，百度云网盘，移动彩云，金山快盘，华为网盘，360 云盘，新浪微盘，腾讯微云等。

　　近几年，提供网盘服务的公司越来越多，由于其使用的便捷性，也被大量用户所熟知和接受。但在使用的过程，一定要注意网盘可能带来的相关问题：

①　版权问题。用户将音乐、电影、电子图书等文件上传到网盘中，然后通过分享的方式分

享给网络上的一定范围的用户提供下载，大量的有版权的文件以这种特殊盗版方式进行传播。

② 个人隐私。从运维成本上考虑，文件被上传到网盘保存时，一般是未经加密的，网盘中的用户个人照片、视频等具有个人隐私的文件，存在被管理员直接查看、删除甚至被传播的风险。

③ 数据安全。提供网盘服务的系统，已经成为了黑客入侵的重要目标，因为其上不仅有大量用户数据，对此类大用户群服务的劫持更加是黑色收入的重要来源，也就是说网盘服务系统的安全性直接影响着用户上传数据的安全。

④ 停止服务。提供网盘服务的运营商很多，如何实现盈利并不清晰，如果因故被迫停止运营，可能存在大量的用户文件无人负责的情况。

因此，在选择网盘时，应该选择信誉良好知名度高的服务商，其次再看网盘服务的功能和空间大小。在使用网盘时，要有安全意识，尽量少上传或不上传个人隐私文件和敏感文件，降低可能带来的数据安全风险。

【实验步骤】

1. windows 7 下的文件和文件夹管理

（1）打开"计算机"

要打开"计算机"，单击"开始"按钮，在弹出的菜单中单击"计算机"选项，或者双击桌面上的"计算机"图标，都可以打开"计算机"窗口，如图 6-1 所示。

（2）设置文件夹的属性

选择"工具"菜单中的"文件夹选项"命令，如图 6-2 所示，打开"文件夹选项"对话框，单击"查看"选项卡，在"高级设置"列表框中，对文件和文件夹的显示进行设置，如图 6-3 所示。

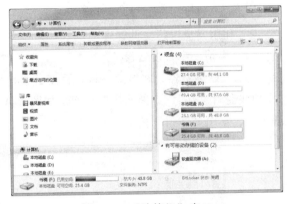

图 6-1　"计算机"窗口

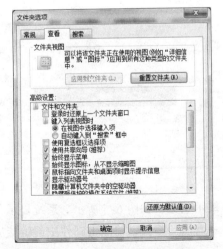

图 6-3　"文件夹选项"对话框

图 6-2　选择"文件夹选项"命令

取消选择"隐藏受保护的操作系统文件"复选框。

选中"显示所显示隐藏的文件、文件夹和驱动器",注意:若不选此项,当前文件夹中的隐藏文件不显示,不能完成下一步操作。

取消选择"隐藏已知文件类型的扩展名"复选框。注意:对文件进行重命名必须取消选择该复选框,以免改错。

(3)通过"计算机"进行文件和文件夹的管理

① 单击"开始"按钮,在弹出的菜单中选择"计算机"选项,打开"计算机"窗口。在 D 盘的根目录下建立"exam"文件夹;并在"exam"下建立"test1"和"test2"文件夹。

② 在"test1"文件夹中建立名称为"exer1.txt"和"exer2.doc"的两个文本文件,内容都是"练习"。

"test1"文件夹改名为"text1",将文件"exer1 .txt"改名为"exer.abc"。

将"exer.abc"文件移动到"test2"文件夹中,将"exer2.doc"文件复制到"test2"文件夹中。

在"test2"文件夹中,将"exer.abc"文件的属性改为只读。

删除 exer.abc,然后再将其恢复。

2.利用网盘进行文件管理

(1)申请一个百度云盘

打开 IE 浏览器,在地址栏输入百度云盘地址:http://pan.baidu.com,单击窗口右下角的"立即注册百度账号",进入注册页面。如图 6-4 所示,在注册页面内,输入邮箱、密码、验证码后,单击"注册"按钮。

图 6-4 注册页面

进入提示页面,如图 6-5 所示。系统提示"还差一步即可完成注册。我们已经向你的邮箱发送了一封激活邮件,请点击邮件中的链接完成注册!"单击"立即进入邮箱"按钮。

图 6-5　提示页面

进入邮箱，打开邮件，如图 6-6 所示，单击链接激活百度账号。利用百度账号就可以使用百度云盘了。

图 6-6　打开邮件界面

（2）百度云盘 Web 版的文件管理

① 文件和文件夹的上传。打开 IE 浏览器，输入百度云盘地址：http://pan.baidu.com，输入账号和密码，单击"登录"按钮，进入管理界面。第一次使用时要安装百度云上传控件，以支持大文件和文件夹上传。百度云盘文件管理界面如图 6-7 所示。

单击"上传文件夹"，选择 D 盘的 exam 目录，如图 6-8 所示，单击"确定"按钮，即可实现上传。根据网络情况和上传数据的大小，上传时间有所不同。上传的文件会根据"图片""文档""视频""种子""音乐""其他"等类型自动进行分类，以方便使用。

图 6-7　百度云盘文件管理界面

图 6-8　文件上传

② 文件和文件夹的管理。打开 exam 文件夹，在 exam 文件下新建名为 test3 的文件夹。将 test2 文件夹下的文件 exer.abc 复制到 test3 文件夹下，并改名为 exer.txt。

将 test2 文件夹下的文件 exe2.doc 移动到 test3 文件夹下。

将 test3 文件夹下的文件 exe2.doc 删除，再通过回收站找回该文件。

（3）以照片为例，与他人分享手机文件

① 安装百度云盘 Android 版。以 Android 手机为例，在手机上安装百度云盘。在 Android 手机上，打开浏览器程序，输入百度云盘地址：http://pan.baidu.com/download/，下载 Android 版，如图 6-9 所示。

② 上传照片到百度云盘。单击手机中的百度云图标，运行百度云盘程序，输入账号密码，

进入管理程序。如图 6-10 所示。

图 6-9 下载百度云 Android 版

图 6-10 百度去管理界面

点击图 6-10 所示 exam 文件夹，进入该文件夹。如图 6-11 所示，点击屏幕右上角的"上传"按钮，在弹出窗口中点击"新建文件夹"，在 exam 文件夹下新建名为"图片"的子文件夹，如图 6-12 所示。

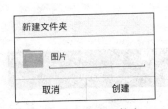

图 6-11 上传文件

图 6-12 新建文件夹

打开"图片"文件夹，点击"上传"，再点击"图片"图标。如图 6-13 所示，选择 4 张要上传的图片，然后点击"上传"按钮，完成上传。

③ 分享上传的图片。完成上传后，点击屏幕左上角的箭头"<"，退回到 exam 文件夹下，长按（约 2~3 秒）"图片"文件夹，勾选该文件夹，如图 6-14 所示。点击屏幕下方的"分享"按钮，在弹出菜单中有"分享给微信好友""分享到微信朋友圈""短信分享""邮件分享""复

制分享链接"，用其他应用分享"6个选项，这里选择"分享给微信好友"，如图 6-15 所示。

图 6-13　上传图片

图 6-14　选择文件夹

图 6-15　分享文件

点击"创建新聊天"，如图 6-16 所示；在弹出的窗口中选择要分享的范围，这里选择了 4 个好友，再点击"确定"即可，如图 6-17 所示，就可以把要分享的图片分享给微信好友了。若选择图 6-15 中的其他 5 个分享功能，只要按照提示进行操作即可，这里不再一一赘述。

图 6-16　创建新聊天

图 6-17　选择联系人

通过百度云盘 Web 版，Windows 版，iPhone 版，iPad 版等其他版本共享图片或其他类型文件操作类似，这里不一一赘述。

【评价与思考】

1. 评价

本实验共包含 2 个具体的训练项目，依据下表 6-1 对照项目训练目标与操作过程，进行检测与评价。

表 6-1 评 价 表

一级指标	二级指标	掌握程度	存在问题
了解网盘的基本概念	什么是网盘	□非常了解 □了解 □了解一些 □ 不了解	
	网盘的特点和功能	□非常了解 □了解 □了解一些 □ 不了解	
	使用网盘时应注意的问题	□非常了解 □了解 □了解一些 □ 不了解	
Windows 7 下的文件管理	设置文件夹属性	□熟练 □一般 □不熟练 □ 未掌握	
	新建文件夹	□熟练 □一般 □不熟练 □ 未掌握	
	新建文件	□熟练 □一般 □不熟练 □ 未掌握	
	文件改名	□熟练 □一般 □不熟练 □ 未掌握	
	复制文件	□熟练 □一般 □不熟练 □ 未掌握	
	移动文件	□熟练 □一般 □不熟练 □ 未掌握	
	删除、恢复文件	□熟练 □一般 □不熟练 □ 未掌握	
	修改文件属性	□熟练 □一般 □不熟练 □ 未掌握	
	设置文件夹属性与修改文件属性的关系	□非常了解 □了解 □了解一些 □ 不了解	
百度云盘的文件管理	申请百度云盘	□熟练 □一般 □不熟练 □ 未掌握	
	上传文件（夹）	□熟练 □一般 □不熟练 □ 未掌握	
	文件（夹）改名、复制、移动、删除、找回	□熟练 □一般 □不熟练 □ 未掌握	
通过百度云盘共享手机中的照片	安装百度云盘手机版	□熟练 □一般 □不熟练 □ 未掌握	
	上传手机中的照片	□熟练 □一般 □不熟练 □ 未掌握	
	共享照片	□熟练 □一般 □不熟练 □ 未掌握	

2. 思考

网盘的普及为人们使用文件和共享文件带来的极大便利。用户身边只要有一台智能设备，PC、手机、平板均可，无须携带 U 盘或其他移动存储设备，就可以在任何时间和地点查看、共享自己网盘的文件。但是，网盘的大量使用，同时也带来了一系列的问题，如文件安全、音视频版权等。在享用网盘等新技术带来的便利的同时，也需要思考如何合理合法利用的问题。

① 某高校有 2 000 个教学视频，每个视频约 500 MB，请分析采用传统硬盘管理和采用网盘管理的区别。

② 某同学计算机硬盘空间不够了，又不希望购买新的硬盘，正在考虑将部分文件上传到某网盘进行保存，请帮助该同学分析一下，哪些文件适合上传？哪些不适合？

6.2　个人信息的好管家——PKM 的知识管理

【实验目的】

① 了解个人知识管理的概念。

② 了解个人知识管理的过程。

③ 了解个人知识管理工具。

④ 掌握 RSS 订阅工具的使用方法。

【实验内容】

了解个人知识管理的概念，了解知识管理工具。本实验以 RSS 订阅工具为例介绍个人知识管理过程。

【预备知识】

1. 个人知识管理

个人知识管理（Personal Knowledge Management，PKM）是将个人拥有的各种资料、随手可得的信息变成更具价值的知识，最终利于自己的学习、工作和生活。它是一种概念框架，指个人组织和集中自己认为重要的信息，使其成为个人知识基础的一部分。

通过对个人知识的管理，可以养成良好的学习习惯，增强信息素养，完善专业知识体系，提高职业竞争能力，为实现个人价值和可持续发展打下坚实基础。

2. 个人知识管理过程

个人知识管理的过程包括知识获取、知识存储、知识共享和知识利用。

① 知识获取：是个人学习知识、积累经验技巧的过程。互联网时代，E-learning 学习方式的流行促进了个人终身学习；在知识经济时代，掌握相关知识学习的工具与技巧是十分必要的。例如互联网应用、E-learning 软件应用、Google 搜索引擎应用等。

② 知识存储：指将知识存储在载体的过程，方便利用和共享。存储知识的工具、载体、空间、方式和方法均以信息技术为依托，有利于个人知识的交流、利用与创新。例如博客、微博、Gmail 应用等。

③ 知识共享：把个人置于由许多学习者构成的知识网络中，进行知识交流。其目的是通过知识交流扩大知识的利用价值并产生知识的效应。例如 RSS 订阅、微博、Wiki、社会化书签、SNS 网站等。

④ 知识利用：即知识实践。实践是检验学习到知识、把知识升华为经验的关键过程。对知识的利用因个体不同而不同，普通的办事人员个人知识管理的目的在于能找到个人所需的资料从而帮助工作，企业高管个人知识管理的目的在于游刃有余地利用各种知识并在此基础上创新。因此，知识利用是一个循序渐进的过程。

3. 个人知识管理工具

个人知识管理工具指依据个人知识管理特点，来协助个人更省时省心管理文件、更容易养成知识管理习惯的软件工具，并在此基础上提供学习等其他辅助功能。分为以下几类：

（1）文献管理工具

图书馆是最典型的传统文献来源之一，信息时代各类数字化图书馆、文献数据库成为了文献的主要来源。目前，国外的文献管理工具有 EndNote、Reference Manager、ProCite 等，国内的有 NoteExpress、PowerRef 等。这些软件具备完善的参考文献管理的基本功能，如题录信息的导入、导出、增加、删除、修改等。EndNote 和 NoteExpress 都支持笔记功能、全文功能，与 Word 结合紧密，具有较强的文献分析功能，能与 Excel 兼容分析，支持 RSS 订阅。

（2）专利深度分析工具

专利是最有效的技术信息载体。对专利数据的分析早已成为重要的评估方法，被广泛应用于科学技术、经济发展、商业运作等方面。国外的专利分析工具有 Thomson Innovation、Thomson Data Analyzer、Derwent Analytics、Delphion、Aureka 等，国内的专利分析工具有保定大为专利信息创新平台、知识产权出版社提供的专利信息服务平台等。

（3）思维导图

思维导图工具可以使所思所想流程化、图形化、图谱化、清晰化。常用的思维导图工具有 Inspiration、Mind Manager、Mind Man、Brain 等。此类工具的功能和大脑思维结构完全一致，思维像不断生长的树根，由一个中心概念向四周扩散，向四周扩散的思维又引出更多的分叉直到无穷。在此过程中，内隐知识通过图的形式转化为外显知识，更易传递、分享与交流。

（4）云端笔记和网页资料管理工具

云端笔记管理工具是专注于简单高效的个人记事工具，具有云端同步功能，可实现网页、手机客户端之间的信息同步，用户可随时随地进行查阅和编辑。此类工具有 Dropbox、Box.net、Google Docs、Cloud Drive（亚马逊）、iCloud（苹果）、MediaFire、Evernote、麦库记事、华为云存储、有道云、QQ 网盘等。Evernote 的最大功能是记录一切，即用文字、音频和视频记录用户想到的、看到的和体验到的一切，可创建文本笔记和多媒体笔记；可剪切资料、截取网页资源、加标签等。

（5）社会化网络工具

社会化网络工具在 E-learning 和个人知识管理工具之间搭建了一个桥梁。如博客、BBS、社会性书签、微博、RSS 订阅等为用户提供了个人收藏、单个分类到最新资讯、热门话题的多种发布和获取网络内容的服务平台。这些工具使收集、聚合、分类网络信息变得更方便、简单，用户之间可以分享、讨论、协作。如用 Flickr 发布照片、用 Youtube 发布影音、在 SNS 网站上交友、使用微博和 QQ 实现即时通信。

【实验步骤】

本实验以 RSS 订阅器——鲜果（http://xianguo.com/）为工具，以英语学习为例，按照知识获取、知识存储、知识共享和知识利用的过程实施个人知识管理。

RSS 即 Rich Site Summary（丰富站点摘要），是站点用来和其他站点之间共享内容的简易方式（也叫聚合内容），它能让别人很容易地发现你已经更新了站点，并让人们很容易的追踪他们阅读的博客。RSS 订阅工具分为在线 RSS、离线 RSS，鲜果是在线 RSS 工具，借助网页浏览器实现信息订阅。

鲜果网是国内最大的一家阅读器在线服务，提供方便易用而且免费的网络订阅方式。就像订报纸、杂志一样，鲜果将把订阅的新内容第一时间推送给用户。用户可以从近百万个博客、新闻或报刊网站中，订阅任何喜欢的内容，比如徐静蕾的博客、南都周刊、三联生活周刊、路透财经、华尔街日报、新浪新闻等。

具体步骤如下：

1．实验准备：注册鲜果账号

不用安装额外的桌面客户端，只要有浏览器就行，鲜果支持多种网页浏览器，如火狐、谷歌、IE、Opera、遨游、猎豹等。用户数据存储在抓虾网的服务器上，更换机器或者浏览器时，鲜果网站添加的订阅、分享、标记依然有效。图 6-18 所示为鲜果网登录后的界面。

图 6-18　鲜果网界面

2．学习知识——"大学公共英语"

（1）利用"热点"看文章

顶端导航里的"热点"选项，或者直接访问 http://xianguo.com/hot，单击后，会打开"鲜果热文精选"界面，可以在"新闻""财经""科技""娱乐"等类别阅读文章，喜欢的文章可以单击"分享"。单击文章标题的空白处，展开阅读全文，在文章结尾处，可以单击收藏，添加标签和备注。

（2）在"订阅中心"挑选或搜索喜欢的频道

顶端导航里的"订阅中心"选项，或直接访问 http://xianguo.com/lianbo/contents。此时，鲜果会推荐热门订阅，用户可以根据需要单击"订阅"按钮进行订阅，也可在搜索框输入"英语"关键词，单击搜索，查找英语相关的订阅，如图 6-19 所示。

（3）利用"我的订阅"来管理跟踪关注的频道

单击顶端导航中的"首页"，即可阅读订阅的文章内容。

图 6-19　订阅中心界面

3．保存知识

在鲜果里保存知识包括加星标、喜欢、添加标签这几种方法，需要注意的是，用户的"喜欢"和"星标"两个操作会直接影响"神奇排序"的顺序，继而影响阅读的效率。

神奇排序（Sort by magic）会依据文章热门度，把用户会喜爱的文章排在最前面，排序的标准依据用户以往的"加星"和"喜欢"类文章生成，因此，当用户读到一些喜欢的好文章，最好点一下"喜欢"，以优化个性化"神奇排序"，不要随便"喜欢"一些杂类文章，中文界面下最好不要随便"喜欢"英文的文章。需要深度阅读的好文章则使用"加星"的方式添加"星标"，以便未来深度阅读。

添加标签可以让用户收藏的信息按照标签分类，以利于未来的阅读。

4．共享知识

在文章条目里点"共享"和"共享备注"可以将该文章共享给你所有的鲜果好友。

条目的"发送到"也是另一种分享途径，建议使用这个功能将信息分享到微博和 Delicious（美味书签）中，微博目前是更为大众化的社会化媒体，分享的效果会更好。

5．使用知识

使用知识最基本的方法是搜索，鲜果内置了搜索功能，可以按关键字搜索以前所有的条目。

对于加星标的条目，在深度阅读完之后，删除星标，然后添加 tag 标签，以便分类收藏。

这样，如果用户想要阅读某一类知识，就可以按照标签在鲜果中阅读，这样就方便多了。

如果有时间的话，还可以看看好友分享里的评论和反馈，与大家进行交流。

长久以来，笔者一直把鲜果作为个人知识信息来源和管理的工具，然而，如果使用不当，效果很可能会变成一个耗费时间的工具，如果你也曾经越到过类似的困惑，那么不妨按照以上方法尝试一下，或许能得到一些意想不到的效果。

【评价与思考】

1. 评价

本任务共包含个人知识管理相关知识了解和 RSS 订阅实现个人知识管理的实验，依据表 6-2 照项目训练目标与操作过程，进行检测与评价。

表 6-2　评 价 表

一级指标	二级指标	掌握程度				存在问题
个人知识管理	了解个人知识管理的含义和意义	□非常了解	□了解	□了解一些	□ 不了解	
	了解个人知识管理的步骤	□非常了解	□了解	□了解一些	□ 不了解	
	了解个人知识管理的工具	□非常了解	□了解	□了解一些	□ 不了解	
鲜果阅读	了解 RSS 订阅相关情况	□非常了解	□了解	□了解一些	□ 不了解	
	掌握鲜果订阅基本操作	□熟练	□一般	□不熟练	□ 未掌握	
	掌握鲜果订阅分享基本操作	□熟练	□一般	□不熟练	□ 未掌握	

2. 思考

个人知识管理是一个庞大的系统工程，在社会各行业均有广泛应用，对个人职业发展具有重要作用。本实验只涉及其中很小部分，请同学们利用网络查找相关资源，探索适合自己的个人知识管理方式和工具。

请尝试以下实际操作：

① 在智能终端系统（如智能手机、平板计算机）中，鲜果阅读提供了 APP 应用，请在智能终端上使用鲜果阅读。

② Flickr、Wiki、Delicious 是典型的社会化网络工具，请结合学习情况使用这些工具。

参 考 文 献

[1] 钟义信. 信息科学与技术导论[M]. 北京：北京邮电大学出版社，2007 年.

[2] 中华人民共和国科学技术部. 国家"十一五"基础研究发展规划[M]. 北京：国科发计字 [2006]436 号.

[3] 中国大百科全书出版社. 中国大百科全书[M]. 北京：中国大百科全书出版社，2011 年.

[4] 陈烜之. 认知心理学[M]. 广东：广东高等教育出版社，2006 年.

[5] 董荣胜. 计算机科学导论：思想与方法[M]. 北京：高等教育出版社，2007 年.

[6] 冯志伟. 现代信息科学对语言学的影响[M]. 哈尔滨：外语学刊，1986 年.

[7] 杜骏飞. 网络传播概论[M]. 福建：福建人民出版社，2010 年.

[8] 管会生. 大学计算机基础[M]. 北京：科学出版社，2009 年.

[9] 梦广均. 信息资源管理导论[M]. 北京：科学出版社，2008 年.

[10] 钟义信. 信息科学原理[M]. 北京：北京邮电大学出版社，2013 年.

[11] 陈国良. 计算思维导论[M]. 北京：高等教育出版社，2012 年.

[12] Wing J M. Computational Thinking and Thinking about Computing[M]. 美国：Communications of the ACM，2006 年.

[13] 战德臣，聂兰顺，徐晓飞. 计算之树：一种表述计算思维知识体系的多维柜架[M]. 北京：工业和信息化教育，2013 年.

[14] 战德臣. 大学计算机：计算思维导论[M]. 北京：电子工业出版社，2013 年.

[15] 战德臣. 大学计算机：计算与信息素养[M]. 北京：高等教育出版社，2014 年.

[16] 狄光智. 大学计算机基础与计算思维[M]. 北京：人民邮电出版社，2013 年.

[17] 教育部高等学校文科计算机基础教学指导委员会. 大学计算机教学基本要求[M]. 北京：高等教育出版社，2011 年.

[18] 夏耘. 计算思维基础[M]. 北京：电子工业出版社，2012 年.

[19] 教育部考试中心. 全国计算机等级考试一级教程[M]. 北京：高等教育出版社，2013.